面向新工科专业建设计算机系列教材

电路与电子技术基础

吕知辛　宋雪萌◎编著

清華大学出版社
北　京

内 容 简 介

本书内容涵盖电路与电子技术两大部分，并结合集成运算放大器，对电路电子线路的分析、计算，从理论到应用进行了较为透彻的介绍。主要包括电路的常用定理定律、分析方法，常见元器件的介绍、基本应用电路等。电路部分主要内容包括电路的基本概念和基本定律、直流线性电阻电路的分析、单相正弦交流电路、三相正弦交流电路和电路的暂态分析等；电子技术部分主要内容包括半导体器件基础、放大电路基础、集成运算放大电路和半导体直流稳压电源等。

本书既可作为高等学校计算机、通信、电子、电气及自动化等专业的教材，又可作为自学考试、成人教育和电子工程技术人员的自学用书。

图书在版编目(CIP)数据

电路与电子技术基础/吕知辛，宋雪萌编著. —北京：清华大学出版社，2020.3(2024.7重印)
面向新工科专业建设计算机系列教材
ISBN 978-7-302-54802-7

Ⅰ. ①电… Ⅱ. ①吕… ②宋… Ⅲ. ①电路理论－高等学校－教材 ②电子技术－高等学校－教材
Ⅳ. ①TM13 ②TN01

中国版本图书馆 CIP 数据核字(2020)第 018848 号

责任编辑：白立军　杨　帆
封面设计：杨玉芳
责任校对：焦丽丽
责任印制：杨　艳

出版发行：清华大学出版社
网　　址：https://www.tup.com.cn，https://www.wqxuetang.com
地　　址：北京清华大学学研大厦 A 座　　**邮　　编**：100084
社 总 机：010-83470000　　**邮　　购**：010-62786544
投稿与读者服务：010-62776969，c-service@tup.tsinghua.edu.cn
质量反馈：010-62772015，zhiliang@tup.tsinghua.edu.cn
课件下载：https://www.tup.com.cn，010-83470236
印 装 者：北京嘉实印刷有限公司
经　　销：全国新华书店
开　　本：185mm×260mm　　**印　　张**：18　　**字　　数**：413 千字
版　　次：2020 年 9 月第 1 版　　**印　　次**：2024 年 7 月第 5 次印刷
定　　价：49.80 元

产品编号：084711-01

出版说明

一、系列教材背景

人类已经进入智能时代，云计算、大数据、物联网、人工智能、机器人、量子计算等是这个时代最重要的技术热点。为了适应和满足时代发展对人才培养的需要，2017 年 2 月以来，教育部积极推进新工科建设，先后形成了“复旦共识”“天大行动”“北京指南”，并发布了《教育部高等教育司关于开展新工科研究与实践的通知》《教育部办公厅关于推荐新工科研究与实践项目的通知》，全力探索形成领跑全球工程教育的中国模式、中国经验，助力高等教育强国建设。新工科有两个内涵：一是新的工科专业；二是传统工科专业的新需求。新工科建设将促进一批新专业的发展，这批新专业有的是依托于现有计算机类专业派生、扩展而成的，有的是多个专业有机整合而成的。由计算机类专业派生、扩展形成的新工科专业有计算机科学与技术、软件工程、网络工程、物联网工程、信息管理与信息系统、数据科学与大数据技术等。由计算机类学科交叉融合形成的新工科专业有网络空间安全、人工智能、机器人工程、数字媒体技术、智能科学与技术等。

在新工科建设的“九个一批”中，明确提出“建设一批体现产业和技术最新发展的新课程”“建设一批产业急需的新兴工科专业”。新课程和新专业的持续建设，都需要以适应新工科教育的教材作为支撑。由于各个专业之间的课程相互交叉，但是又不能相互包含，所以在选题方向上，既考虑由计算机类专业派生、扩展形成的新工科专业的选题，又考虑由计算机类专业交叉融合形成的新工科专业的选题，特别是网络空间安全专业、智能科学与技术专业的选题。基于此，清华大学出版社计划出版“面向新工科专业建设计算机系列教材”。

二、教材定位

教材使用对象为“211 工程”高校或同等水平及以上高校计算机类专业及相关专业学生。

三、教材编写原则

(1) 借鉴 *Computer Science Curricula* 2013(以下简称 CS2013)。CS2013 的核心知识领域包括算法与复杂度、体系结构与组织、计算科学、离散结构、图形学与可视化、人机交互、信息保障与安全、信息管理、智能系统、网络与通信、操作系统、基于平台的开发、并行与分布式计算、程序设计语言、软件开发基础、软件工程、系统基础、社会问题与专业实践等内容。

(2) 处理好理论与技能培养的关系,注重理论与实践相结合,加强对学生思维方式的训练和计算思维的培养。计算机专业学生能力的培养特别强调理论学习、计算思维培养和实践训练。本系列教材以"重视理论,加强计算思维培养,突出案例和实践应用"为主要目标。

(3) 为便于教学,在纸质教材的基础上,融合多种形式的教学辅助材料。每本教材可以有主教材、教师用书、习题解答、实验指导等。特别是在数字资源建设方面,可以结合当前出版融合的趋势,做好立体化教材建设,可考虑加上微课、微视频、二维码、MOOC 等扩展资源。

四、教材特点

1. 满足新工科专业建设的需要

系列教材涵盖计算机科学与技术、软件工程、物联网工程、数据科学与大数据技术、网络空间安全、人工智能等专业的课程。

2. 案例体现传统工科专业的新需求

编写时,以案例驱动,任务引导,特别是有一些新应用场景的案例。

3. 循序渐进,内容全面

讲解基础知识和实用案例时,由简单到复杂,循序渐进,系统讲解。

4. 资源丰富,立体化建设

除了教学课件外,还可以提供教学大纲、教学计划、微视频等扩展资源,以方便教学。

五、优先出版

1. 精品课程配套教材

主要包括国家级或省级的精品课程和精品资源共享课的配套教材。

2. 传统优秀改版教材

对于已经出版过并得到市场认可的优秀教材,由于新技术的发展,计划给图书配上新的教学形式、教学资源的改版教材。

3. 前沿技术与热点教材

反映计算机前沿和当前热点的相关教材，例如云计算、大数据、人工智能、物联网、网络空间安全等方面的教材。

六、联系方式

联系人：白立军

联系电话：010-83470179

联系和投稿邮箱：bailj@tup.tsinghua.edu.cn

"面向新工科专业建设计算机系列教材"编委会

2019年6月

系列教材编委会

计算机科学与技术专业核心教材体系建设——建议使用时间

课程系列	基础系列	电类系列	程序系列	系统系列	应用系列	选修系列
四年级下						
四年级上			软件工程综合实践	计算机体系结构	计算机图形学	机器学习 物联网导论 大数据分析技术 数字图像技术
三年级下			软件工程 编译原理		人工智能导论 数据库原理与技术 嵌入式系统	
三年级上			算法设计与分析	计算机网络		
二年级下			数据结构	计算机系统综合实践		
二年级上	离散数学（下）	数字逻辑设计 数字逻辑设计实验	面向对象程序设计 程序设计实践	操作系统		
一年级下	离散数学（上） 信息安全导论	电子技术基础	计算机程序设计	计算机原理		
一年级上	大学计算机基础					

FOREWORD
前言

当前计算机、物联网、人工智能等学科教学多以软件编程、算法学习为主，而硬件方面的教学涉及相对较少，这直接影响学生对所学知识的深入认识与透彻理解。另外，当前同类硬件相关教材多是单独介绍电路基础或模拟电子，而将两部分有机结合成了近年来教材改进的研究热点。编者根据当前电路与电子技术发展的特点和趋势以及30多年的教学实践经验，将传统的电路、模拟电子线路两部分进行了深度结合，着眼于基本原理和电路分析，有利于课程内容的组织和讲授内容的系统性，也有利于学生的学习和掌握。

本书的目标是通过介绍电路理论和分析方法、模拟电子线路的分析和设计方法，使读者获得必要的电路分析和电子技术的基本理论、基本方法和基本技能，为学习后续课程及从事与专业有关的电路、电子技术以及计算机技术工作打下坚实的基础。

本书涉及的理论涵盖多个分支，既有广度，又有深度。其内容涵盖电路与电子技术两大部分，并结合集成运算放大器，对电路电子线路的分析、计算，从理论到应用进行了较为透彻的介绍，使之更加适用于现今电路、电子技术的发展和应用。主要内容如下。

第1章　直流电路。主要讲述电路的基本概念，欧姆定律，电压源与电流源，基尔霍夫原律，叠加原理，等效电源原理，电路分析的一般方法。

第2章　正弦交流电路。主要介绍正弦交流电的基本概念，相量表示及复数运算，正弦交流电路中的电阻、电感、电容，复阻抗、正弦交流电路的功率，LC电路中的谐振和三相电路等。

第3章　非正弦交流电路与电路中的过渡过程。主要介绍非正弦周期信号的傅里叶级数，非正弦周期电路的谐波分析，非正弦周期信号的功率和有效值，电路的过渡过程以及求解一阶电路的三要素法。

第4章　半导体器件基础。主要介绍半导体的导电特性，半导体二极管，二极管电路的分析计算，半导体三极管及其工作状态分析，绝缘栅型场效应管。

第5章　基本放大电路。主要介绍晶体管基本放大电路，分压偏置的晶体管放大器，射极输出放大器，场效应管放大器和多级放大器。

第 6 章　集成运算放大器。主要介绍集成运算放大器的特点,常用模拟信号放大、运算电路,有源滤波器,电压比较器和脉冲振荡电路。

第 7 章　放大电路中的反馈。主要介绍放大电路中的反馈分类和组态,反馈的一般概念,负反馈对放大器性能的影响和正弦波振荡电路。

第 8 章　功率放大器和输入输出电路。主要介绍互补推挽功率放大器,脉宽调制型功率放大电路,开关量输入输出电路,模拟量输入输出电路。

第 9 章　直流电源。主要介绍直流电源组成,整流电路,滤波电路,稳压电路和开关稳压电路。

书中每章都列有很多例题,以帮助读者学习和理解课程内容,尽快掌握分析方法,提高分析能力。同时还给出适当的练习题,有的习题是帮助读者巩固本章学习,有的是为了引导读者扩展相关知识。一学期的课程可使用这些习题,再辅以适量的实验课,使读者不仅掌握电路与电子的相关理论知识,而且能够加以应用,提高动手实践的能力。

电路与电子技术发展极其迅速,加之编者水平有限,更兼时间和精力所限,书中不妥和错漏之处在所难免,恳请读者批评指正。

编　者

2020 年 5 月

CONTENTS

目录

第1章

直流电路

在现代社会中，实际电路几乎是随处可见的。本章将讨论电路分析的基本理论和一般方法。主要内容：电路的基本概念和理想电路元件；电路的基本变量及其参考方向；欧姆定律和基尔霍夫定律；电阻的串并联及简单电路计算；电路分析的一般方法，如支路电流法、回路电压法、节点电压法、叠加原理、戴维南定理等。本章以直流电路为分析对象，比较容易理解和掌握，但从中得出的基本原理和分析方法同样可以适用于交流电路和其他电路。本章内容是本课程的基础。

1.1 电路的基本概念

1.1.1 电路与电路模型

电流可以通过的路径称为电路。实际电路是由一些电气设备和元器件(如发电机、电动机、电灯、晶体管等)按照一定的方式连接而成。电路中提供电能或电信号的设备和元器件称为电源，消耗电能或使用电信号的设备和元器件称为负载，传送电能或电信号的主要是金属导线。尽管实际电路的种类繁多，形式多样，但就其基本作用而言，可以分为两类：一类是传送、分配和使用电能的电路，如照明电路、电力系统等；另一类是变换、传送、处理电信号的电路，如互联网、各种控制系统、计算机、电视机等。从理论上讲，各种非电的信号和参量都可以通过相应的装置转换成电信号，利用电路进行传递、处理，如声音、温度、压力、流量等参量，甚至味觉信号都可以通过传感器等转换装置转换成易于在电路中传递和处理的电信号。正是因为这些转换装置的存在，才使得电路在电子技术、测量技术、控制技术等领域中得到广泛的应用。

实际电路器件用途各异，种类繁多。电路分析是借助抽象的、理想化的模型来进行研究的。电路器件的理想化模型称为电路元件。每一种电路元件都可表示电路中的一种物理效应和性质。例如，电阻元件表示热效应和电路具有消耗电能而转换成其他形式的能量的性质；电感元件表示磁场效应和电路具有存储或释放磁场能量的性质；电容元件表示电场效应和电路具有存储或释放电场能量的性质。电源元件是能将其他形式的能量(如化学能、机械能、太阳能等)转换为电能的元件。几种常用电路元件都有规定的字母和符号表示，如

图 1-1 所示。上述电路元件的功能特性将在 1.2 节、2.3～2.5 节详细介绍。理想导线是允许任意强度的电流通过而不消耗或存储任何形式的能量的导线。理想导线是实际金属导线的理想化模型,它的长度可以随意改变而不影响电路中的物理现象。

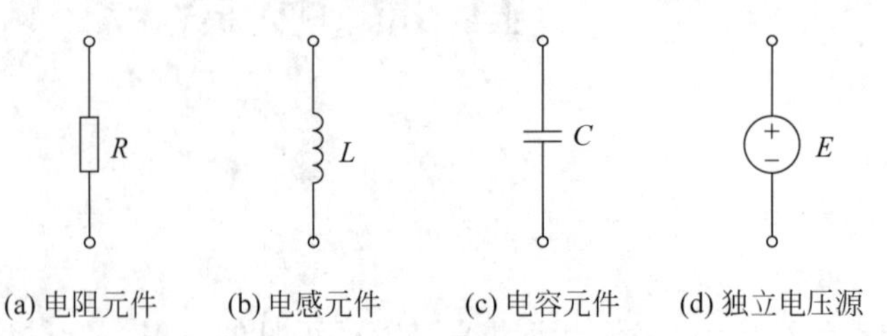

图 1-1 几种常用电路元件的电路符号

由电路元件和理想导线构成的电路称为实际电路的电路模型。电路分析中所述的电路一般是指这种电路模型。表示电路所用元件和连接方式的图形称为电路图。图 1-2 就是一个电路图。电路图中的元件符号表示理想电路元件,连线表示理想导线。为了便于说明,图 1-2 中用小写字母标注了一些点,一般电路中不做这种标注。

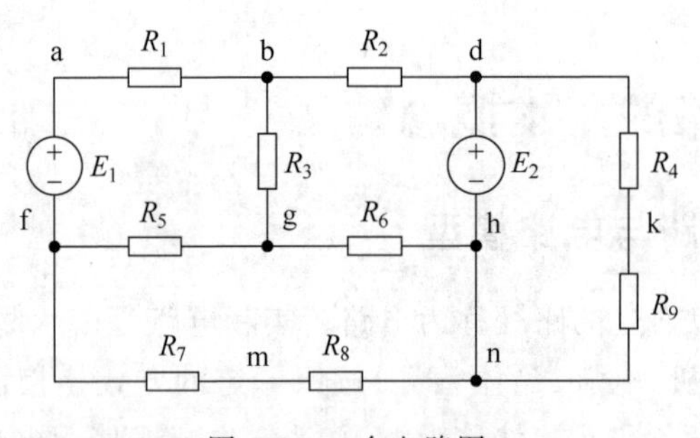

图 1-2 一个电路图

电路中没有分岔的一段电路称为支路。如图 1-2 中,电阻 R_2 是一条支路,电阻 R_1 和电源 E_1 也构成一条支路,这个电路中共有 8 条支路。没有电源的支路称为无源支路,如图 1-2 中的 fmn 支路;含有电源的支路称为有源支路,如图 1-2 中的 baf 支路。3 条或 3 条以上支路的连接点称为节点,如图 1-2 中,b、d、g 等都是节点,这个电路中共有 5 个节点。电路中直接由线连接的点在电气上是同一节点,如图 1-2 中的 h 点和 n 点是一个节点。每条支路必定连接在两个节点上,这两个节点称为该支路的端节点。由若干条支路组成的闭合电路称为回路,如图 1-2 中,abgfa、fghnmf、abdhgfa 等都是回路。没有被支路穿过的回路称为网孔,如图 1-2 中的 abgfa、bdhgb 等。支路、节点、回路的概念在后面的分析中会经常用到。

1.1.2 电路的基本变量和参考方向

描述电路工作状况的物理量有电荷、磁通、电流、电位、电压、电动势以及功率和能量,它们称为电路的基本变量。在此简单介绍这些基本变量的物理意义和使用单位,着重说明这些变量的方向或极性的标注方法,即参考方向问题。

电荷的有规则运动称为电荷流。衡量电荷流强弱的物理量是电流强度,简称为电流。习惯上把正电荷运动的方向作为电流的方向;电路中某处电流的大小等于单位时间内通过该处横截面的电荷量。若在微分时间 dt 内通过某个截面的电荷量为 dq,则通过该截面的电流大小为 $i=dq/dt$。电流可以是恒定不变的,也可以是随时间变化的。随时间变化的电流称为交变电流,通常用 $i(t)$或 i 表示;不随时间变化的电流称为直流电流或恒定电流,通常用 I 表示。直流电流是大小和方向都不随时间变化的电流。

在国际单位制中,电流的单位是安培(A),简称为安,较小的电流可以用毫安(mA)、微安(μA)为单位,它们之间的换算关系为

$$1\text{A}=1000\text{mA}$$

$$1\text{mA}=1000\mu\text{A}$$

电流的大小和方向对电路的工作状态都有影响,所以在测量或计算电路中的电流时,应规定电流的正方向。规定的正方向和电流的实际方向可能不一致,所以称规定正方向为参考方向。电路的分析计算是建立在参考方向上的。电流的参考方向可以用电流所在支路的端节点标号作为下标来表示,如图 1-3 中,可以用 i_{AB} 表示支路 AB 中的电流 i 的参考方向是由 A 点流向 B 点,最常用的方法是在电路图上用箭头标明电流的参考方向。按参考方向计算出的电流数值为正时,表明电流的实际方向与参考方向一致;当计算出的电流数值为负时,表明电流的实际方向与参考方向相反。对于直流电路,测量仪表可以指出电流的实际方向。

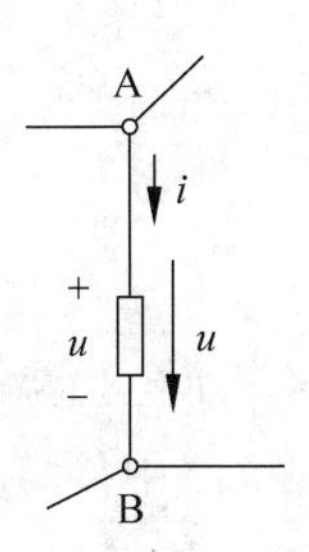

图 1-3　参考方向的标注

正电荷在电路中某点所具有的能量称为正电荷在该点所具有的电位能。电位能与电荷的比值称为电位。电位是一个相对量,其数值与所取的参考点有关。通常把一个电路作为一个完整的体系,指定电路中某一点的电位为零,作为电位参考点。电位的单位是伏特(V)。

电路中两点的电位之差称为电位差,通常叫作电压。电压与参考点无关,只与起止点有关。电压可以是恒定不变的,也可以是随时间变化的。随时间变化的电压称为交变电压,通常用 $u(t)$或 u 表示;不随时间变化的电压称为直流电压或恒定电压,通常用 U 表示。直流电压是大小和方向都不随时间变化的电压。

在国际单位制中,电压的单位是伏特(V),简称为伏,较小的电压可以用毫伏(mV)、微伏(μV)为单位,它们之间的换算关系为

$$1\text{V}=1000\text{mV}$$

$$1\text{mV}=1000\mu\text{V}$$

习惯上规定电压的方向是电位降低的方向。在电路分析中也需要规定电压的参考方向。电压的参考方向可以用电压的起止点作为下标来表示,如图 1-3 中,可以用 u_{AB} 表示电压 u 的参考方向是由 A 点指向 B 点,即表示 A 点的电位高于 B 点的电位;最常用的方

法是在电路图上用箭头或正负号标明电压的参考方向。按参考方向计算出的电压数值为正时，表明电压的实际方向与参考方向一致；当计算出的电压数值为负时，表明电压的实际方向与参考方向相反。直流电压的实际方向可以用测量仪表测出来。

在一段电路中，若规定电压的参考方向和电流的参考方向一致，则称电压和电流为关联参考方向。图 1-3 中，u 和 i 就取了关联参考方向。

电源的两端具有电位差，这是由局外力引起的。电源的局外力具有把正电荷从低电位端（负端）移到高电位端（正端）的能力。电源在移动正电荷的过程中所做的功与正电荷的比值定义为电源的电动势。交流电动势常用 $e(t)$ 或 e 表示，直流电动势则用 E 表示。电动势的方向是从低电位端指向高电位端。电动势的参考方向可以用正负号或箭头表示，如图 1-4 所示。若要表示电源某一端的电位比另一端高，所用电动势 e 和电压 u 的箭头方向（参考方向）恰好相反，如图 1-4 中，电动势 e 的箭头为由下向上，表示 A 点的电位高；电压 u 的箭头为由上向下，也表示 A 点的电位高。为避免混淆，本书一般只用正负号表示电动势的参考方向。

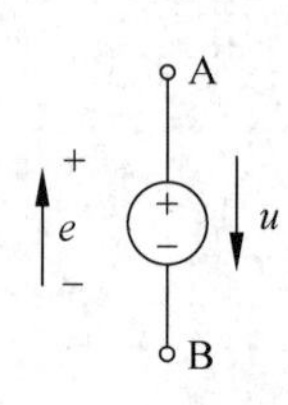

图 1-4 电动势的参考方向

在电路中伴随着电流的流动，进行着能量转换。在一段电路中，若电流和电压取关联参考方向，则该段电路在任一时刻所吸收的电功率等于电压和电流的乘积，即

$$p = ui$$

其中，p 为瞬时功率，当电压的单位为伏特(V)，电流的单位为安培(A)时，功率的单位为瓦特(W)，简称为瓦。在电流和电压取关联参考方向时，若 $p>0$，则表示电路在吸收功率；若 $p<0$，则表示电路在发出功率。

电路在 $t_1 \sim t_2$ 的时间间隔内吸收（或发出）的电能量等于瞬时功率在该时间间隔内的积分，即

$$w = \int_{t_1}^{t_2} p\,dt = \int_{t_1}^{t_2} ui\,dt$$

其中，w 为能量，其单位是焦耳(J)，焦耳的量纲是瓦秒或伏安秒。工程上常用千瓦时(kW·h)作为能量的单位，也叫作度。千瓦时和焦耳的关系为 $1\text{kW}\cdot\text{h}=1000\text{W}\times3600\text{s}=3.6\times10^6\text{J}$。

以上讨论中使用了电路变量的交流符号，更具一般性，因为直流可以看作是交流的一种特例。对于直流电路，电路的瞬时功率是恒定不变的，所以电路在某段时间内吸收（或发出）的电能量等于瞬时功率与时间的乘积，即

$$W = Pt = UIt$$

在直流电路的讨论中，一般使用电路变量的直流符号。在实际的直流电路中，电流、电压和电源电动势的实际方向和大小都可以用测量仪表测出来。

例 1-1 功率为 100W 的照明灯，若每天使用 4h，则一个月（按 30 天计）的耗电量为 $W=Pt=100\text{W}\times3600\text{s}\times4\text{h}\times30=4.32\times10^7\text{J}=12\text{kW}\cdot\text{h}$，即耗电 12kW·h。

1.2　电阻元件和欧姆定律

电阻元件是实际电阻器的理想化模型，很多电路元件的特性都可以用电阻元件来表示。电阻元件是一种重要的电路元件。电阻元件常用字母 R 或 r 表示，其电路符号如图 1-5(a)所示。通常将电阻元件的电流和电压取关联参考方向。

理论上定义，两端电压和流过的电流之间的关系可以用代数方程描述的元件为电阻元件。元件的电压与电流的关系称为伏安特性。电感元件和电容元件的伏安特性不是代数形式而是导数形式，这将在 2.4 节和 2.5 节中介绍。

电阻元件的伏安特性是代数形式的，可以用 u-i 平面上的曲线来表示，称为元件的伏安特性曲线。如果元件的电压与电流成正比，则其伏安特性曲线是一条通过原点的直线，如图 1-5(b)所示，这样的元件称为线性电阻。若伏安特性曲线是一条通过原点的曲线，则称其为非线性电阻。在此只介绍线性电阻。

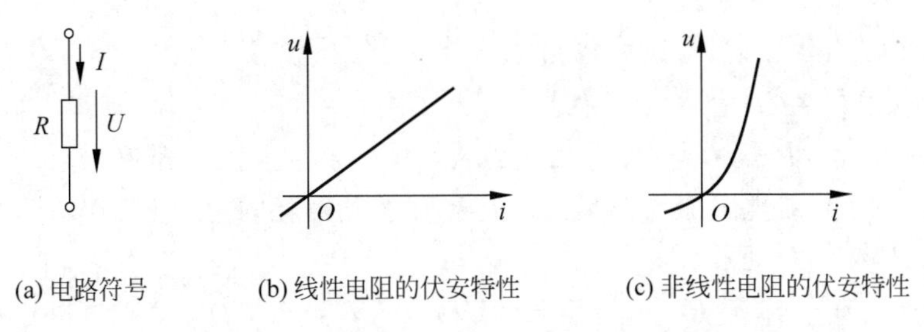

(a) 电路符号　(b) 线性电阻的伏安特性　(c) 非线性电阻的伏安特性

图 1-5　电阻元件的电路符号和伏安特性

对线性电阻来说，在任意瞬间，电阻两端的电压与电阻中的电流成正比，这就是欧姆定律。电压与电流的比值是与电流或电压无关的常数，一般用 R 表示，称为元件的电阻值(习惯上也用 R 表示电阻元件，电阻元件常简称为电阻)。按图 1-5(a)所示关联参考方向，有

$$R=\frac{U}{I} \tag{1-1}$$

当电压的单位为伏特(V)，电流的单位为安培(A)时，电阻的单位为欧姆(Ω)，简称为欧。

电阻值反映了电阻元件具有阻止电流通过的特性。若一段无源电路的电阻值为 R，对该电路施加电压 U 时，电路中的电流为 U/R。若一段电路的电阻值为无穷大，则此电路称为开路状态。在电压为有限值的情况下，开路电路中的电流为零。$R=\infty$ 可以用来描述开关或电路断开的情况。若一段电路的电阻为零，则此电路称为短路状态。在电流为有限值的情况下，短路电路的端电压为零。$R=0$ 可以用来描述理想导线或开关闭合的情况。

在电路的分析计算中，为了方便有时也使用电阻值的倒数，称为电导，电导一般用 G 表示，即

$$G=\frac{1}{R} \tag{1-2}$$

电导的单位是西门子(S)，简称为西。电导表示元件传导电流的能力。利用电导可将式(1-1)写成

$$I = GU \tag{1-3}$$

式(1-1)和式(1-3)都反映了线性电阻元件电压和电流的关系，是欧姆定律的数学表达式。

按图 1-5(a)所示的关联参考方向，电阻元件吸收(消耗)的电功率为

$$P = UI = I^2R = \frac{U^2}{R} \tag{1-4}$$

可见当电流一定时，电阻所吸收的功率与电阻值成正比；当电压一定时，电阻所吸收的功率与电阻值成反比。电阻是一种只能消耗电能的理想二端元件。

例 1-2 在图 1-5(a)所示的电路中，若已知 $R=2\text{k}\Omega$，$U=5\text{V}$，求电阻中的电流 I 和电阻消耗的功率 P。

解：电阻中的电流为

$$I = \frac{U}{R} = \frac{5\text{V}}{2000\Omega} = 0.0025\text{A} = 2.5\text{mA}$$

电阻消耗的功率为

$$P = UI = 5\text{V} \times 0.0025\text{A} = 0.0125\text{W} = 12.5\text{mW}$$

例 1-3 一个线绕电阻加上 25V 的直流电压时，所消耗的功率为 50W，求电阻的阻值。

解：由 $P=U^2/R$ 可得

$$R = U^2/P = (25\text{V})^2/50\text{W} = 12.5\Omega$$

即所求电阻的阻值为 12.5Ω。

1.3 电压源和电流源

电源是能向电路提供电能或电信号的设备或元器件。电源能将机械能、化学能等形式的能量转换成电能。常见的实际电源有发电机、干电池、蓄电池等。电源元件是实际电源的理想化模型，是一种有源元件。电源元件按其特性可分为电压源和电流源。

电压源是在任何情况下都能提供确定电压的二端元件。电压源的电路符号及参考方向如图 1-6(a)所示。电压源的正方向就是电动势的方向，规定为电位升高的方向，即由电源的负极到电源的正极。电压源的极性可以用正负号标注，也可以用电源的端电压或电动势的方向表示。

电压源的主要特性在于其端电压与流过电压源的电流无关，即按上述规定方向，电压源的外特性(伏安特性)为 $U=E$。在任意时刻，电压源的特性曲线是一条与电流轴平行的直线。电压源的电流将由外电路决定，即 $I=U/R$。当电压源短路时($R=0$)，其电流将为无穷大，这是不允许的，理想电压源不允许短路。

习惯上规定电源电流的参考方向与电源端电压的参考方向相反，如图 1-6(a)所示。按这样的参考方向，电源发出的功率为 $P=UI$。若电源电流的实际方向与此参考方向相反，则表示电源在吸收功率，此时电源变成了其他电源的负载，如蓄电池充电时的情况。

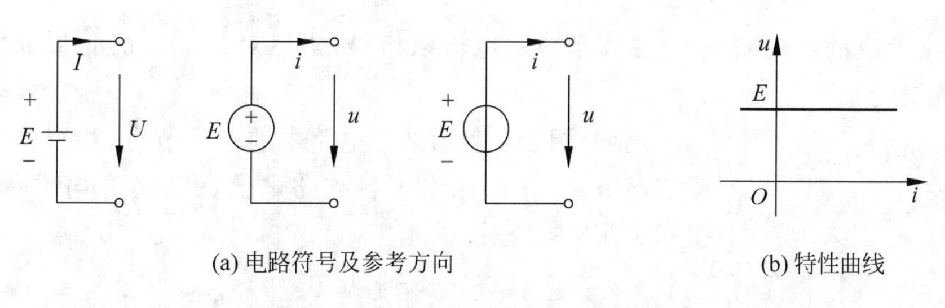

(a) 电路符号及参考方向 (b) 特性曲线

图 1-6 电压源的电路符号与特性曲线

电流源是在任何情况下都能提供确定电流的二端元件。电流源提供的电流常称为源电流或电激流。电流源的电路符号及参考方向如图 1-7(a)所示。电流源的正方向规定为源电流的方向,即电流源的源电流是由电源的负极流向电源的正极。电流源的极性可以用箭头标注,也可以用电源的端电压或正负号表示。

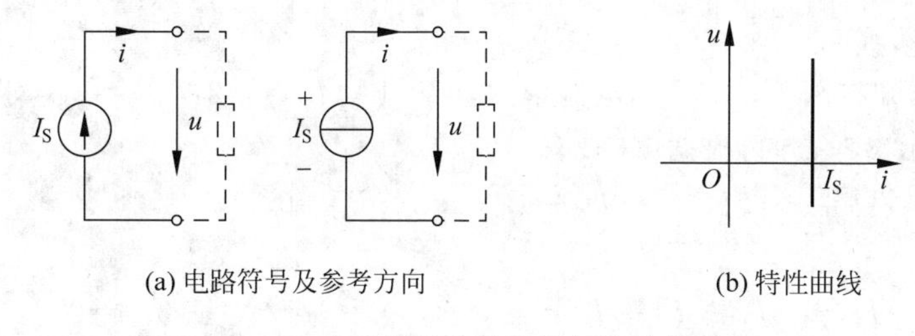

(a) 电路符号及参考方向 (b) 特性曲线

图 1-7 电流源的电路符号与特性曲线

电流源的主要特性在于电源电流与其端电压无关,即电流源的外特性(伏安特性)为 $I=I_S$。在任意时刻,电流源的特性曲线是一条与电压轴平行的直线。电流源的电压由外电路决定,即 $U=RI_S$。当电流源开路时($R=\infty$),其端电压将为无穷大,这是不允许的,理想电流源不允许开路。

大多数实际电源的特性与电压源比较接近。实际电源内部往往都有一定的电阻,称为电源的内阻。实际电压源可以用一个电阻(即电源的内阻)和一个理想电压源串联表示,实际电流源可以用一个电阻(或电导)和一个理想电流源并联表示,如图 1-8 所示。

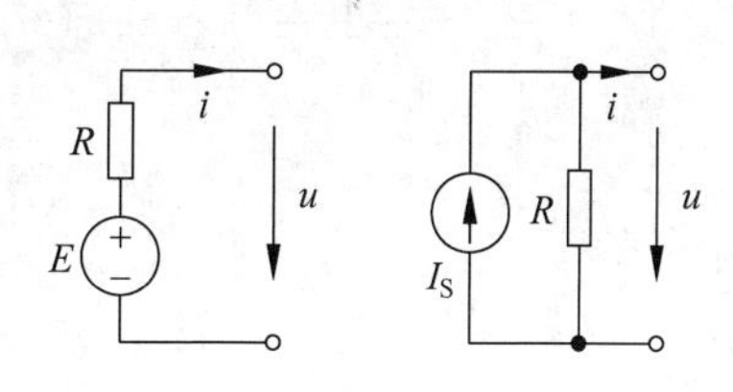

图 1-8 实际电源模型

1.4 基尔霍夫定律

基尔霍夫定律是电路的基本定律,包括基尔霍夫电流定律和基尔霍夫电压定律两部分。

基尔霍夫电流定律(Kirchhoff's current law,KCL)也称为基尔霍夫第一定律,是关于电路中电流分布规律的基本定律。基尔霍夫电流定律可叙述如下:

在任一瞬间,流出电路中任一节点的电流的代数和恒等于零,即

$$\sum I=0 \tag{1-5}$$

其中,$\sum I$ 为对流出该节点的所有电流求代数和。各电流前的正负号的规定:按其参考

方向,流出节点的电流取正号,流入节点的电流取负号(当然对各电流前的正负号也可做出相反的规定)。

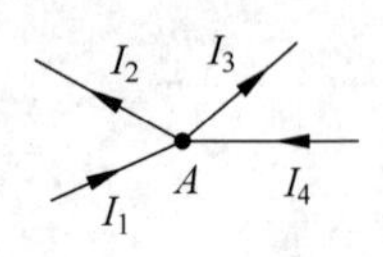

图 1-9 节点电流示意

例如,图 1-9 表示某一电路中的一个节点,共有 4 条支路连接到该节点,并已标出了各支路电流的参考方向。对该节点,按基尔霍夫电流定律,有

$$-I_1+I_2+I_3-I_4=0$$

上式称为节点电流方程,反映了流出一个节点的各电流之间的约束关系。

基尔霍夫电流定律是电荷守恒的一种反映,即在任一节点,电荷不会产生或消灭,也不可能积累。

注意:式(1-5)中各电流前的正负号是按其参考方向为流出节点或流入节点而定的;而各支路电流本身也有正负号,这是按电流的实际方向与参考方向是否相同而决定的。这两者切不可混淆。

例 1-4 已知在图 1-9 所示的电路中,$I_1=-1\text{A}$,$I_2=-2\text{A}$,$I_3=3\text{A}$,求 I_4。

解:按图示参考方向,根据 KCL 有

$$-I_1+I_2+I_3-I_4=0$$

所以

$$I_4=-I_1+I_2+I_3=-(-1\text{A})+(-2\text{A})+3\text{A}=2\text{A}$$

例 1-5 在图 1-10 所示电路中,已知 $I_3=1\text{A}$,$I_4=-2\text{A}$,$I_5=-3\text{A}$,$I_6=4\text{A}$,求电阻 R_1 中的电流 I_1。

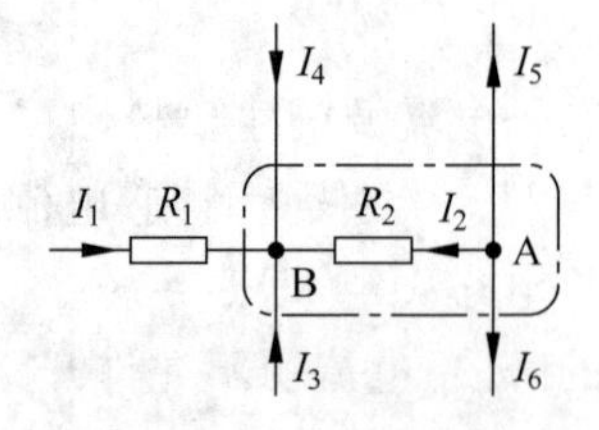

图 1-10 电路图

解:按图 1-10 所示参考方向,对节点 A 按 KCL,有

$$I_2+I_5+I_6=0$$

所以

$$I_2=-I_5-I_6=-(-3\text{A})-4\text{A}=-1\text{A}$$

对节点 B 按 KCL,有

$$-I_1-I_2-I_3-I_4=0$$

所以

$$I_1=-I_2-I_3-I_4=-(-1\text{A})-1\text{A}-(-2\text{A})=2\text{A}$$

基尔霍夫电流定律可以推广到包围部分电路的闭合面,即流出任一闭合面的电流的代数和恒等于零。如在例 1-5 中,若取虚线所示闭合面,则有

$$-I_1-I_3-I_4+I_5+I_6=0$$

所以

$$I_1=-I_3-I_4+I_5+I_6=-1\text{A}-(-2\text{A})+(-3\text{A})+4\text{A}=2\text{A}$$

基尔霍夫电压定律(Kirchhoff's voltage law,KVL)也称为基尔霍夫第二定律,是关于电路中电压分布规律的基本定律。基尔霍夫电压定律可叙述如下:

在任一瞬间,沿电路中任一闭合回路,各电压的代数和恒等于零,即

$$\sum U=0 \tag{1-6}$$

其中，$\sum U$ 为对沿该闭合回路的所有电压求代数和。各电压前的正负号的规定：按其参考方向，与回路绕行方向相同的电压取正号，与回路绕行方向相反的电压取负号(当然对各电压前的正负号也可做出相反的规定)。回路绕行方向称为回路方向。

例如，图 1-11 表示某一电路中的一个回路，图中已标出了各元件电压的参考方向。取顺时针方向为回路方向，则按基尔霍夫电压定律，有

$$-U_1+U_2+U_3+U_4-U_5-U_6=0$$

上式称为回路电压方程，反映了沿一个闭合回路各电压之间的约束关系。

基尔霍夫电压定律反映了电场力做功与路径无关的特性。

若将回路中电压源的电动势与端电压的关系 $U_1=E_1$，$U_4=E_4$，代入上式，并整理，可得

$$+U_2+U_3-U_5-U_6=E_1-E_4$$

上式左边是回路中除电压源之外的元件电压的代数和，右边是回路中电源电动势的代数和，电压和电动势都是与回路同向者为正，反向者为负。实际上上式左边是电位降落的数值，右边是电位上升的数值。按以上讨论，基尔霍夫电压定律也可以叙述如下：电路中沿闭合回路电压降的代数和等于电动势的代数和，即

$$\sum U=\sum E \tag{1-7}$$

如果各支路是由电阻和电压源构成的，则根据欧姆定律，式(1-7)可写成

$$\sum(IR)=\sum E \tag{1-8}$$

其中，$\sum(IR)$ 为对该闭合回路中所有电阻元件的电压求代数和；$\sum E$ 为对该闭合回路中所有电压源的电动势求代数和。两者都是与回路方向相同的取正号，相反的取负号。式(1-6)、式(1-7)和式(1-8)都是基尔霍夫电压定律的数学表达式，可根据不同情况选用。

基尔霍夫电压定律也可以用于不闭合的回路，如按图 1-12 所示电路方向绕行，根据 KVL 可以写出

$$-U_1+U_2-U_3+U_4=0$$

或

$$U_2-U_3+U_4=E_1$$

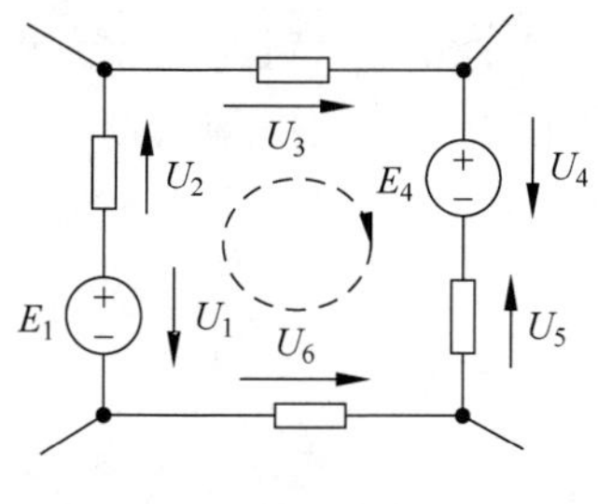

图 1-11　回路电压示意

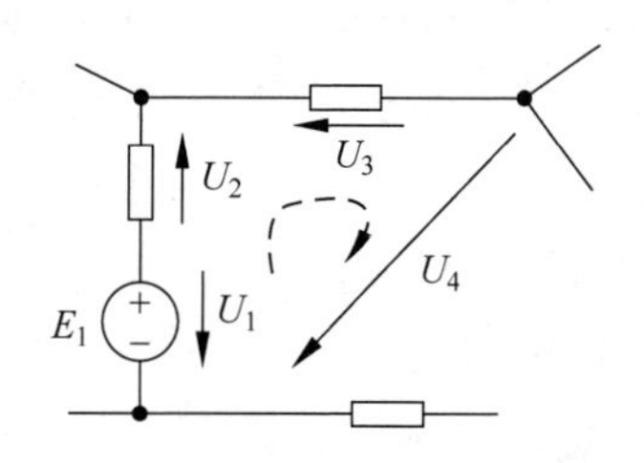

图 1-12　不闭合回路示意

基尔霍夫电流定律和基尔霍夫电压定律只与电路的结构有关，与构成电路的元件性质和电路的工作状态无关，即不论电路是电阻网络还是一般网络，是直流电路还是交流电路，不论

元件是线性的还是非线性的，其各节点的电流必受 KCL 约束，各回路的电压必受 KVL 约束。

例 1-6 写出如图 1-13 所示电路的网孔回路电压方程。

解：取网孔回路方向为顺时针方向如图 1-13 所示，则按基尔霍夫电压定律，有

$$U_3+U_4-U_5=E_1$$

$$U_5+U_6=-E_2$$

例 1-7 实际电压源的供电电路及伏安曲线如图 1-14 所示，其中 E 是电源的电动势，R_0 是电源的内阻，R_L 是用电负载。试计算电源的伏安特性、负载消耗的功率以及负载获得最大功率的条件。

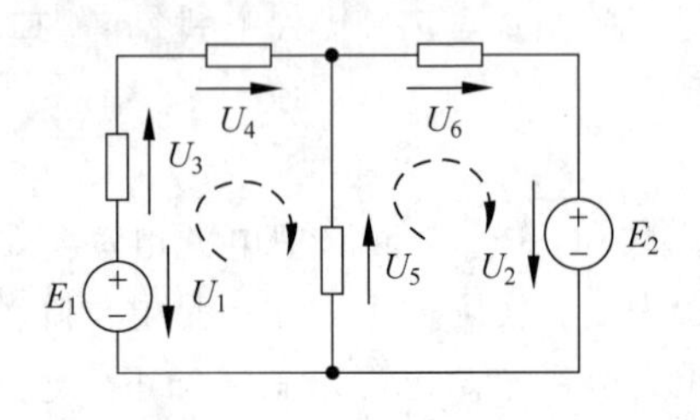

图 1-13 双网孔电路

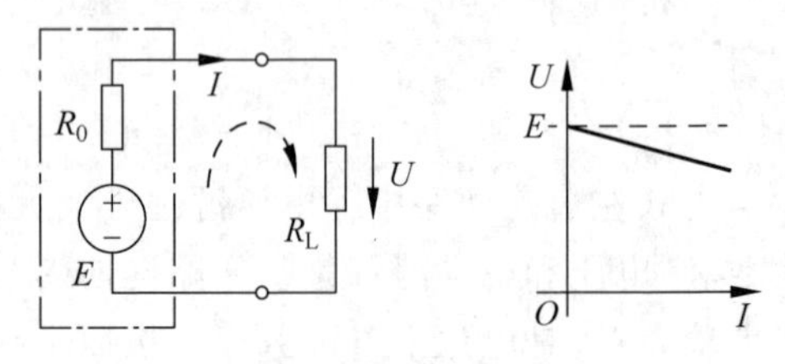

图 1-14 实际电压源的供电电路及伏安曲线

解：按图 1-14 所示参考方向，根据 KVL 有

$$R_0I+R_LI=E$$

即

$$U=E-R_0I$$

可以看出，实际电压源由于有内阻，当有电流输出时，内阻上会产生压降，使得其输出电压 U 小于其电动势 E，其伏安特性曲线如图 1-14 所示。

当负载电阻为 R_L 时，电源输出电流为

$$I=\frac{E}{R_0+R_L}$$

所以负载消耗的功率为

$$P_L=R_LI^2=\frac{R_LE^2}{(R_0+R_L)^2}$$

可见，在电源条件不变的情况下，负载消耗的功率是负载电阻的函数。将上式对 R_L 求导，并令 $\mathrm{d}P_L/\mathrm{d}R_L=0$，就可求得负载功率 P_L 为最大值的条件，即由

$$\frac{\mathrm{d}P_L}{\mathrm{d}R_L}=\frac{E^2(R_0-R_L)}{(R_0+R_L)^3}=0$$

可得到负载获得最大功率的条件为 $R_L=R_0$。

1.5 电阻的串并联及简单电路计算

串联和并联是电路元件相互连接的两种基本形式，一个复杂电路是由几部分电路经串、并联组成的。本节讨论电阻元件串并联时的等效电阻以及各电阻之间的电压、电流关系。

1.5.1　电阻的串联

由两个或多个电路元件依次相接，组成一条无分支的电路，这样的连接方式称为串联。图1-15(a)表示三个电阻的串联电路。由KCL和KVL可知，串联电路有如下特点。

(1) 串联电路中各元件的电流相同。

(2) 串联电路的总电压等于各元件电压的代数和。

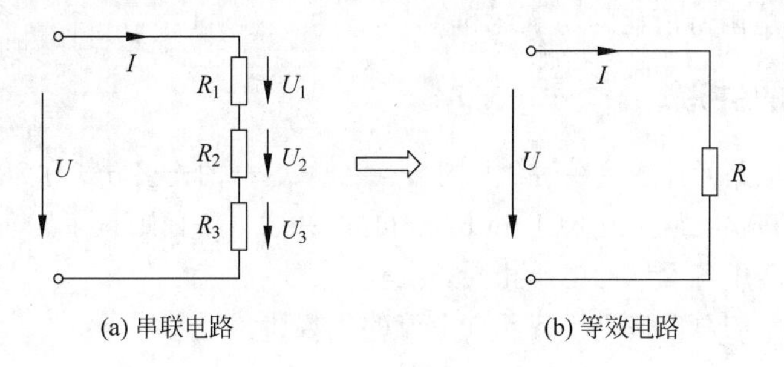

图1-15　电阻的串联电路

对图1-15(a)所示电阻的串联电路，由KVL可得

$$U = U_1 + U_2 + U_3$$

根据欧姆定律，有 $U_1 = IR_1$，$U_2 = IR_2$，$U_3 = IR_3$，将其代入上式，则有

$$U = IR_1 + IR_2 + IR_3 = I(R_1 + R_2 + R_3) = IR$$

式中

$$R = R_1 + R_2 + R_3 \tag{1-9}$$

其中，R 为串联电阻的总电阻，或称为串联电阻的等效电阻。也就是说，若用一个阻值为 R 的电阻替代串联电阻 R_1、R_2 和 R_3，如图1-15(b)所示，则电路中电流和电压的关系不变，这就是等效的概念。在任何情况下其伏安特性都相同的电路称为等效电路。例如在满足式(1-9)的前提下，图1-15所示的两个电路互为等效电路。式(1-9)说明，电阻串联电路的总电阻(或称为等效电阻)等于各串联电阻的阻值之和。电阻串联后的总电阻大于串联电阻中的任何一个。

串联电阻有分压作用。在图1-15(a)所示电阻的串联电路中，若外加电压为 U，则电路电流为

$$I = \frac{U}{R_1 + R_2 + R_3} = \frac{U}{R}$$

根据欧姆定律，可得各电阻电压与总电压的关系为

$$\begin{cases} U_1 = IR_1 = \dfrac{R_1}{R}U = \dfrac{R_1}{R_1 + R_2 + R_3}U \\ U_2 = IR_2 = \dfrac{R_2}{R}U = \dfrac{R_2}{R_1 + R_2 + R_3}U \\ U_3 = IR_3 = \dfrac{R_3}{R}U = \dfrac{R_3}{R_1 + R_2 + R_3}U \end{cases} \tag{1-10}$$

式(1-10)称为串联电阻的分压公式。从式中可以看到,各串联电阻上的电压与电阻的大小成正比,或者说总电压按各个串联电阻的大小进行分配。可见电阻串联时,各电阻的电流相同,但它们的电压并不相同,所消耗的功率也不相同。

图 1-15(a)所示电阻的串联电路所消耗的功率为

$$P = UI = U_1 I + U_2 I + U_3 I = P_1 + P_2 + P_3 \tag{1-11}$$

其中,P_1、P_2、P_3 分别为电阻 R_1、R_2、R_3 所消耗的功率。式(1-11)表明串联电阻所消耗的总功率等于各电阻所消耗的功率之和。

1.5.2 电阻的并联

两个或多个电路元件连接在两个共同节点之间,这样的连接方式称为并联。图 1-16(a)表示 3 个电阻的并联电路。由 KCL 和 KVL 可知,并联电路有如下特点。

(1) 并联电路中各元件的电压相同。

(2) 并联电路的总电流等于各元件电流的代数和。

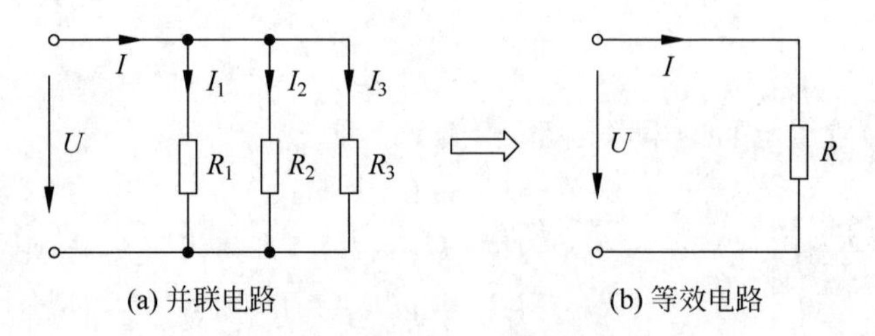

图 1-16 电阻的并联电路

对图 1-16(a)所示电阻的并联电路,由 KCL 可得

$$I = I_1 + I_2 + I_3$$

根据欧姆定律,有

$$I = \frac{U}{R_1} + \frac{U}{R_2} + \frac{U}{R_3} = U\left(\frac{1}{R_1} + \frac{1}{R_2} + \frac{1}{R_3}\right) = \frac{U}{R}$$

式中

$$\frac{1}{R} = \frac{1}{R_1} + \frac{1}{R_2} + \frac{1}{R_3} \tag{1-12}$$

其中,R 为并联电阻的总电阻,或称为并联电阻的等效电阻。也就是说,若用一个阻值为 R 的电阻替代并联电阻 R_1、R_2 和 R_3,如图 1-16(b)所示,则电路中电流和电压的关系不变。式(1-12)说明,电阻并联电路的总电阻(或称为等效电阻)的倒数等于各并联电阻阻值的倒数之和。电阻并联后的总电阻小于并联电阻中的任何一个。若将各电阻分别用其电导来表示,即

$$G = \frac{1}{R}$$

$$G_1 = \frac{1}{R_1}$$

$$G_2=\frac{1}{R_2}$$

$$G_3=\frac{1}{R_3}$$

则式(1-12)可写成

$$G=G_1+G_2+G_3 \tag{1-13}$$

即电阻并联电路的总电导等于各并联电阻的电导之和。

并联电阻有分流作用。在图1-16(a)所示电阻的并联电路中，若电路总电流为I，则电路电压为$U=RI$，根据欧姆定律，可得各电阻电流与总电流的关系为

$$\begin{cases} I_1=\dfrac{U}{R_1}=\dfrac{R}{R_1}I \\ I_2=\dfrac{U}{R_2}=\dfrac{R}{R_2}I \\ I_3=\dfrac{U}{R_3}=\dfrac{R}{R_3}I \end{cases} \tag{1-14}$$

式(1-14)为并联电阻的分流公式。从式中可以看到，各并联电阻中的电流与电阻的大小成反比，或者说总电流按各个并联电阻的倒数进行分配。可见电阻并联时，各电阻的电压相同，但它们的电流并不相同，所消耗的功率也不相同。

图1-16(a)所示电阻的并联电路所消耗的功率为

$$P=UI=UI_1+UI_2+UI_3=P_1+P_2+P_3 \tag{1-15}$$

其中，P_1、P_2、P_3分别为电阻R_1、R_2、R_3所消耗的功率。式(1-15)表明并联电阻所消耗的总功率等于各电阻所消耗的功率之和。

经常遇到两个电阻并联的情况，其等效电阻和分流公式分别为

$$R=\frac{R_1R_2}{R_1+R_2} \tag{1-16}$$

$$\begin{cases} I_1=\dfrac{R_2}{R_1+R_2}I \\ I_2=\dfrac{R_1}{R_1+R_2}I \end{cases} \tag{1-17}$$

1.5.3 简单电路计算

应用串联电阻、并联电阻的等效电阻概念，可以解决一些简单电路的分析计算问题。下面通过几个具体的例子来说明其方法。

例1-8　电阻串并联电路如图1-17所示，已知总电流I和各电阻的阻值，求电路的总电压U和电流I_1、I_2。

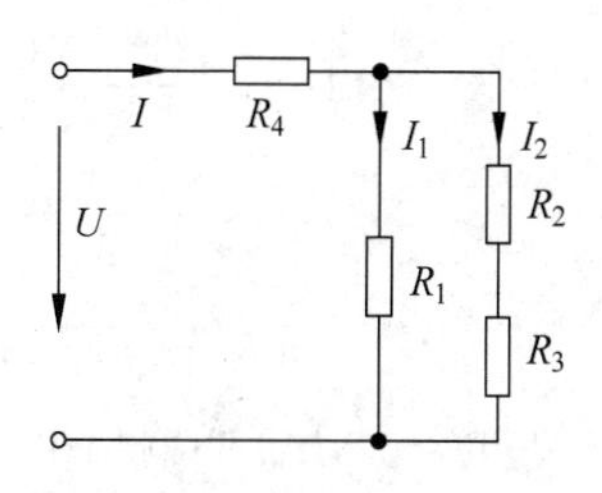

图1-17　电阻串并联电路图

解：该电路中，R_2和R_3串联后再与R_1并联，然后再与R_4串联，根据电阻串并联的等效电阻计算公式，可知电

路的等效电阻为

$$R=\frac{R_1(R_2+R_3)}{R_1+(R_2+R_3)}+R_4$$

电路总电压为

$$U=RI=\left(\frac{R_1(R_2+R_3)}{R_1+R_2+R_3}+R_4\right)I$$

根据并联电阻的分流公式,可得所求电流分别为

$$I_1=\frac{R_2+R_3}{R_1+R_2+R_3}\cdot I$$

$$I_2=\frac{R_1}{R_1+R_2+R_3}\cdot I$$

例 1-9 可变电阻器称为电位器,它有两个固定端和一个滑动端,如图 1-18(a)中虚线框内所示,当滑动端位置变动时,就可在固定端和滑动端之间得到不同的电阻值。电位器常用来分压。若在电位器的两固定端加上一个输入电压,就可在其滑动端得到不同的输出电压。设图 1-18 所示电路中,输入电压 U 为 6V,电位器的阻值 R_{ab} 为 2kΩ,负载电阻 R_L 为 10kΩ。当电位器的滑动端处在中间位置时,分别计算未接负载电阻和接上负载电阻时电位器的输出电压。

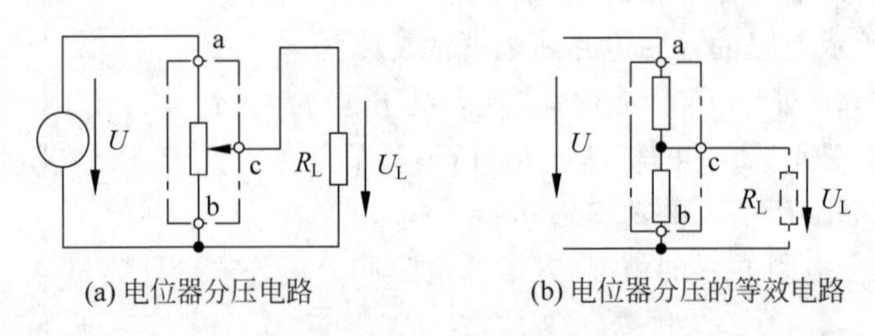

(a) 电位器分压电路　　(b) 电位器分压的等效电路

图 1-18 例 1-9 图

解:电位器分压的等效电路如图 1-18(b)所示,当滑动端处在中间位置时 $R_{ac}=R_{cb}=\frac{1}{2}R_{ab}=1\text{k}\Omega$,未接负载电阻时,电位器的输出电压为

$$U_{Lk}=\frac{R_{cb}}{R_{ab}}U=\frac{1}{2}\times 6\text{V}=3\text{V}$$

接上负载电阻时,电位器的输出电压为

$$U_L=\frac{U}{R_{ac}+\dfrac{R_{cb}R_L}{R_{cb}+R_L}}\times\frac{R_{cb}R_L}{R_{cb}+R_L}=\frac{R_{cb}R_L}{R_{ac}(R_{cb}+R_L)+R_{cb}R_L}U$$

$$=\frac{1\times 10\text{k}\Omega}{1\times(1+10)\text{k}\Omega+1\times 10\text{k}\Omega}\times 6\text{V}=2.86\text{V}$$

电阻分压器的输出电压不可能大于输入电压。如将例 1-9 中的输入电压和输出电阻的位置互换,则输出电压为何值?

例 1-10　在电子技术中常用电位来表示电路中元件的工作状态。在电路图中一般不画电源而标注电位值，用⊥表示零电位点（电位参考点），如图 1-19 所示。求图 1-19 中 C 点的电位。

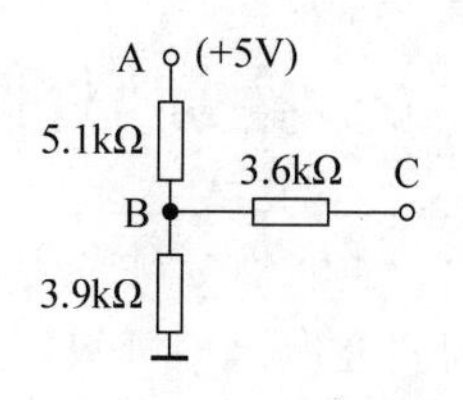

图 1-19　例 1-10 电路图

解：这是一个典型的电阻分压电路。因 3.6kΩ 的电阻中电流为 0，所以 C 点的电位等于 B 点的电位，即

$$V_C = V_B = \frac{V_A - 0}{5100\Omega + 3900\Omega} \times 3900\Omega = \frac{5}{90} \times 39\text{V} = 2.17\text{V}$$

例 1-11　梯形电阻网络如图 1-20 所示，在图中已标出了各电阻的阻值和电源电动势。求电路在电源端的等效电阻 R_i 和末级电流 I_5。

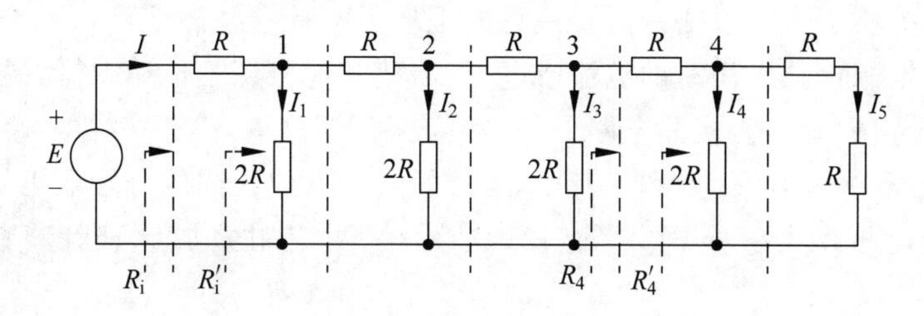

图 1-20　梯形电阻网络

解：该电路的结构和电阻的阻值很有规律，可以利用电阻的串并联进行简化。整个电路可分成 4 个"梯格"，如图中虚线所分隔。先看最右边的梯格，由左向右看，显然

$$R'_4 = \frac{2R \times (R + R)}{2R + R + R} = R$$

$$R_4 = R + R'_4 = R + R = 2R$$

同理可知，每个梯格由左向右看的等效电阻的阻值均为 $2R$。所以电路总的等效电阻，即接到电源两端的等效电阻为

$$R_i = 2R$$

电路的总电流为

$$I = \frac{E}{R_i} = \frac{E}{2R}$$

由并联电阻的分流关系可知，由每个梯格流出的电流等于流入该梯格电流的二分之一，从而可得

$$I_1 = \frac{1}{2}I$$

$$I_2 = \frac{1}{2}I_1 = \frac{1}{2^2}I$$

$$I_3 = \frac{1}{2}I_2 = \frac{1}{2^3}I$$

$$I_4 = I_5 = \frac{1}{2}I_3 = \frac{1}{2^4}I$$

1.6 叠加原理

由线性元件和电源组成的电路称为线性电路。叠加原理是线性电路的一个重要原理。叠加原理可叙述如下：

在线性电路中，多个电源在某一支路产生的电流或电压，等于各个电源单独作用时在该支路产生的电流或电压的代数和。

叠加原理可用1.8节介绍的节点电压法或回路电流法证明，在此不予讨论。

叠加原理具有极其重要的意义：对于线性电路的外加激励可以分别考虑；对于多电源电路可以分成多个单电源电路进行处理，使分析过程大为简化。特别是叠加原理为非正弦周期电路提供了分析方法。需要注意的是功率不具有叠加性。

计算某个电源单独作用时的电流或电压，需使其他电源不作用，具体说就是使其他的电压源短路，电流源开路。实际电路中的电流或电压（总量）等于各个电源单独作用时产生的电流或电压（分量）的代数和。其中，与总量参考方向相同的分量取正号，与总量参考方向相反的分量取负号。下面以图1-21为例，说明应用叠加原理计算多电源电路的方法。

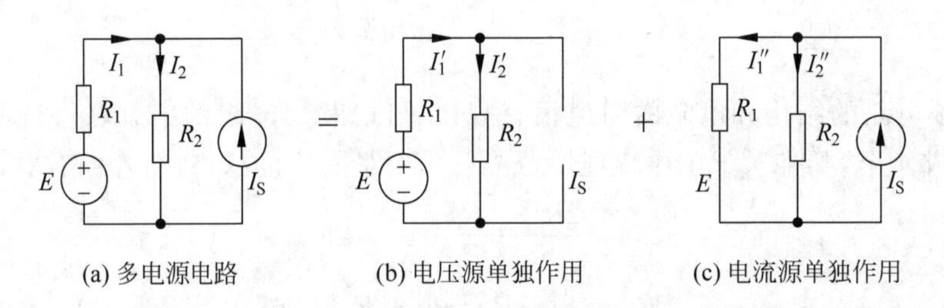

图1-21 叠加原理解题示意

图1-21(a)所示各电源电路中有一个电压源 E 和一个电流源 I_S，若按叠加原理计算支路电流 I_1 和 I_2（参考方向如图示），可分别计算电压源 E 单独作用（电流源 I_S 开路）时的电流 I'_1 和 I'_2（见图1-21(b)），电流源 I_S 单独作用（电压源 E 短路）时的电流 I''_1 和 I''_2（见图1-21(c)），按照所取参考方向，对两次计算的相应分量分别求代数和（与总量同向的取正号，与总量反向的取负号），就可得到所要求的电流，即

$$I_1 = I'_1 - I''_1$$

$$I_2 = I'_2 + I''_2$$

例1-12 在图1-21(a)所示各电源电路中，已知 $R_1 = 2\Omega$，$R_2 = 10\Omega$，$E = 12\text{V}$，$I_S = 2\text{A}$。求电压源 E 的电流 I_1（参考方向如图示）和电压源发出的功率 P_1。

解： 根据叠加原理，电压源 E 单独作用（电流源 I_S 开路）时的电流为

$$I'_1 = \frac{E}{R_1 + R_2} = \frac{12\text{V}}{2\Omega + 10\Omega} = 1\text{A}$$

电流源 I_S 单独作用（电压源 E 短路）时的电流为

$$I_1''=\frac{R_2}{R_1+R_2}I_S=\frac{10\Omega}{2\Omega+10\Omega}\times 2A=1.67A$$

电压源的实际电流为

$$I_1=I_1'-I_1''=1A-1.67A=-0.67A$$

按图示参考方向电压源发出的功率为

$$P_1=E\times I_1=12V\times(-0.67A)=-8.04W$$

即电压源中电流的实际方向与参考方向相反，电压源在吸收功率。

1.7　等效电源原理

当只需计算复杂电路中某一支路的电流、电压时，应用等效电源原理求解最为简便。此方法是将待求支路从原电路中取出，把其余电路(含有电源和无源元件)用一个等效电源来代替，这样就有可能把复杂电路化为简单电路而进行求解。

1.7.1　有源电路的等效变换

实际电源都有一定的内阻，其特性可以用一个理想电源元件和一个电阻元件的组合来表示，如图1-22和图1-23所示。

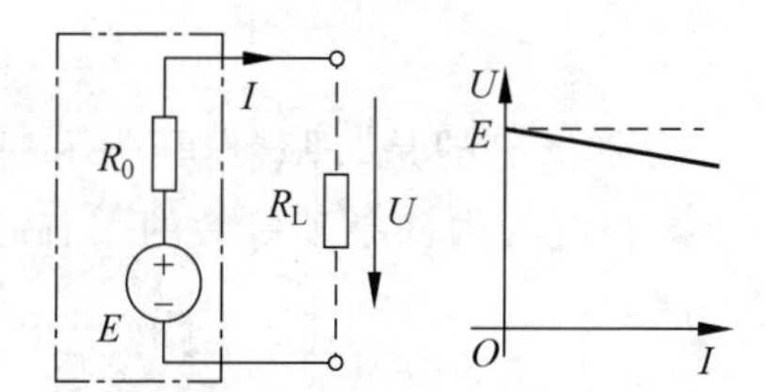

图1-22　有内阻的电压源及其外特性

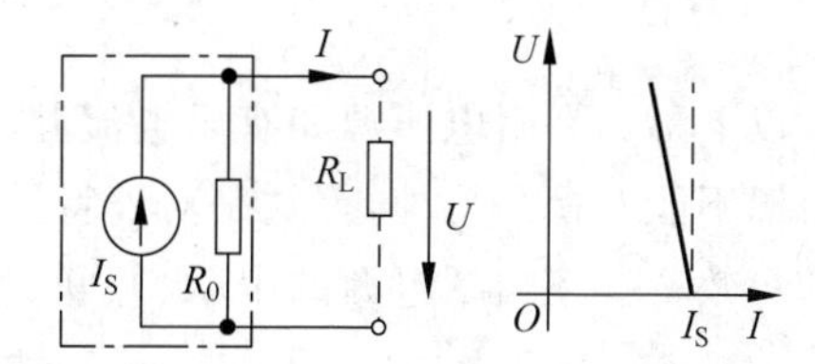

图1-23　有内阻的电流源及其外特性

有内阻的电压源称为有阻电压源。根据KVL，图1-22所示有阻电压源的外特性(即伏安特性)为

$$U=E-R_0I \tag{1-18}$$

上式称为有源支路的欧姆定律，注意式(1-18)所对应的参考方向。

有内阻的电流源称为有阻电流源。根据KCL，图1-23所示有阻电流源的外特性(即伏安特性)为

$$I=I_S-\frac{1}{R_0}U \tag{1-19}$$

若将式(1-18)两边同除以R_0，并移项整理可得

$$I=\frac{E}{R_0}-\frac{1}{R_0}U$$

与式(1-19)相比较可以看出，电动势为E，内阻为R_0的电压源，可以等效成源电流为E/R_0，内阻为R_0的电流源，如图1-24所示。

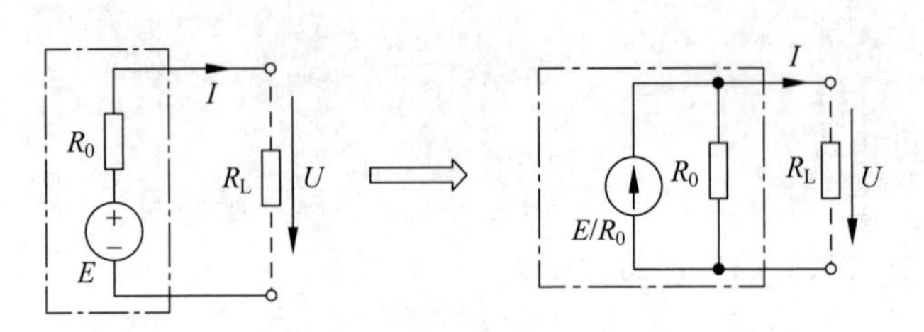

图 1-24　有阻电压源的等效变换

同理，式(1-19)可以写成

$$U = I_S R_0 - RI$$

即源电流为 I_S，内阻为 R_0 的电流源，可以等效成电动势为 $I_S R_0$，内阻为 R_0 的电压源，如图 1-25 所示。

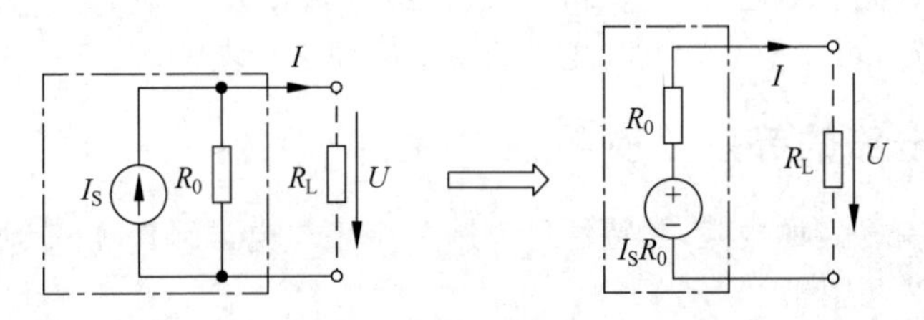

图 1-25　有阻电流源的等效变换

以上称为有阻电压源和有阻电流源的等效互换。需要指出的是，理想电压源和理想电流源不能互换。另外，等效是对外特性而言，这种变换在电源内部是不等效的。有源电路的等效变换还包括电源的串联、并联、移位、合并与分裂等。

1.7.2　戴维南定理

具有两个外接端点的电路称为二端网络。若电路中含有电源，则称为有源二端网络；否则称为无源二端网络。戴维南定理是讨论有源二端网络的等效变换，其叙述如下：

由线性元件构成的任意有源二端网络都可以等效为一个有阻电压源。等效有阻电压源的电动势 E_0 等于有源网络的开路电压，内阻 R_0 等于网络内的电源均为零时网络的等效电阻。

使电源为零就是使电压源短路，电流源开路。网络内电源均为零时网络的等效电阻也称为网络的零电源等效电阻。

戴维南定理是线性电路中的一个重要定理。当只需计算复杂电路中某一支路的电流、电压时，应用戴维南定理求解最为简便。下面以图 1-26(a)所示电路为例，说明如何将一个有源二端网络等效成有阻电压源。

根据戴维南定理，可以把图 1-26(a)虚线框内所示的有源二端网络，等效成图 1-26(b)虚线框内所示的有阻电压源。等效有阻电压源的电动势等于二端网络的开路电压，如图 1-26(c)所示，等效有阻电压源的内阻等于二端网络的零电源等效电阻，如图 1-26(d)所示。按照图 1-26(c)、图 1-26(d)所示电路有

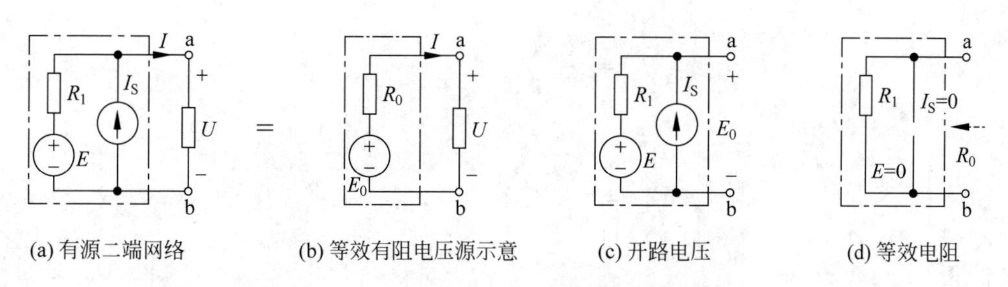

(a) 有源二端网络　(b) 等效有阻电压源示意　(c) 开路电压　(d) 等效电阻

图 1-26　有源二端网络的等效有阻电压源示意

$$E_0 = E + R_1 I_S$$

$$R_0 = R_1$$

例 1-13　用戴维南定理计算图 1-27(a)所示电路中电压源的电流 I，其参考方向如图 1-27(a)、(b)、(c)所示。其中：$R_1=2\Omega, R_2=10\Omega, E=12\text{V}, I_S=2\text{A}$。

解：把包含电压源 E 的支路去掉，根据戴维南定理，电路的其余部分可等效成一个有阻电压源，如图 1-27(b)。该等效电源的电动势 E_0（见图 1-27(c)）和内阻 R_0（见图 1-27(d)）分别为

$$E_0 = R_2 I_S = 10\Omega \times 2\text{A} = 20\text{V}$$

$$R_0 = R_2 = 20\Omega$$

所求电流 I（见图 1-27(b)）为

$$I = \frac{E_0 - E}{R_0 + R_1} = \frac{20\text{V} - 12\text{V}}{10\Omega + 2\Omega} = 0.67\text{A}$$

本例中也可只把电压源断开，使电阻 R_1 包含在其余的有源网络中，则其等效内阻不同，而计算结果相同。

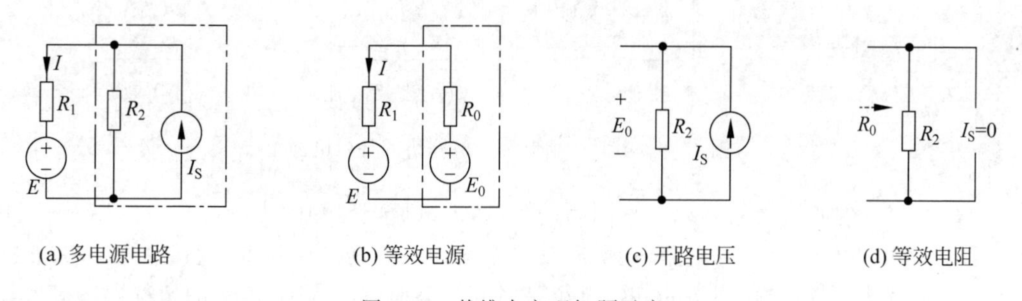

(a) 多电源电路　(b) 等效电源　(c) 开路电压　(d) 等效电阻

图 1-27　戴维南定理解题示意

例 1-14　测量技术中常用的电桥电路如图 1-28(a)所示，其中 G 是微安电流计，可认为其电阻为零。

(1) 用戴维南定理计算电流计中的电流 I_g。

(2) 当 $I_g=0$ 时($E\neq 0$)，称为电桥平衡。写出电桥平衡的条件。

解：把电流计支路去掉，根据戴维南定理，电路的其余部分可等效成一个有阻电压源（图 1-28(b)）。等效电源的电动势 E_0（见图 1-28(c)）和内阻 R_0（见图 1-28(d)）分别为

$$E_0 = \frac{R_2 E}{R_1 + R_2} - \frac{R_4 E}{R_3 + R_4} = \left(\frac{R_2 R_3 - R_1 R_4}{(R_1 + R_2)(R_3 + R_4)}\right) E$$

$$R_0=\frac{R_1R_2}{R_1+R_2}+\frac{R_3R_4}{R_3+R_4}$$

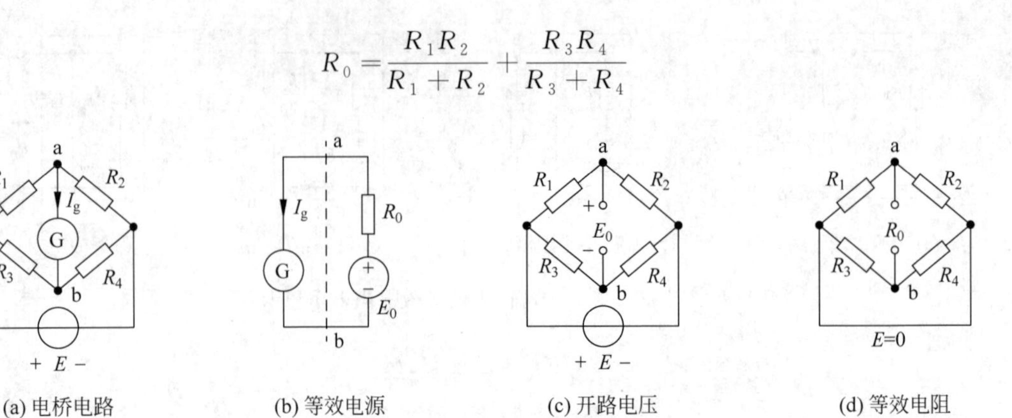

图 1-28 戴维南定理求解电桥电路示意

(1) 因为电流计的电阻为零，所以电流 I_g(图 1-28(b))为

$$I_g=\frac{E_0}{R_0}=\frac{R_2R_3-R_1R_4}{R_1R_2(R_3+R_4)+R_3R_4(R_1+R_2)}E$$

(2) 由上式可知，要使 $I_g=0$，需使 $R_2R_3-R_1R_4=0$，即电桥平衡的条件为

$$R_2R_3=R_1R_4$$

对有源二端网络也可以通过实验的方法求出其等效电源，具体做法如图 1-29 所示。测出端口的开路电压 U_K(图 1-29(b))和端口的短路电流 I_D(图 1-29(c))，即有等效电源的电动势为 $E_0=U_K$，内阻为 $R_0=U_K/I_D$(见图 1-29(d))。

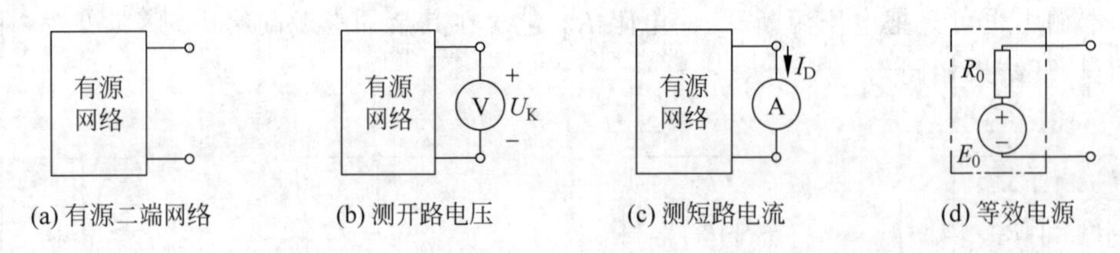

图 1-29 实验法求有源二端网络的等效电源

戴维南定理所讨论的有源二端网络的负载，即从原电路中除去的部分，可以是一个电阻元件，也可以是一个有源支路，还可以是一个无源或有源二端网络，甚至可以含有非线性元件。另外，有源二端网络的等效电源是对外电路而言的，网络内部的情况并不等效。

戴维南定理是把一个含源二端网络等效成一个有阻电压源。按照有阻电源的互换原则，也可以把一个含源二端网络等效成一个有阻电流源，这就是诺顿定理。戴维南定理和诺顿定理都称为等效电源原理。等效电源原理是电路分析中的一种有效方法。

1.8 电路分析的一般方法

利用欧姆定律、叠加原理、戴维南定理和电阻串并联可以解决很多电路的分析计算问题。但是对于一般性电路网络的分析计算(如电桥电路、多电源供电电路等)，特别是当电路的规模较大、结构复杂时，需要采用一些较为规范的、便于计算机辅助计算的一般分析方法。电路分析的一般方法主要有支路电流法、回路电流法、节点电压法等，下面分别进行介绍。

1.8.1　支路电流法

在复杂电路的计算方法中，支路电流法最为直接。这种方法以支路电流作为未知量，根据基尔霍夫定律，列写电路方程组联立求解。下面以图 1-30 所示电路为例来说明支路电流法。

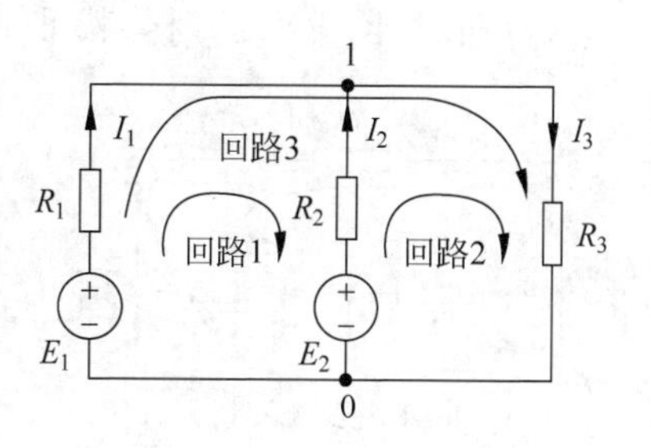

图 1-30　支路电流法示意电路图

图 1-30 所示电路中共有 3 条支路，两个节点，3 个回路。各支路电流方向及回路方向已在图 1-30 中标出。

根据 KCL，可以对节点 0 和节点 1 分别写出支路电流方程，即

$$节点 1：-I_1-I_2+I_3=0$$

$$节点 0：I_1+I_2-I_3=0$$

显然，以上两式是相关的，表示的是同一个约束。对只有两个节点的电路，由 KCL 只能写出一个独立方程。

根据 KVL，可以对 3 个回路分别写出回路电压方程，即：

$$回路 1：I_1R_1-I_2R_2=E_1-E_2$$

$$回路 2：I_2R_2+I_3R_3=E_2$$

$$回路 3：I_1R_1+I_3R_3=E_1$$

不难发现，以上 3 个方程中只有两个是独立的，可以由其中的任意两个推导出第 3 个，即对图 1-30 所示电路，由 KVL 只能写出两个独立方程。

若选节点 1、回路 1 和回路 2 所对应的方程为独立方程，则称节点 1 为独立节点，回路 1 和回路 2 为独立回路。根据基尔霍夫定律，可以写出以支路电流为变量的独立方程为

$$\begin{cases}I_1+I_2-I_3=0\\I_1R_1-I_2R_2=E_1-E_2\\I_2R_2+I_3R_3=E_2\end{cases}\tag{1-20}$$

式(1-20)称为支路电流方程，对其求解就可得到各支路电流。

可以证明，具有 n 个节点、m 条支路的一般性电路，按照基尔霍夫定律，共可列出 $n-1$ 个独立节点方程、$m-n+1$ 个独立回路方程。或者说具有 n 个节点，m 条支路的一般性电路，共有 $n-1$ 个独立节点、$m-n+1$ 个独立回路。对于平面电路(即电路可以画在平面上而各支路没有交叉的电路)，独立回路数就等于网孔数(网孔是不被支路穿过的回路)。通常取电路的网孔作为独立回路，规定顺时针方向为回路方向，独立节点可在 n 个节点中任选 $n-1$ 个。

综上所述，可归纳支路电流法的解题步骤如下。

(1) 规定各支路电流的参考方向。

(2) 任选 $n-1$ 个独立节点，按 KCL 写出节点电流方程。

(3) 选取 $m-n+1$ 个独立回路并规定回路方向(通常取网孔为独立回路，顺时针方向为回路方向)，按 KVL 写出回路电压方程。

(4) 联立求解上述方程，就可得到各支路电流。

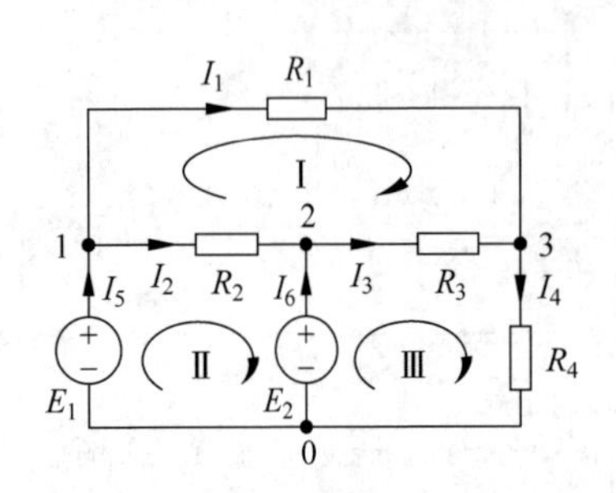

图 1-31 例 1-15 电路图

例 1-15 在图 1-31 所示电路中，已知 $E_1=12\text{V}$，$E_2=10\text{V}$，$R_4=4\Omega$，$R_1=1\Omega$，$R_2=2\Omega$，$R_3=4\Omega$。求各支路电流。

解：本例电路有 4 个节点，6 条支路，3 个网孔。应用支路电流法求解过程如下。

(1) 规定各支路电流参考方向如图 1-31 所示。

(2) 取节点 1、2、3 为独立节点，按 KCL 写出节点电流方程为

节点 1：$I_1+I_2-I_5=0$

节点 2：$-I_2+I_3-I_6=0$

节点 3：$-I_1-I_3+I_4=0$

(3) 取网孔为独立回路，顺时针为回路方向，按 KVL 写出回路电压方程为

回路 Ⅰ：$I_1R_1-I_2R_2-I_3R_3=0$

回路 Ⅱ：$I_2R_2=E_1-E_2$

回路 Ⅲ：$I_3R_3+I_4R_4=E_2$

(4) 将已知参数代入以上方程，联立求解，可求得各支路电流：$I_1=2.33\text{A}$，$I_2=1\text{A}$，$I_3=0.08\text{A}$，$I_4=2.42\text{A}$，$I_5=3.33\text{A}$，$I_6=-0.92\text{A}$。

对有 n 个节点、m 条支路的电路，支路电流法需求解 $m+n-1$ 个联立方程。若支路中有电流源，则该支路电流等于电流源的电流，是已知的，这时可把电流源的端电压作为未知变量，支路电流法并无改变。

1.8.2 回路电流法

假设每个独立回路都有一个沿回路流动的电流，这个电流称为回路电流。每一个支路电流都可看作是由相应的回路电流组合而成。以回路电流为变量，按 KVL 列写电路的回路电压方程求出各回路电流，再由回路电流计算各支路电流，这种方法就称为回路电流法。对有 n 个节点、m 条支路的电路，回路电流法只需求解 $m-n+1$ 个联立方程。下面以图 1-32 所示电路为例说明回路电流法。

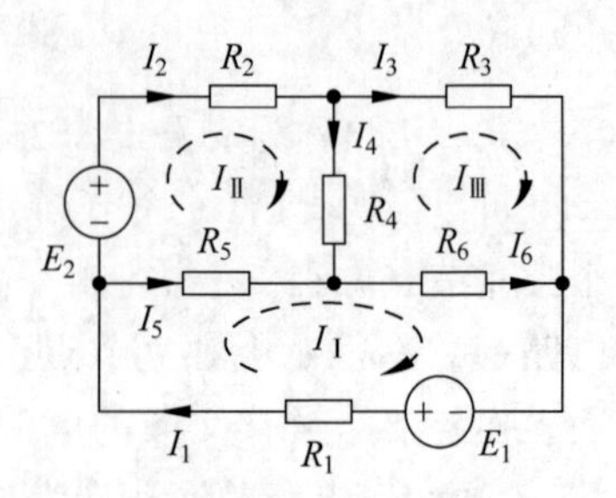

图 1-32 回路电流法示意电路图

图 1-32 所示电路中共有 6 条支路，3 个独立节点，3 个独立回路。若按支路电流法需联立求解 6 个方程。现讨论回路电流法的求解方法。

首先，选定独立回路并规定回路电流。通常取网孔为独立回路，顺时针方向为回路电流方向，如图 1-32 所示。

然后，对各独立回路，按 KVL 写出回路电压方程。写回路电压方程时，以回路电流方向为该回路的绕行方向。图 1-32 电路的回路电压方程为

$$\text{回路 Ⅰ}: R_1 I_{\text{Ⅰ}} + R_5(I_{\text{Ⅰ}} - I_{\text{Ⅱ}}) + R_6(I_{\text{Ⅰ}} - I_{\text{Ⅲ}}) = E_1$$

$$\text{回路 Ⅱ}: R_5(I_{\text{Ⅱ}} - I_{\text{Ⅰ}}) + R_2 I_{\text{Ⅱ}} + R_4(I_{\text{Ⅱ}} - I_{\text{Ⅲ}}) = E_2$$

$$\text{回路 Ⅲ}: R_6(I_{\text{Ⅲ}} - I_{\text{Ⅰ}}) + R_4(I_{\text{Ⅲ}} - I_{\text{Ⅱ}}) + R_3 I_{\text{Ⅲ}} = 0$$

整理可得

$$\begin{cases}(R_1 + R_5 + R_6)I_{\text{Ⅰ}} - R_5 I_{\text{Ⅱ}} - R_6 I_{\text{Ⅲ}} = E_1 \\ -R_5 I_{\text{Ⅰ}} + (R_2 + R_4 + R_5)I_{\text{Ⅱ}} - R_4 I_{\text{Ⅲ}} = E_2 \\ -R_6 I_{\text{Ⅰ}} - R_4 I_{\text{Ⅱ}} + (R_3 + R_4 + R_6)I_{\text{Ⅲ}} = 0\end{cases} \tag{1-21}$$

式(1-21)称为回路电流方程，对其求解可得到各回路电流。然后可由回路电流求出所需要的支路电流，如按图 1-32 所示参考方向，有

$$I_2 = I_{\text{Ⅱ}}$$

$$I_4 = I_{\text{Ⅱ}} - I_{\text{Ⅲ}}$$

$$I_6 = I_{\text{Ⅰ}} - I_{\text{Ⅲ}}$$

观察图 1-32 和式(1-21)可以发现，在各回路电流及回路方向都一致的情况下(如都取顺时针方向)，回路电流方程很有规律。对任一回路，回路方程中本回路电流的系数取正号，其值为该回路的所有电阻之和，称为自阻；与本回路相关的其他回路电流的系数取负号，其值为两回路公共支路的电阻之和，称为互阻。自阻总是正值；在各回路电流方向都一致的情况下互阻总是负值；若两个回路没有公共电阻，则互阻为零。例如，对图 1-32 所示电路中的回路Ⅰ，其自阻为 $R_1+R_5+R_6$，回路Ⅰ和回路Ⅱ的互阻为 $-R_5$，回路Ⅰ和回路Ⅲ的互阻为 $-R_6$。按此规律可以方便地直接写出标准形式的回路电流方程。

若电路中出现电流源，则可把电流源的端电压作为未知变量，同时注意电流源对相应回路电流的约束，写出回路电流方程。也可适当选择回路，把电流源电流作为回路电流，并使电流源所在支路只流过此回路电流，这样可使回路电流变量减少，具体做法见例 1-17。

例 1-16　直接写出图 1-31 所示电路的回路电流方程。

解：选取各回路电流与图 1-31 所示回路方向相同，由自阻和互阻的概念可直接写出回路电流方程为

$$\text{回路 Ⅰ}: (R_1 + R_2 + R_3)I_{\text{Ⅰ}} - R_2 I_{\text{Ⅱ}} - R_3 I_{\text{Ⅲ}} = 0$$

$$\text{回路 Ⅱ}: -R_2 I_{\text{Ⅰ}} + R_2 I_{\text{Ⅱ}} = E_1 - E_2$$

$$\text{回路 Ⅲ}: -R_3 I_{\text{Ⅰ}} + (R_3 + R_4)I_{\text{Ⅲ}} = E_2$$

例 1-17　写出图 1-33 所示电路的回路电流方程。

解：图示电路共有 4 个网孔，并含有电流源支路。选网孔为独立回路，其网孔编号按上部网孔为Ⅰ，下部网孔从左到右分别为Ⅱ、Ⅲ、Ⅳ；回路电流和回路方向均取顺时针方向。这样网孔Ⅱ的回路电流恰为电流源的电流，是已知量，所以不必写网孔Ⅱ的方程。按

自阻、互阻的概念,可直接写出标准形式的回路电流方程为

$$网孔\ \mathrm{I}:(R_2+R_3)I_{\mathrm{I}}-R_3I_{\mathrm{III}}=-E_2$$

$$网孔\ \mathrm{III}:-R_3I_{\mathrm{I}}-R_1I_{S1}+(R_1+R_3+R_4)I_{\mathrm{III}}-R_4I_{\mathrm{IV}}=0$$

$$网孔\ \mathrm{IV}:-R_4I_{\mathrm{III}}+(R_4+R_5)I_{\mathrm{IV}}=0$$

回路电流法和支路电流法基本相同,但回路电流法的方程个数少,在只需求解部分支路的电流时,回路电流法更具优越性。回路电流法还具有方程的规律性强,其自阻和互阻只与网络的拓扑结构有关的特点,更便于计算机辅助分析处理。

1.8.3 节点电压法

若令电路中某个节点为参考点,即令其电位为零,则其他节点的电位就等于节点对此参考节点的电压,称其为节点的节点电压,也称为节点电位。由基尔霍夫电压定律可知,各支路电压均可表示为相关节点电压之差,如图 1-34 中,若用 U_A 和 U_B 分别表示 A 点和 B 点的电位,则按图 1-34 所示方向有 $U_{AB}=U_A-U_B$,由欧姆定律和基尔霍夫电压定律可知

$$图\ 1\text{-}34(a)\ 中\quad I_{AB}=(U_A-U_B)/R$$

$$图\ 1\text{-}34(b)\ 中\quad I_{BA}=(E-U_{AB})/R=[E-(U_A-U_B)]/R$$

以节点电压为变量,按基尔霍夫电流定律写出电路各节点的电流方程,求解节点电压;再由求出的节点电压计算支路电流,这种方法称为节点电压法。对于有 n 个节点的电路,节点电压法只需求解 $n-1$ 个方程。下面以图 1-33 所示电路为例说明节点电压法。

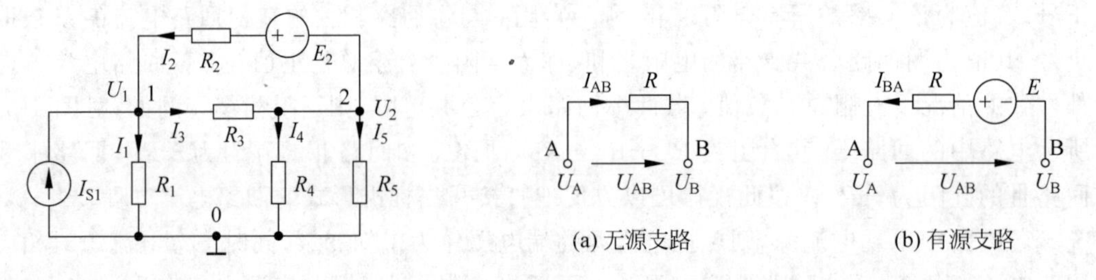

图 1-33 节点电压法示意电路图　　图 1-34 节点电位与支路电压

图 1-33 所示电路中共有 6 条支路,3 个节点;其中有两个独立节点,4 个独立回路。若按支路电流法需联立求解 6 个方程,按回路电流法一般需联立求解 4 个方程。现讨论节点电压法的求解方法。首先,选定一个节点为参考点。通常选取连接支路较多的节点为参考点。在图 1-33 所示电路中,选节点 0 为参考点。然后,对各非参考节点,按 KCL 写出节点电流方程。写节点电流方程时,对流出节点的电流取正号,流入节点的电流取负号。图 1-33 所示电路的节点电流方程为

$$节点\ 1:-I_{S1}+\frac{U_1}{R_1}-\frac{E_2-(U_1-U_2)}{R_2}+\frac{U_1-U_2}{R_3}=0$$

$$节点\ 2:\frac{E_2-(U_1-U_2)}{R_2}-\frac{U_1-U_2}{R_3}+\frac{U_2}{R_4}+\frac{U_2}{R_5}=0$$

整理可得

$$\begin{cases}\left(\frac{1}{R_1}+\frac{1}{R_2}+\frac{1}{R_3}\right)U_1-\left(\frac{1}{R_2}+\frac{1}{R_3}\right)U_2=I_{S1}+\frac{E_2}{R_2}\\-\left(\frac{1}{R_2}+\frac{1}{R_3}\right)U_1+\left(\frac{1}{R_2}+\frac{1}{R_3}+\frac{1}{R_4}+\frac{1}{R_5}\right)U_2=-\frac{E_2}{R_2}\end{cases}\tag{1-22}$$

若用电导表示式中电阻的倒数，则上式可写成

$$\begin{cases}(G_1+G_2+G_3)U_1-(G_2+G_3)U_2=I_{S1}+G_2E_2\\-(G_2+G_3)U_1+(G_2+G_3+G_4+G_5)U_2=-G_2E_2\end{cases}\tag{1-23}$$

式(1-22)和式(1-23)都称为节点电压方程，等式右边为流入节点的源电流，即电源电流之和(流入节点为正，流出节点为负)。对其求解可得到各节点电压。然后可由节点电压求出所需要的支路电流。如按图1-33所示的参考方向，有

$$I_1=\frac{U_1}{R_1}$$

$$I_2=\frac{U_2-U_1+E_2}{R_2}$$

$$I_3=\frac{U_1-U_2}{R_3}$$

观察图1-33和式(1-22)或式(1-23)可以发现，节点电压方程的写法也很有规律。对任一节点，节点电压方程中本节点电压的系数取正号，其值等于与该节点相连的所有电导之和(电阻的倒数之和)，称为自导；与本节点相关的其他节点电压的系数取负号，其值等于两节点间连接的电导之和，称为互导。自导总是正值，互导总是负值；若两节点间无电导(电阻)相连，则其互导为零。例如，图1-33所示电路中的节点1，其自导为$G_1+G_2+G_3$，节点1和节点2的互导为$-(G_2+G_3)$。等式右边为流入节点的源电流之和。按此规律可以方便地写出标准形式的节点电压方程。

若两个节点直接由电压源连接，则这两个节点的节点电压相关，这使节点电压变量减少一个。若选择电压源直接连接的两个节点中的一个作为参考点，则写方程比较方便，见例1-19。若把电压源的电流作为未知变量，同时应用电压源对相应节点电压的约束条件，则写方程时的规律性比较好。

例1-18 写出图1-35所示电路的节点电压方程。

解：图1-35所示电路共有4个节点，选节点D为参考节点，其余3个节点即为独立节点。按自导、互导的概念，可直接写出标准形式的节点电压方程为

节点A：$\left(\frac{1}{R_1}+\frac{1}{R_2}+\frac{1}{R_5}\right)U_A-\frac{1}{R_2}U_B-\frac{1}{R_5}U_C=\frac{E_1}{R_1}-\frac{E_2}{R_2}$

节点B：$-\frac{1}{R_2}U_A+\left(\frac{1}{R_2}+\frac{1}{R_3}+\frac{1}{R_4}\right)U_B-\frac{1}{R_4}U_C=\frac{E_2}{R_2}$

节点C：$-\frac{1}{R_5}U_A-\frac{1}{R_4}U_B+\left(\frac{1}{R_4}+\frac{1}{R_5}+\frac{1}{R_6}\right)U_C=0$

例1-19 在图1-36所示电路中，已知$E_1=10\text{V}$，$E_2=20\text{V}$，$R_1=100\Omega$，$R_2=200\Omega$，$R_3=100\Omega$，$R_4=10\Omega$，$R_5=200\Omega$。用节点电压法计算电路中的电流I_3和I_5。

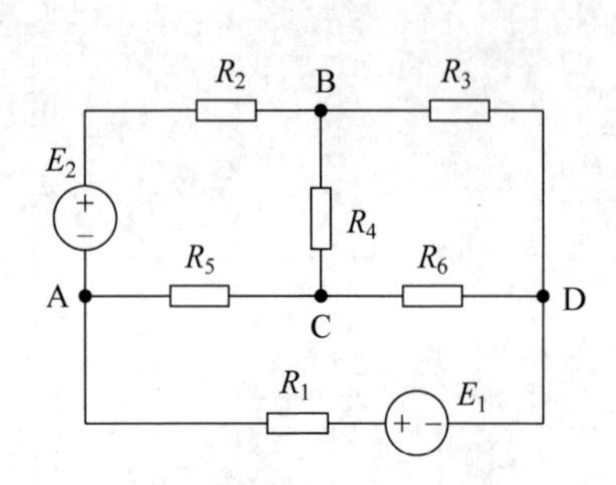

图 1-35　例 1-18 的电路图

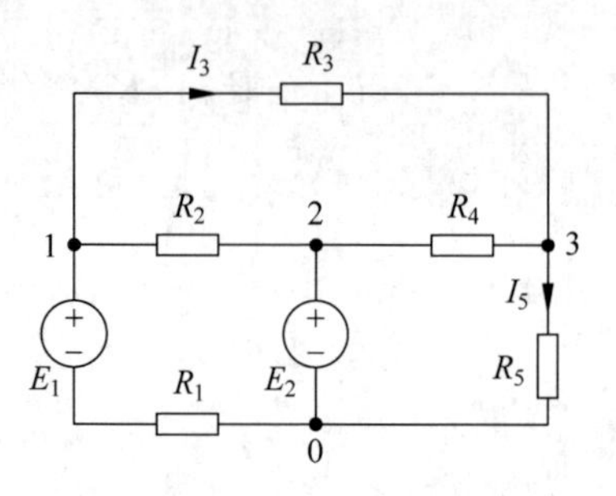

图 1-36　例 1-19 的电路图

解：本例电路中，节点 0 和节点 2 被电压源 E_2 直接连接，所以选节点 0 为参考节点较为方便，这样节点 2 的节点电压为已知量，不必对其写方程。按自导、互导的概念，可直接写出标准形式的节点电压方程为

$$节点\ 1：\left(\frac{1}{R_1}+\frac{1}{R_2}+\frac{1}{R_3}\right)U_1-\frac{1}{R_2}U_2-\frac{1}{R_3}U_3=\frac{E_1}{R_1}$$

$$节点\ 3：-\frac{1}{R_3}U_1-\frac{1}{R_4}U_2+\left(\frac{1}{R_3}+\frac{1}{R_4}+\frac{1}{R_5}\right)U_3=0$$

将已知参数及节点 2 的节点电压 $U_2=E_2$ 代入上式，可得

$$\left(\frac{1}{100\Omega}+\frac{1}{200\Omega}+\frac{1}{100\Omega}\right)U_1-\frac{1}{200\Omega}\times 20\text{V}-\frac{1}{100\Omega}U_3=\frac{10}{100}\text{A}$$

$$-\frac{1}{100\Omega}U_1-\frac{1}{10\Omega}\times 20\text{V}+\left(\frac{1}{100\Omega}+\frac{1}{10\Omega}+\frac{1}{200\Omega}\right)U_3=0$$

求解以上两方程，可得 $U_1=15.5\text{V}$，$U_3=18.74\text{V}$。

按图 1-36 所示参考方向，由 KVL 和欧姆定律，可得

$$I_3=\frac{U_1-U_3}{R_3}=\frac{15.5\text{V}-18.74\text{V}}{100\Omega}=-0.0324\text{A}=-32.4\text{mA}$$

$$I_5=\frac{U_3}{R_5}=\frac{18.74\text{V}}{200\Omega}=0.0937\text{A}=93.7\text{mA}$$

习题 1

一、思考题

1. 写出图 1-2 所示电路的所有节点、支路和回路。

2. 电路的基本功能有哪些？对每种基本功能各找一个实例进行说明。

3. 参考方向有何实际意义？在容易判别实际方向的简单电路中是否需要确定参考方向？在难以判别实际方向的复杂电路中应如何确定参考方向？

4. 电路分析中所讨论的电路元件与实际电路元件有何区别？

5. 经计算电路中某支路的电流和电压均为负值，是否说明该支路在发出功率？

6. 若 A 设备耗电 8000kW·h，B 设备耗电 1000kW·h，是否说明 A 设备消耗的功率大？

7. 电阻消耗的功率可用 $P=I^2R$ 计算。据此是否可以说“电阻的阻值越大，消耗的功率就越大”？

8. 额定电压为 110V，额定功率为 100W 的两个白炽灯，串联后接入 220V 的电路中能否正常工作？若两个白炽灯的额定功率分别为 100W 和 200W，串联后接入 220V 的电路中能否正常工作？（提示：白炽灯可作为电阻元件）

9. 若将例 1-9 所示的电位器分压电路中的电源和负载互换，即把电源接到电位器的 c、b 端，负载接到电位器的 a、b 端，负载电压是否会比电源电压高？按例 1-9 所给参数计算此时的输出电压。

10. 有阻电压源和有阻电流源的等效互换在电源内部是否等效？试举例说明。

11. 根据戴维南定理，一个有源线性二端网络可以等效成一个有阻电压源。这种等效变换对二端网络内部是否等效？试举例说明。

12. 按叠加原理计算某个电源产生的电压或电流时，电路中的其他电源应如何处理？求总量时应如何确定各分量的正负号？

13. 分别写出图 1-2 所示电路的回路电流方程和节点电压方程。

14. 阻值为 R 的电阻，所加电压为 U 时，消耗的功率为 P。若将电压增大一倍，则电阻消耗的功率将变为何值？

15. 一个有源线性二端网络接有负载电阻 R，其端口电压为 12V；在此端口上再并联一个同样的电阻，则端口电压变为 10V。按戴维南定理，此二端网络的等效电动势为何值？

二、计算题

1. 一个功率为 500W 的电炉接在 220V 的电源上，电炉中的电流为多少？连续使用 3h，电炉消耗的电能为多少？（提示：电炉可看作纯电阻）

2. 某个微波炉能在 5min 内将 0.5kg 水由 20℃加热到 80℃，若系统的效率为 0.9，则此微波炉的功率为多少？用此微波炉把 2kg 水由 20℃加热到 100℃所消耗的电能为多少？（提示：水的比热容为 C＝1cal/(g·℃)；热功当量为 1J＝0.24cal）

3. 某个太阳能热水器在夏季晴天时，每天能把 300kg 水由 25℃加热到 85℃，这相当于一个 1500W 的电热器工作多少时间？用电多少度？

4. 计算图 1-37(a)中的电流 I 和图 1-37(b)中的电压 U。

5. 根据基尔霍夫定律计算图 1-38 所示电路中各元件的未知电压或电流，并计算各元件吸收的功率。

6. 图 1-39 中，$E=20\text{V}$，$R_1=1\Omega$，$R_2=9\Omega$。求电流 I 和电阻 R_2 消耗的功率。

7. 图 1-40 中，$E=10\text{V}$，$R_1=1\Omega$，$R_2=10\Omega$。求电流 I 和电阻 R_2 消耗的功率。

8. 图 1-41 电路中，已知 $E=100\text{V}$，$R_1=1\Omega$，$R_2=10\Omega$，$R_3=20\Omega$。求电源电流 I 和电阻电流 I_3。

9. 图 1-42 中，电源电动势为 E，各电阻的阻值均为 R。求电流 I_{HE} 和 I_{DC}。

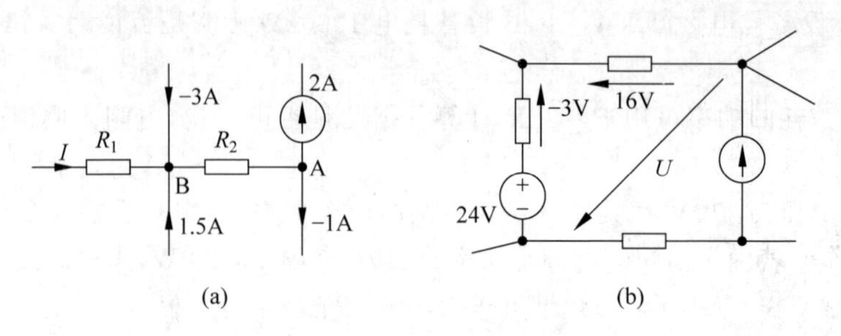

图 1-37　计算题 4 电路图

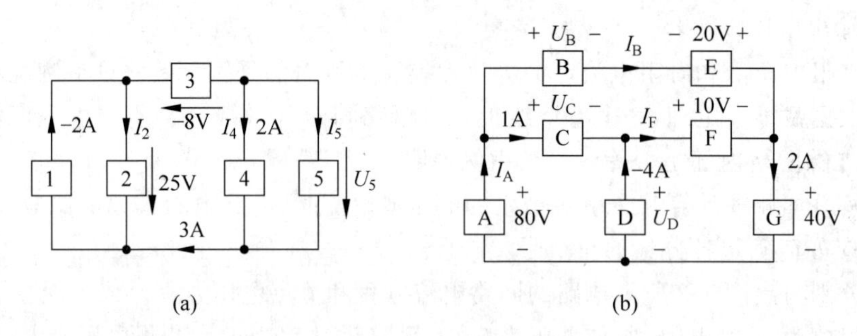

图 1-38　计算题 5 电路图

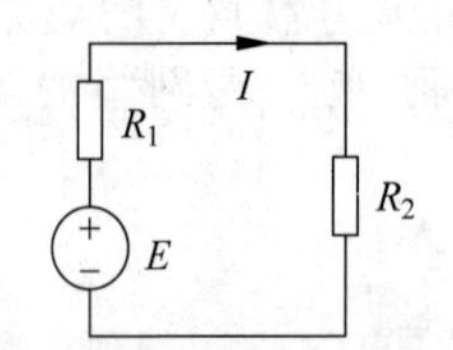

图 1-39　计算题 6 电路图

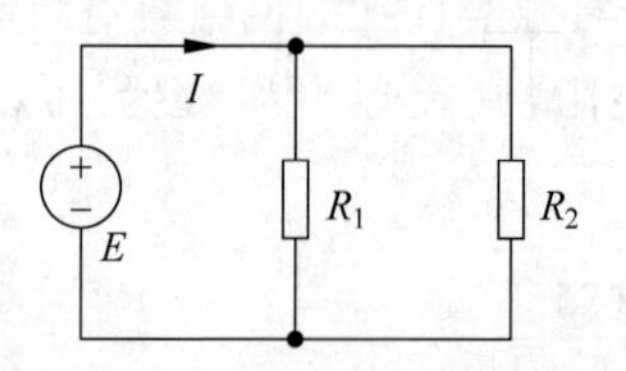

图 1-40　计算题 7 电路图

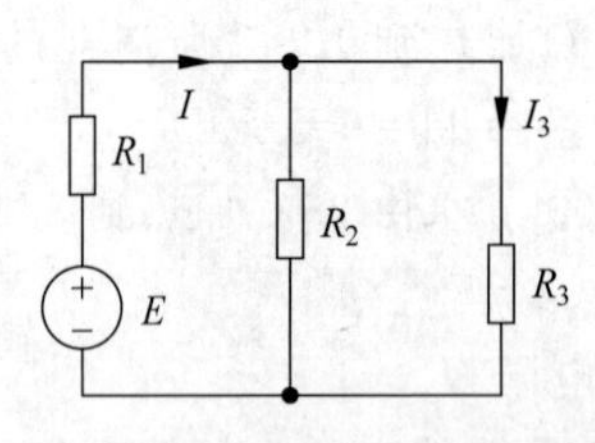

图 1-41　计算题 8 电路图

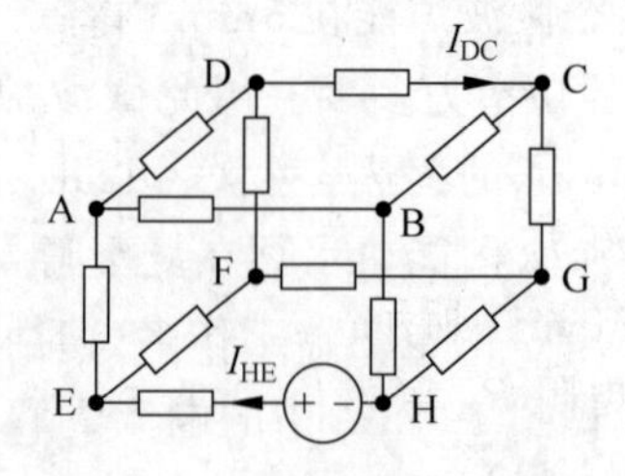

图 1-42　计算题 9 电路图

10. 计算图 1-43 所示各电路的等效电阻 R_{ab}。

11. 万用表是一种可以通过转换开关改变表内电路来测量不同电路参数的仪表。其测量直流电压的电路如图 1-44 所示，其中 G 是微安电流表。若微安电流表的满偏电流为 50μA，内阻可忽略不计，R_0 为 3kΩ，负端和 A、B、C 端分别为 10V、50V、100V 挡（即微安电流表满偏时所对应的被测电压值）。计算分压电阻 R_1、R_2、R_3 的阻值。

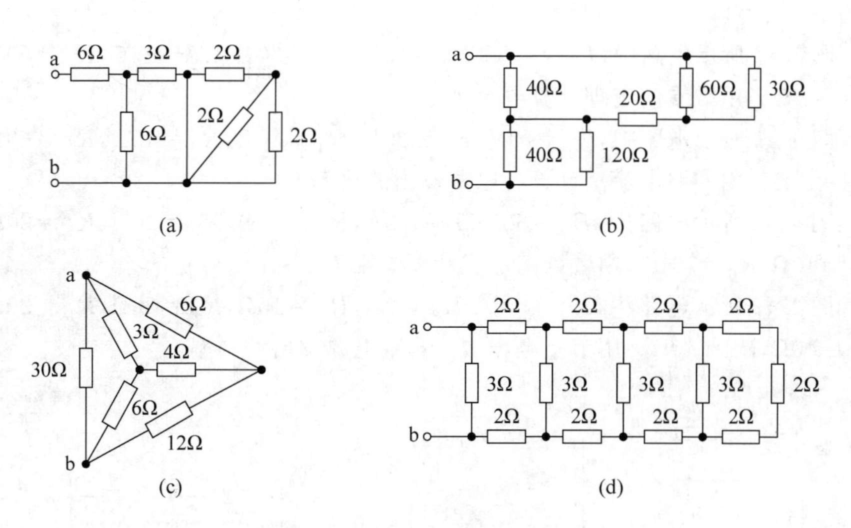

图 1-43 计算题 10 电路图

12. 万用表测量直流电流的电路如图 1-45 所示，其中 G 是微安电流表。若微安电流表的满偏电流为 50μA，内阻可忽略不计，R_0 为 3kΩ，负端和 A、B、C 端分别为 10mA、50mA、100mA 挡(即微安电流表满偏时所对应的被测电流值)。计算分流电阻 R_1、R_2、R_3 的阻值。

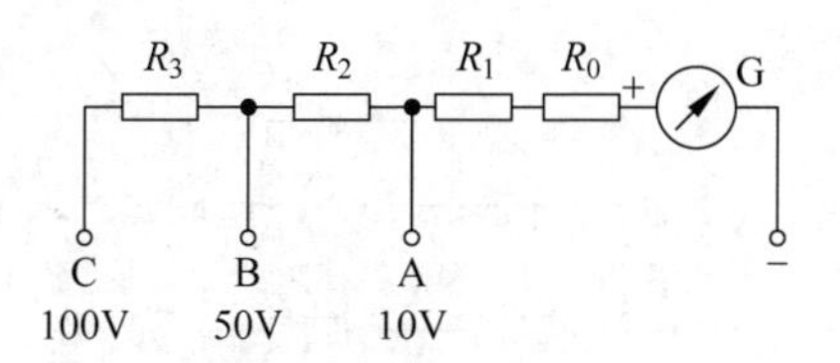

图 1-44 万用表测量直流电压的电路

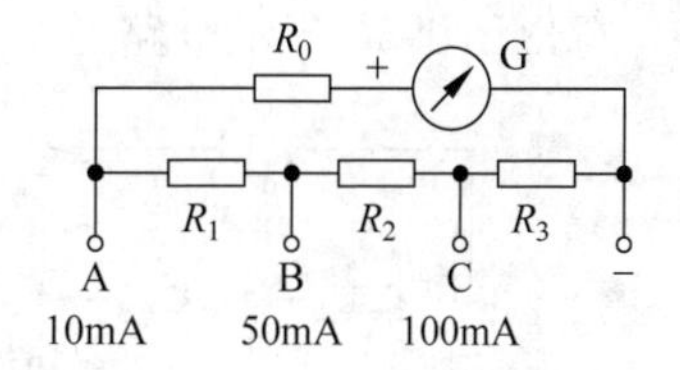

图 1-45 万用表测量直流电流的电路

13. 电源并联供电电路如图 1-46 所示，两电源的电动势和内阻分别为 $E_1=120\text{V}$、$E_2=126\text{V}$、$R_1=1\Omega$、$R_2=2\Omega$，负载电阻为 $R_3=10\Omega$。用叠加原理计算负载电阻 R_3 消耗的功率。

14. 图 1-47 所示电路中，$I_S=2\text{A}$，$E=12\text{V}$，$R_1=12\Omega$，$R_2=2\Omega$，$R_3=10\Omega$。用叠加原理计算电流 I_3。

15. 图 1-47 所示电路中，$I_S=1\text{A}$，$E=12\text{V}$，$R_1=10\Omega$，$R_2=2\Omega$，$R_3=10\Omega$。用戴维南定理计算电阻 R_3 消耗的功率。

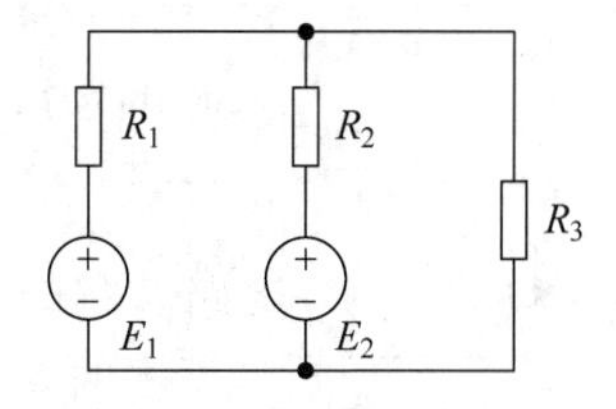

图 1-46 计算题 13 电路图

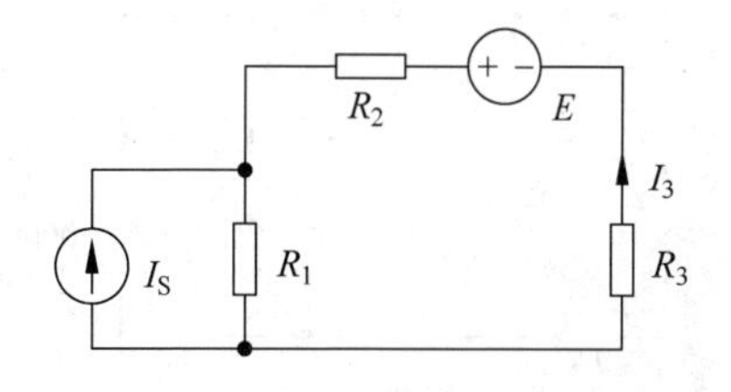

图 1-47 计算题 14、15 电路图

16. 图 1-48 所示电路中，$E_1=50\text{V}$，$E_2=10\text{V}$，$R_1=30\Omega$，$R_2=15\Omega$，$R_3=60\Omega$，$R_4=30\Omega$，$R_5=10\Omega$。用戴维南定理计算电流 I_2。

17. 图 1-48 所示电路中，$E_1=70\text{V}$，$E_2=25\text{V}$，$R_1=30\Omega$，$R_2=15\Omega$，$R_3=60\Omega$，$R_4=30\Omega$，$R_5=10\Omega$。用回路电流法计算各电源发出的功率。

18. 图 1-49 所示电路中，$E_1=50\text{V}$，$I_{S2}=2\text{A}$，$R_1=10\Omega$，$R_2=20\Omega$，$R_3=20\Omega$，$R_4=40\Omega$，$R_5=40\Omega$，$R_6=40\Omega$。用戴维南定理计算电流 I_5。

19. 图 1-49 所示电路中，$E_1=50\text{V}$，$I_{S2}=2\text{A}$，$R_1=10\Omega$，$R_2=20\Omega$，$R_3=20\Omega$，$R_4=40\Omega$，$R_5=40\Omega$，$R_6=40\Omega$。用节点电压法计算各电源发出的功率。

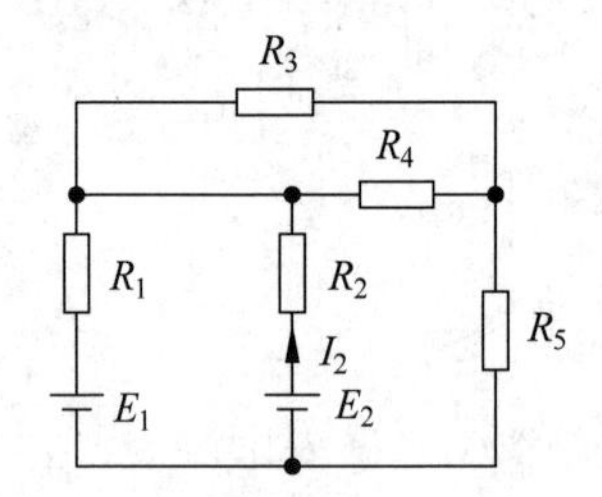

图 1-48 计算题 16、17 电路图

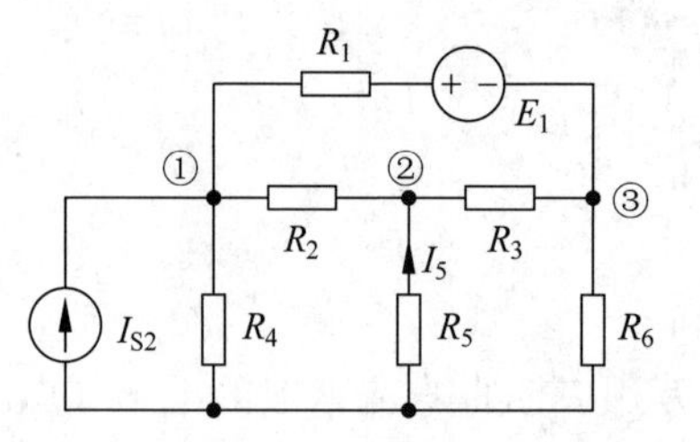

图 1-49 计算题 18、19 电路图

20. 写出图 1-50 所示电路的回路电流方程。

21. 写出图 1-50 所示电路的节点电压方程。

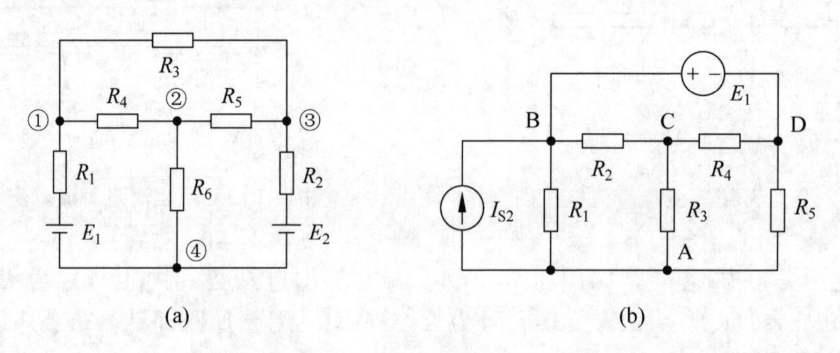

图 1-50 计算题 20、21 电路图

22. 计算图 1-51 所示电路的等效电阻 R_{ab}。（提示：可假设有一个电源接在端点 a 和 b 之间，求出电源电流后就可算出网络等效电阻）

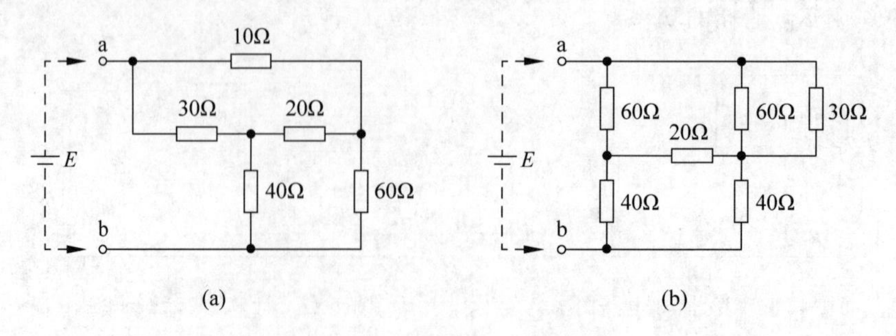

图 1-51 计算题 22 电路图

23. 求图 1-52 所示电路中的电流 I。

24. 计算图 1-53 所示电路中的电流 I。

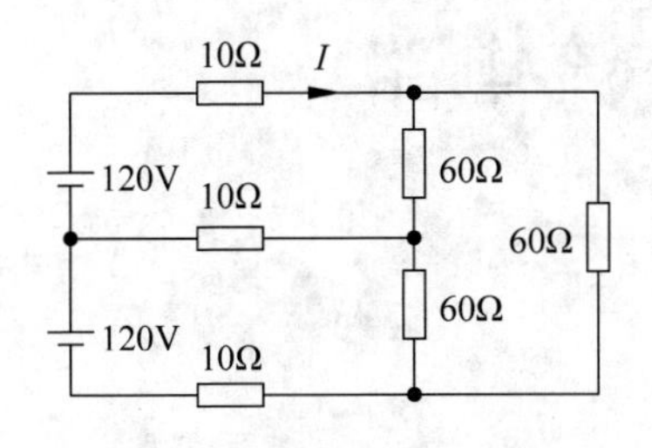

图 1-52　计算题 23 电路图

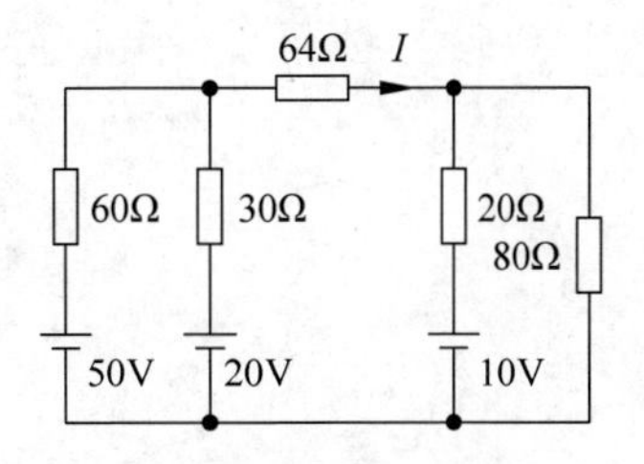

图 1-53　计算题 24 电路图

25. 图 1-54 所示电路中，$E=20\text{V}$，$I_S=2\text{A}$，$R_1=20\Omega$，$R_2=5\Omega$，$R_3=15\Omega$，R_4 是非线性电阻，其伏安特性为 $I=0.015U^2$。计算非线性电阻 R_4 消耗的功率。

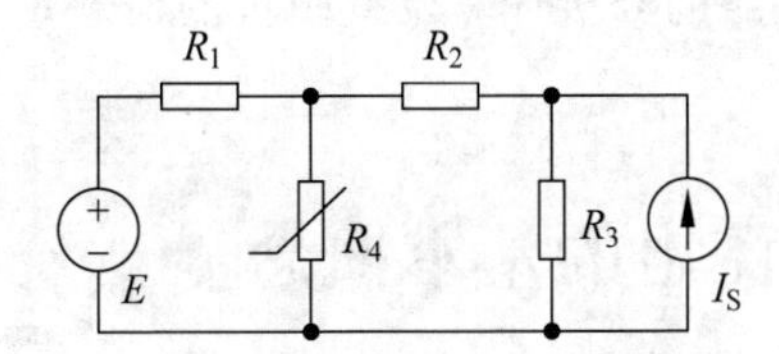

图 1-54　计算题 25 电路图

第2章

正弦交流电路

正弦交流电在实际生产中应用极为广泛，如电力系统、无线电广播等。本章讨论正弦交流电路的基本特性和分析计算，主要内容：正弦量的三要素，即最大值、角频率和初相位；正弦量的有效值；正弦量的相量表示及复数计算；在正弦交流电路中，电阻、电感、电容中电流和电压的基本关系及感抗和容抗的概念；RLC串并联电路的分析计算及复阻抗的概念；RLC电路的谐振现象；三相交流电路等。

2.1 正弦交流电的基本概念

前面学习了直流电路，其中的电流、电压、电动势的大小和方向都是固定的，不随时间变化。实际上在很多情况下电路中的电流、电压是随时间而变化的。这种变动的电流或电压在任何一个时刻的值叫作它们的瞬时值。瞬时值是时间的函数，一般用小写字母表示，如 $i(t)$、$u(t)$ 等，也常简写为 i、u 等。对于变动的电流或电压的瞬时值，基尔霍夫电流定律(KCL)和基尔霍夫电压定律(KVL)仍然成立。基尔霍夫电流定律可表述为“在任一瞬间，流出电路中任一节点的电流的代数和恒等于零”，即

$$\sum i = 0 \tag{2-1}$$

基尔霍夫电压定律可表述为“在任一瞬间，沿电路中任一回路，各电压的代数和恒等于零”，即

$$\sum u = 0 \tag{2-2}$$

工程上所常见的是随时间按正弦规律变化的正弦交流电，如正弦电流，其解析表达式可写为

$$i = I_{\mathrm{m}}\sin(\omega t + \psi) \tag{2-3}$$

式中，I_{m} 为正弦量的振幅，常称为最大值，表示正弦量变化所能达到的最大数值，正弦量的最大值一般用大写字母加下标 m 表示，如 I_{m}、U_{m}、E_{m} 等；$\omega t + \psi$ 是正弦量的辐角，表示正弦量变动的进程，确定正弦量瞬时值的大小和方向，其单位为弧度(rad)或度(°)。

式(2-3)所表示的正弦电流随时间变化的曲线如图2-1所示，通常把这种曲线称为波形图。

由式(2-3)或图 2-1 可知,正弦电流或电压瞬时值的大小和方向都随时间而变化,是时间的周期函数。其重复变化一次所用的时间称为周期,常用 T 表示,其单位为秒(s)。单位时间内重复变化的次数称为频率,常用 f 表示,其单位为赫兹(Hz)。显然,频率和周期互为倒数,即 $f=1/T$。

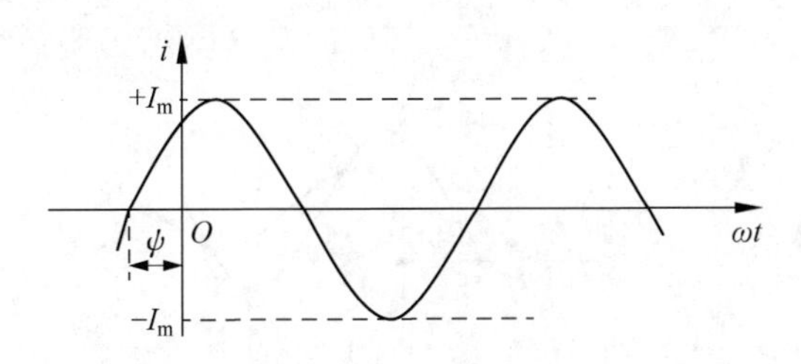

图 2-1　正弦电流的波形图

我国电力网所提供的正弦交流电的频率(简称工频)为 50Hz,周期为 0.02s。无线电广播所用的频率较高,一般是几百千赫兹到几百兆赫兹。

由于正弦函数变化一个循环其辐角变化了 2π 弧度,根据周期的定义,有

$$(\omega(t+T)+\psi)-(\omega t+\psi)=2\pi$$

即

$$\omega=2\pi/T=2\pi f \tag{2-4}$$

ω 表示正弦函数的辐角在单位时间内变化的弧度数,称为角频率,其单位为弧度/秒(rad/s)。对于工频来说 $\omega=2\pi\times50\text{rad/s}=314\text{rad/s}$。

在这里,周期、频率和角频率都是用来描述正弦量变化快慢的物理量,是同一个概念的 3 种不同表示方式。

正弦量的辐角 $\omega t+\psi$ 是时间的函数,表示正弦量的变化进程。在 $t=0$ 时的辐角 ψ 称为正弦量的初相位,它决定着正弦量的初始值,即

$$i(0)=I_m\sin(\psi)$$

正弦量的初相位和计时起点及参考方向有关,通常把初相位为 0 的正弦量作为参考正弦量。

正弦量的最大值、角频率和初相位是决定正弦量的 3 个基本参数,也是区分不同正弦量的依据,称为正弦量的三要素。

在线性电路(线性电路是指构成电路的电阻、电感和电容等元器件的参数都不随电流或电压而变化)中,正弦交流电源(称为激励)在电路各部分所产生的电流和电压(称为响应)都是与电源同频率的正弦量。两个正弦量的相位之间的差值称为相位差。对于同频率的正弦量来说,相位差在任何时刻都是常数,是两个正弦量的初相位之差,通常用 φ 表示。例如某一电路中的电压和电流分别为

$$u=U_m\sin(\omega t+\psi_u)$$

$$i=I_m\sin(\omega t+\psi_i)$$

则电压和电流的相位差为

$$\varphi=(\omega t+\psi_u)-(\omega t+\psi_i)=\psi_u-\psi_i$$

即两个同频率的正弦量的相位差就是它们的初相位之差。如果相位差 $\varphi=\psi_u-\psi_i$ 大于 0,则称电压 u 的相位超前电流 i 的相位一个角度 φ,或简称电压 u 超前电流 i 一个 φ 角,其波形如图 2-2(a)所示;如果相位差 $\varphi=\psi_u-\psi_i$ 小于 0,则称电压 u 的相位滞后电流 i 的相位一个角度 φ,或简称电压 u 滞后电流 i 一个 φ 角。若相位差为 0,则称两正弦量为

同相，其波形如图 2-2(b)所示；若相位差为$\pm\pi(\pm180°)$，则称两正弦量为反相，其波形如图 2-2(c)所示；若相位差为$\pm\pi/2(\pm90°)$，则称两正弦量为正交，其波形如图 2-2(d)所示。

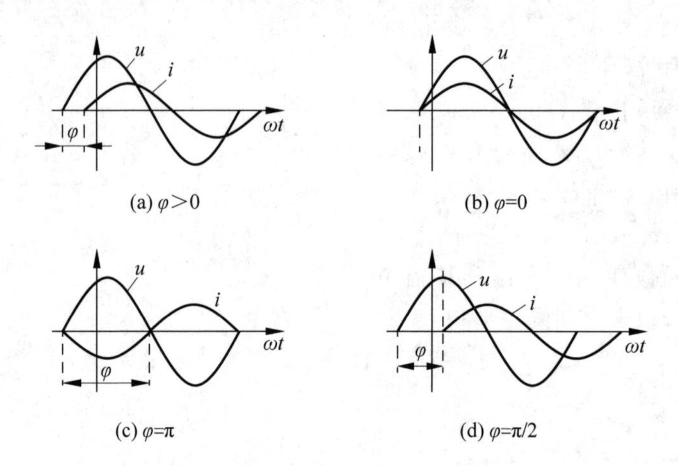

图 2-2 不同相位差的正弦量的波形图

例 2-1 指出下列两个正弦量的相位差是多少，并说明哪个超前。

$$u = 311\sin(314t + \pi/6)\text{V}$$

$$i = 52\sin(314t - \pi/4)\text{A}$$

解：两正弦量频率相同，初相位分别为

$$\psi_u = \pi/6, \quad \psi_i = -\pi/4$$

相位差为

$$\varphi = \psi_u - \psi_i = \frac{\pi}{6} - \left(-\frac{\pi}{4}\right) = \frac{5}{12}\pi$$

即电压 u 超前电流 i，两者的相位差为 $5\pi/12\text{rad}$。

电力系统所提供的交流电源(电动势)基本上都是按正弦规律变动的，在电子电路及高频技术中也广泛使用正弦电压和电流，所以大量的交流电路问题都是正弦交流电路问题，这也是本章所要讨论的主要内容。

周期电流、电压和电动势的瞬时值随时间而变化，为了便于衡量其做功的能力，引入了有效值的概念。周期电流(或电压)的有效值定义为做功效果相同的直流电流(或电压)的数值。

设有周期电流 i 和直流电流 I 分别通过电阻 R。周期电流 i 在微分时间 $\mathrm{d}t$ 内做的功为

$$\mathrm{d}w = i^2 R\,\mathrm{d}t$$

在一个周期内电流 i 所做的功为

$$w = \int_0^T \mathrm{d}w = \int_0^T i^2 R\,\mathrm{d}t = R\int_0^T i^2\,\mathrm{d}t \tag{2-5}$$

在相同时间 T 内直流电流 I 做的功为

$$w' = I^2 RT$$

根据有效值的定义，令 $w' = w$，则有

$$I^2RT = R\int_0^T i^2\mathrm{d}t$$

从而可得周期电流 i 的有效值为

$$I = \sqrt{\frac{1}{T}\int_0^T i^2\mathrm{d}t} \tag{2-6}$$

即周期电流的有效值等于其瞬时值的平方在一个周期内的平均值再开平方，称为瞬时值的方均根值。有效值一般用大写字母表示，如 I、U、E 等。

同理可得周期电压 u 的有效值为

$$U = \sqrt{\frac{1}{T}\int_0^T u^2\mathrm{d}t} \tag{2-7}$$

周期电动势 e 的有效值为

$$E = \sqrt{\frac{1}{T}\int_0^T e^2\mathrm{d}t} \tag{2-8}$$

对于正弦电流 $i=I_{\mathrm{m}}\sin(\omega+\psi)$，代入式(2-6)，可得其有效值为

$$I = \sqrt{\frac{1}{T}\int_0^T I_{\mathrm{m}}^2\sin^2(\omega t+\psi)\mathrm{d}t} = \sqrt{\frac{1}{T}I_{\mathrm{m}}^2\int_0^T \sin^2(\omega t+\psi)\mathrm{d}t}$$

因为

$$\begin{aligned}\int_0^T \sin^2(\omega t+\psi)\mathrm{d}t &= \int_0^T \frac{1-\cos2(\omega t+\psi)}{2}\mathrm{d}t \\ &= \int_0^T \frac{1}{2}\mathrm{d}t - \int_0^T \frac{1}{2}\cos2(\omega t+\psi)\mathrm{d}t = \frac{T}{2}\end{aligned}$$

所以

$$I = \sqrt{\frac{1}{T}I_{\mathrm{m}}^2\ \frac{T}{2}} = \frac{I_{\mathrm{m}}}{\sqrt{2}} = 0.707I_{\mathrm{m}} \tag{2-9}$$

即正弦交流电流的有效值等于其最大值的 $1/\sqrt{2}$，或者说正弦电流的最大值是其有效值的 $\sqrt{2}$ 倍。正弦量的有效值与角频率及初相位无关。以上讨论对正弦电压和正弦电动势同样适用，即

$$U = \frac{U_{\mathrm{m}}}{\sqrt{2}} \tag{2-10}$$

$$E = \frac{E_{\mathrm{m}}}{\sqrt{2}} \tag{2-11}$$

正弦量的有效值常用来表示正弦量的大小，它侧重于正弦量的作用效果，是一种平均大小的概念。一般所说正弦电压或电流的大小都是指有效值。如日常照明所用交流电的电压是 220V，就是指的有效值为 220V，其最大值 $U_{\mathrm{m}}=220\sqrt{2}\,\mathrm{V}=311\mathrm{V}$；交流测量仪表所指示的电压、电流值一般都是有效值；交流电气设备的额定电压、额定电流等参数也是指有效值。

在交流电路中有时也需要考虑最大值，例如电容器、半导体二极管等元器件都有一定

的耐压值，所加电压超过这个值器件就会损坏，当把这些元器件用于交流电路时就需要按照交流电压的最大值选取元器件的耐压值。

例 2-2 用交流电压表测得某工频电源变压器的输出电压为 50V，此变压器输出电压的最大值是多少？按初相位为 0 写出其瞬时值表达式。

解：工频电源是正弦交流电源，其角频率 $\omega=314\text{rad/s}$。已知输出电压的有效值 $U=50\text{V}$，所以输出电压的最大值为

$$U_{\mathrm{m}}=\sqrt{2}U=\sqrt{2}\times 50\text{V}=70.7\text{V}$$

输出电压的瞬时值为

$$u=U_{\mathrm{m}}\sin\omega t=70.7\sin 314t\,\text{V}$$

在正弦交流电路的研究中，交流电的瞬时值、有效值和最大值都可能用到。瞬时值一般用小写字母表示，如 i、u、e；有效值一般用大写字母表示，如 I、U、E；最大值一般用大写字母加下标 m 表示，如 I_{m}、U_{m}、E_{m}。在学习中应掌握各值的不同含义及其相互关系，特别要注意不同字母所表示的含义上的区别。

2.2 正弦量的相量表示及复数运算

在线性电路中，正弦交流电源在电路各部分所产生的电流和电压都是与电源同频率的正弦量。对于同频率的正弦量来说，由于其角频率相同，表征不同的正弦量只需要最大值(或有效值)和初相位这两个要素即可。借用物理学中矢量的概念(一个矢量由模和方向角确定)，可以用矢量表示正弦量，矢量的模表示正弦量的最大值(或有效值)，矢量的方向角表示正弦量的初相位。由于正弦量不是真正的矢量，所以我们称表示正弦量的矢量为相量，以在大写字母上面加一个圆点表示，如 $\dot{I}$、$\dot{U}_{\mathrm{m}}$、$\dot{E}$ 等。相量完整地表示了正弦量的大小和初相位。例如，若有正弦电流和正弦电压分别为

$$i=I_{\mathrm{m}}\sin(\omega t+\psi_i)$$
$$u=U_{\mathrm{m}}\sin(\omega t+\psi_u)$$

则其最大值相量分别为

$$\begin{cases}\dot{I}_{\mathrm{m}}=I_{\mathrm{m}}\angle\psi_i\\ \dot{U}_{\mathrm{m}}=U_{\mathrm{m}}\angle\psi_u\end{cases}\tag{2-12}$$

其有效值相量分别为

$$\begin{cases}\dot{I}=I\angle\psi_i\\ \dot{U}=U\angle\psi_u\end{cases}\tag{2-13}$$

由于正弦量的最大值和有效值之间存在固定的$\sqrt{2}$倍的关系，并且正弦量的作用效果常用有效值表示，所以今后主要使用有效值相量。在学习中应注意有效值和有效值相量的区别。有效值只有大小的含义，而有效值相量既有大小的含义又有相位的含义。例如，对于正弦电流

$$i_1 = 5\sqrt{2}\sin 314t\,\text{A}$$

$$i_2 = 5\sqrt{2}\sin(314t + 45°)\,\text{A}$$

其有效值为 $I_1=5\text{A}$，$I_2=5\text{A}$，有 $I_1=I_2$；其有效值相量为 $\dot{I}_1=5\angle 0°\text{A}$，$\dot{I}_2=5\angle 45°\text{A}$，显然 $\dot{I}_1\neq\dot{I}_2$。

与普通矢量相类似，可以用有向线段表示相量。有向线段的长度表示相量的模，即正弦量的有效值；有向线段与水平正方向的夹角为相量的方位角，即正弦量的初相位。这样做出的表示相量的图称为相量图，如图 2-3 所示。相量图实际上就是一种矢量图。相量图能够直观地表示出各正弦量之间的相位及大小关系。需要特别指出的是相量只是用来表示正弦量，并不等于正弦量。另外，尽管相量没有显示地反映正弦量的频率因素，但需要注意，讨论只限于表示同频率的正弦量的相量。

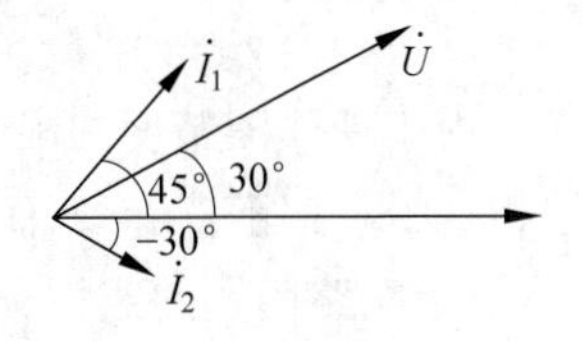

图 2-3　正弦量的相量图

例 2-3　写出下列正弦量的相量，并画出相量图。

$$i_1 = 7.07\sin(\omega t + 45°)\,\text{A}$$

$$i_2 = 2.5\sqrt{2}\sin(\omega t - 30°)\,\text{A}$$

$$u = 31.1\sin(\omega t + 30°)\,\text{V}$$

解：各正弦量的有效值分别为 $I_1=5\text{A}$，$I_2=2.5\text{A}$，$U=22\text{V}$。各正弦量的相量分别为 $\dot{I}_1=5\angle 45°\text{A}$，$\dot{I}_2=2.5\angle -30°\text{A}$，$\dot{U}=22\angle 30°\text{V}$。其相量图如图 2-3 所示。

例 2-4　已知各正弦量的角频率为 628 000rad/s，写出下列相量所表示的正弦量。

$$\dot{I} = 10\angle 60°\,\text{mA}$$

$$\dot{U} = 20\angle 30°\,\text{V}$$

解：由所用字母符号可知所给相量是有效值相量，已知角频率可直接写出各相量所表示的正弦量如下：

$$i = 10\sqrt{2}\sin(628\,000t + 60°)\,\text{mA}$$

$$u = 20\sqrt{2}\sin(628\,000t + 30°)\,\text{V}$$

对于正弦量的瞬时值成立的定理公式（如欧姆定律、基尔霍夫定律等）对于表示正弦量的相量仍然成立。如对于电路中的任意一个节点，基尔霍夫电流定律的瞬时值表达式为 $\sum i = 0$，其相量表达式为 $\sum \dot{I} = 0$。

在正弦交流电路的分析计算中，经常需要对正弦量进行加减运算，尽管这些运算可以直接利用三角函数的有关公式完成，但是由于三角函数的计算过程比较麻烦，一般不采用直接计算三角函数的方法。

正弦量用相量表示后，按照矢量相加的规则，可以在相量图上按平行四边形法则进行相量相加，从而完成正弦量的加减运算。

例 2-5　某电路节点及电流参考方向如图 2-4 所示，已知 $i_1=7.07\sin(314t+45°)\text{A}$，$i_2=14.14\sin(314t-60°)\text{A}$。求电流 i。

解：根据 KCL，有

$$i = i_1 + i_2$$

其相量关系为

$$\dot{I} = \dot{I}_1 + \dot{I}_2 = 5\angle 45^\circ + 10\angle -60^\circ$$

可由图 2-5 相量图求得 $\dot{I} = 9.9\angle -31^\circ$，所以

$$i = 14\sin(314t - 31^\circ)\text{A}$$

由于受作图精度的限制，相量图的计算结果往往不够精确。对于较为复杂的电路问题，用相量图求解不仅麻烦，而且困难。但是相量图能够直观地表示出各正弦量之间的相位关系，对于电路问题的定性分析很有帮助。相量图是分析正弦交流电路的一个有力工具。

为了解决正弦交流电路的一般分析计算问题，电路分析技术中采用了以复数运算为基础的相量法（也称为符号法）。相量法就是用相量表示正弦量，再把表示正弦量的相量作为复数，用复数运算实现正弦量的运算，从而使正弦交流电路的分析计算得到简化。下面先简单复习一下复数的基本知识。

复数是由一个实数和一个虚数组成的，一个复数 A 可以写成

$$A = a + \text{j}b \tag{2-14}$$

其中，$\text{j}=\sqrt{-1}$ 为虚数单位；a、b 均为实数。

式(2-14)是复数的代数形式，式中，a 是复数的实数部分，简称为实部；b 是复数的虚数部分，简称为虚部。

以横轴为实轴（单位为$+1$）、纵轴为虚轴（单位为$+\text{j}$）的直角坐标系所定义的平面称为复平面。复平面上任意一点都表示一个复数，如图 2-6 所示。

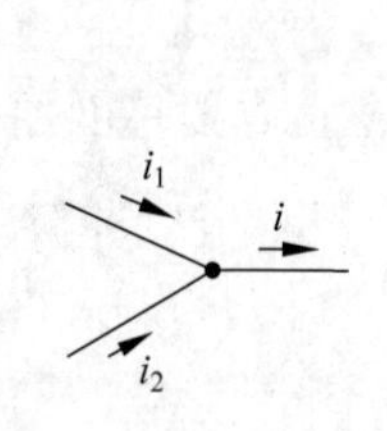

图 2-4　例 2-5 的电路图

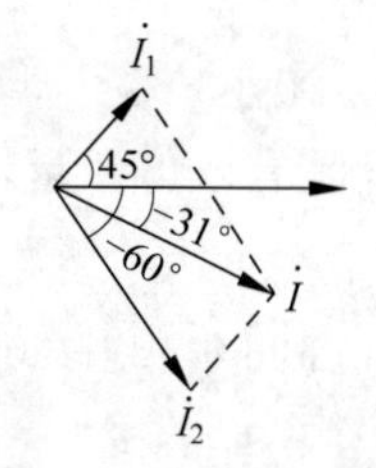

图 2-5　例 2-5 的相量图

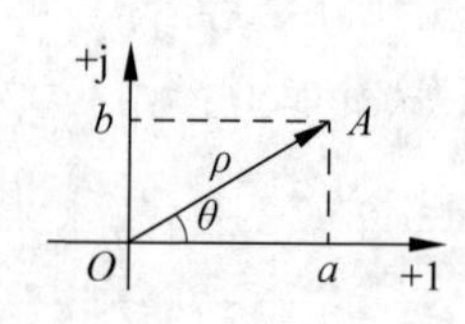

图 2-6　复数在复平面上的表示

取复数 A 的实部常写成 $\text{Re}[A]$，它等于 A 在实轴上的坐标值，即 $\text{Re}[A]=a$；取复数 A 的虚部常写成 $\text{Im}[A]$，它等于 A 在虚轴上的坐标值，即 $\text{Im}[A]=b$。

复数 A 还可以用复平面上的有向线段 OA 表示，称为 A 的向量，如图 2-6 所示。向量 OA 的长度 ρ 定义为复数的模，可用 $|A|$ 表示，即 $|A|=\rho$，模总取正值。向量 OA 与实轴正方向的夹角 θ 定义为复数的辐角，辐角以由实轴按逆时针方向所成角度为正。显然，复数的实部、虚部和模与辐角之间的关系为

$$\begin{cases} a = \rho\cos\theta \\ b = \rho\sin\theta \end{cases} \tag{2-15}$$

$$\begin{cases}\rho=\sqrt{a^2+b^2}\\ \theta=\arctan\dfrac{b}{a}\end{cases}\tag{2-16}$$

由式(2-14)和式(2-15)可以得到复数的三角形式

$$A=\rho\cos\theta+\mathrm{j}\rho\sin\theta\tag{2-17}$$

利用欧拉公式 $\mathrm{e}^{\mathrm{j}\theta}=\cos\theta+\mathrm{j}\sin\theta$(式中 e=2.718 28…是自然对数的底),可以写出复数的指数形式

$$A=\rho\mathrm{e}^{\mathrm{j}\theta}\tag{2-18}$$

在电路分析中常把复数的指数形式简写成极坐标形式

$$A=\rho\angle\theta\tag{2-19}$$

复数的极坐标形式与表示正弦量的相量在形式上完全相同,可以把相量作为复数,利用复数运算完成相量计算,这就是电路分析中的相量法(也称为符号法)。在用相量法计算正弦交流电路时,经常要用到复数的几种表示形式之间的相互转换,特别是代数形式和极坐标形式的互换,转换的依据就是式(2-15)和式(2-16)。需要指出的是,复数的模 ρ 总是取正值,而复数的辐角 θ 需根据复数所在的象限,由 a 和 b 的正负号(不是 b/a 的正负号)来决定。例如,对于复数 $A=5-\mathrm{j}5$,由式(2-16)可写出 $\tan\theta=\dfrac{-5}{5}$,所以 $\theta=-45°$。上式不可以写成 $\tan\theta=-\dfrac{5}{5}$,因为对于 $\tan\theta=-\dfrac{5}{5}$,θ 可有两个取值$-45°$和 $135°$。

复数的加减运算必须用复数的代数形式来进行。复数的相加或相减就是把复数的实部和虚部分别相加或相减。例如,设有复数

$$A_1=a_1+\mathrm{j}b_1$$

$$A_2=a_2+\mathrm{j}b_2$$

则有

$$A_1+A_2=(a_1+a_2)+\mathrm{j}(b_1+b_2)\tag{2-20}$$

$$A_1-A_2=(a_1-a_2)+\mathrm{j}(b_1-b_2)\tag{2-21}$$

复数的加减运算也可以在复平面上,按四边形法则作图完成,如图 2-7 所示。

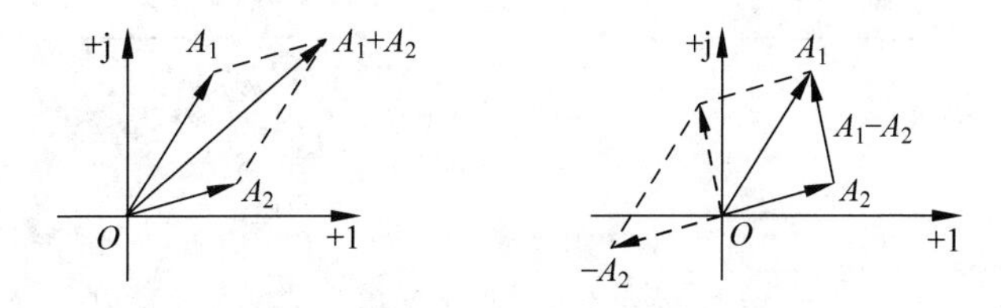

图 2-7　用四边形法则进行复数加减运算

复数的乘除运算可使用代数形式,也可使用指数形式(极坐标形式)。在一般情况下,使用指数形式进行乘除运算较为方便。使用代数形式进行乘除运算时需注意,$\mathrm{j}=\sqrt{-1}$,$\mathrm{j}\cdot\mathrm{j}=\mathrm{j}^2=-1$,$\mathrm{j}\cdot\mathrm{j}\cdot\mathrm{j}=\mathrm{j}^3=-\mathrm{j}$,$\mathrm{j}\cdot\mathrm{j}\cdot\mathrm{j}\cdot\mathrm{j}=\mathrm{j}^4=(-1)^2=1$ 等。例如,设有复数

$$A_1 = a_1 + \mathrm{j}b_1 = \rho_1 \mathrm{e}^{\mathrm{j}\theta_1}$$

$$A_2 = a_2 + \mathrm{j}b_2 = \rho_2 \mathrm{e}^{\mathrm{j}\theta_2}$$

则其代数形式运算过程如下

$$\begin{aligned} A_1 \cdot A_2 &= (a_1 + \mathrm{j}b_1)(a_2 + \mathrm{j}b_2) \\ &= (a_1 a_2 + \mathrm{j}^2 b_1 b_2) + \mathrm{j}(a_1 b_2 + a_2 b_1) \\ &= (a_1 a_2 - b_1 b_2) + \mathrm{j}(a_1 b_2 + a_2 b_1) \end{aligned} \tag{2-22}$$

$$\begin{aligned} \frac{A_1}{A_2} &= \frac{a_1 + \mathrm{j}b_1}{a_2 + \mathrm{j}b_2} = \frac{a_1 + \mathrm{j}b_1}{a_2 + \mathrm{j}b_2} \times \frac{a_2 - \mathrm{j}b_2}{a_2 - \mathrm{j}b_2} \\ &= \frac{a_1 a_2 + b_1 b_2}{a_2^2 + b_2^2} + \mathrm{j}\,\frac{a_2 b_1 - a_1 b_2}{a_2^2 + b_2^2} \end{aligned} \tag{2-23}$$

其指数形式运算过程如下

$$A_1 \cdot A_2 = \rho_1 \mathrm{e}^{\mathrm{j}\theta_1} \cdot \rho_2 \mathrm{e}^{\mathrm{j}\theta_2} = \rho_1 \cdot \rho_2 \mathrm{e}^{\mathrm{j}(\theta_1 + \theta_2)} \tag{2-24}$$

$$\frac{A_1}{A_2} = \frac{\rho_1 \mathrm{e}^{\mathrm{j}\theta_1}}{\rho_2 \mathrm{e}^{\mathrm{j}\theta_2}} = \frac{\rho_1}{\rho_2} \mathrm{e}^{\mathrm{j}(\theta_1 - \theta_2)} \tag{2-25}$$

其极坐标形式为

$$A_1 \cdot A_2 = \rho_1 \angle \theta_1 \cdot \rho_2 \angle \theta_2 = \rho_1 \rho_2 \angle (\theta_1 + \theta_2) \tag{2-26}$$

$$\frac{A_1}{A_2} = \frac{\rho_1 \angle \theta_1}{\rho_2 \angle \theta_2} = \frac{\rho_1}{\rho_2} \angle (\theta_1 - \theta_2) \tag{2-27}$$

由复数的指数运算形式(或极坐标运算形式)可以看出,复数相乘就是复数的模相乘,辐角相加;复数相除就是复数的模相除,辐角相减。由式(2-16)可知 $\mathrm{j} = \mathrm{e}^{\mathrm{j}90^\circ}$,所以复数 A 乘以 j 就是保持其模不变,辐角加 90°,即在复平面上 A 的向量逆时针旋转 90°(超前 90°),如图 2-8(a)所示;复数 A 除以 j 就是保持其模不变,辐角减 90°,即在复平面上 A 的向量顺时针旋转 90°(滞后 90°),如图 2-8(b)所示。

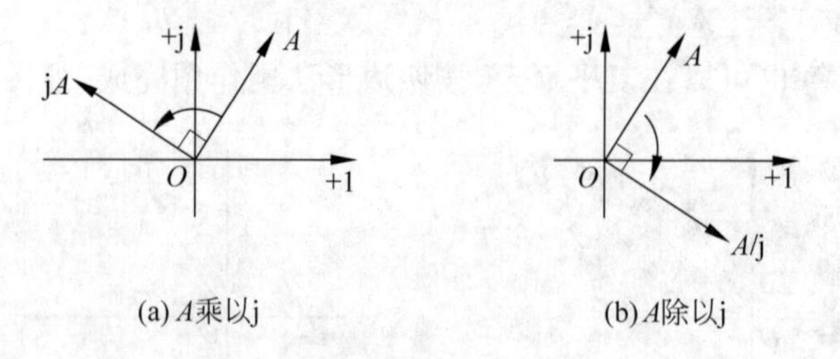

图 2-8 复数乘除运算的几何意义

复数 $\mathrm{e}^{\mathrm{j}\omega t}$ 的模为 1,辐角为 ωt,是时间的线性函数。如果用 $\mathrm{e}^{\mathrm{j}\omega t}$ 乘以复数 A,根据复数的运算规则,可得

$$A \cdot \mathrm{e}^{\mathrm{j}\omega t} = \rho \mathrm{e}^{\mathrm{j}\theta} \cdot \mathrm{e}^{\mathrm{j}\omega t} = \rho \mathrm{e}^{\mathrm{j}(\omega t + \theta)}$$

可见,用 $\mathrm{e}^{\mathrm{j}\omega t}$ 乘以复数 A 不改变 A 的模,但使 A 的辐角成为时间的线性函数,即可使向量 A 围绕原点旋转,所以称 $\mathrm{e}^{\mathrm{j}\omega t}$ 为旋转因子。根据式(2-15),上式可写成

$$A \cdot e^{j\omega t} = \rho\cos(\omega t + \theta) + j\rho\sin(\omega t + \theta) \tag{2-28}$$

显然，复数 $A \cdot e^{j\omega t}$ 的虚部就是一个正弦函数，或者说正弦量可以用复数来表示。

2.3　正弦交流电路中的电阻元件

在交流电路中，线性电阻元件（简称为电阻）中的电流和端电压的瞬时值仍然服从欧姆定律。设电阻中的电流和端电压取关联参考方向（在正弦交流电路中，电流和电压的参考方向也可以用相量标注），如图 2-9(a)所示，则有

$$u(t) = Ri(t) \tag{2-29}$$

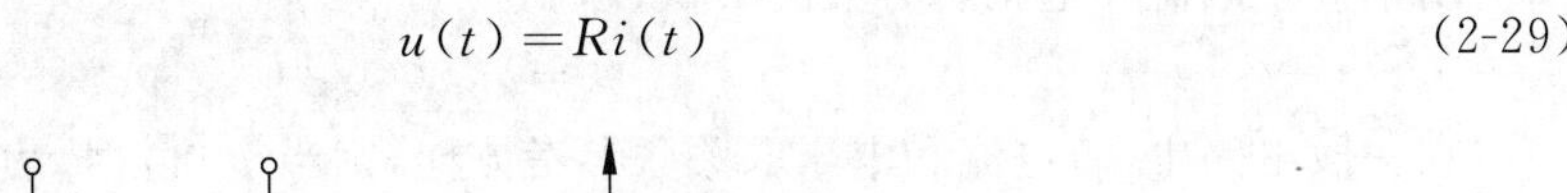

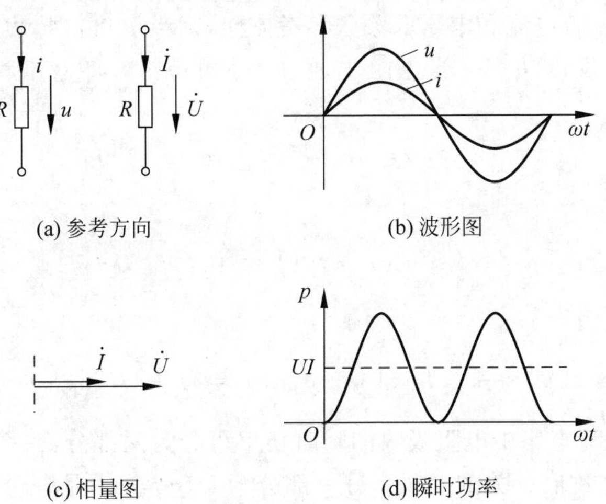

(a) 参考方向　(b) 波形图

(c) 相量图　(d) 瞬时功率

图 2-9　正弦交流电路中的电阻元件

在正弦交流电路中，若取电流为参考正弦量，即

$$i = I_m \sin\omega t$$

则由式(2-29)有

$$u = RI_m \sin\omega t = U_m \sin\omega t$$

其中，$U_m = RI_m$。

可见在正弦交流电路中，电阻中的电压和电流是同频率的正弦量，并且电压和电流的相位相同，即电压和电流同时达到最大值或零值，其波形如图 2-9(b)。这很容易理解，因为在任一时刻，电阻中电压和电流的比值都等于常量 R。电阻中电压和电流的有效值的比值也等于常量 R，即

$$\frac{U}{I} = \frac{\sqrt{2}U}{\sqrt{2}I} = \frac{U_m}{I_m} = R \tag{2-30}$$

上述关系可用相量表示如下。若取

$$\dot{I} = I\angle 0°$$

则有

$$\dot{U}=R\dot{I}=RI\angle 0^\circ=U\angle 0^\circ$$

即

$$\frac{\dot{U}}{\dot{I}}=R \tag{2-31}$$

电阻中电压和电流的相量图如图 2-9(c)所示。

在交流电路中,由于电流和电压的大小及方向都是随时间变化的,电路的功率也是随时间变化的。任意瞬时电路所吸收或发出的功率称为瞬时功率,一般用小写字母表示。瞬时功率等于电流和电压瞬时值的乘积,即

$$p=ui \tag{2-32}$$

在一段电路中,若电流和电压取关联参考方向,则当 $p>0$ 时,表示电路吸收功率;当 $p<0$ 时,表示电路发出功率。当电阻中通过正弦电流时,将电流和电压的表达式代入式(2-32),有

$$p=ui=U_{\mathrm{m}}I_{\mathrm{m}}\sin^2\omega t$$

由于

$$\sin^2\omega t=\frac{1}{2}(1-\cos 2\omega t)$$

所以

$$p=\frac{1}{2}U_{\mathrm{m}}I_{\mathrm{m}}(1-\cos 2\omega t)=UI-UI\cos 2\omega t$$

可见在正弦交流电路中电阻吸收的瞬时功率可分为两部分:一部分为 UI,是一个只与电流和电压的有效值有关的常量;另一部分为 $UI\cos 2\omega t$,是一个变动的正弦量,其变动的频率是电源频率的两倍,其波形图如图 2-9(d)所示。电阻吸收的瞬时功率恒为正值,这说明电阻中通过电流时,电阻始终消耗功率。通常所说的电路的功率是指瞬时功率在一个周期内的平均值,称为平均功率或有功功率,简称为功率,常用大写字母 P 表示,即

$$P=\frac{1}{T}\int_0^T p(t)\mathrm{d}t$$

对于上述电阻电路来说,有

$$P=\frac{1}{T}\int_0^T p(t)\mathrm{d}t=\frac{1}{T}\int_0^T[UI-UI\cos 2\omega t]\mathrm{d}t=UI$$

上式说明正弦交流电路中电阻消耗的平均功率等于电流和电压的有效值的乘积。利用式(2-30)可将上式写成

$$P=UI=I^2R=\frac{U^2}{R} \tag{2-33}$$

例 2-6 照明用的白炽灯可看作电阻元件。参数为 220V、100W 的白炽灯,接入电压有效值为 220V,频率为 50Hz,初相位为-60°的正弦交流电源,求灯泡电流的瞬时值。

解:灯泡电阻为

$$R=\frac{U^2}{P}=\frac{220^2}{100}\Omega=484\Omega$$

灯泡电流相量为

$$\dot{I}=\frac{\dot{U}}{R}=\frac{220\angle-60^\circ}{484}\text{A}=0.455\angle-60^\circ\text{A}$$

所求电流的瞬时值为

$$i=0.455\sqrt{2}\sin(314t-60^\circ)\text{A}$$

本例也可以直接由 $P=UI$ 求出电流的有效值，再根据电阻中的电流和电压相位相同的特点写出电流的瞬时值。

例 2-7 在图 2-10(a)所示电路中，已知 $R=20\Omega$，$i=5\sin(\omega t+30^\circ)$A。求电压 U 和电阻消耗的功率 P，并做出相量图。

解：

$$U=RI=20\times\frac{5}{\sqrt{2}}\text{V}=\frac{100}{\sqrt{2}}\text{V}$$

$$P=UI=\frac{100}{\sqrt{2}}\times\frac{5}{\sqrt{2}}\text{W}=250\text{W}$$

其相量图如图 2-10(b)所示。

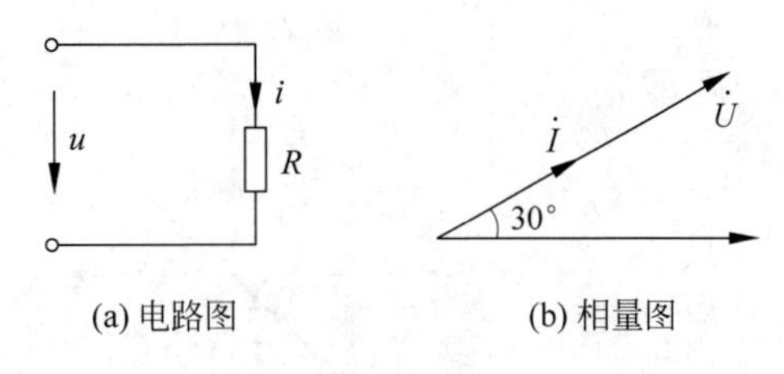

图 2-10 例 2-7 的电路图和相量图

2.4 正弦交流电路中的电感元件

在实际中经常用到由导线绕制而成的电感线圈。当有电流流过电感线圈时，就在线圈及其周围产生磁场，或者说有磁通链与电感线圈交链，其示意图如图 2-11(a)所示。磁通链是与线圈各匝交链的磁通的总和，常用 Ψ 表示。若线圈共有 W 匝，与第 k 匝交链的磁通为 Ψ_k，则有 $\Psi=\sum_{k=1}^{W}\Psi_k$。

电感元件是实际线圈的理想化模型。理论上定义磁通链 $\Psi(t)$ 与电流 $i(t)$ 之间具有线性关系的元件为电感元件，常用图 2-11(b)所示符号表示。电感元件的特性可以用 Ψ-i 平面上的图形表示，称为韦安特性曲线。如果在 Ψ-i 平面上，韦安特性曲线是通过原点的直线，如图 2-11(c)所示，则称此电感元件为线性电感，否则为非线性电感。一般来说，如果线圈附近不存在铁磁材料，线圈就是线性电感；如果在线圈中有铁磁材料，在铁磁材料的线性区间内，线圈也可看作是线性电感。在此只讨论线性电感。

线性电感元件的磁通链 Ψ 与其电流 i 成正比，比例常数用 L 表示，称为电感或电感量(习惯上也用 L 表示电感元件，电感元件简称为电感)，即

$$\Psi=Li \tag{2-34}$$

在国际单位制中，磁通链 Ψ 的单位为韦伯(Wb)，电流 i 的单位为安培(A)，电感 L 的单位为亨利(H)。较小的电感也用毫亨(mH)或微亨(μH)作单位，其间的关系为 $1\text{H}=10^3\text{mH}$，$1\text{mH}=10^3\mu\text{H}$。

变化的电流 $i(t)$ 通过电感线圈时将产生变化的磁通链 $\Psi(t)$，根据电磁感应定律，变化的磁通链将在线圈中产生感应电动势 $e(t)$。感应电动势的大小与磁通链的变化率成正比，方向由楞次定律确定。楞次定律指出，感应电动势的方向总是阻止磁通链的变化。

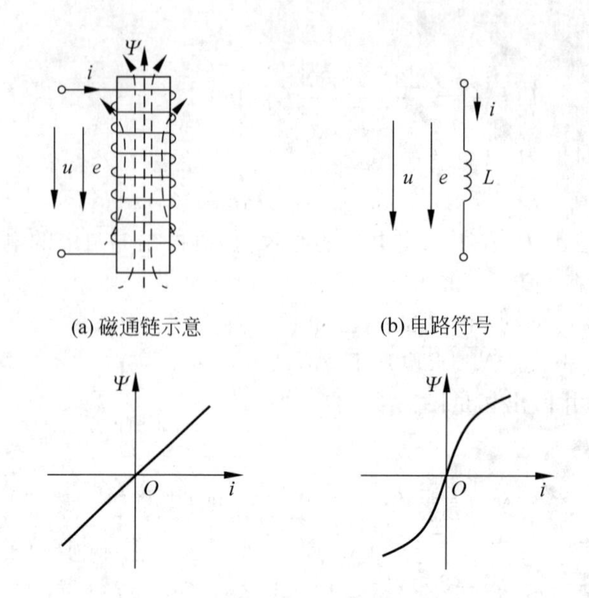

图 2-11 电感元件的电路符号及参考方向

如果磁通链的参考方向与电流的参考方向一致(符合右螺旋关系),如图 2-11(a)所示,则感应电动势为

$$e(t)=-\frac{\mathrm{d}\Psi(t)}{\mathrm{d}t} \tag{2-35}$$

式中,$\frac{\mathrm{d}\Psi(t)}{\mathrm{d}t}$为磁通链对时间的导数,即磁通链的变化率。

由于这个感应电动势是由线圈自身的电流变化引起的,所以称为自感电动势。又由于感应电动势具有阻碍磁通链变化的性质,所以也称其为反电动势。式(2-35)中的负号是由所规定的参考方向和楞次定律共同决定的。式(2-35)统一地表示了由电磁感应定律确定的感应电动势的大小和由楞次定律确定的感应电动势的方向。在使用式(2-35)时需注意使 e 和 i 的参考方向一致。

电感元件的感应电动势表现为元件两端具有电压。若取电压的参考方向与电流的参考方向一致,如图 2-11(a)、(b)所示,则有 $u=-e$。由式(2-35)和式(2-34)可得

$$u(t)=\frac{\mathrm{d}\Psi(t)}{\mathrm{d}t}=L\frac{\mathrm{d}i(t)}{\mathrm{d}t} \tag{2-36}$$

式中,$\frac{\mathrm{d}i(t)}{\mathrm{d}t}$为电流对时间的导数,即电流的变化率。

上式表明,线性电感元件的端电压与电流的导数成正比。式(2-36)给出了电感元件中电压与电流的关系,称为电感元件的伏安特性,这与电阻元件的伏安特性有着显著的区别。显然电感元件中的电压和电流的瞬时值不服从欧姆定律。

电感元件是一种能储存磁场能量的储能元件,在任意时刻电感元件所储存的磁场能

量与电感电流的平方成正比，为 $w_L = Li^2/2$。

在正弦交流电路中，若取电感 L 的电压和电流为关联参考方向，如图 2-12(a)所示，并取电流为参考正弦量，即

$$i = I_m \sin\omega t$$

则由式(2-36)可得

$$\begin{aligned} u &= L\frac{\mathrm{d}i}{\mathrm{d}t} = \omega L I_m \cos\omega t \\ &= \omega L I_m \sin\left(\omega t + \frac{\pi}{2}\right) = U_m \sin\left(\omega t + \frac{\pi}{2}\right) \end{aligned} \tag{2-37}$$

其中，$U_m = \omega L I_m$。

可见在正弦交流电路中，电感中的电压是和电流同频率的正弦量，并且电压超前电流 $\pi/2$ 或 90°，即电压达到最大值或零值的时间比电流提前 1/4 个周期，其波形如图 2-12(b)所示。

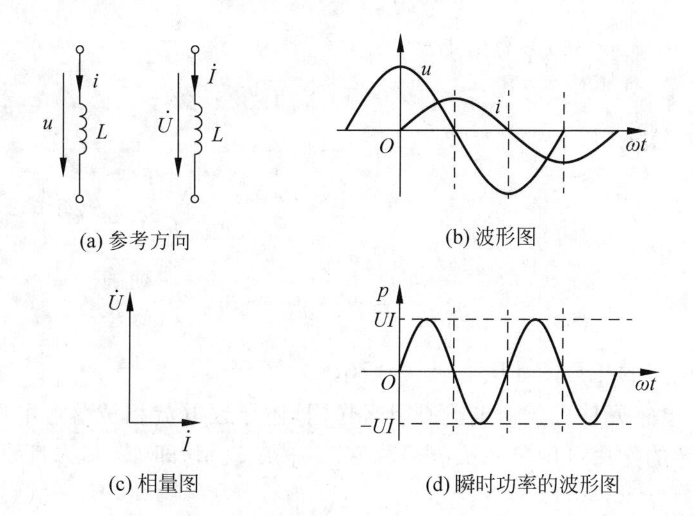

图 2-12　正弦交流电路中的电感元件

由于

$$U_m = \omega L I_m$$

故有

$$\frac{U_m}{I_m} = \frac{\sqrt{2}U}{\sqrt{2}I} = \frac{U}{I} = \omega L = X_L \tag{2-38}$$

式中，$X_L = \omega L = 2\pi f L$ 为电感上电压与电流有效值(或最大值)的比值，具有阻止电流通过的性质，称为电感的电抗，简称为感抗。当电感 L 的单位为亨利(H)，角频率 ω 的单位为弧度/秒(rad/s)时，感抗 X_L 的单位是欧姆(Ω)。感抗具有和电阻相同的量纲。

感抗等于 ω 和 L 的乘积，这表明感抗是随频率变化的，频率越高，感抗越大，这是因为频率越高，电流变化得越快，电感中的自感电动势(即反电动势)就越大的缘故。一个电感的感抗在一个固定频率下才是常量。直流电的频率为零，即 $\omega = 0$，所以 $X_L = 0$，即电

感对于直流电(稳态时)相当于短路。需要注意感抗只能表示电压与电流有效值(或最大值)的比值,不能表示它们的瞬时值的比值。感抗只是对正弦交流电才有意义。

感抗与频率有关的性质非常有用。电子线路及通信技术中常用的阻波器、高频扼流圈等就是利用感抗随频率增高而变大的性质,使低频电流通过而阻断高频电流。

例 2-8 某高频扼流圈的电感为 5mH,试计算其在频率为 1kHz 和 1000kHz 时的感抗值。

解:电感 $L=5\text{mH}=0.005\text{H}$。

频率为 1kHz 时

$$X_L=\omega L=2\pi fL=2\pi\times10^3\times0.005\Omega=31.4\Omega$$

频率为 1000kHz 时

$$X_L=\omega L=2\pi fL=2\pi\times1000\times10^3\times0.005\Omega=31\,400\Omega$$

正弦交流电路中电感上的电压和电流的关系可以用相量表示如下。

若取

$$\dot{I}=I\angle0^\circ$$

由式(2-37)和式(2-38)可写出

$$\dot{U}=U\angle90^\circ=X_LI\angle90^\circ$$

根据复数运算规则,上式可写成

$$\dot{U}=X_LI\angle90^\circ=\text{j}X_LI\angle0^\circ=\text{j}X_L\dot{I}$$

即

$$\frac{\dot{U}}{\dot{I}}=\text{j}X_L$$

电感中电压和电流的相量图如图 2-12(c)所示。

综上所述,电感元件不仅对电流有阻碍作用,还导致电流相位落后电压 90°。在正弦交流电路中电感的作用可用复感抗(虚数)$\text{j}X_L=\text{j}\omega L$ 表示,即

$$\dot{U}=\text{j}X_L\dot{I}\tag{2-39}$$

在正弦交流电路中,电感元件吸收的瞬时功率为

$$p=ui=U_\text{m}\sin(\omega t+90^\circ)\cdot I_\text{m}\sin\omega t=UI\sin2\omega t$$

可见在正弦交流电路中,电感元件吸收的瞬时功率也是时间的正弦函数,其频率是电源频率的两倍。瞬时功率的波形如图 2-12(d)所示。在第一个 1/4 周期内电流由零开始增大,这是建立磁场的过程。这时电压和电流的实际方向一致,表明电感在吸收能量($p>0$),并把吸收的能量转换成磁场能量储存在电感元件中;在第二个 1/4 周期内电流由最大减小到零,这是磁场消失的过程。原先储存在电感元件中磁场能量被逐渐释放直至全部放出。这时电压和电流的实际方向相反,也表明电感在放出能量($p<0$);后两个 1/4 周期的情况与此相同,只是电流的方向相反。在一个周期内电感吸收的平均功率为

$$P=\frac{1}{T}\int_0^T p\,\text{d}t=\frac{1}{T}\int_0^T UI\sin2\omega t\,\text{d}t=0$$

这说明电感是不消耗功率的。但是电感电路中不断进行着磁场能量和外部能量的交换,所以瞬时功率不为零。瞬时功率的最大值为 $UI=I^2X_L=U^2/X_L$。

例 2-9　在 $L=1\text{H}$ 的电感元件两端加上正弦电压 $u=141.4\sin(314t+30°)\text{V}$。求电感中的电流 i。

解：设电压和电流取关联参考方向，电压相量为 $\dot{U}=100\angle 30°\text{V}$。

根据电感中电压和电流的相量关系，有

$$\dot{I}=\frac{\dot{U}}{\mathrm{j}X_L}=\frac{\dot{U}}{\mathrm{j}\omega L}=\frac{100\angle 30°}{314\angle 90°}\text{A}=0.318\angle(-60°)\text{A}$$

电流的瞬时值为

$$i=0.318\sqrt{2}\sin(314t-60°)\text{A}$$

例 2-10　电阻、电感串联电路如图 2-13(a)所示。已知 $R=30\Omega$，$L=0.04\text{H}$，$i=\sqrt{2}\sin(1000t-30°)\text{A}$。求 u_R、u_L 并做出相量图。

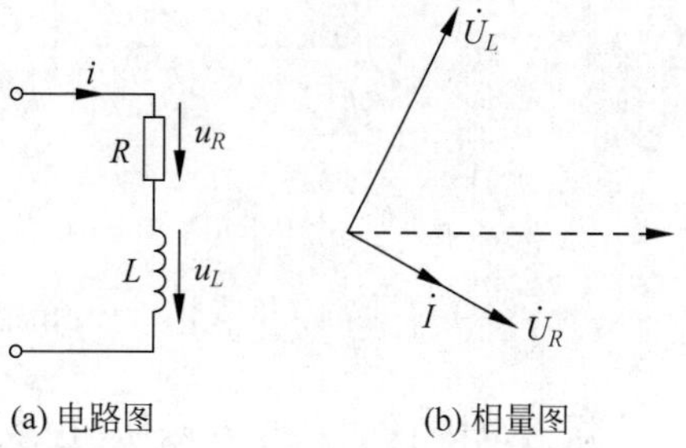

(a) 电路图　(b) 相量图

图 2-13　串联电路图和相量图

解：电感的感抗为

$$X_L=\omega L=1000\times 0.04\Omega=40\Omega$$

电流相量为

$$\dot{I}=1\angle(-30°)\text{A}$$

由相量关系可得

$$\dot{U}_R=R\dot{I}=30\times 1\angle-30°\text{V}=30\angle-30°\text{V}$$

$$\dot{U}_L=\mathrm{j}\omega L\dot{I}=40\angle 90°\times 1\angle-30°\text{V}=40\angle 60°\text{V}$$

其相量图如图 2-13(b)所示。

所求电压的瞬时值为

$$u_R=30\sqrt{2}\sin(1000t-30°)\text{V}$$

$$u_L=40\sqrt{2}\sin(1000t+60°)\text{V}$$

2.5　正弦交流电路中的电容元件

电容器是由两块中间隔有绝缘材料(称为介质)的金属板(称为极板)构成的，如图 2-14(a)所示。电容器是用来存放电荷的容器。在生产实际和科学实验中，电容器的应用非常广泛。

若在电容器的两极板上施加电压 u，则接高电位的极板将充以正电荷，电量为 q，接低电位的极板将充以等量负电荷。理论上定义电量 q 与电压 u 之间具有线性关系的元件为电容元件，常用图 2-14(b)所示符号表示。电容元件的特性可以用 q-u 平面上的图形表示，称为库伏特性曲线。如果在 q-u 平面上，库伏特性曲线是通过原点的直线，如图 2-14(c)所示，则称此电容元件为线性电容元件，否则为非线性电容元件。实际使用的电容器，绝大多数是线性电容器。在此只讨论线性电容器。

线性电容器的电量 q 与其端电压 u 成正比，比例系数常用 C 表示，称为电容或电容

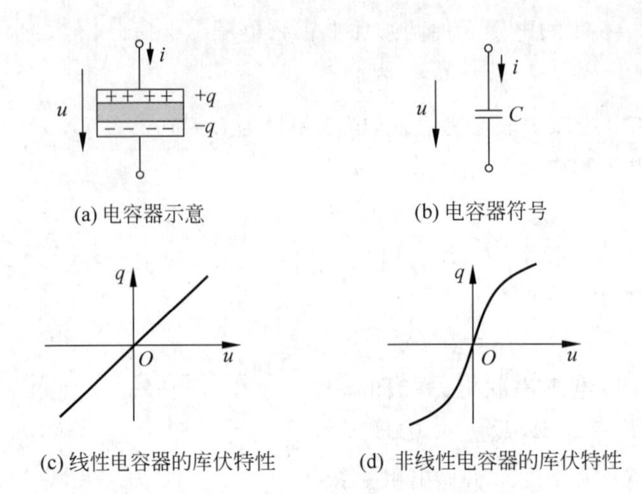

(a) 电容器示意　(b) 电容器符号

(c) 线性电容器的库伏特性　(d) 非线性电容器的库伏特性

图 2-14　电容元件的电路符号及参考方向

量(习惯上也用 C 表示电容元件,电容元件简称为电容),即

$$q = Cu \tag{2-40}$$

在国际单位制中,电量 q 的单位为库仑(C),电压 u 的单位为伏特(V),电容 C 的单位为法拉(F)。较小的电容常用微法(μF)或皮法(pF)作单位,其间的关系为 $1\text{F}=10^6\mu\text{F}$,$1\mu\text{F}=10^6\text{pF}$。

当加在电容器上的电压变动时,储存在电容器极板上的电荷就随之而变动,电荷的变动就形成了连接电容器的导线(即引线)上的电流。按图 2-14 所标的参考方向,电流为

$$i = \frac{\mathrm{d}q}{\mathrm{d}t}$$

由式(2-40)可得

$$i = C\frac{\mathrm{d}u}{\mathrm{d}t} \tag{2-41}$$

式中,$\frac{\mathrm{d}u}{\mathrm{d}t}$为电压对时间的导数,即电压的变化率。

上式表明,线性电容元件中的电流与端电压的导数成正比。式(2-41)给出了电容元件中电压与电流的关系,是电容元件的伏安特性。电容元件的伏安特性与电阻元件的伏安特性有着显著的区别。显然电容元件中的电压和电流的瞬时值也不服从欧姆定律。当电压的实际方向与参考方向一致并逐渐升高时,即 $\mathrm{d}u/\mathrm{d}t>0$ 时,电容器极板上的电荷量就随之增多,这就是充电过程,这时电流的实际方向与参考方向一致而为正值;当电压逐渐降低时,即 $\mathrm{d}u/\mathrm{d}t<0$ 时,电容器极板上的电荷量就随之减少,这就是放电过程,这时电流的实际方向与参考方向相反而为负值。若加在电容器上的电压是直流电压,稳态时,储存在电容器极板上的电量以及介质中的电场都是恒定不变的,电容器的引线中没有电流,所以电容对于直流相当于开路。

电容元件是一种能储存电场能量的储能元件,在任意时刻电容元件所储存的电场能量与电容电压的平方成正比,为

$$w_C = \frac{1}{2}Cu^2$$

在正弦交流电路中，若取电容 C 的电压和电流为关联参考方向，如图 2-15(a)所示，并取电压为参考正弦量，即令

$$u = U_m \sin\omega t$$

则由式(2-41)可得

$$\begin{aligned} i &= C\frac{\mathrm{d}u}{\mathrm{d}t} = \omega C U_m \cos\omega t \\ &= \omega C U_m \sin\left(\omega t + \frac{\pi}{2}\right) = I_m \sin\left(\omega t + \frac{\pi}{2}\right) \end{aligned} \tag{2-42}$$

其中，$I_m = \omega C U_m$。

可见在正弦交流电路中，电容中的电流是和电压同频率的正弦量，并且电压滞后电流 $\pi/2$ 或 $90°$，也就是说电压达到最大值或零值的时间比电流落后 1/4 个周期，其波形如图 2-15(b)所示。

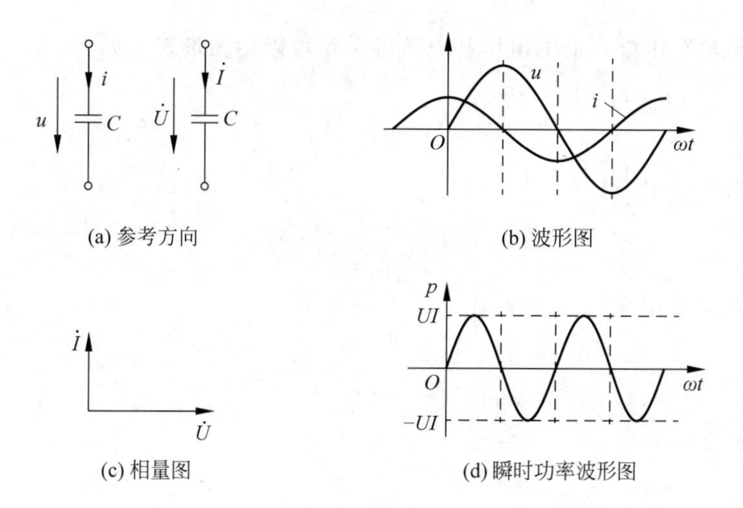

(a) 参考方向　(b) 波形图

(c) 相量图　(d) 瞬时功率波形图

图 2-15　正弦交流电路中的电容元件

由于

$$I_m = \omega C U_m$$

故有

$$\frac{U_m}{I_m} = \frac{\sqrt{2}U}{\sqrt{2}I} = \frac{U}{I} = \frac{1}{\omega C} = X_C \tag{2-43}$$

式中，$X_C = \frac{1}{\omega C} = \frac{1}{2\pi f C}$为电容上电压与电流有效值(或最大值)的比值，具有阻止电流通过的性质，称为电容的电抗，简称为容抗。当电容 C 的单位为法拉(F)，角频率 ω 的单位为弧度/秒(rad/s)时，容抗 X_C 的的单位是欧姆(Ω)。容抗具有和电阻相同的量纲。

容抗等于 ω 和 C 乘积的倒数，这表明容抗是随频率变化的，频率越高，容抗越小。这是因为频率越高，电压变化得越快，电容上的电荷量的变化率(即电流)就越大的缘故。一个电

容的容抗在一个固定频率下才是常量。直流电的频率为零，即 $\omega=0$，所以容抗 $X_C=\infty$，这就是说电容对于直流电(稳态时)相当于开路。需要注意容抗只能表示电压与电流有效值(或最大值)的比值，不能表示它们的瞬时值的比值。容抗只是对正弦交流电才有意义。

容抗与频率有关的性质非常有用。在电子线路及通信技术中常用的耦合电容、旁路电容等就是利用容抗随频率增高而变小的性质，使高频电流可以通过而阻断直流或低频电流。

例 2-11 某耦合电容的容量为 5μF，试计算其在频率为 10Hz 和 10kHz 时的容抗值。

解：电容

$$C=5\mu\text{F}=5\times10^{-6}\text{F}$$

频率为 10Hz 时

$$X_C=\frac{1}{\omega C}=\frac{1}{2\pi fC}=\frac{1}{2\pi\times10\times5\times10^{-6}}\Omega=3184.7\Omega$$

频率为 10kHz 时

$$X_C=\frac{1}{\omega C}=\frac{1}{2\pi fC}=\frac{1}{2\pi\times10\times10^{3}\times5\times10^{-6}}\Omega=3.2\Omega$$

正弦交流电路中电容上的电压和电流的关系可以用相量表示如下。

若取

$$\dot{U}=U\angle0^\circ$$

由式(2-42)和式(2-43)有

$$\dot{I}=I\angle90^\circ=\frac{U}{X_C}\angle90^\circ$$

根据复数运算规则，上式可写成

$$\dot{I}=\frac{U}{X_C}\angle90^\circ=\frac{\text{j}}{X_C}U\angle0^\circ=\frac{\dot{U}}{-\text{j}X_C}$$

即

$$\frac{\dot{U}}{\dot{I}}=-\text{j}X_C$$

电容上电压和电流的相量图如图 2-15(c)所示。

综上所述，正弦交流电路中的电容元件不仅对电流有阻碍作用，还能改变相位。其作用可用复容抗(虚数)$-\text{j}X_C=\frac{-\text{j}}{\omega C}$表示，即

$$\dot{U}=-\text{j}X_C\dot{I} \tag{2-44}$$

在正弦交流电路中，电容元件吸收的瞬时功率为

$$p=ui=U_\text{m}\sin\omega t\cdot I_\text{m}\sin(\omega t+90^\circ)=UI\sin2\omega t$$

可见在正弦交流电路中，电容元件吸收的瞬时功率也是时间的正弦函数，其频率是电源频率的两倍。瞬时功率的波形如图 2-15(d)所示。在第一个 1/4 周期内电压流由零开始增大，这是建立电场的过程，这时电流和电压的实际方向一致，表明电容在吸收能量($p>0$)，并把吸收的能量转换成电场能量储存在电容元件中；在第二个 1/4 周期内电压

由最大减小到零,这是电场消失的过程,原先储存在电容元件中的电场能量被逐渐释放直至全部放出,这时电流和电压的实际方向相反,也表明电容在放出能量($p<0$);后两个1/4周期的情况与此相同,只是电压的方向相反。在一个周期内电容吸收的平均功率为

$$P=\frac{1}{T}\int_0^T p\,\mathrm{d}t=\frac{1}{T}\int_0^T UI\sin 2\omega t\,\mathrm{d}t=0$$

这说明电容是不消耗功率的。但是电容电路中不断进行着电场能量和外部能量的交换,所以瞬时功率不为零。瞬时功率的最大值为$UI=I^2X_C=U^2/X_C$。

例 2-12　在$C=100\mu\text{F}$的电容器两端加上正弦电压$u=141.4\sin(314t-30°)\text{V}$。求电容中的电流$i$。

解:设电压和电流取关联参考方向,电压相量为$\dot{U}=100\angle-30°\text{V}$。

此时该电容的容抗为

$$X_C=\frac{1}{\omega C}=\frac{1}{314\times 100\times 10^{-6}}\Omega=31.8\Omega$$

根据电容中电压和电流的相量关系,有

$$\dot{I}=\frac{\dot{U}}{-\mathrm{j}X_C}=\frac{\dot{U}}{\dfrac{-\mathrm{j}}{\omega C}}=\frac{100\angle-30°}{31.8\angle-90°}\text{A}=3.14\angle 60°\text{A}$$

所求电流的瞬时值为

$$i=3.14\sqrt{2}\sin(314t+60°)\text{A}$$

例 2-13　电阻、电容并联电路如图2-16所示。已知$R=50\Omega$,$C=20\mu\text{F}$,$u=100\sqrt{2}\sin(1000t+30°)\text{V}$。求$i_R$、$i_C$并做出相量图。

解:电容的容抗为

$$X_C=\frac{1}{\omega C}=\frac{1}{1000\times 20\times 10^{-6}}\Omega=50\Omega$$

电压相量为

$$\dot{U}=100\angle 30°\text{V}$$

由相量关系可得

$$\dot{I}_R=\frac{\dot{U}}{R}=\frac{100\angle 30°}{50}\text{A}=2\angle 30°\text{A}$$

$$\dot{I}_C=\frac{\dot{U}}{-\mathrm{j}X_C}=\frac{100\angle 30°}{50\angle-90°}\text{A}=2\angle 120°\text{A}$$

相量图如图2-17所示。

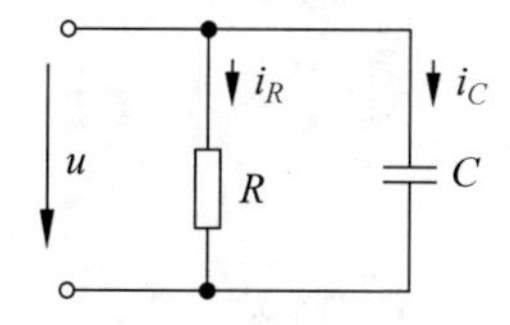

图2-16　例2-13的电路

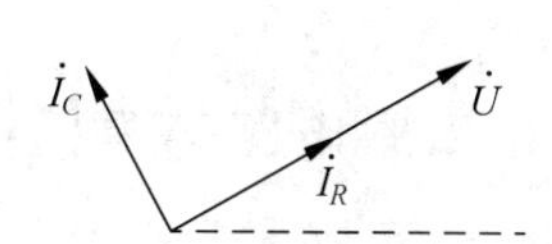

图2-17　例2-13的相量图

所求电流的瞬时值为

$$i_R = 2\sqrt{2}\sin(1000t + 30°)\,\mathrm{A}$$

$$i_C = 2\sqrt{2}\sin(1000t + 120°)\,\mathrm{A}$$

2.6 实际电路器件

前面引入了理想电路元件：电阻、电感和电容，它们各反映电路元件的一种单一的物理效应。电阻元件为热效应，电感元件为磁场效应，电容元件为电场效应。但是，工程上实际使用的电路元件往往是3种效应并存的，当然，一般情况下是某种效应占优势。例如，电感线圈的主要特征是磁场效应，即电感；但是由于线圈导线总是存在电阻，所以电感线圈也具有一定的电阻；线圈两端加上电压时，线圈匝间会产生电场，即线圈匝间存在电容，这种匝间电容一般比较小，通常称为寄生电容。所以，实际的电感元件除具有电感外，总是存在导线电阻和寄生电容，只不过其数值较小，通常可以忽略。

我们引用的理想导线是没有电阻、电感和电容的，其长度可任意变化而不影响电路的状态。实际使用的导线(除超导体外)总是存在电阻；导线中通有电流就会在导线周围产生磁场，从而使导线具有电感；在带电导线之间以及带电导线和大地之间存在电场，从而使导线具有电容。导线的电感、电容一般比较小，当频率较低时其影响可以忽略；当频率较高时，导线的电感、电容会对电路性能产生显著影响。在高频电子线路及仪器设备中，需要注意合理布局、布线以减小导线的电感、电容。对于长传输导线，可以认为导线电阻、电感和电容是沿导线长度均匀分布的，这种具有分布参数的电路与现在所讨论的"集中参数"电路的分析方法有所不同，在此不做讨论。

目前集成电路的发展极为迅速，应用也日益广泛。在集成电路中，电路元件、电路的连接导线以及半导体器件都制作在同一块半导体基片上，以致整个电路构成了一个整体。从外观上难以区分电路元件、连接导线以及半导体器件。但按分立的电阻、电感、电容等元件所得出的基本理论和分析方法对于集成电路仍然适用。

2.7 RLC串并联电路及复阻抗

前面分别讨论了电阻、电感和电容元件在正弦交流电路中的作用，其电压和电流的关系及其相量形式。据此可以计算电阻、电感和电容的串并联电路。在正弦交流电路中，采用相量法计算RLC串并联电路的定理公式与直流电路中电阻的串并联电路的定理公式具有相同的形式。

2.7.1 RLC串联电路与复阻抗

RLC串联电路如图2-18所示，根据基尔霍夫电压定律，电路的总电压等于各元件上的电压之和，即

$$u = u_R + u_L + u_C$$

可用相量表示为

$$\dot{U} = \dot{U}_R + \dot{U}_L + \dot{U}_C$$

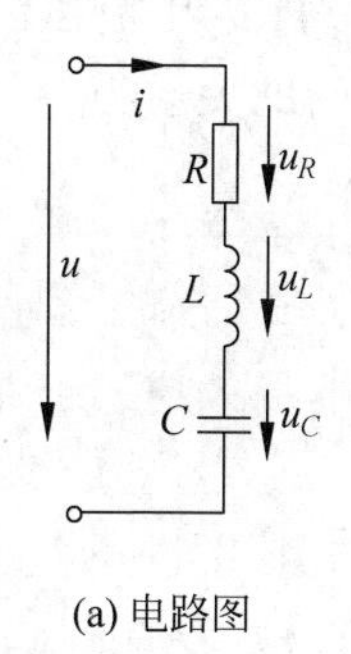

(a) 电路图

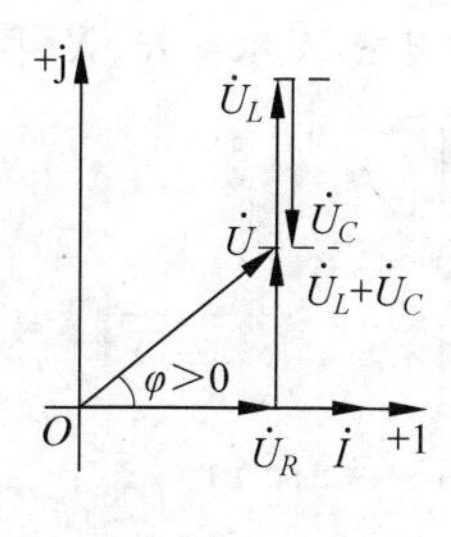

(b) 相量图($X_L>X_C$)

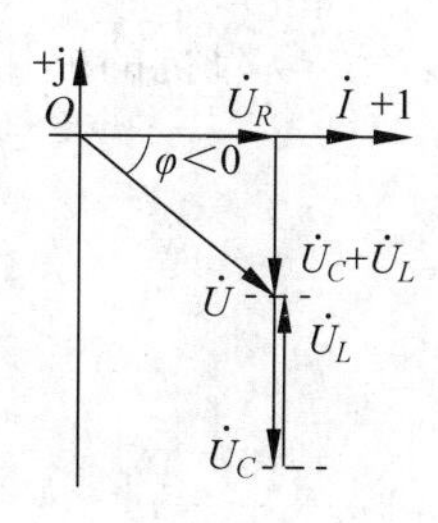

(c)相量图($X_L<X_C$)

图 2-18　RLC 串联电路

串联电路中各元件的电流相同，取此电流为参考正弦量，即令

$$i = I_m \sin\omega t$$

其相量为

$$\dot{I} = I\angle 0°$$

根据各元件电压和电流的相量关系，有

$$\dot{U}_R = R\dot{I} = RI\angle 0°$$

$$\dot{U}_L = jX_L\dot{I} = X_L I\angle 90°$$

$$\dot{U}_C = -jX_C\dot{I} = X_C I\angle -90°$$

所以

$$\dot{U} = \dot{U}_R + \dot{U}_L + \dot{U}_C = R\dot{I} + jX_L\dot{I} - jX_C\dot{I}$$

$$= [R + j(X_L - X_C)]\dot{I} = Z\dot{I} \tag{2-45}$$

其中

$$Z = R + j(X_L - X_C) = R + jX \tag{2-46}$$

复数 Z 称为电路的复阻抗，它等于电压相量和电流相量的比值，即

$$Z = \frac{\dot{U}}{\dot{I}} \tag{2-47}$$

式(2-47)称为相量形式的欧姆定律。当电压的单位为伏特(V)，电流的单位为安培(A)时，复阻抗 Z 的单位为欧姆(Ω)。

式(2-46)是复阻抗的代数形式，它的实部 R 就是电路的电阻，虚部 X 就是电路的电抗。串联电路的电抗等于感抗与容抗之差，即 $X = X_L - X_C$，这是因为电感上电压的相位和电容上电压的相位相反的缘故。对于一般的二端网络其复阻抗的实部和虚部需由网络内各元件的参数、连接方式以及频率等因素共同决定。

复阻抗 Z 也可以写成极坐标形式，即

$$Z=|Z|\angle\varphi=z\angle\varphi$$

其中，z 为复阻抗的模，称为电路的阻抗；φ 为复阻抗的辐角，称为电路的阻抗角。复阻抗的意义与相量不同，并不表示正弦量。为与表示正弦量的相量区别，复阻抗用不加点的大写字母 Z 表示，复阻抗的模用小写字母 z 表示。R、X 和 z、φ 之间的关系为

$$\begin{cases} R=z\cos\varphi \\ X=z\sin\varphi \end{cases} \tag{2-48}$$

$$\begin{cases} z=\sqrt{R^2+X^2} \\ \varphi=\arctan\dfrac{X}{R} \end{cases} \tag{2-49}$$

注意：串联电路的阻抗 z 并不等于电阻和电抗的直接相加，而应按直角三角形的方法合成。也就是说，如果令电阻 R 和电抗 X 分别表示直角三角形的两直角边，则三角形的斜边就表示阻抗 z，如图 2-19 所示。这个三角形称为阻抗三角形。这种关系是由于电阻上的正弦电压和电抗上的正弦电压不是同相而是正交所造成的。

若电流相量为

$$\dot{I}=I\angle\psi_i$$

则由式(2-47)可得电压相量为

$$\dot{U}=Z\dot{I}=z\angle\varphi\times I\angle\psi_i=zI\angle(\psi_i+\varphi)$$

显然，电路的阻抗就等于电压和电流有效值的比值；电路的阻抗角就是电压和电流的相位差。当电路的感抗大于容抗时，$X>0$，$\varphi>0$，电路的电压超前电流（见图 2-18(b)），称电路为电感性电路；当电路的感抗小于容抗时，$X<0$，$\varphi<0$，电路的电压滞后电流（见图 2-18(c)），称电路为电容性电路；当电路的感抗等于容抗时，$X=0$，$\varphi=0$，电路的电压和电流同相，称电路为电阻性电路。若 $X_L=X_C\neq 0$，则称电路处于谐振状态，有关谐振的特点在 2.8 节介绍。

综上所述可知，RLC 串联电路的作用可用复阻抗 Z 表示，串联电路中各元件的电流相同，总电压的相量等于各元件电压的相量和（不是简单的代数和），电压和电流的相位差等于电路的阻抗角。

由式(2-47)和式(2-49)或图 2-18 可知，总电压的有效值和电路的阻抗角也可以用各元件电压的有效值计算，即

$$\begin{aligned} U&=zI=\sqrt{R^2+(X_L-X_C)^2}\,I=\sqrt{(RI)^2+(X_LI-X_CI)^2} \\ &=\sqrt{U_R^2+(U_L-U_C)^2} \end{aligned}$$

$$\tan\varphi=\frac{X}{R}=\frac{X_L-X_C}{R}=\frac{(X_L-X_C)I}{RI}=\frac{U_L-U_C}{U_R}$$

从上式可以看出，串联电路总电压的有效值并不等于电阻、电感和电容电压的有效值之和。这是由于这些电压之间存在着相位差，也就是它们的最大值并非同时出现的缘故。这也是正弦交流电路和直流电路的显著区别之一。串联电路中各电压的有效值之间的关系可

以用图2-20所示的电压三角形表示。显然,串联电路的电压三角形和阻抗三角形是相似的。

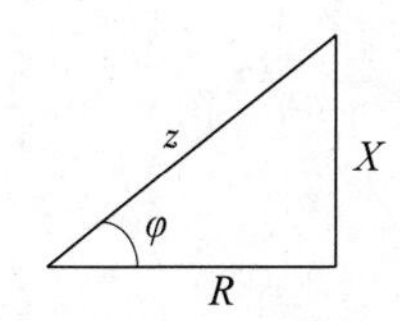

图2-19　阻抗三角形

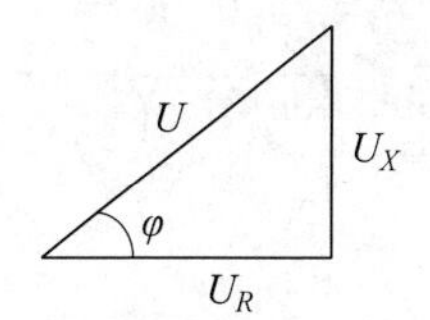

图2-20　电压三角形

例2-14　RLC串联电路,已知$R=100\Omega$,$L=0.3\text{H}$,$C=5\mu\text{F}$,$\omega=1000\text{rad/s}$。

(1) 求电路的阻抗和阻抗角。

(2) 若用电流表测得电路电流为2A,求各元件电压和总电压的有效值。

(3) 以电流为参考相量做出电路的相量图。

解:(1) 感抗为

$$X_L=\omega L=1000\times 0.3\Omega=300\Omega$$

容抗为

$$X_C=\frac{1}{\omega C}=\frac{1}{1000\times 5\times 10^{-6}}\Omega=200\Omega$$

阻抗为

$$z=\sqrt{R^2+(X_L-X_C)^2}=\sqrt{100^2+(300-200)^2}\Omega=141.4\Omega$$

阻抗角

$$\varphi=\arctan\frac{X_L-X_C}{R}=\arctan\frac{300-200}{100}=\frac{\pi}{4}$$

(2) 由$I=2A$可得

$$U_R=RI=100\times 2\text{V}=200\text{V}$$
$$U_L=X_LI=300\times 2\text{V}=600\text{V}$$
$$U_C=X_CI=200\times 2\text{V}=400\text{V}$$
$$U=zI=141.4\times 2\text{V}=282.8\text{V}$$

(3) 电路的相量图如图2-21所示

例2-15　在图2-22所示电路中,已知$X_L=1\text{k}\Omega$,$X_C=5\text{k}\Omega$,$i=1.414\sin\omega t\,\text{mA}$,$u_R=4.242\sin\omega t\,\text{V}$。求$u_C$和$u$并做出相量图。

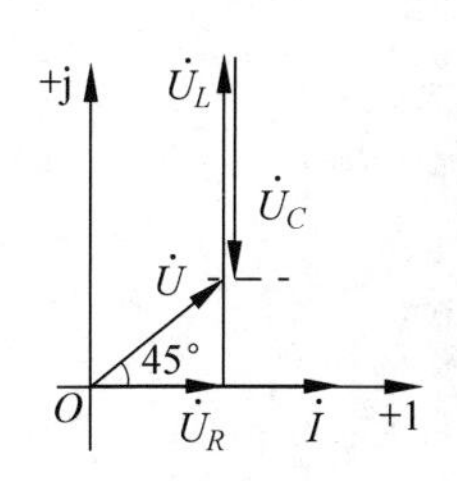

图2-21　例2-14的相量图

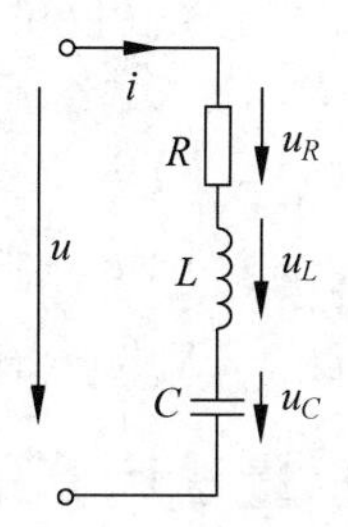

图2-22　例2-15的电路图

解：电路电流、各电压有效值为

$$I=0.001\text{A}$$

$$U_R=3\text{V}$$

$$U_L=X_LI=1000\times 0.001\text{V}=1\text{V}$$

$$U_C=X_CI=5000\times 0.001\text{V}=5\text{V}$$

$$U=\sqrt{(RI)^2+[(X_L-X_C)I]^2}$$

$$=\sqrt{3^2+[(1000-5000)\times 0.001]^2}\ \text{V}=5\text{V}$$

$$\varphi=\arctan\frac{(X_L-X_C)I}{RI}=\arctan\frac{-4}{3}=-53.1°$$

根据各元件中电压和电流的相位关系，可写出所求电压瞬时值为

$$u_C=7.07\sin(\omega t-90°)\text{V}$$

$$u=7.07\sin(\omega t-53.1°)\text{V}$$

其相量图如图 2-23 所示。

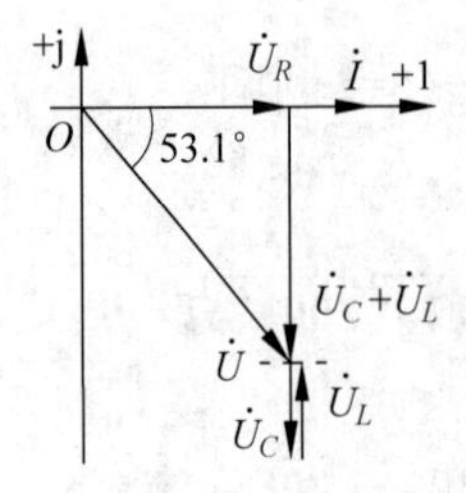

图 2-23 例 2-15 的相量图

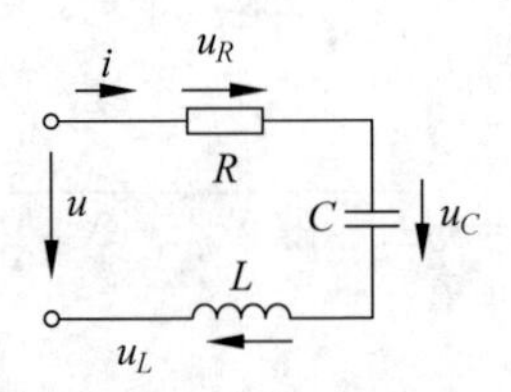

图 2-24 例 2-16 的电路图

例 2-16 在图 2-24 所示电路中，已知 $R=200\Omega$，$L=2\text{H}$，$C=10\mu\text{F}$，$\omega=314\text{rad/s}$，$U=220\text{V}$。求电路电流和各元件的电压。

解：

$$X_L=\omega L=314\times 2\Omega=628\Omega$$

$$X_C=\frac{1}{\omega C}=\frac{1}{314\times 10\times 10^{-6}}\Omega=318.5\Omega$$

$$z=\sqrt{R^2+X^2}=\sqrt{200^2+(628-318.5)^2}\ \Omega=368.5\Omega$$

$$I=\frac{U}{z}=\frac{220}{368.5}\text{A}=0.6\text{A}$$

$$U_R=RI=200\times 0.6\text{V}=120\text{V}$$

$$U_L=X_LI=628\times 0.6\text{V}=376.8\text{V}$$

$$U_C=X_CI=318.5\times 0.6\text{V}=191.1\text{V}$$

2.7.2 应用相量法计算正弦交流电路

通过对 RLC 串联电路的分析，得出了相量形式的欧姆定律，即 $\dot{U}=Z\dot{I}$。对任意复杂

的正弦交流电路，只要构成电路的电阻、电感、电容等元件都是线性的，则当电路中的正弦电源频率相同时，电路各部分的电压和电流都是同频率的正弦量。根据相量的定义，可以写出相量形式的基尔霍夫电流定律如下。

在正弦交流电路中，流出任一节点的电流相量和恒等于零，即

$$\sum \dot{I}=0 \tag{2-50}$$

相量形式的基尔霍夫电压定律：在正弦交流电路中，沿任一闭合回路各段电压相量和恒等于零，即

$$\sum \dot{U}=0 \tag{2-51}$$

可以看出，应用相量法后，表示欧姆定律和基尔霍夫定律的各公式与直流电路的各公式在形式上完全相同。因此，在讨论直流电路时所得到的各种计算方法和定理公式都可适用于线性正弦交流电路。即在正弦交流电路的分析计算中，可以利用支路电流法、回路电流法、节点电压法、叠加原理、戴维南定理等。其与直流电路的差别仅在于不直接用电压、电流及电动势的瞬时值而用相应的相量，不只用电阻而用复阻抗。例如，复阻抗的串并联计算与电阻的串并联计算形式完全相同，即

复阻抗串联（见图 2-25(a)）的等值复阻抗为

$$Z=Z_1+Z_2$$

复阻抗并联（见图 2-25(b)）的等值复阻抗为

$$Z=\frac{Z_1 Z_2}{Z_1+Z_2}$$

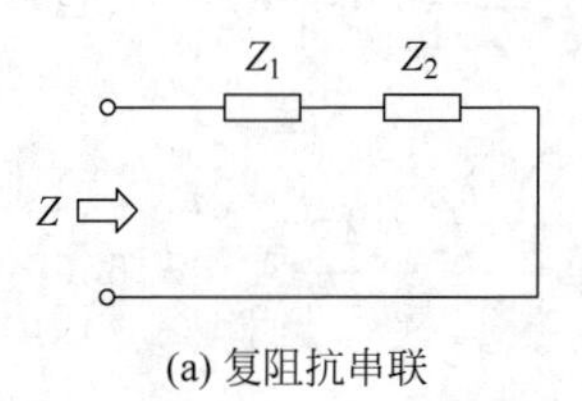

(a) 复阻抗串联

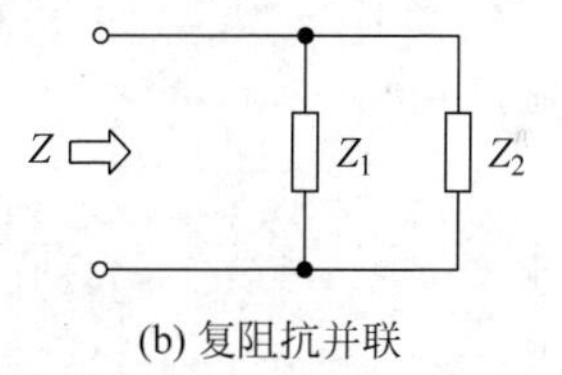

(b) 复阻抗并联

图 2-25　复阻抗的串并联

应用相量法后，尽管正弦交流电路的计算公式在形式上与直流电路的计算公式完全相同，但在计算中所用到的是复数运算，这与直流电路的计算有很大差别。这也反映了正弦交流电路中有一些直流电路所没有的现象，如相位差等。正弦交流电路通常可利用相量图来帮助分析或简化计算。

下面通过几个具体的例子来说明相量法的应用及其特点。

例 2-17　在图 2-26 所示电路中，已知 $Z_1=10+\mathrm{j}20\Omega$，$Z_2=20-\mathrm{j}30\Omega$，$Z_3=15+\mathrm{j}15\Omega$。求电路的等效复阻抗 Z。

解：根据电阻的串并联计算式，可得

$$\begin{aligned}Z&=Z_1+\frac{Z_2 Z_3}{Z_2+Z_3}\\&=10+\mathrm{j}20+\frac{(20-\mathrm{j}30)(15+\mathrm{j}15)}{20-\mathrm{j}30+15+\mathrm{j}15}\Omega=10+\mathrm{j}20+\frac{750-\mathrm{j}150}{35-\mathrm{j}15}\Omega\end{aligned}$$

$$=10+\mathrm{j}20+\frac{28\,500+\mathrm{j}6000}{35^2+15^2}\Omega=29.66+\mathrm{j}24.14\Omega$$

$$=38.24\angle 39.14^\circ\Omega$$

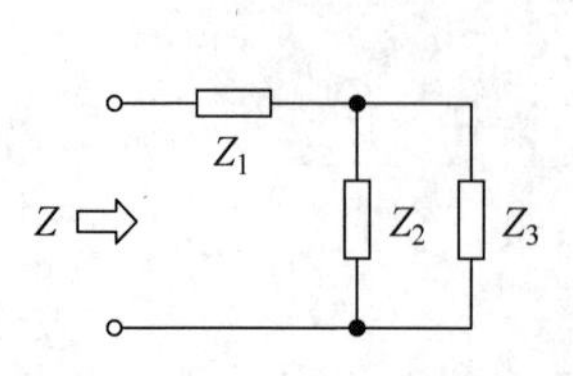

图 2-26　例 2-17 的电路图

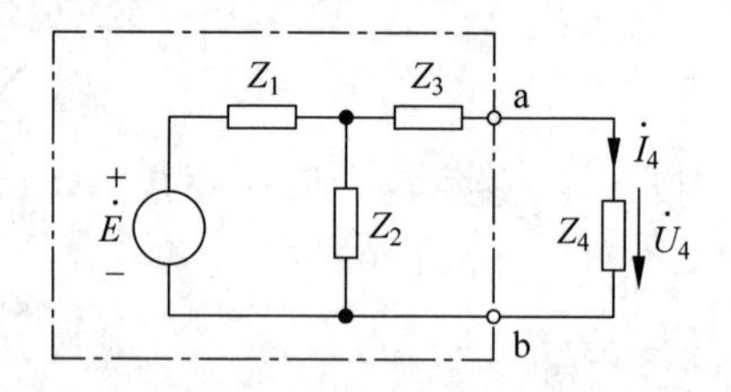

图 2-27　例 2-18 的电路图

例 2-18　在图 2-27 所示电路中，已知 $\dot{E}=120\angle 0^\circ\mathrm{V}$，$Z_1=-\mathrm{j}30\Omega$，$Z_2=30\Omega$，$Z_3=-\mathrm{j}30\Omega$，$Z_4=\mathrm{j}45\Omega$，求 Z_4 中的电流 $\dot{I}_4$ 和电压 $\dot{U}_4$。

解：本题可用戴维南定理求解，把虚线框内的电路看作含源二端网络，其开路电压等于断开 Z_4 后 a、b 两点间的电压，其值(相量)为

$$\dot{U}_{\mathrm{abK}}=\frac{Z_2}{Z_1+Z_2}\dot{E}=\frac{30\times 120\angle 0^\circ}{-\mathrm{j}30+30}\mathrm{V}=\frac{30\times 120\angle 0^\circ}{30\sqrt{2}\angle -45^\circ}\mathrm{V}=60\sqrt{2}\angle 45^\circ\mathrm{V}$$

输出复阻抗就是电压源短路时二端网络在 a、b 两点间的等效复阻抗，其值为

$$Z_{\mathrm{ab}}=Z_3+\frac{Z_1Z_2}{Z_1+Z_2}=-\mathrm{j}30+\frac{-\mathrm{j}30\times 30}{-\mathrm{j}30+30}\Omega=-\mathrm{j}30+15-\mathrm{j}15\Omega=15-\mathrm{j}45\Omega$$

Z_4 中的电流为

$$\dot{I}_4=\frac{\dot{U}_{\mathrm{abK}}}{Z_{\mathrm{ab}}+Z_4}=\frac{60\sqrt{2}\angle 45^\circ}{(15-\mathrm{j}45)+\mathrm{j}45}\mathrm{A}=\frac{60\sqrt{2}\angle 45^\circ}{15}\mathrm{A}=5.656\angle 45^\circ\mathrm{A}$$

Z_4 上的电压

$$\dot{U}_4=Z_4\dot{I}_4=\mathrm{j}45\times 5.656\angle 45^\circ\mathrm{V}=254.5\angle 135^\circ\mathrm{V}$$

例 2-19　RLC 并联电路如图 2-28 所示，已知 $R=200\Omega$，$L=0.1\mathrm{H}$，$C=5\mu\mathrm{F}$，$u=141.4\sin 1000t\,\mathrm{V}$。求总电流的瞬时值 i。

解：取各支路电流的参考方向如图 2-28 所示，已知电压相量为 $\dot{U}=100\angle 0^\circ\mathrm{V}$，根据相量形式的欧姆定律，可得各元件电流分别为

$$\dot{I}_R=\frac{\dot{U}}{R}=\frac{100\angle 0^\circ}{200}\mathrm{A}=0.5\angle 0^\circ\mathrm{A}$$

$$\dot{I}_L=\frac{\dot{U}}{\mathrm{j}\omega L}=\frac{100\angle 0^\circ}{\mathrm{j}1000\times 0.1}\mathrm{A}=\frac{100\angle 0^\circ}{100\angle 90^\circ}\mathrm{A}=1\angle -90^\circ\mathrm{A}$$

$$\dot{I}_C=\frac{\dot{U}}{-\mathrm{j}\dfrac{1}{\omega C}}=\frac{100\angle 0^\circ}{200\angle -90^\circ}\mathrm{A}=0.5\angle 90^\circ\mathrm{A}$$

根据相量形式的基尔霍夫电流定律，有

$$\dot{I}=\dot{I}_R+\dot{I}_L+\dot{I}_C=0.5-\mathrm{j}1+\mathrm{j}0.5\mathrm{A}=0.5-\mathrm{j}0.5\mathrm{A}=0.707\angle-45^\circ\mathrm{A}$$

所求总电流的瞬时值为

$$i=0.707\sqrt{2}\sin(1000t-45^\circ)\mathrm{A}$$

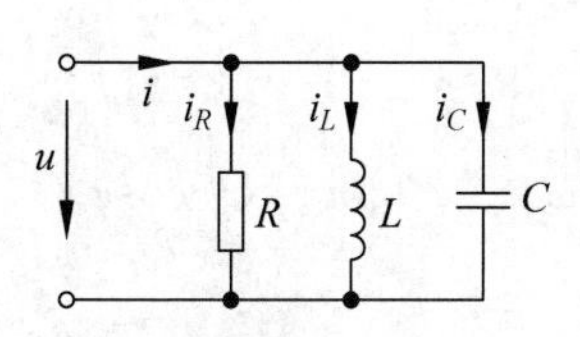

图 2-28　例 2-19 的电路

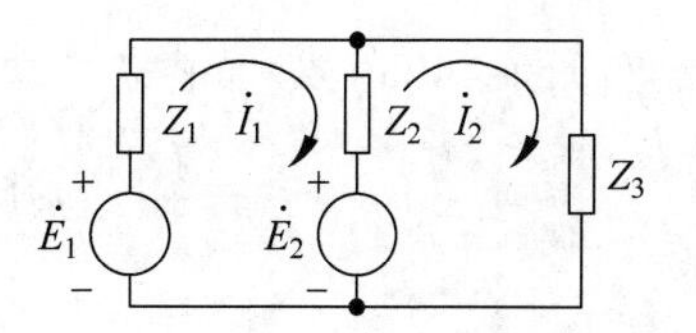

图 2-29　例 2-20 的电路

例 2-20　用回路电流法写出如图 2-29 所示电路相量形式的回路电流方程。

解：设定两个回路电流 $\dot{I}_1$ 和 $\dot{I}_2$ 如图 2-29 所示，可写出回路电流方程为

$$(Z_1+Z_2)\dot{I}_1-Z_2\dot{I}_2=\dot{E}_1-\dot{E}_2$$

$$-Z_2\dot{I}_1+(Z_2+Z_3)\dot{I}_2=\dot{E}_2$$

例 2-21　写出如图 2-30 所示正弦交流电路的节点电压相量方程。

解：选 c 点为参考节点，按自导、互导的概念可方便地写出相量形式的节点电压方程为

$$\left(\frac{1}{Z_1}+\frac{1}{Z_2}+\frac{1}{Z_3}\right)\dot{U}_\mathrm{a}-\frac{1}{Z_3}\dot{U}_\mathrm{b}=\frac{\dot{E}}{Z_1}$$

$$-\frac{1}{Z_3}\dot{U}_\mathrm{a}+\left(\frac{1}{Z_3}+\frac{1}{Z_4}\right)\dot{U}_\mathrm{b}=\dot{I}_\mathrm{S}$$

2.7.3　正弦交流电路的功率

在正弦交流电路中，设如图 2-31 所示一般无源二端网络的电压和电流分别为

$$u=\sqrt{2}U\sin\omega t$$

$$i=\sqrt{2}I\sin(\omega t-\varphi)$$

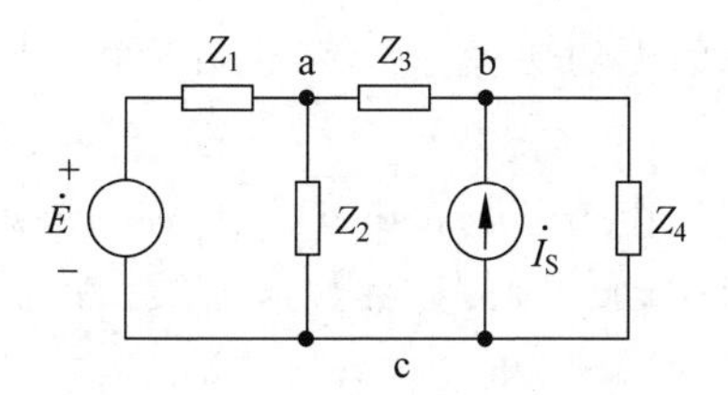

图 2-30　例 2-21 的电路图

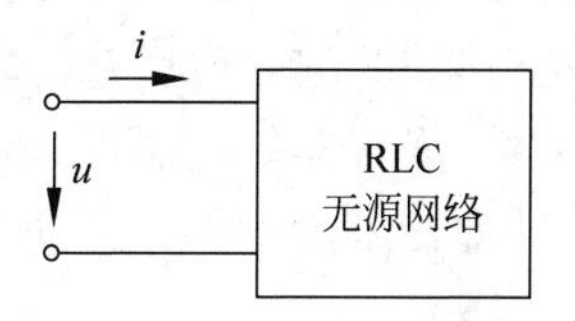

图 2-31　无源二端网络

其中 φ 为电压和电流的相位差，也就是无源二端网络的阻抗角，即

$$\frac{\dot{U}}{\dot{I}}=\frac{U\angle 0}{I\angle-\varphi}=z\angle\varphi=Z$$

则电路吸收的瞬时功率为

$$p=ui=\sqrt{2}U\sin\omega t\cdot\sqrt{2}I\sin(\omega t-\varphi)=UI\cos\varphi-UI\cos(2\omega t-\varphi)$$

可以看出电路吸收的瞬时功率由恒定分量和正弦分量两部分组成。正弦分量的频率是电源频率的两倍。

电路吸收的平均功率,即有功功率为

$$P=\frac{1}{T}\int_0^T p\,\mathrm{d}t=\frac{1}{T}\int_0^T[UI\cos\varphi-UI\cos(2\omega t-\varphi)]\mathrm{d}t=UI\cos\varphi$$

即

$$P=UI\cos\varphi \tag{2-52}$$

上式说明,电路吸收的有功功率不仅与电压和电流有效值的乘积有关,还与它们的相位差有关。式(2-52)中,$\cos\varphi$ 称为功率因数。对于由 RLC 构成的无源网络来说,$|\varphi|\leqslant\frac{\pi}{2}$,因而 $\cos\varphi\geqslant0$,故 $P\geqslant0$,即无源电路总是消耗功率的。电路所消耗的有功功率等于电路中各电阻所消耗的有功功率之和。仅当电路中没有电阻时才有 $|\varphi|=\frac{\pi}{2}$,$\cos\varphi=0$,$P=0$。对于电源支路,一般取电压和电流的参考方向相反,其发出的有功功率也可用式(2-52)计算。

为了衡量电路中的储能元件与电源的能量交换情况,工程上还引用了无功功率的概念。无功功率通常用 Q 表示,其定义式为

$$Q=UI\sin\varphi \tag{2-53}$$

无功功率的量纲与有功功率相同,但为了与有功功率区分,常把无功功率的单位称为乏(var)。无功功率与有功功率不同,它不表示单位时间所做的功,只表示能量交换的速率。无功功率可正可负,对于感性电路,电流滞后于电压,$\varphi>0$,$Q>0$;对于容性电路,电流超前于电压,$\varphi<0$,$Q<0$。电路所吸收的无功功率等于电路中各储能元件所吸收的无功功率的代数和。习惯上称电感元件为吸收无功功率的元件,电容元件为发出无功功率的元件。

对式(2-52)和(2-53)可以理解为将电流分解为两个分量:一个是与电压同相的有功分量 $I\cos\varphi$;一个是与电压正交的无功分量 $I\sin\varphi$,如图 2-32 所示。电流有功分量与电压的乘积为有功功率,电流无功分量与电压的乘积为无功功率。当然,也可理解为将电压分解为有功分量和无功分量。

发电机、变压器等电器设备都有一定的正常工作的电压值和电流值,称为额定值。它们的容量,即设备的能力是用电压和电流有效值的乘积来表示的,这个乘积称为视在功率,用 S 表示,即

$$S=UI \tag{2-54}$$

视在功率的单位为伏安(V·A)。视在功率表示了电源设备所能提供的最大功率。

有功功率、无功功率和视在功率之间的关系可以用一个直角三角形表示,如图 2-33 所示,称为功率三角形。功率三角形和阻抗三角形是相似的。显然,各功率量之间的关系为

$$S^2 = P^2 + Q^2$$

$$\cos\varphi = \frac{P}{S}$$

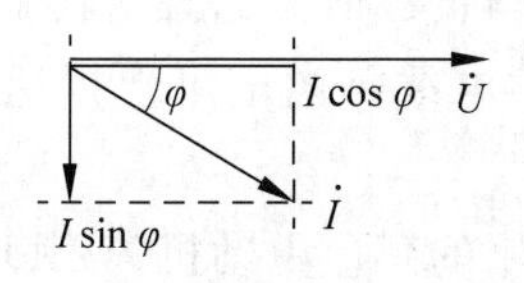

图 2-32 电流分解示意

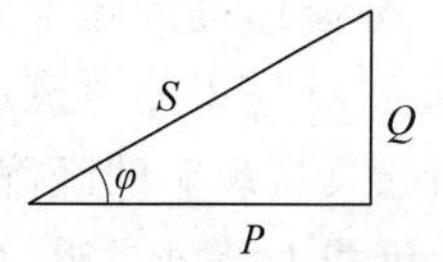

图 2-33 功率三角形

例 2-22 已知无源二端网络的端电压为 $u = 20\sin(\omega t + 50°)$V，输入电流为 $i = 3\sin(\omega t - 10°)$A。求该网络所消耗的有功功率和无功功率。

解：电压和电流的相位差，即网络的阻抗角为

$$\varphi = \psi_u - \psi_i = 50° - (-10°) = 60°$$

有功功率为

$$P = UI\cos\varphi = \frac{20}{\sqrt{2}} \times \frac{3}{\sqrt{2}} \times \cos 60° \text{W} = 30 \times \frac{1}{2}\text{W} = 15\text{W}$$

无功功率为

$$Q = UI\sin\varphi = \frac{20}{\sqrt{2}} \times \frac{3}{\sqrt{2}} \times \sin 60° \text{var} = 30 \times \frac{\sqrt{3}}{2}\text{var} = 25.98\text{var}$$

例 2-23 由电阻、电感、电容组成的无源二端网络，所加电压为 $u = 220\sqrt{2}\sin 314t$V，已知网络中电阻消耗的功率为 500W，电感消耗的功率为 250var，电容消耗的功率为 750var。求网络的功率因数和输入电流。

解：由已知条件可知网络功率为

$$P = 500\text{W}$$

$$Q = Q_L - Q_C = 250\text{var} - 750\text{var} = -500\text{var}$$

$$S = \sqrt{P^2 + Q^2} = \sqrt{500^2 + (-500)^2}\,\text{V} \cdot \text{A} = 500\sqrt{2}\,\text{V} \cdot \text{A}$$

网络的功率因数为

$$\cos\varphi = \frac{P}{S} = \frac{500}{500\sqrt{2}} = \frac{\sqrt{2}}{2} = 0.707$$

网络的阻抗角为

$$\varphi = \arctan\frac{Q}{P} = \arctan\frac{-500}{500} = -45°$$

由 $S = UI$ 可得输入电流的有效值为

$$I = \frac{S}{U} = \frac{500\sqrt{2}}{220}\text{A} = 3.21\text{A}$$

根据网络的阻抗角可以写出输入电流的瞬时值为

$$i = \sqrt{2}I\sin(\omega t - \varphi) = 3.21\sqrt{2}\sin(314t + 45°)\text{A}$$

电源设备所提供的功率与负载的功率因数有关。例如，容量为1000kV·A的发电机，在负载的功率因数为0.5时，只能发出500kW的功率，若负载的功率因数为1就可以发出1000kW的功率，所以提高功率因数可以提高电源设备的利用率。另外，提高功率因数还可以减少线路损耗，提高输电效率。这是因为当负载所需的有功功率和电压一定时，功率因数越大，输电线路中的电流就越小，从而在输电线路的电阻上损耗的功率就越小。所以提高功率因数具有现实的经济意义。

电力系统的负载大部分是感性负载，如广泛使用的感应电动机等，其取用的电流滞后于电压。为了提高功率因数可以在线路上并联电容器，利用电容器中超前于电压的电流补偿感性负载中的无功电流分量，从而提高线路的功率因数。

例 2-24 在380V、50Hz的正弦交流电路中接有一台感应电动机(感性负载)，设其功率为20kW，功率因数为0.6。

(1) 求电路的电流。

(2) 若在电动机两端并联$C=375\mu F$的电容器，求线路电流和电路的功率因数。

(3) 若输电线路的电阻为0.2Ω，分别求并联电容器前后线路的损耗。

解：(1)并联电容器前电路的电流等于电动机的电流(见图2-34(a))为

$$I_1=\frac{P}{U\cos\varphi}=\frac{20\,000}{380\times 0.6}\text{A}=87.7\text{A}$$

因为是感性负载，$\cos\varphi=0.6$，所以$\varphi=53.1°$，若取电压为参考正弦量，则

$$\dot{I}_1=87.7\angle-53.1°\text{A}$$

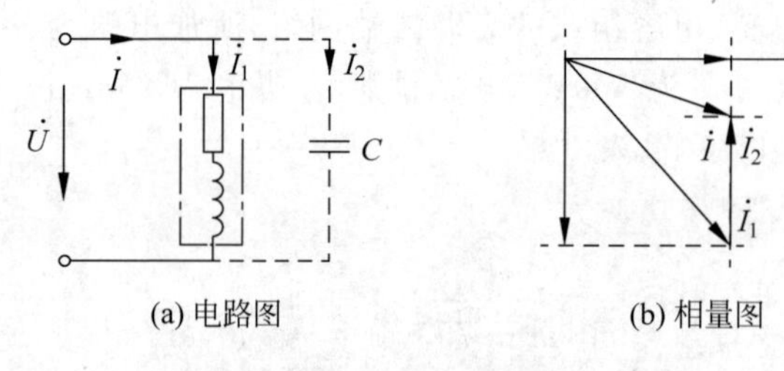

(a) 电路图　　(b) 相量图

图 2-34 例 2-24 的电路图和相量图

(2) 并联电容器后，电容中的电流为

$$\dot{I}_2=\frac{\dot{U}}{-\text{j}X_C}=\frac{380\angle 0°}{-\text{j}\dfrac{1}{314\times 375\times 10^{-6}}}\text{A}=\frac{380\angle 0°}{-\text{j}8.5}\text{A}=44.7\angle 90°\text{A}$$

电动机的电流不变，电路的总电流变为

$$\begin{aligned}\dot{I}&=\dot{I}_1+\dot{I}_2=87.7\angle-53.1°+44.7\angle 90°\text{A}=(52.62-\text{j}70.13)+\text{j}44.7\text{A}\\&=52.62-\text{j}25.53\text{A}=58.5\angle-25.7°\text{A}\end{aligned}$$

电路的功率因数为(注意：$\varphi=\psi_u-\psi_i$)

$$\cos\varphi=\cos(25.7°)=0.9$$

(3) 若线路电阻为 $R_x=0.2\Omega$,则并联电容器前线路的损耗为

$$P_x = I_1^2 R_x = 87.7^2 \times 0.2\text{W} = 1538.2\text{W}$$

并联电容器后线路的损耗为

$$P'_x = I^2 R_x = 58.5^2 \times 0.2\text{W} = 684.5\text{W}$$

例 2-25　在 220V、50Hz 的正弦交流电路中接有感性负载,其功率为 1kW,功率因数为 0.65。要使电路的功率因数提高到 0.9 应在负载两端并联多大的电容器?

解:负载的无功功率为

$$Q_L = UI\sin\varphi = U\frac{P}{U\cos\varphi}\sqrt{1-\cos^2\varphi} = \frac{1000}{0.65}\times\sqrt{1-0.65^2}\ \text{var} = 1169\text{var}$$

并联电容器后电源提供的无功功率为

$$Q = \frac{P}{\cos\varphi'}\sqrt{1-\cos^2\varphi'} = \frac{1000}{0.9}\times\sqrt{1-0.9^2}\ \text{var} = 484\text{var}$$

电容器提供的无功功率为

$$|Q_C| = Q_L - Q = 1169 - 484\text{var} = 685\text{var}$$

所以

$$X_C = \frac{U^2}{|Q_C|} = \frac{220^2}{685}\Omega = 70.7\Omega$$

$$C = \frac{1}{\omega X_C} = \frac{1}{314\times 70.7}\text{F} = 45\mu\text{F}$$

2.8　LC 电路中的谐振

谐振是含有电感和电容元件的电路在一定条件下发生的一种特殊现象。谐振在电子技术中得到了十分广泛的应用,如选频、滤波等。研究谐振现象具有重要的实用意义。本节将介绍电路发生谐振的条件以及谐振现象的特征。

对于如图 2-35 所示的 RLC 串联电路,在外加角频率为 ω 的正弦交流电压作用下,其复阻抗为

$$Z = R + \text{j}\left(\omega L - \frac{1}{\omega C}\right) = R + \text{j}(X_L - X_C)$$
$$= R + \text{j}X = z\angle\varphi$$

电路中的电流为

$$\dot{I} = \frac{\dot{U}}{Z} = \frac{U}{z}\angle(\psi_u - \varphi)$$

式中,U 和 ψ_u 分别为外加电压的有效值和初相位。

显然,RLC 串联电路的电抗 X 是角频率 ω 的函数,如图 2-36 所示。其中,感抗和容抗可直接相减,有相互抵消作用。电路的感抗和容抗不相等时,电抗不为零,阻抗角也不为零($\varphi\neq0$),电流和电压不同相,电路或为感性($X_L>X_C$)或为容性($X_L<X_C$)。当电路参数 L、C 和外加电源的角频率满足一定的条件,恰好使感抗和容抗相等时($X_L=$

X_C)，电路的电抗等于零($X=X_L-X_C=0$)，这时电路为纯电阻性电路，阻抗角等于零，电路中的电流和电压同相位。电路的这种状态称为谐振。对于在RLC串联电路中出现的谐振就称为串联谐振。下面讨论串联谐振的条件和串联谐振时电路所具有的特征。

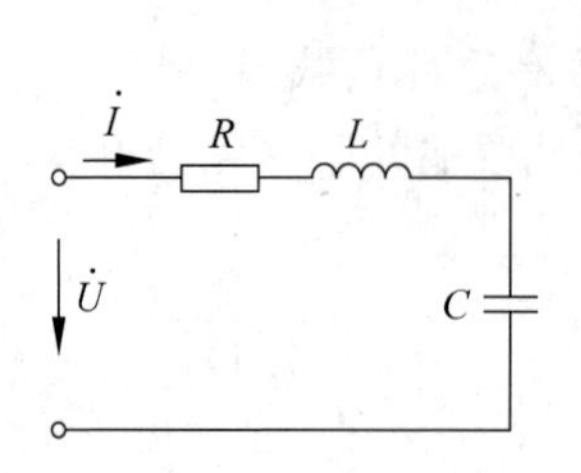

图 2-35 RLC串联电路

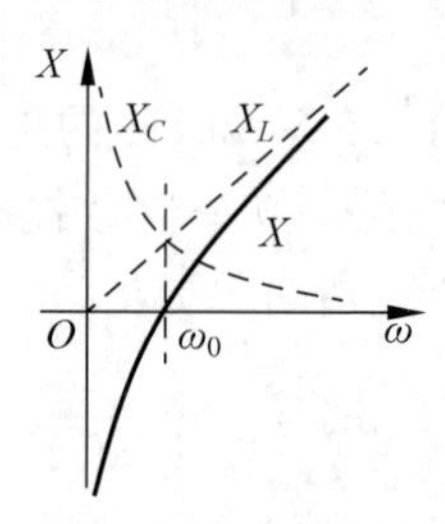

图 2-36 电抗与频率的关系

对于RLC串联电路，发生串联谐振的条件为电抗等于零，即

$$X=X_L-X_C=\omega L-\frac{1}{\omega C}=0$$

或者说

$$\omega L=\frac{1}{\omega C}$$

即串联谐振时，电路的感抗和容抗相等。发生谐振时的角频率称为谐振角频率，常用ω_0表示。根据上式，有

$$\omega_0=\frac{1}{\sqrt{LC}} \tag{2-55}$$

也可写作

$$f_0=\frac{1}{2\pi\sqrt{LC}} \tag{2-56}$$

式中，f_0称为电路的谐振频率，当L的单位用亨利(H)，C的单位用法拉(F)时，f_0的单位为赫兹(Hz)。

由式(2-55)和式(2-56)可知，电路的谐振角频率或谐振频率，完全是由电路本身的参数决定的，是电路的固有性质。对于一个RLC串联电路，只有一个对应的谐振频率。只有当外加激励信号的频率与电路的谐振频率相等时，电路才会发生谐振。在实际应用中，当外加激励信号的频率固定时，可以改变电路参数(L或C)，使电路满足谐振条件。无线电收音机的接收回路就是用改变电容C的方法，使之对于某一电台的发射频率发生谐振，从而达到选择此电台信号的目的。当电路参数固定时，可以改变外加激励信号的频率，使电路在其频率下发生谐振。如果不希望出现谐振，可以适当选择L和C的数值或外加电压的频率，使三者之间的关系不满足谐振条件，从而达到消除谐振的目的。如电力系统中的电压一般比较高，应适当选择负载中L或C的值，避免出现谐振，以防出现危险的高电压。

例 2-26 如图2-35所示的RLC串联电路，若$L=400\mu F$，外加正弦电压的频率为1000kHz，则C为何值时电路发生谐振？

解：当电路的谐振频率与电源频率相等时，电路发生谐振。由式(2-55)可得

$$C=\frac{1}{(2\pi f_0)^2L}=\frac{1}{(2\pi\times 10^6)^2\times 400\times 10^{-6}}\mathrm{F}=63.3\mathrm{pF}$$

RLC 串联电路发生谐振时，其电抗为零，所以谐振时电路的复阻抗为

$$Z_0=R+\mathrm{j}X=R$$

上式是一个纯电阻，这是阻抗的最小值。而电路中的电流为

$$\dot{I}_0=\frac{\dot{U}}{R}$$

即电流和电压同相且有效值为最大，这是串联谐振的一个重要特征。

发生谐振时，电路的电抗等于零，即电路的感抗和容抗相等，但感抗或容抗本身并不等于零，即

$$X=X_L-X_C=0$$

$$X_L=X_C\neq 0$$

由于谐振时的电源的角频率为

$$\omega_0=\frac{1}{\sqrt{LC}}$$

所以谐振时电路的感抗或容抗为

$$\rho=\omega_0L=\frac{1}{\omega_0C}=\frac{1}{\sqrt{LC}}L=\sqrt{\frac{L}{C}} \tag{2-57}$$

式中，ρ 为谐振时电路的感抗值或容抗值，称为谐振电路的特性阻抗，其单位为欧姆(Ω)。在无线电技术中，常用谐振电路的特性阻抗 ρ 与回路电阻 R 的比值来说明电路的谐振性能，这个比值一般用字母 Q 表示，即

$$Q=\frac{\rho}{R}=\frac{\omega_0L}{R}=\frac{1}{\omega_0CR}=\frac{1}{R}\sqrt{\frac{L}{C}} \tag{2-58}$$

式中，Q 为谐振回路的品质因数，简称为 Q 值。Q 值反映了谐振电路的选频特性，Q 值越大，谐振电路对偏离谐振频率的信号衰减得越厉害，其选择性越好。高品质的谐振回路其品质因数可高达数百。

串联谐振时，电路各元件上的电压分别为

$$\dot{U}_{R0}=R\dot{I}_0=R\frac{\dot{U}}{R}=\dot{U}$$

$$\dot{U}_{L0}=\mathrm{j}X_{L0}\dot{I}_0=\mathrm{j}\omega_0L\frac{\dot{U}}{R}=\mathrm{j}Q\dot{U}$$

$$\dot{U}_{C0}=-\mathrm{j}X_{C0}\dot{I}=-j\frac{1}{\omega_0C}\frac{\dot{U}}{R}=-\mathrm{j}Q\dot{U}$$

这说明串联谐振时，电阻上的电压与电源电压相等且同相；电感和电容上的电压数值上是电源电压的 Q 倍，而相位分别超前和滞后电源电压 90°。当 Q 值较高时，电感或电容上的电压将远大于电源电压，因此串联谐振又称为电压谐振。在无线电技术中就是利

用这一特性，把微弱的输入电压信号通过谐振电路变成电抗元件上较大的电压信号送到下一级进行放大。

例 2-27 一般无线电收音机的接收回路可以看作 RLC 串联电路，如图 2-37 所示。其中，R 是电感线圈的电阻；C 是调谐用的可变电容器；e 表示无线电广播信号在输入回路感应的信号电压，一般来说 e 含有多种频率的不同分量，u_C 是接收回路的输出电压。若 $R=10\Omega, L=500\mu\text{H}, C=100\text{pF}$。

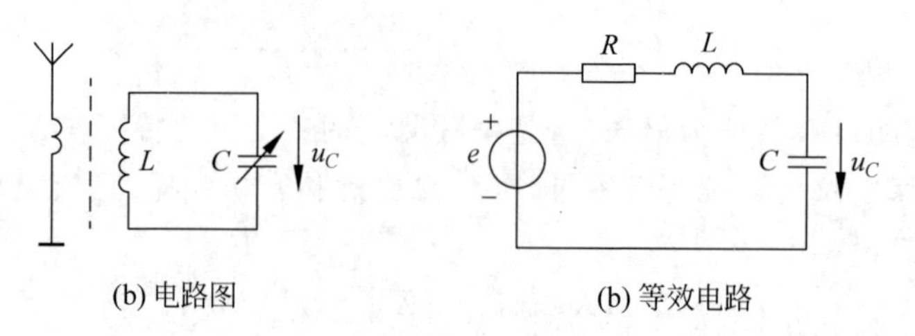

图 2-37 例 2-27 的电路图和等效电路

(1) 求电路的谐振频率 f_0、特性阻抗 ρ 和品质因数 Q。

(2) 若 e 中频率为 500kHz、712kHz 和 900kHz 的信号分量的有效值均为 100μV，求输出电压中相应分量的有效值。

解：(1) 电路的谐振频率、特性阻抗和品质因数分别为

$$f_0=\frac{1}{2\pi\sqrt{LC}}=\frac{1}{2\pi\sqrt{500\times10^{-6}\times100\times10^{-12}}}\text{Hz}=712\text{kHz}$$

$$\rho=\sqrt{\frac{L}{C}}=\sqrt{\frac{500\times10^{-6}}{100\times10^{-12}}}\,\Omega=2236\Omega$$

$$Q=\frac{\rho}{R}=\frac{2236}{10}=223.6$$

(2) 按照叠加原理，可以分别计算各频率的输出分量，其中频率为 712kHz 的分量对应于电路的谐振频率，其输出为

$$U_{C712\text{k}}=QE_{712\text{k}}=223.6\times100\mu\text{V}=22\,360\mu\text{V}=23.36\text{mV}$$

频率为 500kHz 的输出为

$$U_{C500\text{k}}=\frac{E_{500\text{k}}}{|R+\text{j}(X_L-X_C)|}\cdot X_C=\frac{100}{|10+\text{j}(1570-3185)|}\times3185\mu\text{V}=197\mu\text{V}$$

频率为 900kHz 的输出为

$$U_{C900\text{k}}=\frac{E_{900\text{k}}}{|R+\text{j}(X_L-X_C)|}\cdot X_C=\frac{100}{|10+\text{j}(2826-1769)|}\times1769\mu\text{V}=167\mu\text{V}$$

RLC 串联电路的阻抗和阻抗角是随频率的变化而变化的，这种阻抗和阻抗角与频率的关系称为频率特性。表明电路中电流、电压与频率的关系的曲线称为谐振曲线，如图 2-38 和图 2-39 所示。利用 RLC 电路的谐振特性可以构成多种选频网络和滤波器等。

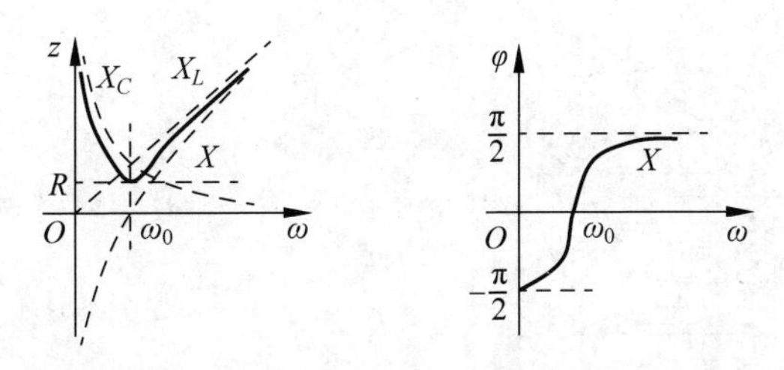

图 2-38 阻抗和阻抗角的频率特性

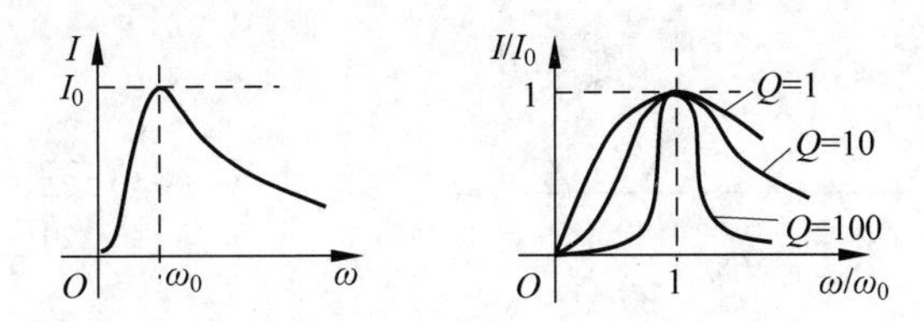

图 2-39 RLC 串联电路的谐振曲线和通用谐振曲线

2.9 三相电路

目前,世界各国的电力系统基本上都是采用三相制供电。三相制就是由三个频率相同、有效值相等而相位互差 120°的正弦交流电源供电的体系。与三相制相对应,只用一个正弦交流电源供电的体系称为单相制。三相制在发电、输电和用电等方面有许多优点,如节省金属材料,电机运行平稳可靠等。三相电源通常是由三相交流发电机产生的,其工作原理如图 2-40(a)所示。在发电机的定子槽中,放置了三个相同的线圈 AX、BY 和 CZ,它们的轴线在空间位置上电角度彼此相差 120°。当转子恒速旋转时,旋转的磁场就依次在三个线圈中产生感应电动势。这三个电动势频率和有效值相同,而相位彼此相差 120°。这样的三个电动势称为对称三相电动势,三个电动势分别称为 A 相、B 相和 C 相。通常所说的三相电动势都是指对称三相电动势。

若以 e_{A} 为参考正弦量,则三相电动势的瞬时值可表示为

$$\begin{aligned}
e_{\mathrm{A}} &= \sqrt{2}E\sin\omega t\,\mathrm{V} \\
e_{\mathrm{B}} &= \sqrt{2}E\sin(\omega t - 120^\circ)\,\mathrm{V} \\
e_{\mathrm{C}} &= \sqrt{2}E\sin(\omega t - 240^\circ)\,\mathrm{V} \\
&= \sqrt{2}E\sin(\omega t + 120^\circ)\,\mathrm{V}
\end{aligned}$$

图 2-40(c)和(d)分别为三相电动势的波形图和相量图。

三相电路实际上是一种复杂交流电路,完全可以用前面所介绍的正弦交流电路的分析方法进行分析计算。只是由于三相电源的对称性,使三相电路具有一些特殊规律。利用这些特殊规律可使三相电路的分析计算简化。

如果把三相电源的始端 A、B、C 分别引出,而三相电源的末端 X、Y、Z 接在一起(常标

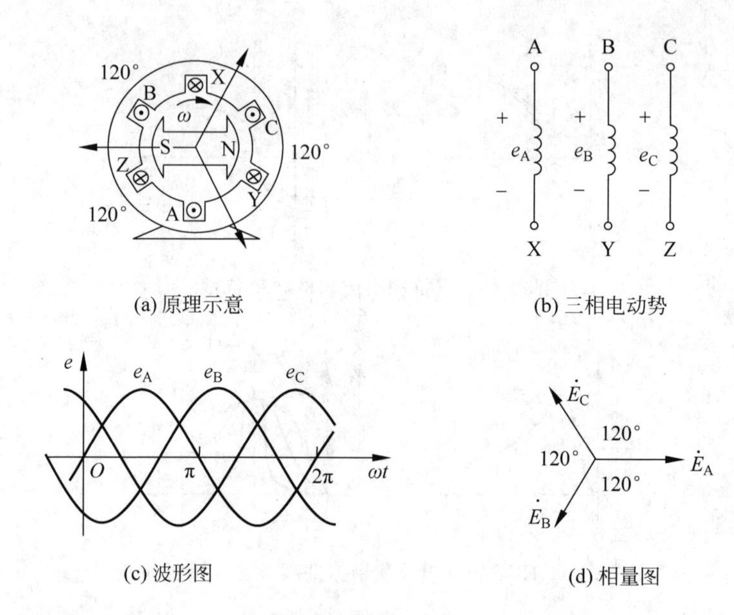

(a) 原理示意　(b) 三相电动势

(c) 波形图　(d) 相量图

图 2-40　三相发电机原理示意及对称三相电动势

为 N)引出,就构成了输电系统的"三相四线制",如图 2-41 所示。三相电源的这种连接方式称为星形联结或 Y 联结。三相电源基本上都采用这种联结方式。由各电源的始端引出的导线称为相线,俗称火线。由各电源的末端连接点引出的导线称为中线,俗称零线。工程上把相线和中线之间的电压称为相电压。不同相线之间的电压称为线电压。流过中线的电流称为中线电流。流过相线的电流称为线电流。接在相线和中线之间的负载称为相负载,流过一个电源或相负载的电流称为相电流。对于星形联结,相电流等于线电流。

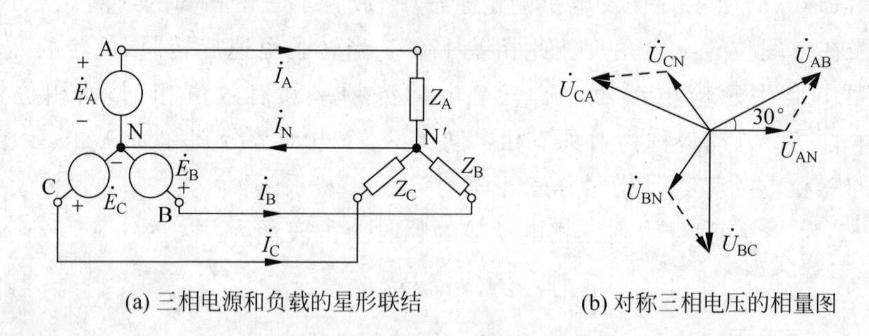

(a) 三相电源和负载的星形联结　(b) 对称三相电压的相量图

图 2-41　三相电路及电压相量图

参照图 2-41(a)所示三相电路,可以写出线电压和相电压的关系如下

$$\dot{U}_{AB}=\dot{U}_{AN}-\dot{U}_{BN}$$

$$\dot{U}_{BC}=\dot{U}_{BN}-\dot{U}_{CN}$$

$$\dot{U}_{CA}=\dot{U}_{CN}-\dot{U}_{AN}$$

对于对称三相电源,若取 $\dot{U}_{AN}$ 为参考相量,即 $\dot{U}_{AN}=U_p\angle 0^\circ$,则有

$$\dot{U}_{BN}=U_p\angle-120°$$

$$\dot{U}_{CN}=U_p\angle+120°$$

其中，U_p 为相电压的有效值。所以

$$\begin{aligned}\dot{U}_{AB}&=\dot{U}_{AN}-\dot{U}_{BN}=U_p\angle0°-U_p\angle-120°\\&=U_p-U_p(\cos(-120°)+\mathrm{j}\sin(-120°))\\&=\frac{3}{2}U_p+\mathrm{j}\frac{\sqrt{3}}{2}U_p=\sqrt{3}U_p\left(\frac{\sqrt{3}}{2}+\mathrm{j}\frac{1}{2}\right)=\sqrt{3}U_p\angle30°=\sqrt{3}\dot{U}_{AN}\angle30°\end{aligned}$$

同理可得

$$\dot{U}_{BC}=\sqrt{3}\dot{U}_{BN}\angle30°$$

$$\dot{U}_{CA}=\sqrt{3}\dot{U}_{CN}\angle30°$$

以上说明当三相电源对称时，线电压的有效值是相电压有效值的$\sqrt{3}$倍，且其相位超前相应的相电压 30°，其相量图如图 2-41(b)所示。

我国电力系统的民用供电采用三相四线制，相电压为 220V，线电压为 380V。

按图 2-41(a)所示参考方向，根据基尔霍夫电流定律，中线电流为

$$\dot{I}_N=\dot{I}_A+\dot{I}_B+\dot{I}_C$$

如果三相的负载阻抗完全相同，即 $Z_A=Z_B=Z_C$，则称为对称三相负载。若三相电路中的电源和负载都是对称的，则称电路为对称三相电路。显然，在对称三相电路中，各相电流必然是有效值相等而相位互差 120°的对称三相电流，它们的相量和等于零，这说明在对称三相电路中，中线上没有电流。实际的对称三相负载(如三相电动机)常不连接中线。即便是不对称三相负载，一般来说，由于各相电流的相互抵消作用，中线电流也不大于相电流(见例 2-29)。

三相电路的负载或电源也可以采用如图 2-42 所示的三角形联结(△联结)。

对于 Y 联结的对称三相电路，无论有无中线及中线阻抗，都可按图 2-43 所示单相电路进行计算(见例 2-28)。对于有中线的不对称三相电路，若中线阻抗可忽略，则可按单相电路分别计算各相(见例 2-29)。对于没有中线或中线阻抗不可忽略的不对称三相电路，则需按一般交流电路进行分析计算，这种情况下常使用节点电压法。

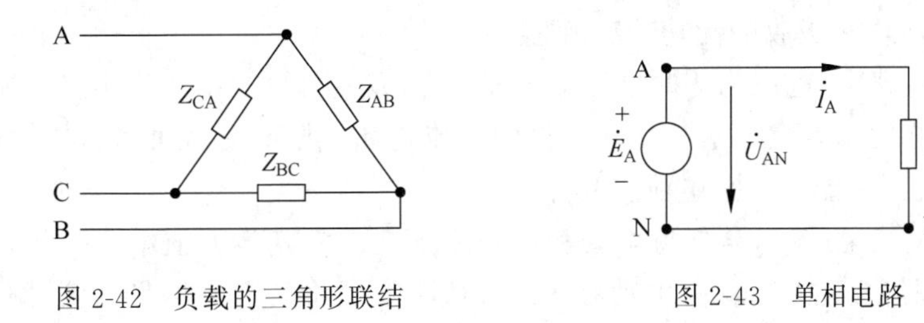

图 2-42　负载的三角形联结　　图 2-43　单相电路

例 2-28　对称三相电路如图 2-41(a)所示，若电路的相电压为 220V，各相负载均为 22Ω 的纯电阻。求各相电流及中线电流。

解：取 $\dot{U}_{AN}$ 为参考相量，即取 $\dot{U}_{AN}=220\angle 0°\text{V}$，按单相计算电路有

$$\dot{I}_A=\frac{\dot{U}_{AN}}{Z_A}=\frac{220\angle 0°}{22}\text{A}=10\angle 0°\text{A}$$

对称电路中相电流也对称，所以 $\dot{I}_B=10\angle -120°\text{A}$，$\dot{I}_C=10\angle 120°\text{A}$。

而中线电流为

$$\dot{I}_N=\dot{I}_A+\dot{I}_B+\dot{I}_C=10+(-5-\text{j}5\sqrt{3})+(-5+\text{j}5\sqrt{3})\text{A}=0\text{A}$$

例 2-29 若如图 2-41(a)所示电路中的对称三相电源的相电压为 220V，各相负载分别为 $Z_A=22\Omega$，$Z_B=11\Omega$，$Z_C=22\Omega$。求各相电流及中线电流。

解：取 $\dot{U}_{AN}$ 为参考相量，可按单相计算电路分别计算各相电流为

$$\dot{I}_A=10\angle 0°\text{A}$$

$$\dot{I}_B=20\angle -120°\text{A}$$

$$\dot{I}_C=10\angle 120°\text{A}$$

中线电流为

$$\dot{I}_N=\dot{I}_A+\dot{I}_B+\dot{I}_C=10+(-10-\text{j}10\sqrt{3})+(-5+\text{j}5\sqrt{3})\text{A}=-5-\text{j}5\sqrt{3}\,\text{A}$$

习题 2

一、思考题

1. 若两个正弦量的最大值相等，则其瞬时值是否相等？有效值是否相等？若两个正弦量的瞬时值相等，则其有效值是否相等？有效值相量是否相等？

2. 某正弦电压的瞬时值表达式为 $u=156\sin(628t+20°)\text{V}$，写出该电压的最大值、有效值、角频率、频率、初相位、有效值相量并做出相量图。

3. 正弦交流电的方向是不断变化的，规定正方向有何意义？举例说明正弦量的初相位和计时起点及参考方向有关。

4. 在正弦交流电路中，电感元件的电压最大时电流为何值？

5. 电感元件的感抗为 $X_L=\omega L$，电感吸收的无功功率可表示为 $Q=X_L I^2$，这能否说明电源频率越高，电感吸收的无功功率就越大。

6. 在何种电路中，电压为零时电流必为零？在何种电路中，电压为零时电流为最大？

7. 并联电路的总电流等于各并联元件的电流之和。据此是否可以认为并联电路中每个元件的电流不可能大于总电流？为什么？

8. 在正弦交流电路中，若保持电动势的频率不变而将其最大值增大一倍，则电路中电流的有效值如何变化？若保持电动势的最大值不变而将其频率增大一倍，则电路中电流的有效值如何变化？

9. 有效值相同的正弦交流电压源在相同电路中产生的电流是否一定相同？为什么？

10. 由电阻元件组成的分压器，其输出电压能否比输入电压大？由 RLC 元件组成的

分压器，其输出电压能否比输入电压大？

11. RLC 串联电路谐振时，电源电压等于电阻电压。据此是否可以认为 RLC 串联电路谐振时电感电压和电容电压均为零？为什么？

二、计算题

1. 在图 2-44 所示电路中，正弦交流电压 $U=100\text{V}$，$R_1=40\Omega$，$R_2=10\Omega$。求电源电流 I 和电阻 R_2 消耗的功率。

2. 在图 2-45 所示电路中，$i=2.828\sin(500t-30°)\text{A}$，$L_1=0.01\text{H}$，$L_2=90\text{mH}$。求电压 u 和电感 L_2 吸收的无功功率。

3. 在图 2-46 所示电路中，$u=212\sin(1000t+45°)\text{V}$，$C_1=90\mu\text{F}$，$C_2=10\mu\text{F}$。求电流 i 和电容 C_2 吸收的无功功率。

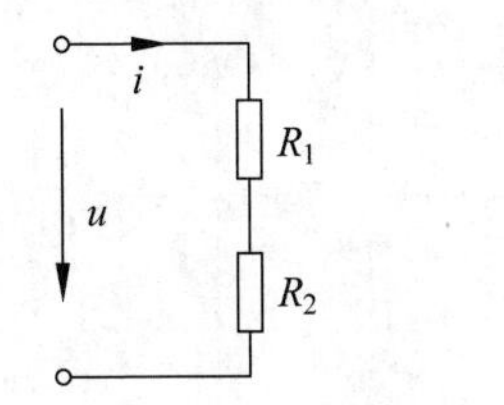

图 2-44　计算题 1 电路图

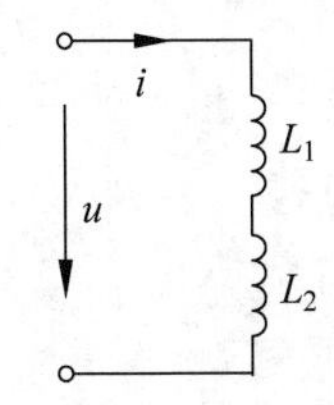

图 2-45　计算题 2 电路图

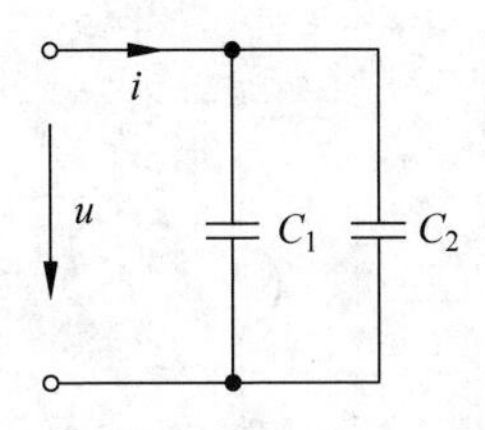

图 2-46　计算题 3 电路图

4. 在图 2-47 所示电路中，已知复阻抗 $Z_1=3-\text{j}3$，$Z_2=3+\text{j}6$，$Z_3=6+\text{j}12$。求电路的等效复阻抗 Z_a、Z_b。

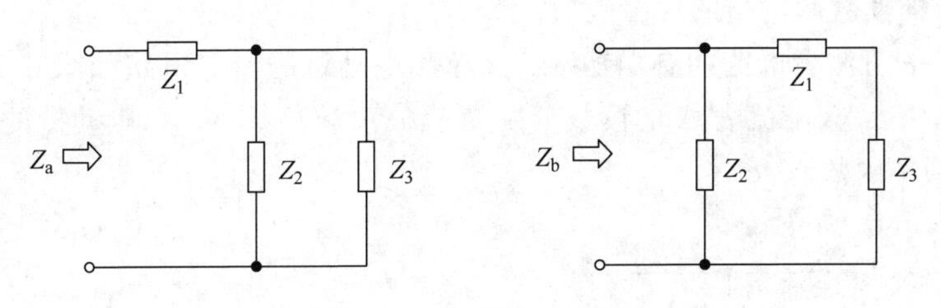

图 2-47　计算题 4 电路图

5. 已知一个线圈的电阻为 30Ω，当接通 5V、100Hz 的正弦交流电源时，线圈中的电流为 100mA，求线圈的电感。

6. 将一个线圈接通 3V 直流电源时，线圈中的电流为 0.5A；将此线圈接通 10V、200Hz 的正弦交流电源时，线圈中的电流也是 0.5A，求线圈的电阻和电感。

7. 在图 2-48 所示电路中，已知 $i=1.414\sin 314t\,\text{A}$，$R=60\Omega$，$L=255\text{mH}$。求电路电压 U 和电感电压 u_L，并以电流为参考相量做出相量图。

8. RLC 串联电路如图 2-49 所示，已知电源角频率 $\omega=500\text{rad/s}$，$R=600\Omega$，$C=20\mu\text{F}$，电路消耗的有功功率和无功功率分别为 2400W 和 2400var。求 $\dot{U}$、$\dot{I}$ 及 u_C，并以电流为参考正弦量做出相量图。

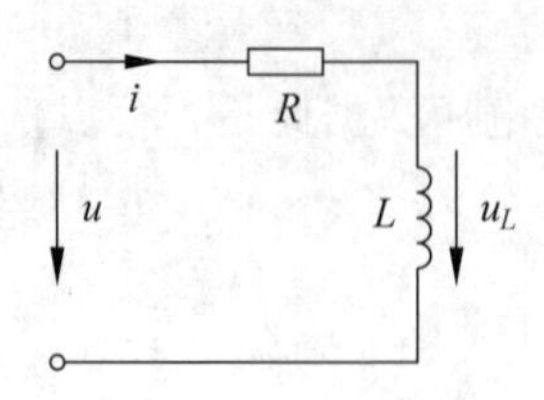

图 2-48 计算题 7 电路图

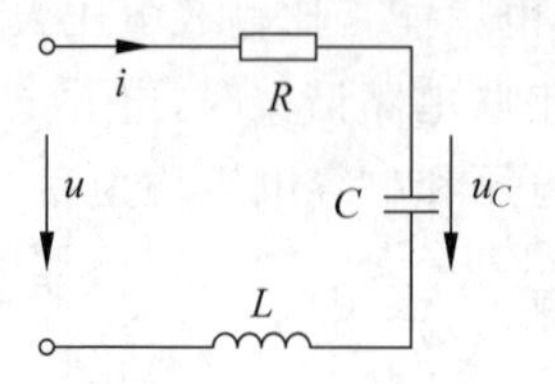

图 2-49 计算题 8 电路图

9. 在图 2-50 所示正弦交流电路中,电压表 V_1 和 V_2 的读数都是 100V。求电压表 V_0 的读数并以电流为参考相量做出相量图。

10. 在图 2-51 所示正弦交流电路中,电流表 A 的读数为 2A,电压表 V_1、V_2、V_3 的读数分别为 200V、150V、50V。计算电路的有功功率和功率因数。

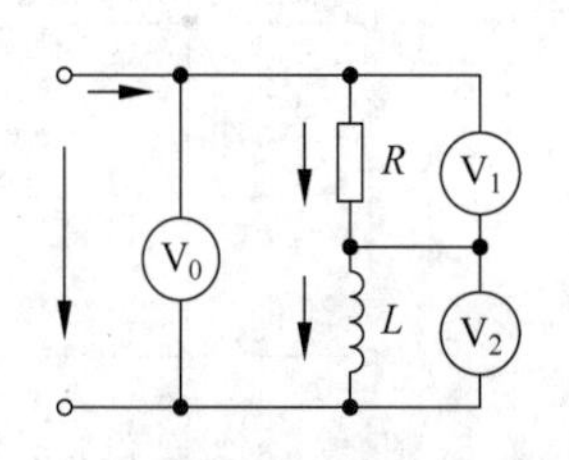

图 2-50 计算题 9 电路图

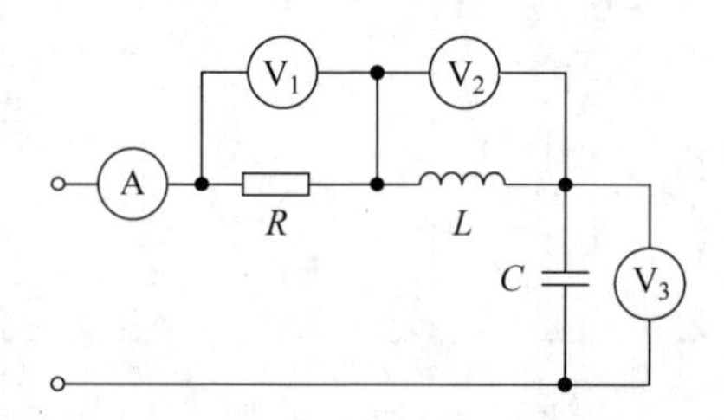

图 2-51 计算题 10 电路图

11. 在图 2-52 所示正弦交流电路中,电流表 A_1、A_2、A_3 的读数分别为 1A、2A、3A,求电流表 A_0 的读数和电路的功率因数。

12. 瓦特表可测量电路的有功功率。某单相电动机的测试电路如图 2-53 所示,其中瓦特表 W、电压表 V、电流表 A 的读数分别为 640W、200V、4A。求电动机的等效电阻 R、感抗 X_L 和功率因数 $\cos\varphi$。

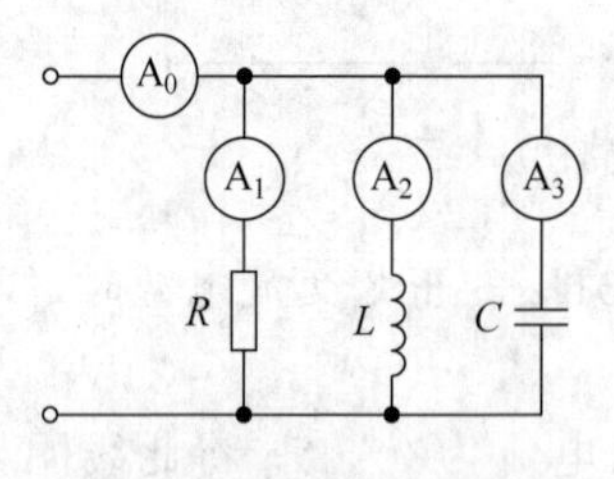

图 2-52 计算题 11 电路图

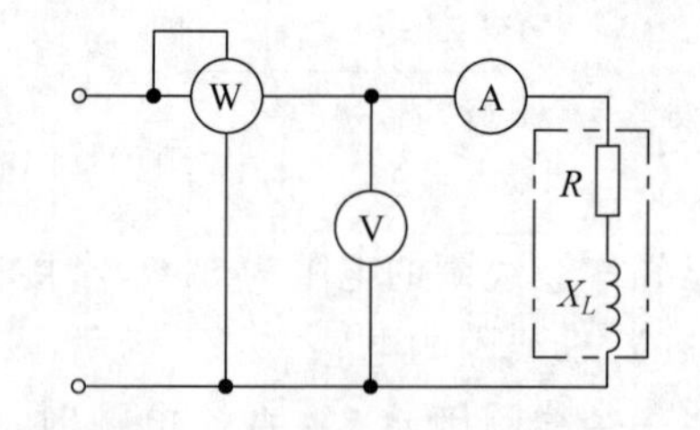

图 2-53 计算题 12 电路图

13. 为了测量单相电动机的等效参数 R 和 L,可将电动机和一个已知阻值的电阻 R_0 串联后接入工频交流电源,如图 2-54 所示。已知 $R_0=24\Omega$,用电压表测得 $U=220\text{V}$,$U_1=36\text{V}$,$U_2=200\text{V}$。求电动机的等效参数 R 和 L。

14. 小功率单相电动机常采用改变电动机端电压的方法来调节转速(例如,电风扇的调速),为此可在电源和电动机之间串联一个电抗器(电感)L_0,如图 2-55 所示。若所加电源电压为工频 220V,电动机转速最高时(不串接电抗器)电流为 1.1A,功率因数为 0.707。

若要使电动机的端电压降为180V,应串联多大的电抗器?(提示:假设在调速范围内电动机的等效参数不变)

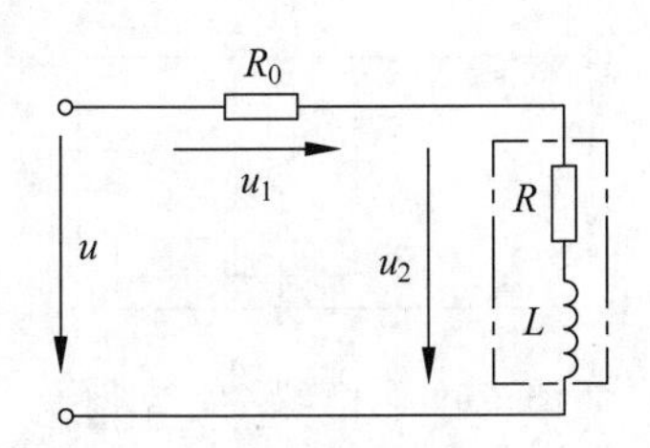

图2-54 计算题13电路图

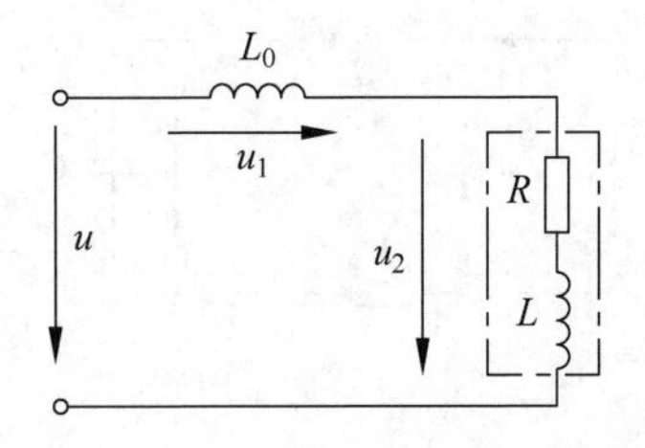

图2-55 计算题14电路图

15. 某二端网络,按关联参考方向,其端口电压和电流分别为$u=14.14\cos(314t-20°)$V,$i=7.07\sin(314t+40°)$A。写出电源提供的视在功率及网络消耗的有功功率和无功功率。

16. RL串联负载接入110V、50Hz的正弦交流电路中,负载电流$I=5$A,消耗功率$P=275$W。求负载参数R和L及功率因数$\cos\varphi$。

17. 功率为40W、功率因数为0.5的荧光灯(感性负载)接在220V、50Hz的照明电路中,若要使电路的功率因数提高到0.9,应并联多大的电容器?

18. 功率为200W、功率因数为0.6的电冰箱压缩机(感性负载)接在220V、50Hz的正弦交流电路中,若要使电路的功率因数提高到0.85,应并联多大的电容器?

19. 在图2-56所示电路中,已知$I_1=I_2=10$A,$U=100$V,且u和i同相。求I、R、X_L和X_C。

20. 在图2-57所示电路中,已知$e_1=100\sqrt{2}\sin1000t$V,$e_2=50\sqrt{2}\sin(1000t+60°)$V,$Z_1=20+j20\Omega$,$Z_2=-j10\Omega$,$Z_3=20+j20\Omega$。用戴维南定理计算$i_2$。

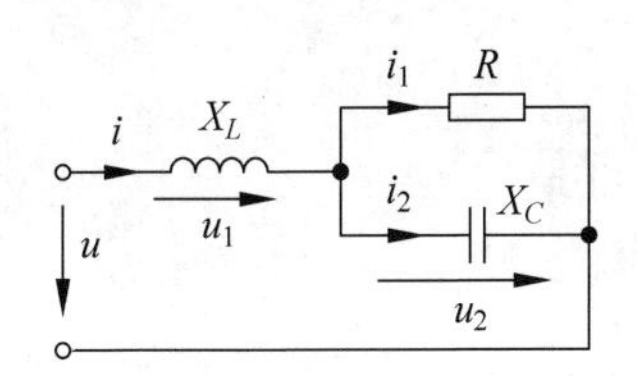

图2-56 计算题19电路图

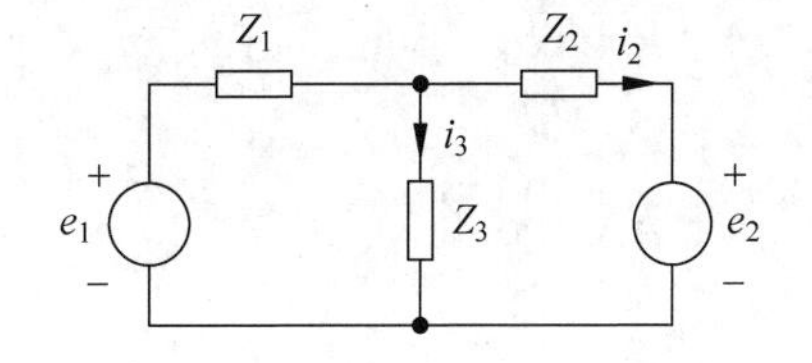

图2-57 计算题20、21电路图

21. 在图2-57所示电路中,已知$e_1=100\sqrt{2}\sin1000t$V,$e_2=50\sqrt{2}\sin(1000t+90°)$V,$Z_1=10+j10\Omega$,$Z_2=10-j10\Omega$,$Z_3=j10\Omega$。计算$i_3$。

22. RLC串联电路中,已知$R=10\Omega$,$L=2$H,$C=2\mu$F。

(1) 计算电路的谐振频率和品质因数。

(2) 若电路的输入电压$U=10$mV而频率可变,电路的最大输出电压为何值?

23. 在图2-58所示电路中,已知$I=5$mA,$U=100$mV,$U_C=5$V且u和i同相。求R、X_L和X_C。

24. 工程上广泛使用电感线圈和电容器并联组成的并联谐振电路,如图2-59所示,其中电感线圈可用电阻和电感的串联组合表示。对图 2-59 若定义 u 和 i 同相为并联谐振，试推导电路发生并联谐振的条件。

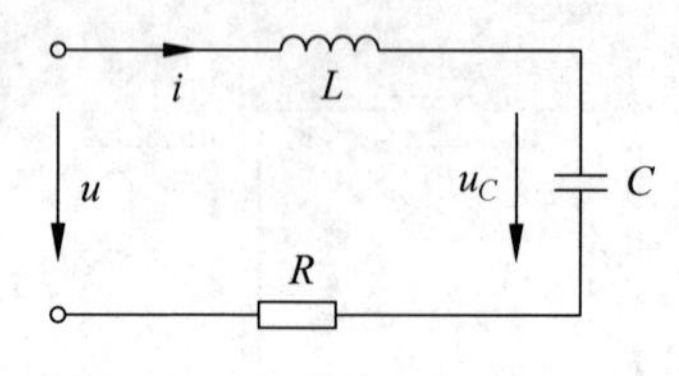

图 2-58 计算题 23 电路图

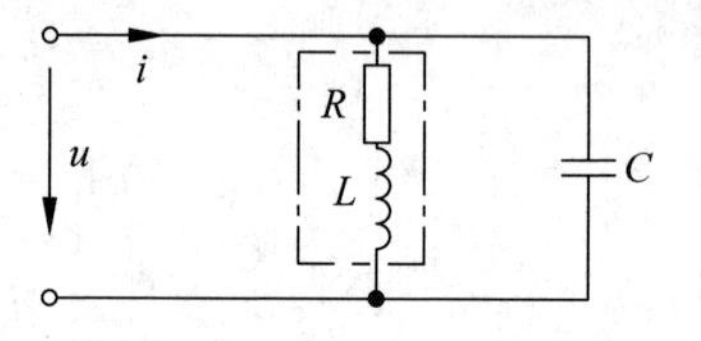

图 2-59 计算题 24 电路图

25. 设图 2-41(a)所示电路为对称三相电路，其电源相电压为 220V，各相负载阻抗均为 8+j6Ω。计算各相电流及负载消耗的有功功率。

26. 设图 2-41(a)所示电路中，对称三相电源的相电压等于 220V，各相负载分别为 $Z_A=10\Omega$，$Z_B=10+j10\Omega$，$Z_C=10-j10\Omega$。

(1) 计算中线电流。

(2) 若中线断开，计算各负载的电压。

第3章

非正弦交流电路与电路中的过渡过程

在电气工程和电子技术中，除了大量的稳态直流电路和正弦交流电路之外，还经常会遇到非正弦交流电路，以及需要考虑电路的过渡过程的情况。本章主要介绍非正弦周期信号的傅里叶级数；非正弦交流电路的分析方法——谐波分析法；周期信号的功率和有效值；电路的过渡过程；电路的换路定理；求解电路过渡过程的时域分析法及求解一阶电路的三要素法等。

3.1 非正弦周期信号的傅里叶级数

在工程实际中，除直流和正弦交流电路外，还经常会遇到作用于电路的激励信号是周期性变化而不是按正弦规律变化的电路，这种电路称为非正弦周期电路。图 3-1 画出了几种常见的非正弦周期波形。这种非正弦的、周期性变化的电压(电流)常称为非正弦周期信号(函数)。

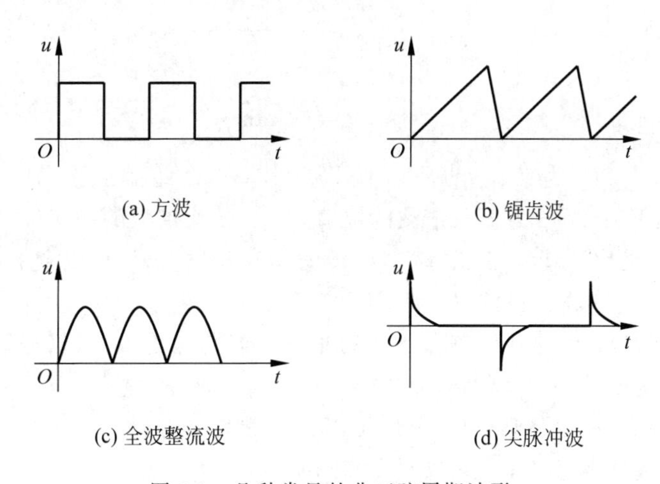

图 3-1 几种常见的非正弦周期波形

非正弦周期电路的主要问题在于激励信号的波形不是正弦波，不能直接运用前面介绍的相量法进行分析计算。但是，根据傅里叶(Fourier)变换理论，可以把非正弦周期信号分解成一系列具有不同幅值、不同频率的正弦分量。根据叠加定理，可以应用相量法分别计算这些分量单独作用于电路时所产生的响应，再把这些不同频率的响应分量叠加起来，就可得到电路的实际响应。这种方法称为谐波分析法。

凡是满足狄里赫利条件的周期函数，都可以展开为一个收敛的傅里叶级数。具体地说，如果一个以 T 为周期的函数 $f(t)$，在周期 T 内连续，或最多存在有限个第一类间断点，则函数 $f(t)$ 可以展开为一个收敛的傅里叶级数，即

$$f(t)=\frac{a_0}{2}+\sum_{k=1}^{\infty}(a_k\cos k\omega t+b_k\sin k\omega t) \tag{3-1}$$

式中，$\omega=2\pi/T$。各系数可按下式确定：

$$\begin{cases}a_0=\dfrac{2}{T}\displaystyle\int_0^T f(t)\mathrm{d}t\\ a_k=\dfrac{2}{T}\displaystyle\int_0^T f(t)\cos k\omega t\,\mathrm{d}t=\dfrac{1}{\pi}\displaystyle\int_0^{2\pi} f(t)\cos k\omega t\,\mathrm{d}(\omega t)\\ b_k=\dfrac{2}{T}\displaystyle\int_0^T f(t)\sin k\omega t\,\mathrm{d}t=\dfrac{1}{\pi}\displaystyle\int_0^{2\pi} f(t)\sin k\omega t\,\mathrm{d}(\omega t)\end{cases} \tag{3-2}$$

其中，$k=1,2,3,\cdots$。

若将式(3-1)中的常数项 $a_0/2$ 用 A_0 表示，将余弦项 $a_k\cos k\omega t$ 与同频率的正弦项 $b_k\sin k\omega t$ 合并，则可写成

$$f(t)=A_0+\sum_{k=1}^{\infty}A_{\mathrm{km}}\sin(k\omega t+\psi_k) \tag{3-3}$$

其中

$$\begin{cases}A_0=\dfrac{a_0}{2}\\ A_{\mathrm{km}}=\sqrt{a_k^2+b_k^2}\\ \psi_k=\arctan\dfrac{a_k}{b_k}\end{cases} \tag{3-4}$$

式(3-3)中，A_0 为 $f(t)$ 的平均值，称为 $f(t)$ 的直流分量；$A_{\mathrm{km}}\sin(k\omega t+\psi_k)$ 称为 $f(t)$ 的 k 次谐波，A_{km} 为 k 次谐波的幅值，ψ_k 为 k 次谐波的初相位。$k=1$ 的项为一次谐波，一次谐波又称为基波，其频率与 $f(t)$ 的频率相同。$k=1$ 以上的项统称为高次谐波。k 为奇数的项称为奇次谐波，k 为偶数的项称为偶次谐波。

式(3-3)表明，满足狄里赫利条件的非正弦周期函数，都可以分解为一个直流分量和一系列频率为函数频率整数倍的各次谐波分量(正弦量)之和。电路中所遇到的非正弦周期量一般都满足狄里赫利条件，所以可以分解成直流分量和一系列谐波分量之和。部分常见非正弦周期信号的傅里叶级数如表 3-1 所示。

例 3-1 计算图 3-2 所示方波信号的傅里叶级数。

解：图 3-2 所示方波信号是周期信号，在其周期[0,T]信号内可表示为

$$u(t)=\begin{cases}U_{\mathrm{m}} & 0\leqslant t\leqslant T/2\\ -U_{\mathrm{m}} & T/2<t\leqslant T\end{cases}$$

按式(3-2)有

$$a_0=\frac{1}{T}\int_0^T f(t)\mathrm{d}t=\frac{1}{T}\int_0^{T/2} U_\mathrm{m}\mathrm{d}t+\frac{1}{T}\int_{T/2}^T(-U_\mathrm{m})\mathrm{d}t=0$$

$a_0=0$ 表示信号的直流分量为零。这个结论可以直接从波形图上得出,因为 a_0 代表在一个周期内信号波形在横轴上下面积的代数平均值,当上下面积相等时,a_0 即为零。

$$\begin{aligned}a_k&=\frac{1}{\pi}\int_0^{2\pi} f(t)\cos k\omega t\,\mathrm{d}(\omega t)=\frac{1}{\pi}\int_0^{\pi} U_\mathrm{m}\cos k\omega t\,\mathrm{d}(\omega t)-\frac{1}{\pi}\int_{\pi}^{2\pi} U_\mathrm{m}\cos k\omega t\,\mathrm{d}(\omega t)\\&=\frac{2U_\mathrm{m}}{\pi}\int_0^{\pi}\cos k\omega t\,\mathrm{d}(\omega t)=\frac{2U_\mathrm{m}}{\pi}\left[\frac{1}{k}\sin k\omega t\right]_0^{\pi}=0\end{aligned}$$

$$\begin{aligned}b_k&=\frac{1}{\pi}\int_0^{2\pi} f(t)\sin k\omega t\,\mathrm{d}(\omega t)=\frac{1}{\pi}\int_0^{\pi} U_\mathrm{m}\sin k\omega t\,\mathrm{d}(\omega t)-\frac{1}{\pi}\int_{\pi}^{2\pi} U_\mathrm{m}\sin k\omega t\,\mathrm{d}(\omega t)\\&=\frac{2U_\mathrm{m}}{\pi}\int_0^{\pi}\sin k\omega t\,\mathrm{d}(\omega t)=\frac{2U_\mathrm{m}}{\pi}\left[-\frac{1}{k}\cos k\omega t\right]_0^{\pi}=\frac{2U_\mathrm{m}}{k\pi}(1-\cos k\pi)\end{aligned}$$

当 k 为偶数时,$\cos k\pi=1$ 所以 $b_k=0$;当 k 为奇数时,$\cos k\pi=0$ 所以 $b_k=4U_\mathrm{m}/k\pi$ 由此可写出

$$u(t)=\frac{4U_\mathrm{m}}{\pi}\left(\sin\omega t+\frac{1}{3}\sin 3\omega t+\frac{1}{5}\sin 5\omega t+\cdots\right)$$

图 3-3 为取前五次谐波时合成的波形。显然,谐波分量取的越多,合成的结果越接近原来的波形。

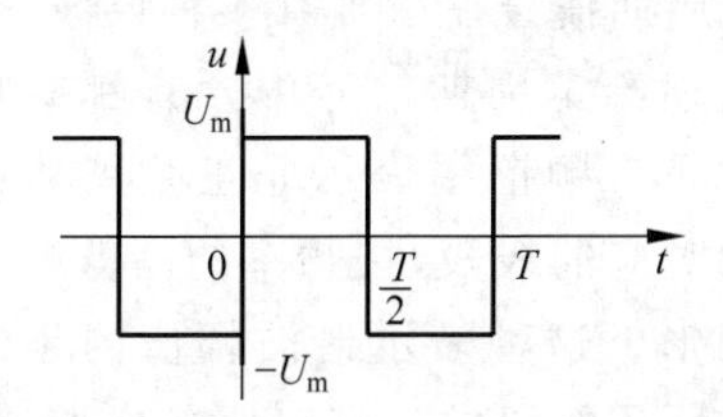

图 3-2　方波信号

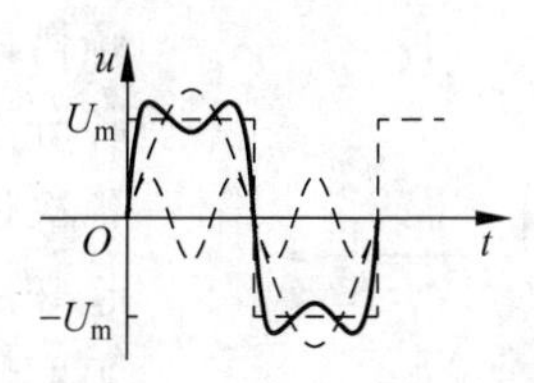

图 3-3　前 5 次谐波合成的方波

表 3-1　常见部分非正弦信号的傅里叶级数

$f(t)$的波形	$f(t)$的傅里叶级数
A, O, T/2, T, t, -A	$f(t)=\frac{4A}{\pi}\left(\sin\omega t+\frac{1}{3}\sin 3\omega t+\frac{1}{5}\sin 5\omega t+\cdots\right)$
A, T/2, O, T, t, -A	$f(t)=\frac{2A}{\pi}\left(\sin\omega t-\frac{1}{2}\sin 2\omega t+\frac{1}{3}\sin 3\omega t-\cdots\right)$

续表

$f(t)$的波形	$f(t)$的傅里叶级数
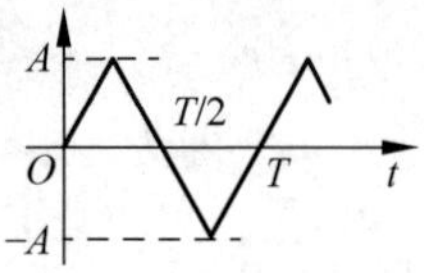	$f(t)=\frac{8A}{\pi^2}\left(\sin\omega t-\frac{1}{9}\sin 3\omega t+\frac{1}{25}\sin 5\omega t-\cdots\right)$
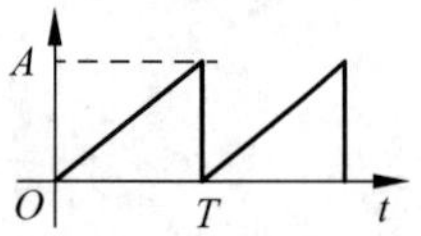	$f(t)=\frac{A}{2}-\frac{A}{\pi}\left(\sin\omega t+\frac{1}{2}\sin 2\omega t+\frac{1}{3}\sin 3\omega t+\cdots\right)$
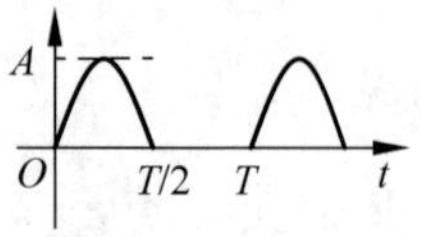	$f(t)=\frac{A}{\pi}\left(1+\frac{\pi}{2}\sin\omega t-\frac{2}{3}\cos 2\omega t-\frac{2}{15}\cos 4\omega t-\cdots-\frac{2}{k^2-1}\cos k\omega t-\cdots\right)$ （k 为偶数）
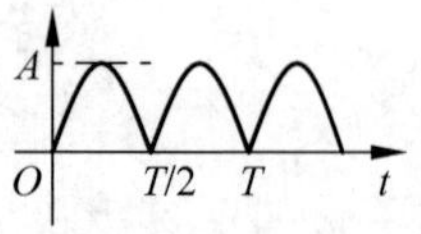	$f(t)=\frac{2A}{\pi}\left(1-\frac{2}{3}\cos 2\omega t-\frac{2}{15}\cos 4\omega t-\cdots-\frac{2}{k^2-1}\cos k\omega t-\cdots\right)$ （k 为偶数）

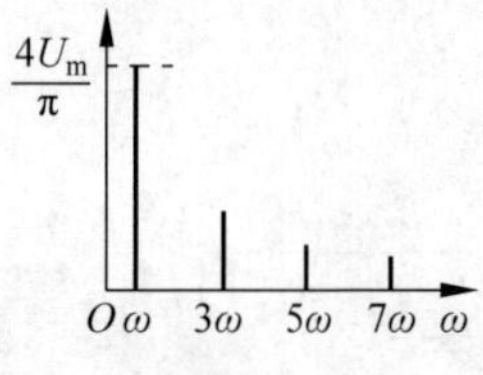

图 3-4　图 3-2 所示方波信号的幅度频谱图

一个非正弦周期信号往往含有多种谐波分量，可以用频谱图直观地描述给定周期信号中含有哪些频率分量及各分量所占的比重。频谱图表示非正弦周期量用长度与各次谐波幅值相对应的线段，按频率的高低顺序依次排列起来所得到的图形。这种表示谐波幅值的频谱图也称为幅度频谱图。若所用线段的长度对应各次谐波的初相位，则称为相位频谱图。图 3-4 是图 3-2 所示方波信号的幅度频谱图。

3.2　非正弦周期电路的谐波分析

把非正弦周期激励信号分解为直流分量和各次谐波分量之后，根据叠加原理，可以分别计算各分量单独作用时电路的响应。对各次谐波单独作用时的计算与正弦电路的计算相同，可以使用相量法。然后，再将各分量单独作用时的响应叠加起来，就可得到所求电路的响应。这就是非正弦周期电路的谐波分析法。在进行谐波分析时需要注意，对于不同频率的谐波，电路的感抗和容抗是不同的；另外，不同频率的响应分量只能按瞬时值进行叠加计算。不同频率的相量叠加运算无意义。下面通过例题来说明非正弦周期电路的谐波分析法。

例 3-2　图 3-5 所示电路中，已知 $R_1=5\Omega$，$R_2=10\Omega$，$L=5\text{mH}$，$C=50\mu\text{F}$，电源电压为 $u(t)=10+100\sqrt{2}\sin 1000t+50\sqrt{2}\sin(3000t+30°)\text{V}$。求各支路电流。

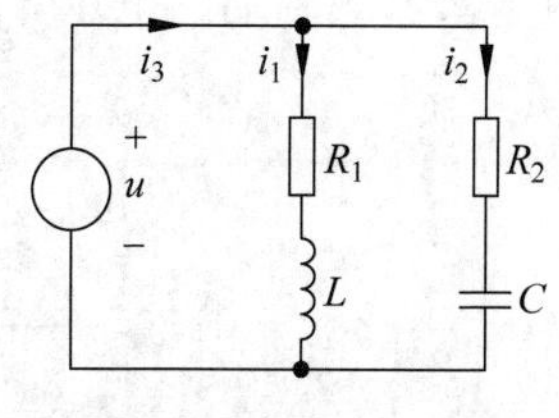

图 3-5　例 3-2 电路图

解：本例所给激励信号由直流分量、基波和三次谐波组成(已分解成傅里叶级数)，按照叠加原理，可以分别计算各激励分量产生的电流，然后再叠加。

对于电源电压的直流分量，电感相当于短路，电容相当于开路，各支路电流为

$$I_{20}=0$$

$$I_{30}=I_{10}=\frac{U_0}{R_1}=\frac{10}{5}\text{A}=2\text{A}$$

对于电源电压的基波分量，电路的感抗和容抗分别为

$$X_{L1}=\omega L=1000\times 0.005\Omega=5\Omega$$

$$X_{C1}=\frac{1}{\omega C}=\frac{1}{1000\times 50\times 10^{-6}}\Omega=20\Omega$$

各支路电流为

$$\dot{I}_{11}=\frac{\dot{U}_1}{R_1+\text{j}X_{L1}}=\frac{100\angle 0°}{5+\text{j}5}\text{A}=14.14\angle -45°\text{A}$$

$$\dot{I}_{21}=\frac{\dot{U}_1}{R_2-\text{j}X_{C1}}=\frac{100\angle 0°}{10-\text{j}20}\text{A}=4.47\angle 63.4°\text{A}$$

$$\dot{I}_{31}=\dot{I}_{11}+\dot{I}_{21}=14.14\angle -45°+4.47\angle 63.4°\text{A}$$

$$=10-\text{j}10+2+\text{j}4\text{A}=12-\text{j}6\text{A}=13.42\angle -26.6°\text{A}$$

对于电源电压的三次谐波，电路的感抗和容抗分别为

$$X_{L3}=3\omega L=3000\times 0.005\Omega=15\Omega$$

$$X_{C3}=\frac{1}{3\omega C}=\frac{1}{3000\times 50\times 10^{-6}}\Omega=6.67\Omega$$

各支路电流为

$$\dot{I}_{13}=\frac{\dot{U}_3}{R_1+\text{j}X_{L3}}=\frac{50\angle 30°}{5+\text{j}15}\text{A}=3.16\angle -41.6°\text{A}$$

$$\dot{I}_{23}=\frac{\dot{U}_3}{R_2-\text{j}X_{C3}}=\frac{50\angle 30°}{10-\text{j}6.67}\text{A}=4.16\angle 63.7°\text{A}$$

$$\dot{I}_{33}=\dot{I}_{13}+\dot{I}_{23}=3.16\angle -41.6°+4.16\angle 63.7°\text{A}$$

$$=2.35-\text{j}2.10+1.84+\text{j}3.73\text{A}=4.19+\text{j}1.63\text{A}=4.50\angle 21.3°\text{A}$$

对每一支路，将电流各分量的瞬时值相叠加(注意不是相量相加，不同频率的相量相加无意义)，就可得到该支路的总电流。如 $i_3=i_{30}+i_{31}+i_{33}$。

例 3-3　本例电路为工频正弦交流全波整流器的 LC 滤波电路，其中 $L=5\text{H}$，$C=$

100μF，负载电阻 $R=2\text{k}\Omega$，加在滤波电路输入端的电压波形(即全波整流波)，如图 3-6 所示。求负载两端的电压 u_R。

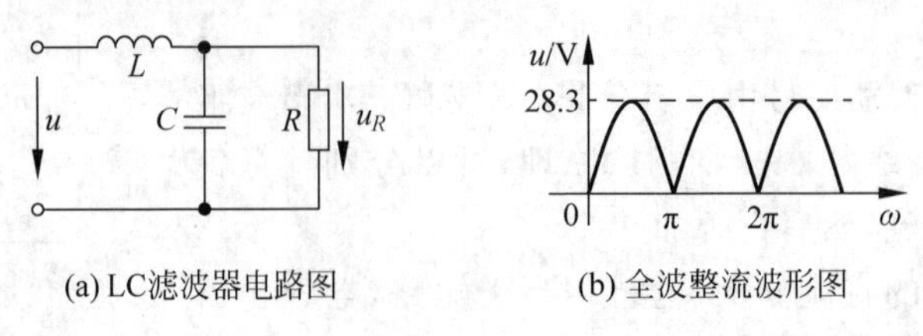

(a) LC滤波器电路图 (b) 全波整流波形图

图 3-6 LC 滤波电路和全波整流波形图

解：由表 3-1 可得图 3-6 所示波形的傅里叶级数为

$$f(t)=\frac{2A}{\pi}\left(1-\frac{2}{3}\cos 2\omega t-\frac{2}{15}\cos 4\omega t-\cdots\right)$$

将 $A=28.3\text{V}$ 代入上式并取到四次谐波，可得输入电压的分解式为

$$\begin{aligned}u&=18-12\cos 2\omega t-2.4\cos 4\omega t\\&=18+12\sin\left(2\omega t-\frac{\pi}{2}\right)+2.4\sin\left(4\omega t-\frac{\pi}{2}\right)\text{V}\end{aligned}$$

工频电源角频率为 $\omega=314\text{rad/s}$。

对直流分量

$$U_{R0}=U_0=18\text{V}$$

对二次谐波

$$X_{L2}=2\omega L=2\times 314\times 5\Omega=3140\Omega$$

$$X_{C2}=\frac{1}{2\omega C}=\frac{1}{2\times 314\times 100\times 10^{-6}}\Omega=15.9\Omega$$

RC 并联阻抗为

$$Z_{\text{RC2}}=\frac{R(-\text{j}X_{C2})}{R-\text{j}X_{C2}}=\frac{2000\times(-\text{j}15.9)}{2000-\text{j}15.9}\Omega=0.126-\text{j}15.9\Omega=15.9\angle-89.5°\Omega$$

$$\begin{aligned}\dot{U}_{R2}&=\frac{\dot{U}_2}{\text{j}X_{L2}+Z_{\text{RC2}}}\cdot Z_{\text{RC2}}=\frac{12/\sqrt{2}\angle-90°}{\text{j}3140+0.126-\text{j}15.9}\times 15.9\angle-89.5°\text{V}\\&=0.043\angle 90.5°\text{V}\end{aligned}$$

对四次谐波

$$X_{L4}=4\omega L=4\times 314\times 5\Omega=6280\Omega$$

$$X_{C4}=\frac{1}{4\omega C}=\frac{1}{4\times 314\times 100\times 10^{-6}}\Omega=7.96\Omega$$

RC 并联阻抗为

$$Z_{\text{RC4}}=\frac{R(-\text{j}X_{C4})}{R-\text{j}X_{C4}}=\frac{2000\times(-\text{j}7.96)}{2000-\text{j}7.96}\Omega=0.032-\text{j}7.96\Omega=7.96\angle-89.8°\Omega$$

$$\begin{aligned}\dot{U}_{R4}&=\frac{\dot{U}_4}{\text{j}X_{L4}+Z_{\text{RC4}}}\cdot Z_{\text{RC4}}=\frac{2.4/\sqrt{2}\angle-90°}{\text{j}6280+0.032-\text{j}7.96}\times 7.96\angle-89.8°\text{V}\\&=0.002\angle 90.2°\text{V}\end{aligned}$$

负载电压为

$$u_R = U_{R0} + u_{R2} + u_{R4}$$
$$= 18 + 0.043\sqrt{2}\sin(2\omega t + 90.5°) + 0.002\sqrt{2}(\sin 4\omega t + 90.2°)\,\mathrm{V}$$

可以看出，本例所示 LC 滤波器对直流分量没有影响，对二次谐波有较强的抑制作用，而四次谐波几乎全被吸收了，使负载电压基本上是直流电压。

利用电感和电容的电抗随频率而变的特点，可以组成多种含有电感和电容的电路，让某些所需要的频率分量通过而抑制某些不需要的频率分量。这种电路称为滤波器。滤波器在电信工程中应用非常广泛。按其功用，滤波器可分为低通滤波器、高通滤波器、带通滤波器、带阻滤波器等。本例所示电路就是一种低通滤波器。

3.3　非正弦周期信号的功率和有效值

根据周期性交流电有效值的定义，可以写出非正弦周期电流 $i(t)$ 的有效值为

$$I = \sqrt{\frac{1}{T}\int_0^T i^2\,\mathrm{d}t} \tag{3-5}$$

对于正弦函数，有

$$\int_0^T \sin mx\,\mathrm{d}x = 0$$
$$\int_0^T \sin mx \cdot \sin nx\,\mathrm{d}x = 0,\quad m \neq n$$
$$\int_0^T (\sin mx)^2\,\mathrm{d}x = \pi$$

以上定积分式反映了三角函数的正交特性。由于非正弦周期电流可以分解成傅里叶级数，即

$$i(t) = I_0 + \sum_{k=1}^{\infty} I_{\mathrm{km}}\sin(k\omega t + \psi_k)$$

将上式代入式(3-5)，并利用三角函数的正交性，经积分运算可得

$$I = \sqrt{I_0^2 + I_1^2 + I_2^2 + \cdots} \tag{3-6}$$

式中，I_0、I_1、I_2…分别为周期电流的直流分量、基波及各次谐波的有效值。

式(3-6)说明，非正弦周期电流的有效值为其直流分量和各次谐波分量有效值的平方和的平方根。实际求非正弦周期电流的有效值时，可以利用式(3-5)或式(3-6)。需要注意的是非正弦周期量的有效值和最大值之间不存在$\sqrt{2}$倍的关系。

同理，可以写出非正弦周期电压的有效值为

$$U = \sqrt{U_0^2 + U_1^2 + U_2^2 + \cdots} \tag{3-7}$$

若非正弦周期电路中的电压和电流取相关参考方向，则电路的平均功率为

$$P = \frac{1}{T}\int_0^T ui\,\mathrm{d}t$$

若将非正弦周期电路中的电压和电流分别分解成傅里叶级数，代入上式，经运算推导，可得

$$P = U_0 I_0 + U_1 I_1 \cos\varphi_1 + U_2 I_2 \cos\varphi_2 + \cdots \tag{3-8}$$

式中，U_0 和 I_0 为电压和电流的直流分量的有效值；U_k 和 I_k 及 φ_k 分别为 k 次谐波的电压和电流的有效值及相位差。

式(3-8)表明，非正弦周期电路的平均功率为其直流分量和各次谐波分量的平均功率之和。不同频率的电压和电流不产生平均功率，这是由三角函数的正交性决定的。

3.4 电路的过渡过程

线性电容器极板上的电荷量 q 和电容器上的电压 u 成正比，即 $q=Cu$。按关联参考方向，电容器上的电流和电压的关系可表示为

$$i = C\frac{\mathrm{d}u}{\mathrm{d}t}$$

由上式可知，若电容器上的电压突然变化，则 $\mathrm{d}u/\mathrm{d}t=\infty$，因而电流 i 应为无穷大，而电路的功率也为无穷大，但这是不可能的。所以在实际电路中电容器上的电压不能突变，其变化应该是连续的。

电感元件中电压和电流的关系可表示为

$$u = L\frac{\mathrm{d}i}{\mathrm{d}t}$$

同理可知，在实际电路中电感中的电流不能突变，其变化应该是连续的。

若在某一瞬间电路的拓扑结构发生变化(如电源的接入或断开，某支路的接通或切断)或电路参数改变，则称电路发生了换路。在换路瞬间，电容上的电压不能突变，电感中的电流不能突变。这就是换路定律。若记换路时刻为 $t=0$，换路前的最后瞬间为 $t=0_-$，换路后的初始瞬间为 $t=0_+$，则按换路定律，有

$$\begin{cases} u_C(0_+) = u_C(0_-) \\ i_L(0_+) = i_L(0_-) \end{cases} \tag{3-9}$$

若将原来不带电的电容器接通直流电源 U_S，如图 3-7 所示，则经过一段时间后，电路中的电流为零，电容器极板上将带有电荷量 Q。电容器上的电荷由零变为 Q(充电)不是瞬间完成的，而是经过一个逐渐变化的过程。这个变化过程称为电路的过渡过程。

同样，若将原来带电的电容器与电阻并接，如图 3-8 所示，经过一段时间后，电路中的电流为零，电容器极板上将没有电荷。电容器上的电荷由初始值变为零(放电)也不是瞬间完成的，也要经过一个过渡过程。

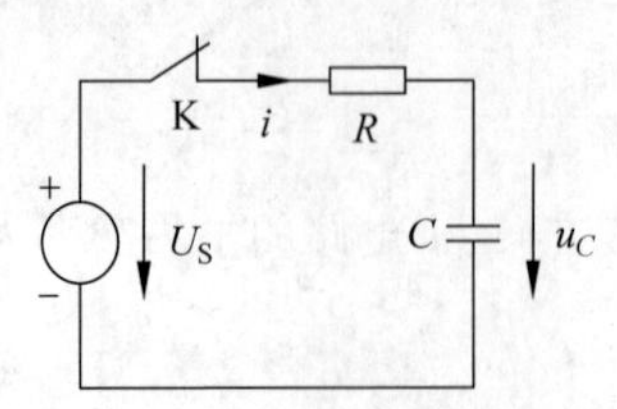

图 3-7　电容接通直流电源

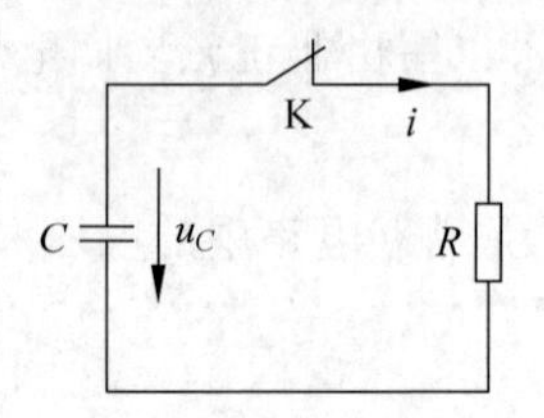

图 3-8　带电电容并接电阻

电路在过渡过程中仍然服从基尔霍夫定律。对于带电电容并接电阻的过渡过程，若取图 3-8 所示参考方向，根据 KVL 可得

$$Ri = u_C$$

而按图 3-8 所示参考方向，有

$$i = -C\frac{\mathrm{d}u_C}{\mathrm{d}t}$$

式中，负号是因为电容上电流和电压的参考方向相反，从而可得描述电路过渡过程的微分方程为

$$RC\frac{\mathrm{d}u_C}{\mathrm{d}t} + u_C = 0$$

这是一个一阶线性常系数齐次微分方程，其通解为

$$u_C = A\mathrm{e}^{-\frac{t}{RC}}$$

式中，A 为积分常数；e 为自然对数的底。关于微分方程的求解问题在高等数学中已有详细讨论。在此只讨论如何根据电路特性确定通解的积分常数。

设换路前电容上的电压为 U_0，即 $u_C(0_-) = U_0$，由换路定律可知，u_C 在换路瞬间是连续的，即有

$$u_C(0_-) = u_C(0_+) = A\mathrm{e}^{-\frac{t}{RC}}\big|_{t=0} = A$$

所以上述微分方程满足初始条件的解为

$$u_C = U_0\mathrm{e}^{-\frac{t}{RC}} \tag{3-10}$$

电路中的电流为

$$i = -C\frac{\mathrm{d}u_C}{\mathrm{d}t} = \frac{U_0}{R}\mathrm{e}^{-\frac{t}{RC}} \tag{3-11}$$

由以上两式可以看出，在 RC 电路的放电过程中(也称零输入过程)，电容电压 u_C 和电路电流 i 都是随时间按指数规律衰减的，其衰减速率取决于 R 和 C 的乘积。u_C 和 i 的变化曲线如图 3-9 所示。可以看出，在换路瞬间电容中的电流有突变，这是正常的。

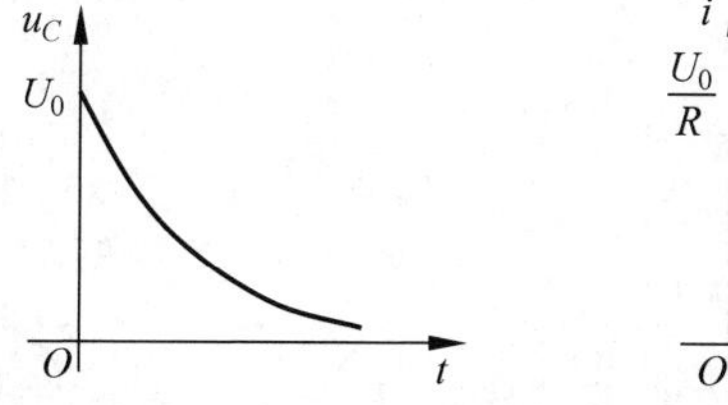

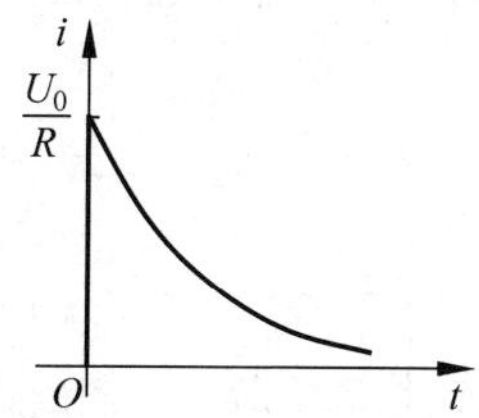

图 3-9 RC 放电电路中电压、电流的变化曲线

对 RC 电路的过渡过程来说，R 和 C 的乘积具有重要意义，常用 τ 表示，即 $\tau = RC$，称其为时间常数。当 R 的单位用欧姆(Ω)，C 的单位用法拉(F)时，τ 的单位为秒(s)。时间常数表明了电路过渡过程进行的快慢情况。从数学意义上来说，指数规律的衰减需要无限长的时间才能结束，但实际上只需经过 $3\tau \sim 5\tau$ 的时间，电容电压和电流的衰减分量即

可衰减到可以忽略不计的程度(见表 3-2),可以认为过渡过程结束了。例如,若 $R=100\Omega$,$C=10\mu F$,则时间常数 $\tau=1ms$,即只需 3～5ms 的时间,电路的过渡过程即告结束。

表 3-2 时间常数与衰减分量的关系

t	0	1τ	2τ	3τ	4τ	5τ	∞
u_C	U_0	$0.368U_0$	$0.135U_0$	$0.050U_0$	$0.018U_0$	$0.007U_0$	0

对于电容接通直流电源的过渡过程,按图 3-7 所示参考方向,根据 KVL 可得

$$Ri+u_C=U_S$$

由 $i=C\dfrac{du_C}{dt}$,可得描述电路过渡过程的微分方程为

$$RC\frac{du_C}{dt}+u_C=U_S$$

此微分方程的通解为

$$u_C=B+Ae^{-\frac{t}{RC}}$$

式中,A、B 为积分常数;e 为自然对数的底。设换路前电容上的电压为 0,按换路定律有 $u_C(0_-)=u_C(0_+)=0$;显然,电路进入稳态后电容上的电压为 U_S,即 $u_C(\infty)=U_S$;从而有 $u_C(0)=B+A=0$,$u_C(\infty)=B=U_S$。

所以 $B=U_S$,$A=-U_S$,上述微分方程满足初始条件的解为

$$u_C=U_S-U_Se^{-\frac{t}{RC}} \tag{3-12}$$

电路中的电流为

$$i=C\frac{du_C}{dt}=\frac{U_S}{R}e^{-\frac{t}{RC}} \tag{3-13}$$

由以上两式可以看出,在 RC 电路的充电过程中(也称为阶跃输入过程),电容电压 u_C 可分成一个稳态分量和一个暂态分量。电容电压的稳态分量就是过渡过程结束后,电容电压的值,常用 $u_C(\infty)$表示,对图 3-7 所示电路,$u_C(\infty)=U_S$。电压的暂态分量和电路电流 i 都是随时间按指数规律衰减的,其衰减速率取决于 R 和 C 的值。u_C 和 i 的变化曲线如图 3-10 所示。

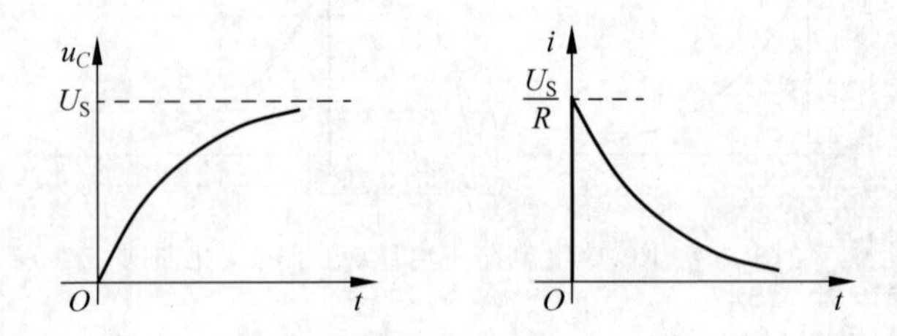

图 3-10 RC 充电电路中电压、电流的变化曲线

按同样的方法,可以得知,在 RL 电路接通直流电源的过渡过程中(电感充电,见图 3-11),若换路前电感中的电流为零,则换路后电感中的电流为

$$i_L = \frac{U_S}{R} - \frac{U_S}{R}e^{-\frac{t}{\tau}} \tag{3-14}$$

在带电电感接通电阻的过渡过程中（电感放电，见图 3-12），若换路前电感中的电流为 I_0，则换路后电感中的电流为

$$i_L = I_0 e^{-\frac{t}{\tau}} \tag{3-15}$$

其中，$\tau = L/R$，是 RL 电路的时间常数。当 R 的单位为欧姆(Ω)，L 的单位为亨利(H)时，τ 的单位为秒(s)。

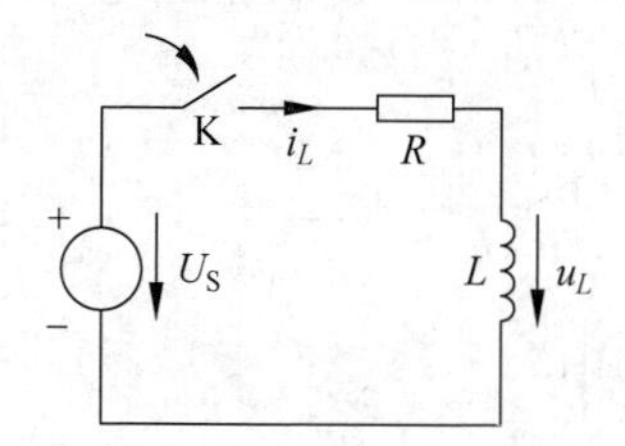

图 3-11　电感接通直流电源

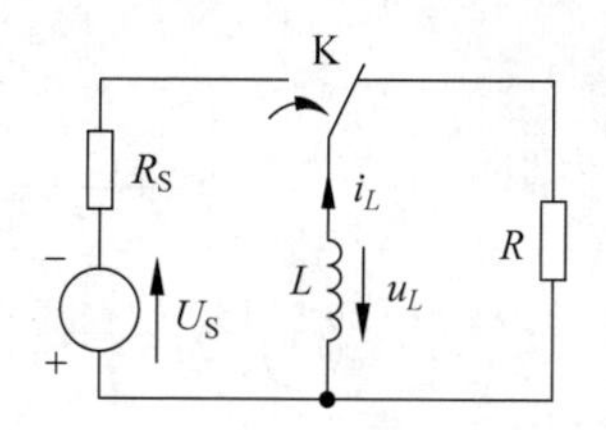

图 3-12　带电电感接通电阻

以上两种 RL 电路的过渡过程中，电感电流随时间变化的曲线如图 3-13 和图 3-14 所示。

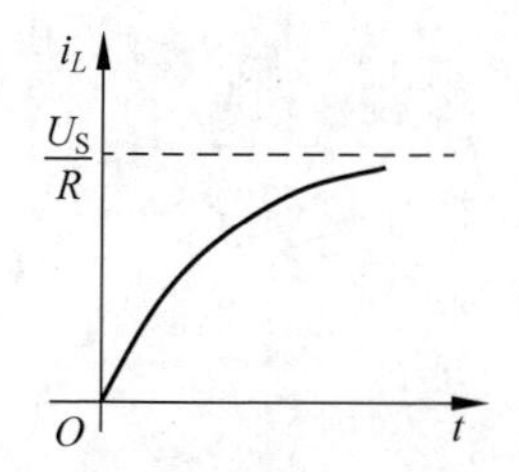

图 3-13　RL 充电电流的变化曲线

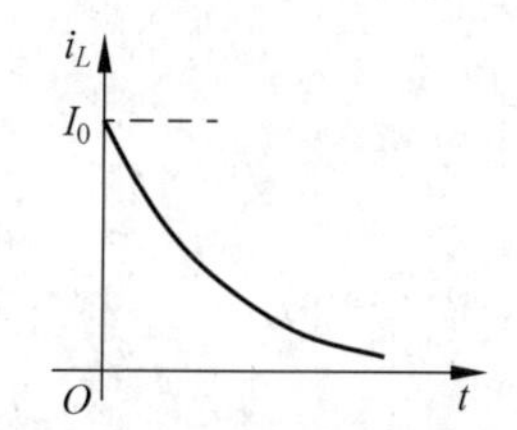

图 3-14　RL 放电电流的变化曲线

3.5　求解一阶电路的三要素法

含有储能元件（电容或电感）的电路，换路后一般要经历过渡过程。电路的过渡过程可以用微分方程描述，通过求解微分方程，可得到电压、电流的表达式。这种直接求解微分方程的方法称为时域分析法。若电路中只有一个储能元件，或可以经过串并联合并成一个储能元件，则其过渡过程可以用一阶微分方程描述，称为一阶电路。一阶电路过渡过程中的电压或电流是随时间按指数规律变化的。若用 $f(t)$ 表示电路的电压或电流，用 $f(0_+)$ 表示其换路后的初始值，用 $f(\infty)$ 表示其换路后的稳态值，用 τ 表示电路的时间常数，则可直接写出其表达式为

$$f(t) = f(\infty) + [f(0_+) - f(\infty)]e^{-\frac{t}{\tau}}$$

对于直流激励信号，稳态分量 $f(\infty)$ 就是换路后电路的稳态直流量，可将电路中的电

容开路、电感短路，按电阻电路计算得出。初始值 $f(0_+)$ 可由按换路定律所得初态电路计算得到。对于 RC 电路，$\tau=RC$；对于 RL 电路，$\tau=L/R$。

这种由初始值、稳态值和时间常数直接写出电路的电流、电压表达式的方法称为求解一阶电路的三要素法。确定初始值时需注意，换路时只有电容上的电压和电感中的电流不突变，其他量可能有突变，应按换路后的初态电路确定。

例 3-4 图 3-11 所示电路中，已知 $R=2\text{k}\Omega$，$L=40\text{mH}$，$U_S=10\text{V}$，$t=0$ 时 K 闭合，设 K 闭合前电感中没有电流。求电路的时间常数 τ 和电路电流 i_L。

解：由换路定律和电感的特性，可做出换路后的初态电路和稳态电路，如图 3-15 所示。

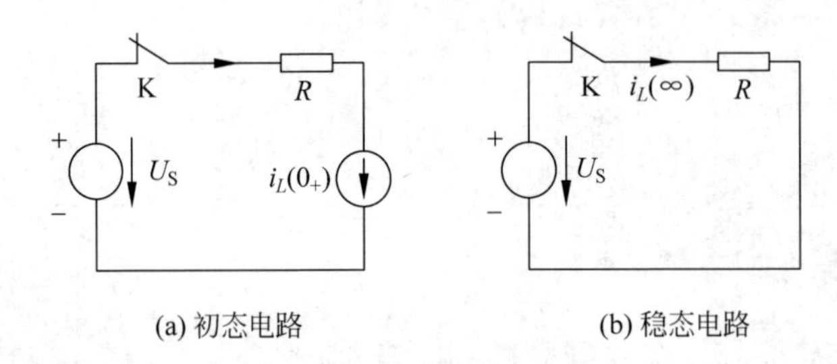

图 3-15 例 3-4 电路图

由初态电路可得

$$i_L(0_+)=i_L(0_-)=0$$

由稳态电路可得

$$i_L(\infty)=U_S/R=5\text{mA}$$

电路的时间常数为

$$\tau=\frac{L}{R}=\frac{40\times10^{-3}}{2\times10^{3}}\text{s}=0.02\text{ms}$$

由三要素法可直接写出电流表达式为

$$i_L=\frac{U_S}{R}-\frac{U_S}{R}\text{e}^{-\frac{t}{\tau}}=\frac{10}{2}-\frac{10}{2}\text{e}^{-\frac{t}{0.02}}\text{mA}=5-5\text{e}^{-50t}\text{mA}$$

例 3-5 带电容并接电阻电路如图 3-8 所示，已知 $R=1\text{k}\Omega$，$C=400\mu\text{F}$，换路前电容上的电压为 $U_0=300\text{V}$。求电路的时间常数 τ 和电路电流 i，并计算换路后 0.5s 时的电流值。

解：电路的时间常数为

$$\tau=RC=1000\times400\times10^{-6}\text{s}=0.4\text{s}$$

可由三要素法直接写出电流表达式为

$$i=\frac{U_0}{R}\text{e}^{-\frac{t}{\tau}}=\frac{300}{1000}\text{e}^{-\frac{t}{0.4}}\text{A}=0.3\text{e}^{-2.5t}\text{A}$$

当 $t=0.5\text{s}$ 时

$$i(0.5)=0.3\text{e}^{-2.5\times0.5}\text{A}=0.3\text{e}^{-1.25}\text{A}=0.3\times0.287\text{A}=0.086\text{A}$$

例 3-6　图 3-16 所示电路中，已知 $R_1=400\Omega, R_2=100\Omega, C=50\mu F, U_S=40V, t=0$ 时开关 K 闭合。K 闭合前电路已处于稳定状态。求 K 闭合后的电压 u_C 和 i。

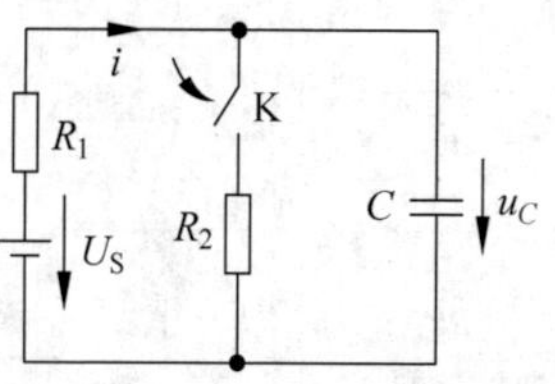

图 3-16　例 3-6 的电路图

解：本例可由 K 闭合前的电路计算电容电压在换路后的初始值(因为电容电压连续)；再由 K 闭合后的等效电路，计算各量的初始值和稳态值；按电源不作用计算电容所连接的等效电阻；各种情况的等效电路如图 3-17 所示。

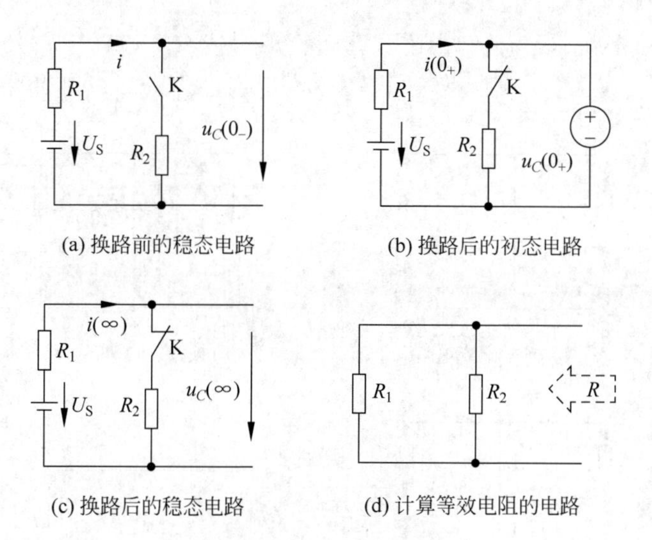

图 3-17　各种情况的等效电路

由等效电路和换路定律可知

$$u_C(0_+)=u_C(0_-)=U_S=40V$$
$$i(0_+)=(U_S-u_C(0_+))/R_1=0$$
$$i(\infty)=U_S/(R_1+R_2)=40/500A=0.08A$$
$$u_C(\infty)=i(\infty)\times R_2=0.08\times 100V=8V$$
$$R=R_1 /\!/ R_2=400 /\!/ 100\Omega=80\Omega$$
$$\tau=RC=80\times 50\times 10^{-6}s=0.004s$$

按三要素法可直接写出

$$u_C=u_C(\infty)+[u_C(0_+)-u_C(\infty)]e^{-\frac{t}{\tau}}$$
$$=8+(40-8)e^{-\frac{t}{0.004}}V=8+32e^{-250t}V$$
$$i=i(\infty)+[i(0_+)-i(\infty)]e^{-\frac{t}{\tau}}$$
$$=0.08+(-0.08)e^{-\frac{t}{0.004}}A$$
$$=0.08-0.08e^{-250t}A$$

例 3-7 在图 3-18 所示电路中，已知 $R_1=6\Omega, R_2=9\Omega, L=1.8\text{H}, U_{S1}=6\text{V}, U_{S2}=9\text{V}, t=0$ 时，开关 K 闭合。K 闭合前电路已处于稳定状态。求 K 闭合后电路中的 i_L 和 u。

解：本例可由 K 闭合前的稳态电路计算电感电流在换路后的初始值(因为电感电流连续)；再由 K 闭合后的等效电路，计算各量的初始值和稳态值；按电源不作用计算电感所连接的等效电阻；各种情况的等效电路如图 3-19 示。

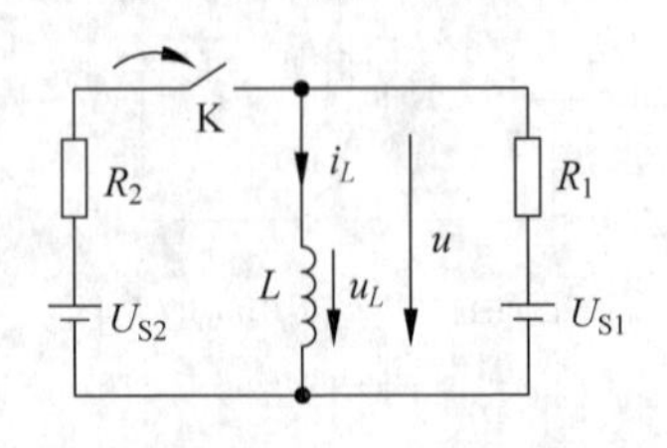

图 3-18　例 3-7 的电路

由等效电路和换路定律可知

$$i_L(0_+)=i_L(0_-)=U_{S1}/R_1=6/6\text{A}=1\text{A}$$

$$u(0_+)=(U_{S1}/R_1+U_{S2}/R_2-i_L(0_+))(R_1 /\!/ R_2)=3.6\text{V}$$

$$i_L(\infty)=U_{S1}/R_1+U_{S2}/R_2=6/6+9/9\text{A}=2\text{A}$$

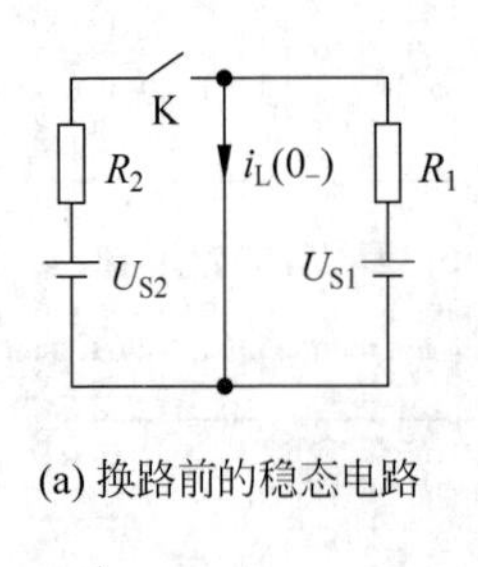

(a) 换路前的稳态电路

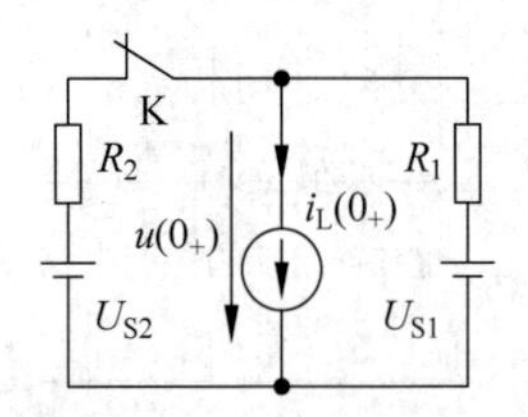

(b) 换路后的初态电路

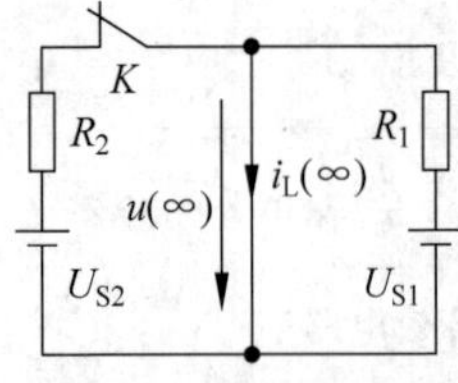

(c) 换路后的稳态电路

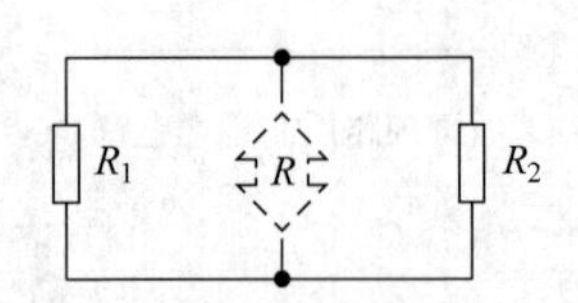

(d) 计算等效电阻的电路

图 3-19　各种情况的等效电路

$$u(\infty)=0$$

$$R=R_1 /\!/ R_2=6\Omega /\!/ 9\Omega=3.6\Omega$$

$$\tau=L/R=1.8/3.6\text{s}=0.5\text{s}$$

其中，计算 $u(0_+)$时使用了节点电压法。

按三要素法可直接写出

$$u=u(\infty)+[u(0_+)-u(\infty)]\text{e}^{-\frac{t}{\tau}}=0+(3.6-0)\text{e}^{-\frac{t}{0.5}}\text{V}=3.6\text{e}^{-2t}\text{V}$$

$$i_L=i_L(\infty)+[i_L(0_+)-i_L(\infty)]\text{e}^{-\frac{t}{\tau}}=2+(1-2)\text{e}^{-\frac{t}{0.5}}\text{A}=2-1\text{e}^{-2t}\text{A}$$

当电路中有多个储能元件时，其过渡过程较为复杂，电路方程往往是高阶微分方程或微分方程组，直接求解较为困难，通常使用运算法求解。当电路激励为正弦交流信号时，一般换路时也会出现过渡过程，电路电压、电流的稳态值都是正弦量。当电路中各储能元件所储能量均为零，并且换路恰好发生在正弦激励信号过零的时刻，则电路不会出现过渡过程，称为平稳接入。平稳接入对电力系统的负载并网等有特殊意义。

习题 3

一、思考题

1. 为什么要把非正弦周期信号分解成多个正弦信号？

2. 根据函数的波形特点，说明偶函数和奇函数的傅里叶分解系数 a_k 和 b_k 各应有何特点。

3. 按照谐波分析法，计算非正弦周期信号在电路中产生的响应时，可用相量法分别计算各次谐波的响应，即可以用相量分别表示电路响应的各次谐波分量。电路的总响应能否用一个相量图表示？为什么？

4. “计算直流分量的电路结构和计算交流分量的电路结构是不同的”这种说法是否正确？为什么？

5. 如何理解“不同频率的相量相加无意义”？

6. 对“不同频率的电压和电流不产生平均功率”这一结论进行解释。

7. 用等效复阻抗的概念推导两电容串联的等效电容，两电容并联的等效电容，以及电感串联、并联后的等效电感。

8. 为什么电容上的电压不能突变？电容中的电流能突变吗？如何确定换路后电容电压的初始值？

9. 如何确定换路后电感电压的初始值？如何确定换路后电阻电流的初始值？

10. 在从电路中切断感性负载（如电动机）时，常常会在开关的接点间出现短时间的电弧。试按过渡过程的观点解释这种现象。

11. 很多电子设备在刚关断电源时，触摸其中的某些点仍会使人受到电击，而断电后过一段时间就没事了。解释这种现象。

二、计算题

1. 计算图 3-20 所示波形图的傅里叶级数。

2. 计算图 3-20 中三角波的有效值。

3. 图 3-21 所示电路中，已知 $u=20\sqrt{2}\sin 1000t+10\sqrt{2}\sin(10\ 000t-30°)\,\text{mV}$，$R=100\Omega$，$C=1\mu\text{F}$，$L=100\text{mH}$。求 i 和 u_C 及电路所消耗的有功功率。

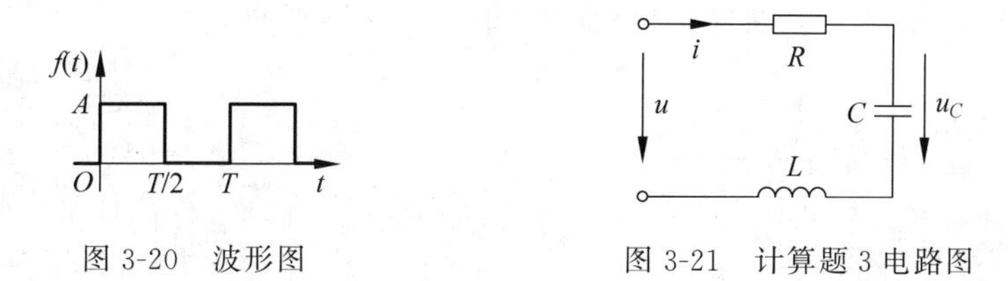

图 3-20　波形图　　　图 3-21　计算题 3 电路图

4. 某二端网络，采用关联参考方向时，端口电压和电流的表达式分别为

$$u=5+12\sqrt{2}\sin 100t+4\sqrt{2}\sin 300t+2\sqrt{2}\sin 500t\ \text{V}$$

$$i=40+10\sqrt{6}\sin(100t-30°)+4\sin(300t-45°)+\sqrt{2}\sin(500t-60°)\text{mA}$$

(1) 若用交流电压表测量此二端网络的端口电压，电压表的读数应为何值？

(2) 计算该二端网络消耗的有功功率。

5. 交流电网中往往会有少量的高频谐波，很多电子设备都在电源输入端设置电源滤波器以消除电网带来的高频干扰。某设备的电源滤波电路如图 3-22 所示，其中 $L=100\text{mH}$，$C=4000\text{pF}$。若输入电源电压为 $u_i=220\sqrt{2}\sin314t+11\sqrt{2}\sin31\,400t\text{V}$，求滤波电路的输出电压 u_o。

6. 图 3-23 所示电路中，已知 $e=2.828\sin(10\,000t)\text{V}$，$E=5\text{V}$，$C=10\mu\text{F}$，$R_b=200\text{k}\Omega$，$R_{be}=2\text{k}\Omega$，$R_c=4\text{k}\Omega$，。求电流 i_B。

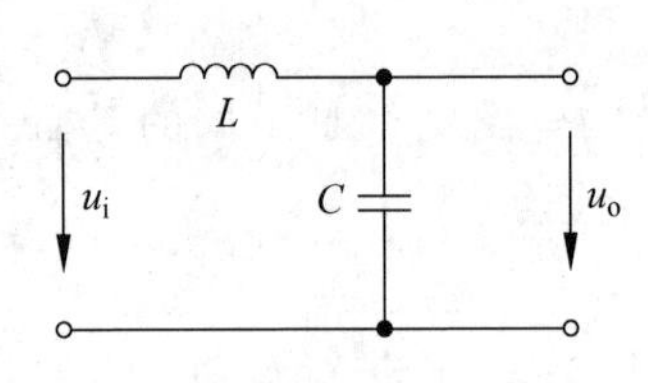

图 3-22 计算题 5 电路图

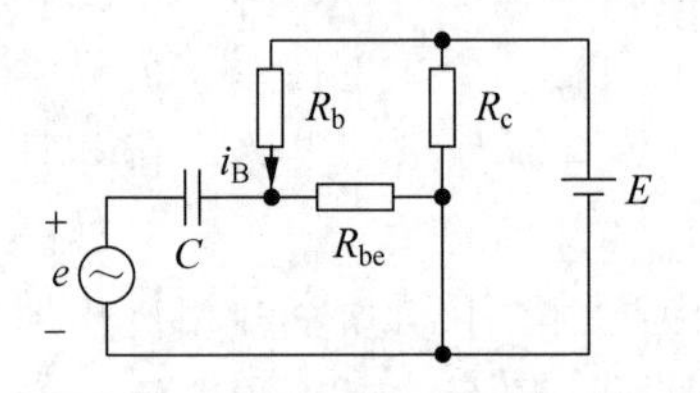

图 3-23 计算题 6 电路图

7. 图 3-24 所示电路中，$C=200\mu\text{F}$，$R=5000\Omega$，$E=20\text{V}$，$t=0$ 时 K 闭合，K 闭合前电容电压为 -10V。计算 K 闭合后的 u_C 和 i。

8. 图 3-25 所示电路中，$C=50\mu\text{F}$，$R=4\text{k}\Omega$，$t=0$ 时 K 闭合，K 闭合前电容电压为 40V。计算 K 闭合后的 u_R 和 i，以及整个过渡过程中电阻 R 所消耗的能量。

9. 图 3-26 所示电路中，$t=0$ 时 K 闭合。计算 K 闭合后的 u_1 和 i。

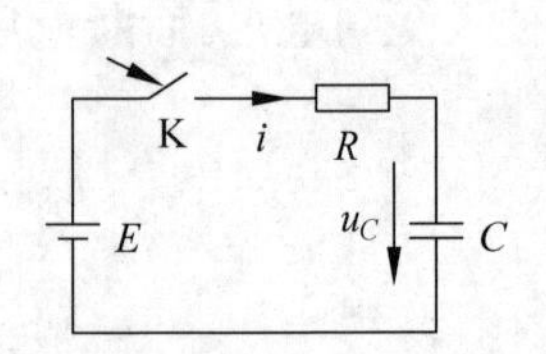

图 3-24 计算题 7 电路图

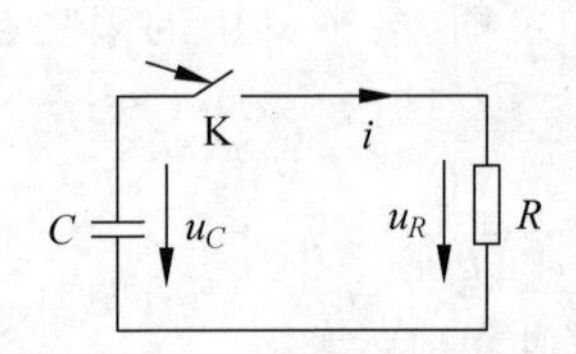

图 3-25 计算题 8 电路图

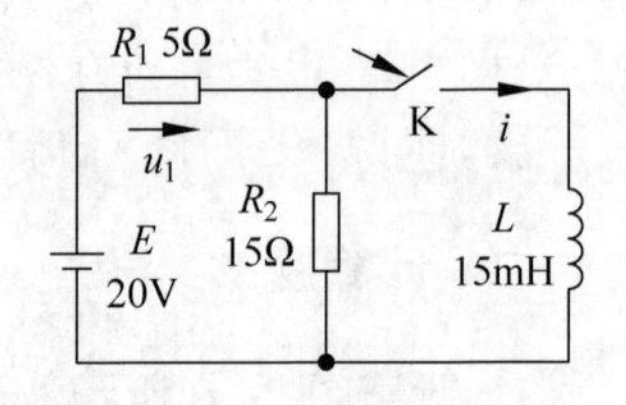

图 3-26 计算题 9 电路图

10. 图 3-27 所示电路处于稳态后，断开开关 K。计算 K 断开后的 u_2 和 i。

11. 图 3-28 所示电路中，$C=200\mu\text{F}$，$R_1=2\text{k}\Omega$，$R_2=3\text{k}\Omega$，$R_3=1\text{k}\Omega$，$E=24\text{V}$，$t=0$ 时 K 断开，K 断开前电路已处于稳定状态。计算 K 断开后的 u_2。

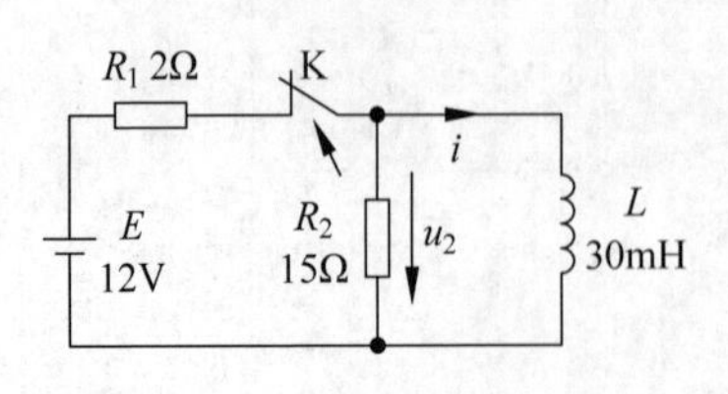

图 3-27 计算题 10 电路图

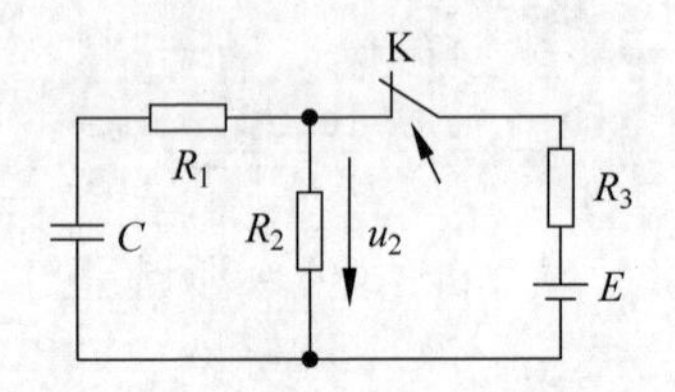

图 3-28 计算题 11 电路图

第4章

半导体器件基础

半导体器件是现代电子技术的基础。半导体二极管和三极管是最常用的半导体器件。它们的基本结构、工作原理、特性和参数是学习电子技术和分析电子电路必不可少的基础知识，而PN结又是构成各种半导体器件的共同基础。因此，本章从讨论半导体的导电特性和PN结的基本原理（特别是它的单向导电性）开始，主要介绍半导体二极管和半导体三极管的结构原理、特性参数；二极管的工作电路和分析方法；晶体管的3种工作状态及其分析方法；场效应管的结构原理和工作特性等。

4.1 半导体的导电特性

所谓半导体，顾名思义，就是它的导电能力介于导体和绝缘体之间。如硅、锗以及大多数金属氧化物和硫化物都是半导体。在室温下（25℃），导体的电阻率约为10^{-6}欧·厘米（Ω·cm），绝缘体的电阻率一般在10^{13}Ω·cm以上，而半导体的电阻率为$10^{-3}\sim10^{9}$Ω·cm，如单晶硅的电阻率为2.3×10^{5}Ω·cm，单晶锗的电阻率为50Ω·cm。

很多半导体的导电能力在不同条件下有很大的差别。例如，有些半导体（如钴、锰、镍等的氧化物）对温度的反应特别灵敏，环境温度增高时，它们的导电能力要增强很多。利用这种特性做成各种热敏电阻。又如有些半导体（如镉、铅等的硫化物与硒化物）受到光照时，它们的导电能力变得很强；当无光照时，又变得像绝缘体那样不导电。利用这种特性做成各种光敏电阻。温度对半导体的导电能力影响很大。

更重要的是，在纯净的半导体中掺入微量的某种杂质元素，它的导电能力就能大大增加。利用这种特性做成各种不同用途的半导体器件，如半导体二极管、三极管、场效应管及晶闸管等。

半导体为何有如此悬殊的导电特性呢？根本原因在于事物内部的特殊性。下面简单介绍半导体物质的内部结构和导电机理。

4.1.1 本征半导体

在电子器件中，用得最多的半导体材料是硅（Si，14）和锗（Ge，32）。它们都是四价元素，最外层电子轨道上有4个电子，称为价电子。半导体材料的导电性能主要是由价电子决定的，所以用图 4-1 所示的简化原子模型表示硅和锗的价电子结构。图中外层圆圈上的 4 个黑点表示原子的 4 个外层电子，即价电子；中间的小圆圈表示原子核，其中的"+4"表示原子核与原子的内层电子中和后，还带有 4 个正电荷，这样表示的原子核常称为惯性核。将硅或锗材料提纯(去掉杂质)并形成单晶体后，所有原子便基本上整齐排列。半导体一般都具有这种晶体结构，所以半导体也称为晶体，这就是晶体管名称的由来。本征半导体就是完全纯净的、具有晶体结构的半导体。

在本征半导体的晶体结构中，每一个原子与相邻的 4 个原子结合。每个原子的一个价电子与一个相邻原子的价电子组成一个电子对。这对价电子是每两个相邻原子共有的，它们把相邻的原子结合在一起，构成共价键的结构，如图 4-2 所示。

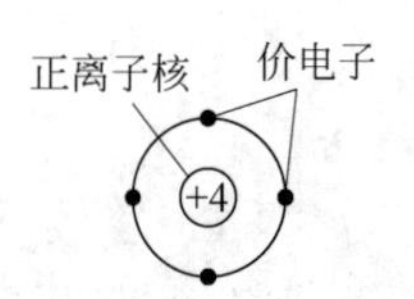

图 4-1 硅和锗的原子结构简化模型

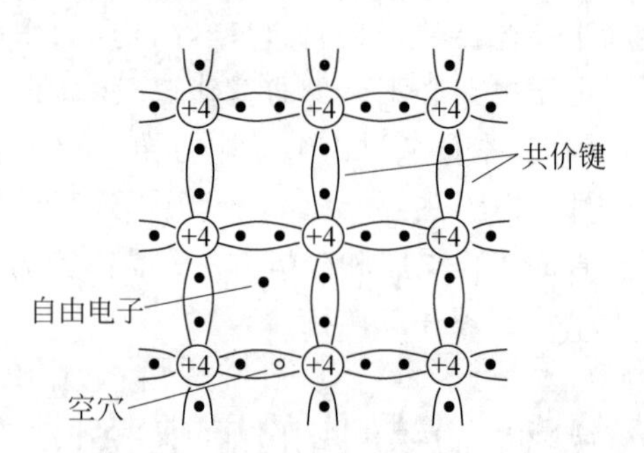

图 4-2 硅和锗的二维晶格结构模型

在共价键结构中，每个原子的最外层都具有 8 个电子而处于较为稳定的状态，但是共价键中的电子还不像在绝缘体中的价电子被束缚得那样紧，在获得一定能量(温度增高或受光照)后，有的价电子就能挣脱原子核的束缚(电子受到激发)，成为自由电子。这种现象称为本征激发。温度越高，晶体中产生的自由电子便越多。

当价电子挣脱共价键的束缚成为自由电子后，在共价键中就留下一个空位，称为空穴。在一般情况下，原子是中性的。当价电子挣脱共价键的束缚成为自由电子后，原子的中性便被破坏，而显出带正电。

在外电场的作用下，有空穴的原子可以吸引相邻原子中的价电子，填补这个空穴。同时，失去了一个价电子的相邻原子的共价键中出现另一个空穴，它也可以由相邻原子中的价电子来递补，这样在该原子中又出现一个空穴。如此继续下去，就好像空穴在运动，而空穴运动的方向与价电子运动的方向相反，因此空穴运动相当于正电荷的运动。

因此，当半导体两端加上外电压时，半导体中将出现两部分电流：一部分是自由电子做定向运动所形成的电子电流，另一部分是仍被原子核束缚的价电子(注意：不是自由电子)递补空穴所形成的空穴电流。在半导体中，同时存在着电子导电和空穴导电，这是半导体导电方式的最大特点，也是半导体和金属在导电原理上的本质差别。

半导体中的自由电子和空穴都称为载流子。

本征半导体中由于本征激发而产生的自由电子和空穴总是成对出现，同时又不断复合。在一定温度下，载流子的产生和复合达到动态平衡。于是半导体中的载流子(自由电子和空穴)便维持一定数目。温度越高，载流子数目越多，导电性能也就越好，所以，温度对半导体器件性能的影响很大。

4.1.2　N 型半导体和 P 型半导体

本征半导体虽然有自由电子和空穴两种载流子，但由于数量极少，导电能力仍然很低，如果在其中掺入微量的某种元素（称为杂质），将使掺杂后的半导体（杂质半导体）导电性能大大增强。

按照掺入的杂质元素的不同，杂质半导体可分为两大类。

一类是在硅或锗的晶体中掺入微量磷（P，15）或其他五价元素。每个磷原子有 5 个价电子。由于掺入硅晶体的磷原子数比硅原子数少得多，因此整个晶体结构基本上不变，只是某些位置上的硅原子被磷原子取代。磷原子参加共价键结构只需 4 个价电子，多余的第 5 个价电子很容易挣脱磷原子核的束缚而成为自由电子，于是半导体中的自由电子数目大量增加。自由电子导电成为这种半导体的主要导电方式，故称它为电子半导体或 N 型半导体。例如，在室温 25℃时，每立方厘米纯净的硅晶体中约有自由电子或空穴 1.5×10^{10} 个，掺杂后成为 N 型半导体，其自由电子数目可增加几十万倍。由于自由电子增多而增加了复合的机会，空穴数目便大大减少，故在 N 型半导体中，自由电子是多数载流子，而空穴则是少数载流子。

另一类是在硅或锗晶体中掺入微量硼（B，5）或其他三价元素。每个硼原子只有 3 个价电子。所以在构成共价键结构时，将因缺少一个电子而产生一个空位。当相邻原子中的价电子受到热的或其他的激发获得能量时，就有可能填补这个空位，而在该相邻原子中便出现一个空穴。每一个硼原子都能提供一个空穴，于是在半导体中就形成了大量空穴。由于空穴增多而增加了复合的机会，使得自由电子数目大大减少。空穴导电是这种半导体的主要导电方式，所以称其为空穴半导体或 P 型半导体。在 P 型半导体中，空穴是多数载流子，而自由电子则是少数载流子。

应该注意，不论是 N 型半导体还是 P 型半导体，虽然它们都有一种载流子占多数，但是整个晶体仍然是不带电的。

4.1.3　PN 结的形成

图 4-3 是一块半导体晶片，两边分别掺入三价元素和五价元素形成 P 型和 N 型半导体。图中㊀代表得到的一个电子而带负电的三价杂质离子，如硼；㊉代表失去一个电子而带正电的五价杂质离子，如磷。由于 P 区有大量空穴（浓度大），而 N 区的空穴极少（浓度小），因此空穴要从浓度大的 P 区向浓度小的 N 区扩散。首先是交界面附近的空穴扩散到 N 区，在交界面附近的 P 区留下一些带负电的三价杂质离子，形成负空间电荷区；同样，N 区的自由电子要向 P 区扩散，在交界面附近的 N 区留下带正电的五价杂质离子，形成正空间电荷区。这样，在 P 型半导体和 N 型半导体交界面的两侧就形成了一个空间电荷区，这个空间电荷区就称为 PN 结。

形成空间电荷区的正负离子虽然带电，但是它们不能移动，不参与导电，而在这个区域内载流子极少，所以空间电荷区的电阻率很高。此外，这个区域内多数载流子已扩散到对方并复合掉了，或者说消耗尽了，所以空间电荷区也称为耗尽层。

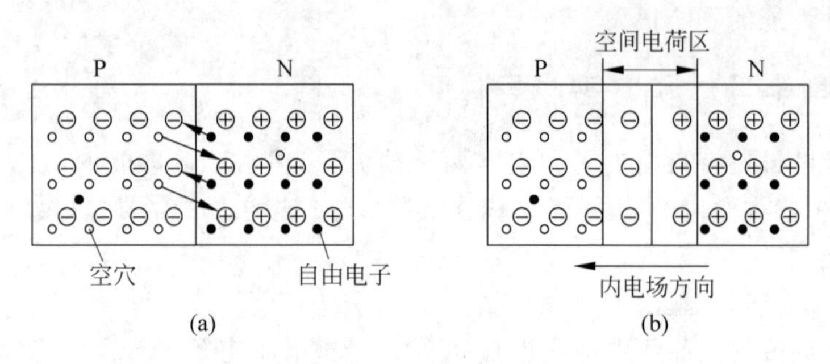

图 4-3 PN 结的形成

正负空间电荷在两种类型的半导体交界面两侧形成一个电场,称为内电场,其方向从带正电的 N 区指向带负电的 P 区,如图 4-3(b)所示。由 P 区向 N 区扩散的空穴在空间电荷区将受到内电场的阻力;而由 N 区向 P 区扩散的自由电子也将受到内电场的阻力,即内电场对多数载流子(P 区的空穴和 N 区的自由电子)的扩散运动起阻挡作用,所以空间电荷区又称为阻挡层。

一方面空间电荷区的内电场对多数载流子的扩散运动起阻挡作用,另一方面内电场可推动少数载流子(P 区的自由电子和 N 区的空穴)越过空间电荷区进入对方区域。少数载流子在内电场作用下有规则的运动称为漂移。

扩散和漂移是互相联系又互相矛盾的,在开始形成空间电荷区时,多数载流子的扩散运动占优势。但在扩散运动进行过程中,空间电荷区逐渐加宽,内电场逐步加强。于是在一定条件下(例如,温度一定),多数载流子的扩散运动逐渐减弱,而少数载流子的漂移运动则逐渐增强,最后,扩散运动和漂移运动达到动态平衡。即如图 4-4 中所示的,P 区的空穴(多数载流子)向右扩散的数量与 N 区的空穴(少数载流子)向左漂移的数量相等;对自由电子也是这样。达到平衡后,空间电荷区的宽度基本上稳定下来,PN 结就处于相对稳定的状态。

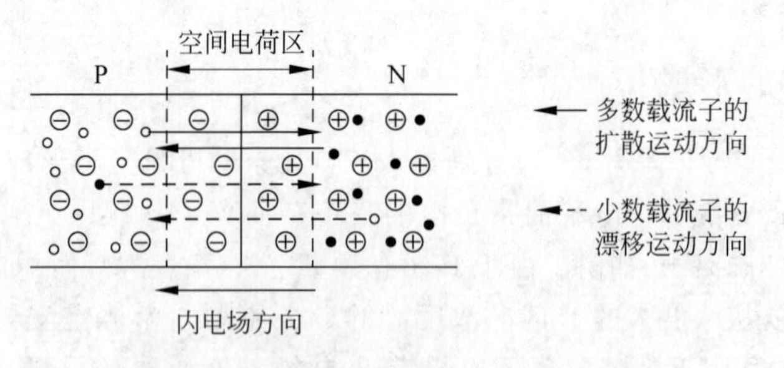

图 4-4 PN 结中的扩散运动与漂移运动

4.1.4 PN 结的单向导电性

上面介绍的是 PN 结在没有外加电压时的情况,这时半导体中的扩散和漂移处于动态平衡。下面介绍在 PN 结上加外部电压的情况。

如果在 PN 结上加正向电压,即外电源的正端接 P 区,负端接 N 区,如图 4-5 所示,外电场与内电场的方向相反，因此扩散与漂移运动的平衡被破坏。外电场驱使 P 区的空穴进入空间电荷区抵消一部分负空间电荷，同时 N 区的自由电子进入空间电荷区抵消一部分正空间电荷。于是，整个空间电荷区变窄，内电场被削弱，多数载流子的扩散运动增强，形成较大的扩散电流（正向电流）。在一定范围内，外电场越强，正向电流（由 P 区流向 N 区的电流）越大，这时 PN 结呈现的电阻很低。正向电流包括空穴电流和电子电流两部分。空穴电流和电子电流虽然带有不同极性的电荷，但由于它们的运动方向相反，所以电流方向一致。外电源不断地向半导体提供电荷，使电流得以维持。

若给 PN 结加反向电压，即外电源的正端接 N 区，负端接 P 区，如图 4-6 所示，则外电场与内电场方向一致，也破坏了扩散与漂移运动的平衡。外电场驱使空间电荷区两侧的空穴和自由电子移走，使得空间电荷增加，空间电荷区变宽，内电场增强，使多数载流子的扩散运动难于进行。但是，内电场的增强也加强了少数载流子的漂移运动，在外电场的作用下，N 区中的空穴越过 PN 结进入 P 区，P 区中的自由电子越过 PN 结进入 N 区，在电路中形成了反向电流（由 N 区流向 P 区的电流）。由于少数载流子数量很少，因此反向电流不大，即 PN 结呈现的反向电阻很高。又因为少数载流子是由于价电子获得热能（热激发）挣脱共价键的束缚而产生的，环境温度愈高，少数载流子的数量愈多。所以，温度对反向电流的影响很大。

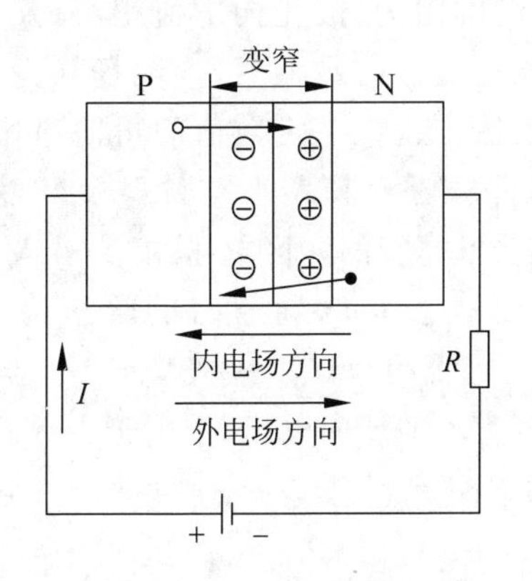

图 4-5　PN 结加正向电压

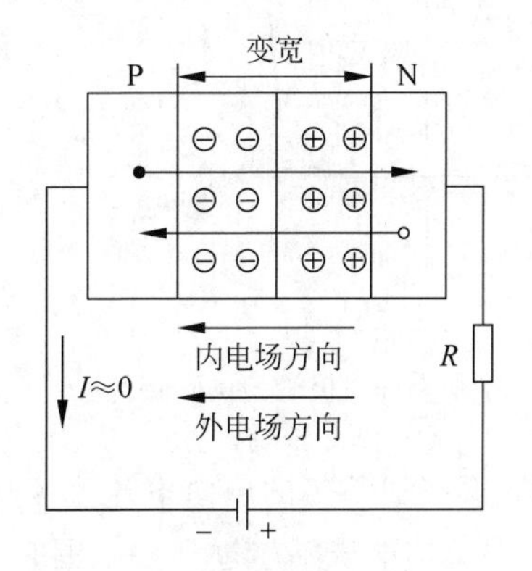

图 4-6　PN 结加反向电压

由以上分析可知，当在 PN 结上加正向电压时（正向偏置），PN 结电阻很低，正向电流较大，这种情况称为正向导通；加反向电压时（反向偏置），PN 结电阻很高，反向电流很小，这种情况称为反向截止。PN 结所具有的这种特性称为单向导电性。

4.2　半导体二极管

4.2.1　基本结构

将 PN 结两端的半导体接上电极引线，再加上管壳封装，就成为半导体二极管。半导体二极管一般就叫作二极管（diode）。从 P 型半导体引出的电极是二极管的正极，从 N 型半导体引出的电极是二极管的负极，其结构示意如图 4-7(a)所示。常见小功率二极管的外形及电路符号如图 4-7(b)、(c)所示。实际上,半导体二极管就是一个 PN 结。二极管的电路符号就是 PN 结的电路符号,其箭头所指为正向电流的方向。

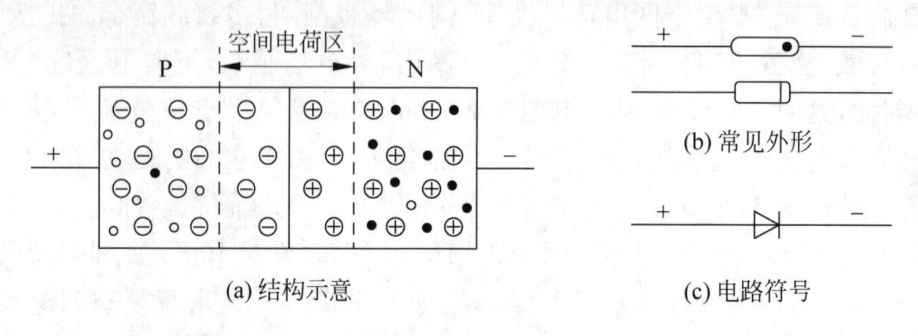

图 4-7 半导体二极管

4.2.2 伏安特性

既然二极管是一个 PN 结,它当然具有单向导电性,其伏安特性曲线如图 4-8 所示。当外加正向电压较小时,由于外电场还不能克服 PN 结内电场对多数载流子(除少量能量较大者外)扩散运动的阻力,故正向电流很小,几乎为零。当正向电压超过一定数值后,内电场被大大削弱,电流增长很快。这个一定数值的正向电压称为死区电压或门限电压,其大小与材料及环境温度有关,通常小功率硅管的死区电压约为 0.5V,锗管约为 0.2V。二极管正向导通时的管压降,硅管为 0.6~0.8V,锗管约为 0.3~0.5V。

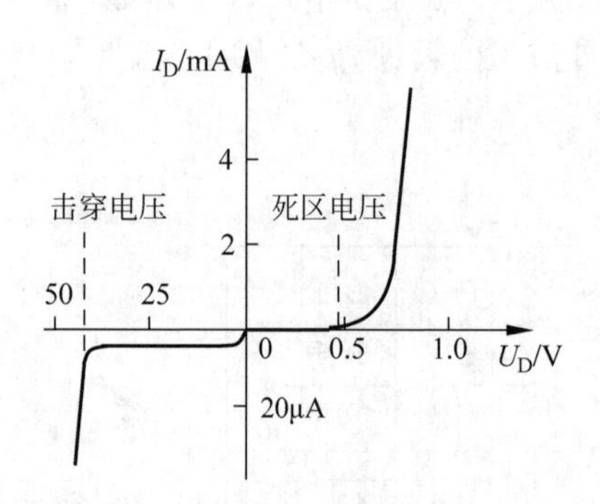

图 4-8 小功率硅二极管的伏安特性

在二极管上加反向电压时,由于少数载流子的漂移运动,会形成很小的反向电流。反向电流有两个特点:一是它随温度的上升增长很快;二是在反向电压不超过某一范围时,反向电流的大小基本恒定,而与反向电压的高低无关,故通常称它为反向饱和电流。而当外加反向电压过高时,反向电流将突然增大,二极管失去单向导电性,这种现象称为击穿。产生击穿时加在二极管上的反向电压称为反向击穿电压 $V_{(BR)}$。二极管被击穿后,一般不能恢复原来的性能,便失效了。击穿发生在空间电荷区。发生击穿的原因,一种是处于强电场中的载流子获得足够大的能量碰撞晶格而将价电子碰撞出来,产生电子空穴对,新产生的载流子在电场作用下获得足够能量后又通过碰撞产生新的电子空穴对。如此形成连锁反应,反向电流越来越大,最后使得二极管反向击穿。另一种原因是强电场直接将共价键的价电子拉出来,产生电子空穴对,形成较大的反向电流。

4.2.3 主要参数

二极管的特性除用伏安特性曲线表示外,还可用一些数据来说明,这些数据就是二极管的参数。二极管的参数主要有下面 3 个。

1. 最大整流电流 I_{OM}

最大整流电流是指二极管长时间使用时，允许流过二极管的最大正向平均电流。小功率二极管的最大整流电流一般为几十毫安到几百毫安。如 2CP10 硅二极管的最大整流电流为 100mA。当电流超过允许值时，将会由于 PN 结过热而使管子损坏。

2. 反向工作峰值电压 V_{RWM}

反向工作峰值电压是保证二极管不被击穿而给出的反向峰值电压，一般是反向击穿电压的二分之一或三分之二。如 2CP10 硅二极管的反向工作峰值电压为 25V，而反向击穿电压约为 50V。小功率二极管的反向工作峰值电压一般为几十伏到几百伏。

3. 反向峰值电流 I_{RM}

反向峰值电流是指在二极管上加反向工作峰值电压时的反向电流值。反向电流大，说明二极管的单向导电特性差，并且受温度的影响大。硅管的反向电流较小，一般为几微安以下。锗管的反向电流较大，为硅管的几十到几百倍。

4.2.4　稳压二极管

稳压二极管是一种用特殊工艺制造的硅半导体二极管，其电路符号如图 4-9(a)所示。稳压二极管的掺杂浓度比较高，空间电荷区域很窄，所以其反向击穿电压比较小。由于在电路中常用稳压二极管与电阻配合达到稳定电压的作用，故称为稳压管。

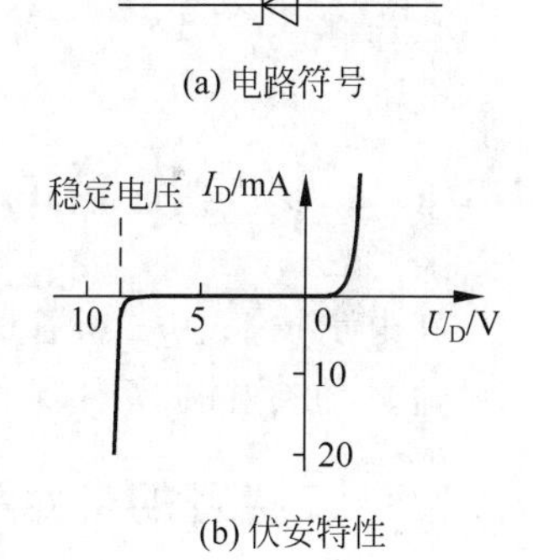

图 4-9　稳压二极管

稳压管的伏安特性曲线与普通二极管的类似，如图 4-9(b)所示，其特点是稳压管的反向特性曲线比较陡。从反向特性曲线上可以看出，当反向电压小于击穿电压时，反向电流很小。当反向电压增高到击穿电压时，反向电流突然剧增，稳压管反向击穿。稳压管反向击穿后，电流可以在很大范围内变化，而稳压管两端的电压变化很小。利用这一特性，稳压管能在电路中起稳压作用。稳压管与一般二极管不一样，它的反向击穿是可逆的。当去掉反向电压之后，稳压管又恢复正常。但是，如果反向电流超过允许范围，稳压管将会发生热击穿而损坏。稳压管主要工作在反向击穿区，在电路中需要配有合适的限流电阻。

稳压管的主要参数有下面 3 个。

1. 稳定电压 V_Z

稳定电压是指稳压管在反向击穿状态工作时管子两端的电压。手册中所列的都是在一定条件(工作电流、温度)下的数值，即使是同一型号的稳压管，由于工艺方面和其他原因，稳压值也有一定的分散性。例如，稳压管 2CW15 的稳压值为 7～8.5V。也就是说，如果把这样一个稳压管接到电路中,它可能稳压在7.5V,再换一个同样型号的稳压管,则可能稳压在8V。

2. 稳定电流 I_Z

稳定电流是指稳压管在反向击穿状态工作时的电流。这是一个作为设计依据的参考数值,实际在设计电路时要根据具体情况(例如,工作电流的变化范围)来考虑。但对每一种型号的稳压管,都规定有一个最大稳定电流 I_{ZM}。

3. 最大允许耗散功率 P_{ZM}

管子不致发生热击穿的最大允许耗散功率 $P_{ZM}=V_Z I_{ZM}$。

4.2.5 发光二极管

发光二极管(LED)是用砷化镓、磷化镓等半导体材料制成的。与普通二极管一样,发光二极管也具有单向导电性。此外,发光二极管的主要特点就是当有正向电流流过时,它就能发出光。发光二极管一般用透明塑料封装,其常见外形与电路符号如图4-10所示。发光二极管的正向压降比较大,一般在2V左右,工作电流一般在几毫安到十几毫安。发光二极管常用作显示器件。除单个使用外,还常组合成七段数码管、米字管、显示矩阵等。

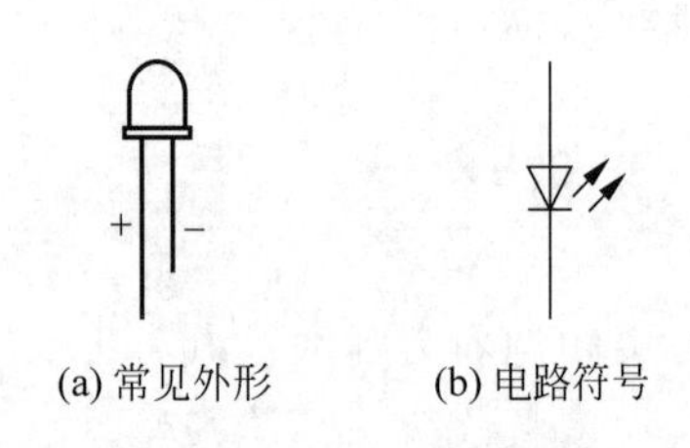

(a) 常见外形　(b) 电路符号

图4-10　发光二极管

4.3 二极管电路的分析计算

在电子技术中,二极管的应用非常广泛,主要都是利用它的单向导电性。二极管常用于整流、检波、限幅、元件保护,以及在数字电路中作为开关元件等。

4.3.1 二极管的电路模型

二极管的典型应用电路如图4-11所示。二极管是一种非线性器件,根据理论分析,二极管的电压和电流的关系可以表述为

$$I_D = I_S(e^{V_D/V_T}-1)$$

式中,I_S 为二极管的反向饱和电流;e为自然对数的底;V_T 为温度的电压当量(在25℃时,$V_T=0.026$V)。按上式对二极管电路进行精确计算比较困难。工程上一般是利用二极管的近似电路模型进行分析计算,通常能够得到令人满意的效果。

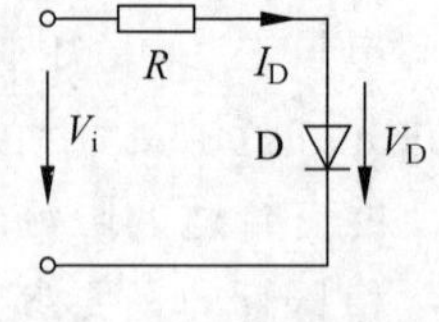

图4-11　二极管的典型应用电路

1. 理想模型

二极管的理想模型称为理想二极管。若忽略二极管的正向导通压降,则实际二极管就成为理想二极管。理想二极管的伏安特性曲线如图4-12(a)所示。即处于正向导通时,

理想二极管的管压降为 0V(正向电阻为零);处于反向截止时,理想二极管的电流为 0A(反向电阻为无穷大)。当信号幅度远大于二极管的管压降时,常按理想二极管来分析计算二极管电路。在数字电路中常把二极管看作理想二极管。

2. 恒压模型

二极管的恒压模型是认为二极管正向导通后,其正向管压降是一个固定不变的数值,与电流无关。二极管的恒压模型如图 4-12(b)所示。二极管恒压模型中的固定管压降称为阈值电压,用 V_γ 表示。对于小功率硅二极管通常取 $V_\gamma=0.7\text{V}$,小功率锗二极管通常取 $V_\gamma=0.5\text{V}$。二极管电路的分析计算通常都采用这种恒压模型。当二极管的电流大于 1mA 时,这种近似模型可以获得较好的结果。理想二极管实际上就是 $V_\gamma=0$ 的恒压模型。

3. 折线模型

将二极管正向导通后的伏安特性用一根斜线近似,就是二极管的折线模型,如图 4-12(c)所示。斜线的斜率表示二极管正向导通后的动态电阻。与理想模型及恒压模型相比,二极管的折线模型更接近二极管的实际特性。功率二极管电路的分析计算一般采用这种折线模型。

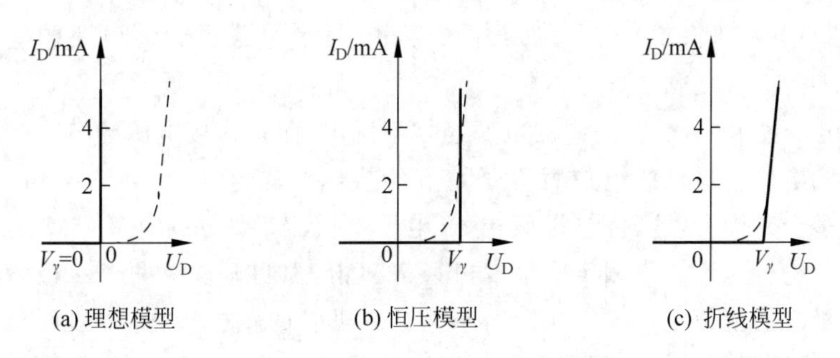

图 4-12 二极管的近似电路模型

4.3.2 二极管电路分析

二极管电路通常都是采用二极管的近似电路模型进行分析计算。但不论采用哪种电路模型,都需要先确定二极管是处于正向偏置(导通)还是处于反向偏置(截止),即先确定二极管的工作状态。确定二极管的工作状态可采用"设截止,算电压,定状态"的方法。就是先假定二极管截止,按二极管截止时的电路计算出二极管的端电压,再根据这个端电压确定二极管的工作状态。若端电压小于二极管的阈值电压 V_γ,则二极管截止;否则,二极管导通。确定了二极管的工作状态后就可按相应的电路模型对二极管电路进行分析计算。稳压二极管加正向电压时与普通二极管一样,可以用理想、恒压或折线模型近似;稳压二极管加反向电压时,可以用恒压或折线模型近似,但这时的阈值电压是稳压二极管的稳压值。下面通过例题说明具体做法。

例 4-1 设图 4-11 所示电路中 $U_i=3.6\text{V}$,$R=2\text{k}\Omega$,二极管 D 采用恒压模型,取其阈

值电压为$V_\gamma=0.7\text{V}$。确定二极管的工作状态并计算电路的电压和电流。

解：按“设截止，算电压，定状态”的方法，先假定二极管截止可得到图4-11所示电路的等效电路如图4-13(a)所示，显然此时有$U_D'=U_i=3.6\text{V}>V_\gamma=0.7\text{V}$，所以二极管D处于导通状态。按恒压模型，二极管D导通时的等效电路如图4-13(b)所示。由等效电路不难得出

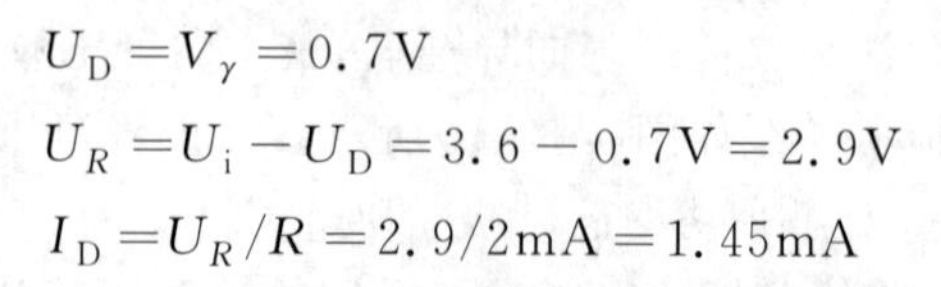

$$U_D=V_\gamma=0.7\text{V}$$

$$U_R=U_i-U_D=3.6-0.7\text{V}=2.9\text{V}$$

$$I_D=U_R/R=2.9/2\text{mA}=1.45\text{mA}$$

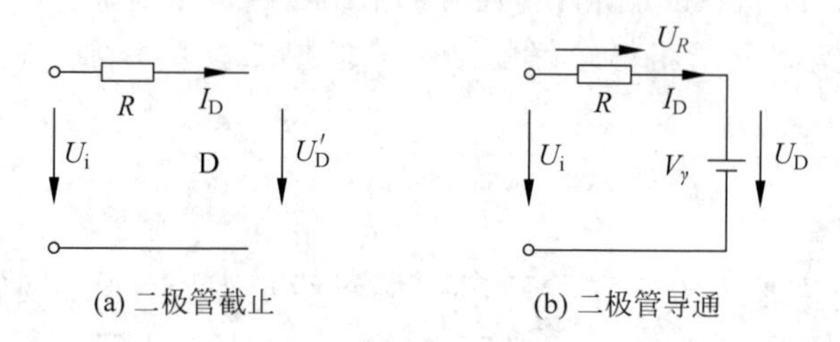

(a) 二极管截止　　(b) 二极管导通

图4-13　二极管电路的等效电路

例4-2　二极管开关电路如图4-14(a)所示，其中$U_{i1}=3.6\text{V}$，$U_{i2}=0.3\text{V}$，$R=4.7\text{k}\Omega$，D_1、D_2均为理想二极管。确定各二极管的工作状态并计算电路的电流和输出电压U_o。

解：在电子技术中，电路图中的电源经常不画出，而是在接电源的节点上标注该点对地(参考点)的电位。这点的电位就等于该点所接电源的电动势，如图4-14(b)所示。本题电路中有多个二极管，这时的“设截止，算电压，定状态”要分别对多个二极管的导通、截止的组合情况进行讨论。先假定两个二极管都截止，很明显这时两个二极管的端电压都大于理想二极管的阈值电压$V_\gamma=0$。由于两个二极管的正极接在一起，而负极的电位不同，所以这两个理想二极管不可能同时导通。这时可先设端电压大的二极管导通，端电压小的二极管截止，即D_2导通、D_1截止，其等效电路如图4-14(c)所示，由此可以得出$U_{D1}'=U_{i2}-U_{i1}=0.3-3.6\text{V}=-3.3\text{V}<V_\gamma=0$，所以$D_1$截止，即此电路确实是$D_2$导通、$D_1$截止。由等效电路不难得出

$$U_{D1}=-3.3\text{V}\qquad U_{D2}=0\text{V}$$

$$U_o=U_{i2}=0.3\text{V}\qquad U_R=V_{CC}-U_0=5-0.3\text{V}=4.7\text{V}$$

$$I_{D1}=0\qquad I_{D2}=I_R=U_R/R=(5-0.3)/4.7\text{mA}=1\text{mA}$$

例4-3　二极管整流电路如图4-15(a)所示，其输入电压u_i为正弦交流电压，其波形如图4-15(b)所示，D为理想二极管。做出输出电压u_o的波形。

解：在输入电压的正半周期间，二极管导通，输出电压$u_o=u_i$；在输入电压的负半周期间，二极管截止，输出电压$u_o=0$。所以电路的输出电压是一个单方向的脉动电压，其波形如图4-15(c)所示。这种整流电路只在正弦交流电压的半个周期内有输出电压，称为半波整流。

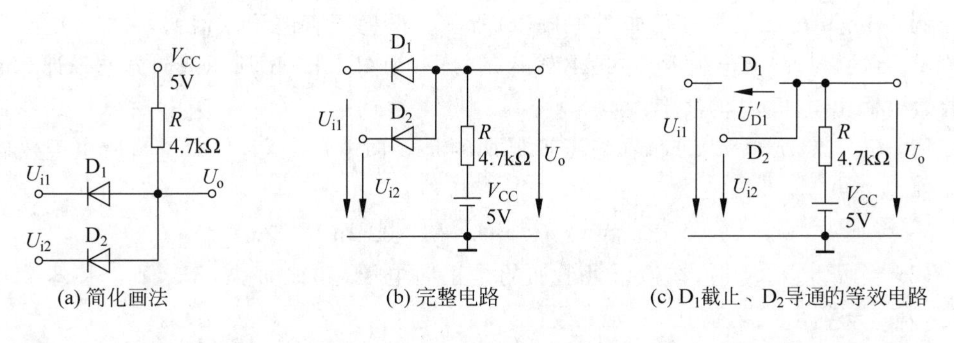

图 4-14　二极管开关电路

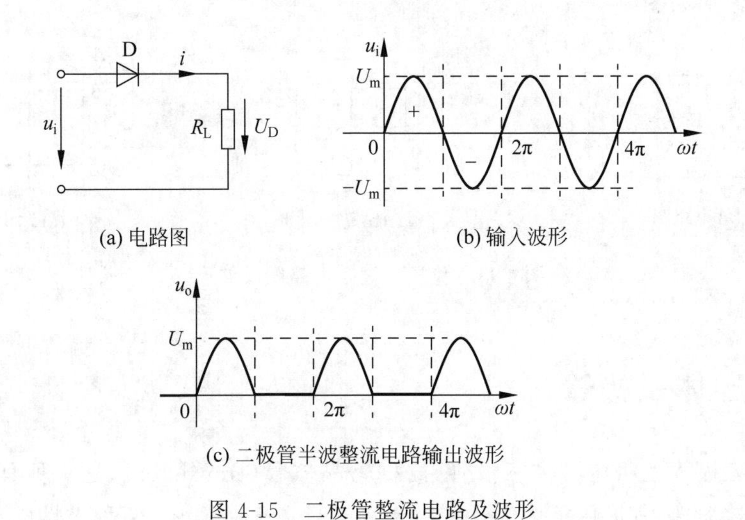

图 4-15　二极管整流电路及波形

例 4-4　二极管限幅电路如图 4-16(a)所示。限幅电路常用作高阻抗输入端(如场效应管的栅极)的保护电路,以防出现感应高压而损坏器件。设输入信号 u_i 为正弦交流电压,且 $U_m > V_{ref}$,D_1、D_2 均为理想二极管。做出输出电压 u_o 的波形。

解:在输入信号的负半周期间,二极管 D_1 导通、D_2 截止,输出电压 $u_o=0$;在输入信号的正半周期间 D_1 截止,当信号的幅值小于基准电压 V_{ref} 时,D_2 也截止,输出电压 $u_o=u_i$;当信号的幅值大于 V_{ref} 时,D_2 导通,输出电压 $u_o=V_{ref}$;所以电路的输出电压的幅度不会大于基准电压 V_{ref},其波形如图 4-16(c)所示。

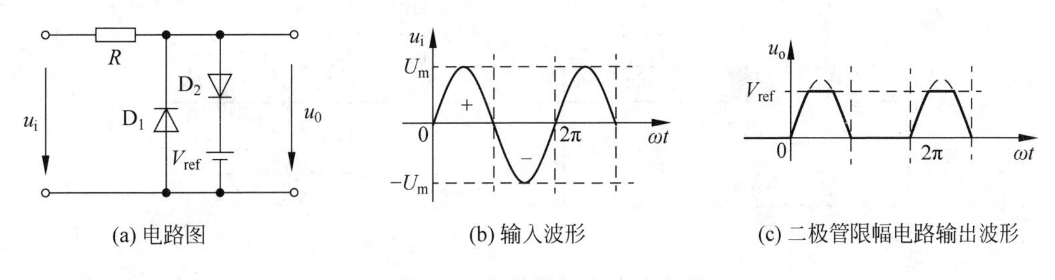

图 4-16　二极管限幅电路及波形

例 4-5 稳压二极管电路如图 4-17(a)所示。设稳压管的稳压值 $V_Z=3V$，正向导通压降 $V_\gamma=0.7V$，限流电阻 $R=400\Omega$，输入信号 u_i 为图 4-17(b)所示双向方波。计算电流 i，并做出输出电压 u_o 的波形。

解：(1) 当 $u_i=+5V$ 时，在稳压管上加的是反向电压，且有 $u_i>V_Z$，所以稳压管反向击穿，$u_o=V_Z$，

$$i=(u_i-V_Z)/R=(5-3)/0.4mA=5mA$$

(2) 当 $u_i=-3V$ 时，在稳压管上加的是正向电压，且有 $|u_i|>V_\gamma$，所以稳压管正向导通，$u_o=-V_\gamma$，

$$i=(u_i+V_\gamma)/R=(-3+0.7)/0.4mA=-5.75mA$$

电路的输出波形如图 4-17(c)所示。

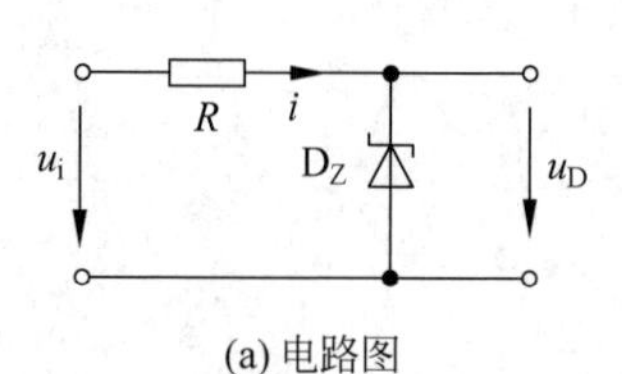

(a) 电路图

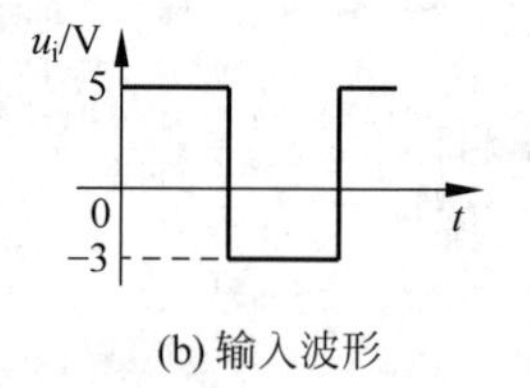

(b) 输入波形

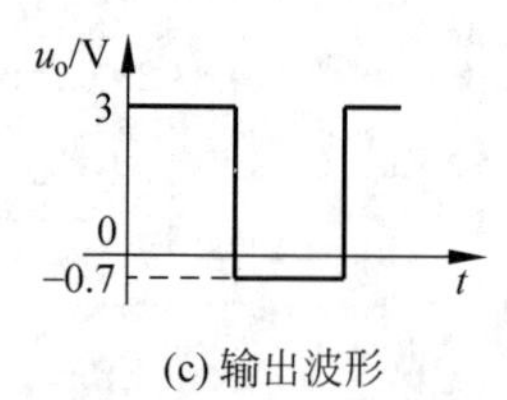

(c) 输出波形

图 4-17 稳压二极管电路图及波形

4.4 半导体三极管

半导体三极管也叫作晶体三极管，简称为晶体管(transistor)，是一种具有电流放大作用的半导体器件，其应用极为广泛。由于在半导体三极管中，两种极性的载流子(电子和空穴)都参与导电，所以晶体管是一种双极型半导体器件。晶体管有时也叫作双极型晶体管。晶体管的特性是通过特性曲线和工作参数来分析研究的，但是为了更好地理解和熟悉晶体管的外部特性，首先简单介绍晶体管的内部结构和载流子的运动规律。

4.4.1 基本结构

晶体管是由三层半导体构成的，其结构主要有平面型和合金型两类，如图 4-18 所示。硅管主要是平面型，锗管主要是合金型。

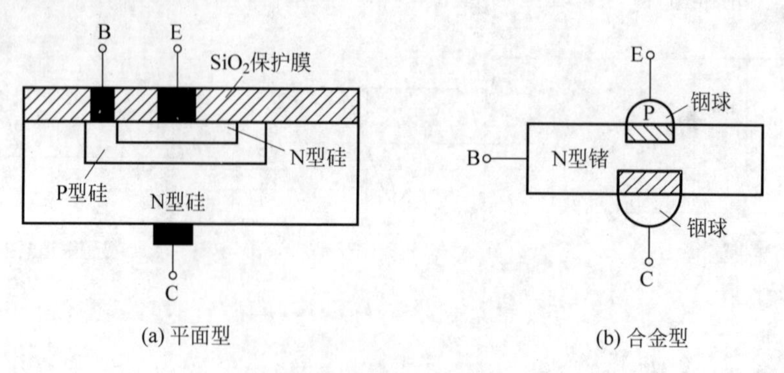

(a) 平面型
(b) 合金型

图 4-18 晶体管的基本结构

晶体管的三层半导体是在同一块单晶硅或单晶锗基片上，通过扩散工艺生成的三层不同类型的半导体，如N型-P型-N型(NPN型)或P型-N型-P型(PNP型)。因此，晶体管分为NPN型和PNP型两类，其结构示意和电路符号如图4-19所示。目前国产的硅晶体管多为NPN型(3D系列)，锗晶体管多为PNP型(3A系列)。

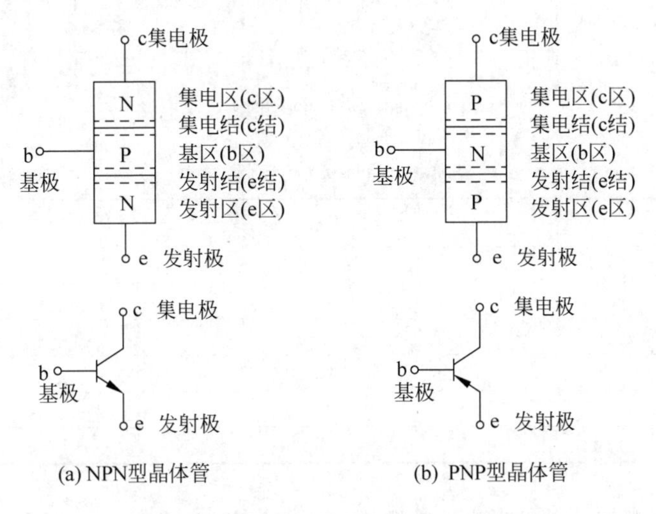

图4-19 晶体管的结构示意和电路符号

晶体管中的三层半导体分别称为集电区、基区和发射区，引出的电极分别称为集电极c、基极b和发射极e。在两种不同型的半导体的交界面上会形成PN结。每个晶体管都有两个PN结。基区和发射区之间的PN结称为发射结(e结)，基区和集电区之间的PN结称为集电结(c结)。实际晶体管结构上还有如下特点。①基区很薄且掺杂浓度低。②发射区掺杂浓度高。③集电结的面积远大于发射结的面积。这是晶体管具有电流放大作用的内部条件。

NPN型和PNP型晶体管的工作原理类似，区别只是所用电源的极性不同。下面以NPN型晶体管为例来分析讨论晶体管的工作原理。

4.4.2 电流分配和放大原理

为了解晶体管的放大原理及其电流分配关系，首先做一个实验，实验电路如图4-20所示。把晶体管接成两个回路：基极回路和集电极回路，发射极是公共端，因此这种接法称为晶体管的共发射极接法。如果用的是NPN型硅管，电源E_B和E_C的极性必须照图4-20中的接法，使发射结上加正向电压(正向偏置)，且E_C大于E_B，使集电结加的是反向电压(反向偏置)。发射结正向偏置、集电结反向偏置是晶体管具有电流放大作用的外部条件。

改变基极电源E_B，则基极电流I_B、集电极电流I_C和发射极电流I_E都会发生变化。按图4-20所示参考方向，测量各电极电流的数值，将结果列于表4-1中。NPN型晶体管各电极的电流都是采用图4-20所示的参考方向。

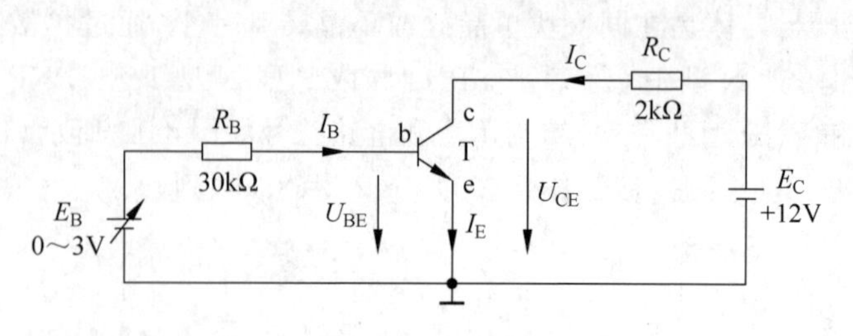

图 4-20 测量晶体管电流关系的电路

表 4-1 晶体管电流测量数据 （单位：mA）

I_B	I_C	I_E
0	<0.001	<0.001
0.02	0.70	0.72
0.04	1.5	1.54
0.06	2.30	2.36
0.08	3.10	3.18
0.1	3.95	4.05

由此实验及测量结果可得出如下结论。

(1) 观察实验数据中的每一行，可得 $I_E=I_C+I_B$。这是基尔霍夫电流定律的体现。

(2) I_C 及 I_E 都比 I_B 大得多。从第 3 行和第 4 行的数据可知，I_C 与 I_B 的比值分别为

$$\frac{I_C}{I_B}=\frac{1.5}{0.04}=37.5$$

$$\frac{I_C}{I_B}=\frac{2.3}{0.06}=38.3$$

这就是晶体管的电流放大作用。常用一个系数 $\bar{\beta}$ 表示晶体管集电极电流和基极电流的比值，即 $I_C=\bar{\beta}I_B$。$\bar{\beta}$ 表示了晶体管的电流放大能力，称为电流放大系数。晶体管的电流放大作用还体现在基极电流的少量变化 ΔI_B 可以引起集电极电流较大的变化 ΔI_C。还是比较第 3 行和第 4 行的数据可得出

$$\frac{\Delta I_C}{\Delta I_B}=\frac{2.3-1.5}{0.06-0.04}=\frac{0.8}{0.02}=40$$

(3) 当 $I_B=0$(将基极开路)时，集电极电流很小。如表 4-1 所示小于 0.001mA=1μA。这时的集电极电流称为穿透电流，用符号 I_{CEO} 表示。

下面用载流子在晶体管内部的运动规律来解释上述结论。

1) 发射区向基区注入电子

由于发射结处于正向偏置，多数载流子的扩散运动加强，发射区的自由电子(多数载流子)不断扩散到基区，并不断从电源补充进电子，形成发射极电流 I_E，如图 4-21(a)所示。这种现象常称为发射区向基区注入电子或发射电子。基区的多数载流子(空穴)也要向发射区扩散，但由于基区的空穴浓度比发射区的自由电子的浓度小得多(基区掺杂浓度

低，发射区掺杂浓度高），因此空穴电流很小，可以忽略不计，在图 4-21 中未画出。

2）电子在基区扩散和复合

从发射区扩散到基区的自由电子起初都聚集在发射结附近，靠近集电结的自由电子很少，形成了浓度上的差别。因而自由电子将向集电结方向继续扩散。在扩散过程中，有少量自由电子与空穴（P 型基区中的多数载流子）相遇而复合。由于基区接电源 E_B 的正极，基区中受激发的价电子不断被电源拉走，这相当于不断补充基区中被复合掉的空穴，形成电流 I_{BE}（见图 4-21），它基本上等于基极电流 I_B。

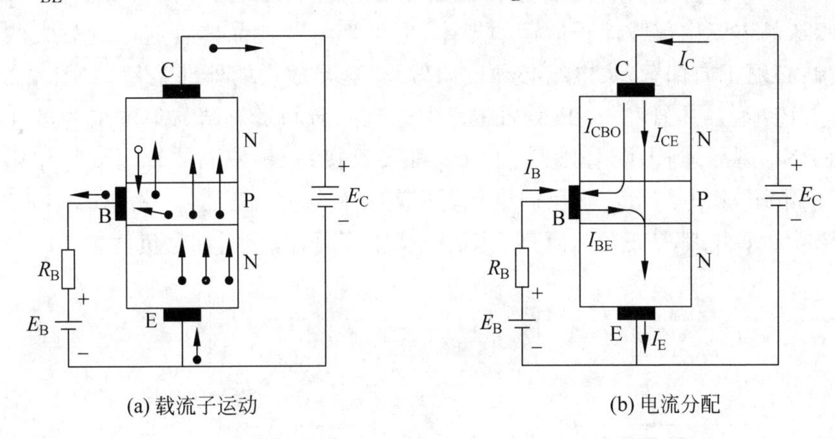

图 4-21　晶体管中的电流

在基区被复合掉的电子越多，扩散到集电结的电子就越少，这不利于晶体管的放大作用。为此，基区需要做得很薄，基区掺杂浓度要很小（这是放大的内部条件），这样才可以大大减少电子与基区空穴复合的机会，使绝大部分自由电子都能扩散到集电结边缘。

3）集电区收集电子

由于集电结反向偏置，其内电场增强，对多数载流子的扩散运动起阻挡作用，阻挡集电区（N 型）的自由电子向基区扩散，但可将从发射区扩散到基区并到达集电区边缘的自由电子拉入集电区，从而形成电流 I_{CE}，它基本上等于集电极电流 I_C。

除此以外，由于集电结反向偏置，在内电场的作用下，集电区的少数载流子（空穴）和基区的少数载流子（电子）将发生漂移运动，形成电流 I_{CBO}。该电流数值很小，它构成集电极电流 I_C 和基极电流 I_B 的一小部分，但受温度影响较大并与外加电压的大小关系不大。

上述晶体管中的载流子运动和电流分配描绘在图 4-21 中。

如上所述，从发射区扩散到基区的电子中只有很小一部分在基区复合，绝大部分到达集电区，也就是构成发射极电流 I_E 的两部分中，I_{BE} 部分是很小的，而 I_{CE} 部分所占的比例很大，这个比值就用 $\bar{\beta}$ 表示，即

$$\bar{\beta}=\frac{I_{CE}}{I_{BE}}=\frac{I_C-I_{CBO}}{I_B+I_{CBO}}\approx\frac{I_C}{I_B}$$

式中，$\bar{\beta}$ 为电流放大系数，表征晶体管的电流放大能力。

例 4-6 按图 4-20 所示电路,测得某晶体管的 $I_B=0.05\text{mA}$,$I_C=4.45\text{mA}$。试计算该晶体管的 $\bar{\beta}$ 值。设该晶体管的 I_{CEO} 可忽略不计。

解:

$$\bar{\beta} \approx \frac{I_C}{I_B} = \frac{4.45}{0.05} = 89$$

从前面的电流放大实验可知,在晶体管中,不仅 I_C 比 I_B 大得多,而且当基极电流 I_B 有一个微小的变化时,还会引起集电极电流 I_C 出现大得多的变化。

此外,从晶体管内部载流子的运动规律,也可理解要使晶体管起电流放大的作用,为什么发射结必须正向偏置,集电结必须反向偏置(这是放大的外部条件)。图 4-22 为起放大作用时 NPN 型晶体管和 PNP 型晶体管中电流方向和发射结与集电结的极性(图 4-20 中如换用 PNP 型晶体管,则电源 E_C 和 E_B 都要反接)。要使晶体管起放大作用,发射结上应加正向电压,集电结上应加反向电压,即应有 $|U_{CE}|>|U_{BE}|$。此外,对 NPN 型晶体管而言,U_{CE} 和 U_{BE} 都是正值;而对 PNP 型晶体管而言,它们都是负值。

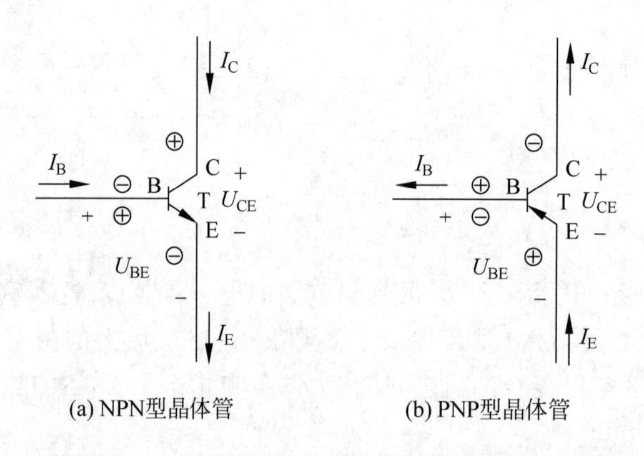

图 4-22 电流方向和发射结与集电结的极性

4.4.3 特性曲线和工作状态

晶体管是一种非线性器件,各电极电流和电压之间的相互关系常用伏安特性曲线来表示。晶体管的伏安特性曲线能反映出晶体管的性能,是分析放大电路的重要依据。最常用的是共发射极接法时的输入特性曲线和输出特性曲线。这些特性曲线可用晶体管特性图示直观地显示出来,也可以通过如图 4-23 所示的实验电路进行测绘。实验电路中,用的是 NPN 型硅管。

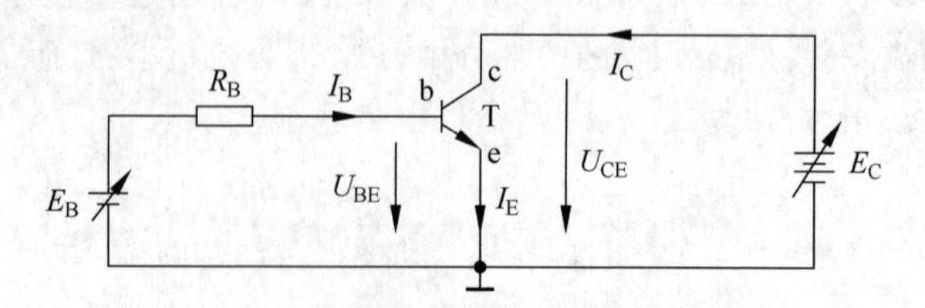

图 4-23 测量晶体管特性的实验电路

1）输入特性曲线

输入特性曲线是指当集-射极电压 U_{CE} 为常数时，输入回路（基极电路）中基极电流 I_B 与基-射极电压 U_{BE} 之间的关系曲线 $I_B=f(U_{BE})$，如图 4-24(a)所示。

对硅管而言，当 $U_{CE}\geqslant 1V$ 时，集电结已反向偏置，并且内电场已足够大，而基区又很薄，可以把从发射区扩散到基区的电子中的绝大部分拉入集电区。如果此时再增大 U_{CE}，只要 U_{BE} 保持不变（从发射区发射到基区的电子数就基本不变），I_B 也就不再明显减小，即 $U_{CE}>1V$ 后的输入特性曲线基本上是重合的，所以，通常只画出 $U_{CE}\geqslant 1V$ 的一条输入特性曲线。

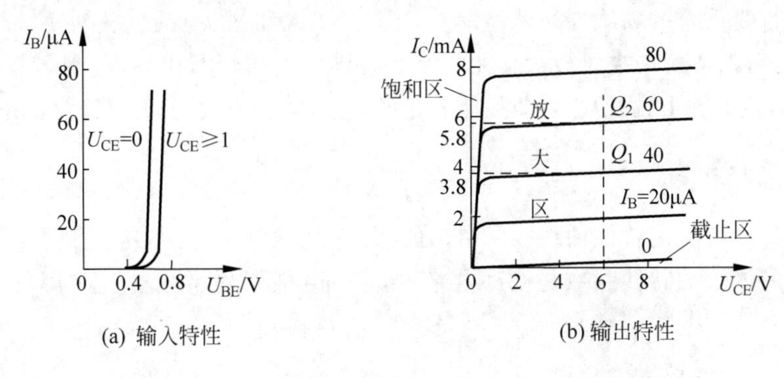

图 4-24　NPN 型小功率硅三极管的特性曲线

由图 4-24(a)可见，和二极管的伏安特性一样，晶体管输入特性也有一段死区，只有在发射结外加电压大于死区电压时，晶体管才会有基极电流 I_B。硅管的死区电压约为 0.5V，锗管的死区电压约为 0.2V。在正常导通情况下，小功率 NPN 型硅管的发射结电压 U_{BE} 为 0.6～0.8V。

2）输出特性曲线

输出特性曲线是指当基极电流 I_B 为常数时，输出回路（集电极回路）中集电极电流 I_C 与集-射极电压 U_{CE} 之间的关系曲线 $I_C=f(U_{CE})$。在不同的 I_B 下，可得出不同的曲线，所以晶体管的输出特性曲线是以 I_B 为参变量的一族曲线，如图 4-24(b)所示。

当 I_B 一定时，从发射区扩散到基区的电子数是一定的，在 U_{CE} 超过一定数值（约为 1V）以后，这些电子的绝大部分被拉入集电区而形成 I_C，以致当 U_{CE} 继续增高时，I_C 也不再有明显的增加，具有恒流特性。

当 I_B 增大时，相应的 I_C 也增大，曲线上移，而且 I_C 比 I_B 增加的多得多，这就是晶体管的电流放大作用。

通常把晶体管的输出特性曲线分成 3 个工作区，分别对应于晶体管的 3 种工作状态，如图 4-24(b)所示。

（1）放大区。

输出特性中，曲线近于水平的区域是放大区。在放大区，$I_C=\bar{\beta}I_B$，即 I_C 受 I_B 的控制，而且 I_C 远比 I_B 大，这就是晶体管的电流控制关系。在放大区，I_C 几乎与 U_{CE} 无关。由于 I_C 和 I_B 成正比，所以放大区也称为线性区。对应于放大区，晶体管工作在放大状态，或称为线性状态。此时晶体管的发射结处于正向偏置，集电结处于反向偏置。对于NPN型晶体管而言，$U_{BE}>0$，$U_{BC}<0$。

(2) 截止区。

$I_B=0$ 的曲线以下的区域称为截止区。$I_B=0$ 时，$I_C=I_{CEO}\approx 0$，在表4-1中，$I_{CEO}<0.001\text{mA}$。对应于截止区，晶体管工作在截止状态。此时晶体管的发射结和集电结都处于反向偏置。对NPN型硅管而言，当 $U_{BE}<0.5\text{V}$ 时，即已开始截止，但是为了截止可靠，使 $U_{BE}\leqslant 0$。

(3) 饱和区。

各条平行线重合的斜线左边区域是饱和区。在饱和区 I_B 的变化对 I_C 的影响很小，两者不成正比，晶体管失去了放大作用。从特性曲线上可以看出，在饱和区晶体管的管压降 U_{CE} 很小，这时有 $U_{CE}\leqslant U_{BE}$，即晶体管饱和时，集电结也处于正向偏置状态。

4.4.4 主要参数

晶体管的特性除用特性曲线表示外，还常用一些数据来说明，这些数据就是晶体管的特性参数。晶体管的特性参数是设计电路、选用晶体管的重要依据。常用的特性参数主要有以下几个。

1. 电流放大系数 $\bar{\beta}$、β

当晶体管接成共发射极电路时，在静态(无交流输入信号)时，集电极电流 I_C 与基极电流 I_B 的比值称为共发射极静态电流放大系数或直流电流放大系数，常用符号 $\bar{\beta}$ 表示，即

$$\bar{\beta}=\frac{I_C}{I_B}$$

当晶体管工作在动态(有交流输入信号)时，集电极电流的变化量 ΔI_C 与基极电流的变化量 ΔI_B 的比值称为共发射极动态电流放大系数或交流电流放大系数，常用符号 β 表示，即

$$\beta=\frac{\Delta I_C}{\Delta I_B}$$

例4-7 根据图4-24所给出的晶体管的输出特性曲线完成本题，

(1) 计算 Q_1 点处的 $\bar{\beta}$。

(2) 由 Q_1 和 Q_2 两点，计算 β。

解：(1) 在 Q_1 点处，$U_{CE}=6\text{V}$，$I_B=40\mu\text{A}=0.04\text{mA}$，$I_C=3.8\text{mA}$，故

$$\bar{\beta}=\frac{I_C}{I_B}=\frac{3.8}{0.04}=95$$

(2) 由 Q_1 和 Q_2 两点($U_{CE}=6\text{V}$)得

$$\beta=\frac{\Delta I_C}{\Delta I_B}=\frac{5.8-3.8}{0.06-0.04}=\frac{2}{0.02}=100$$

由上述可知，$\bar{\beta}$ 和 β 的含义是不同的，但在输出特性曲线近于平行等距并且 I_{CEO} 较小的情况下，两者数值较为接近。今后在估算时，常用 $\bar{\beta}\approx\beta$ 这个近似关系。

由于晶体管的输出特性曲线是非线性的，只有在特性曲线的接近于水平部分，I_C 随 I_B 成正比变化，β 值才可认为是基本恒定的。

由于制造工艺的分散性，即使同一型号的晶体管，β 值也有很大差别。常用晶体管的 β 值一般为 20～100。

2. 集-基极反向漏电流 I_{CBO}

I_{CBO} 是当发射极开路时（$I_E=0$），由集电极流到基极的电流，如图 4-25 所示。I_{CBO} 是集电结的反向饱和电流，其值越小越好。在室温下，小功率锗管的 I_{CBO} 约为几微安到几十微安，小功率硅管的 I_{CBO} 在 1μA 以下。I_{CBO} 随温度的升高而增大，硅管的温度稳定性比锗管好。

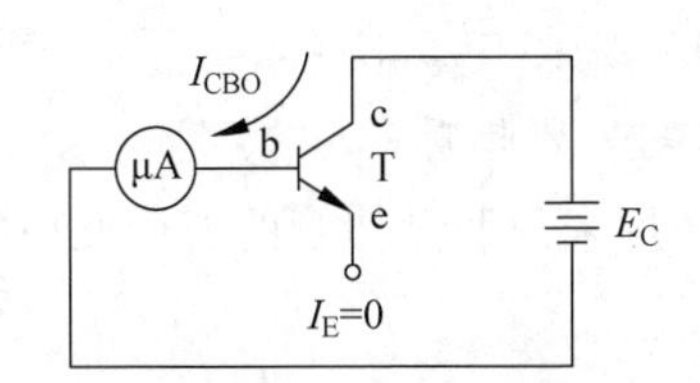

图 4-25　测量 I_{CBO} 的电路

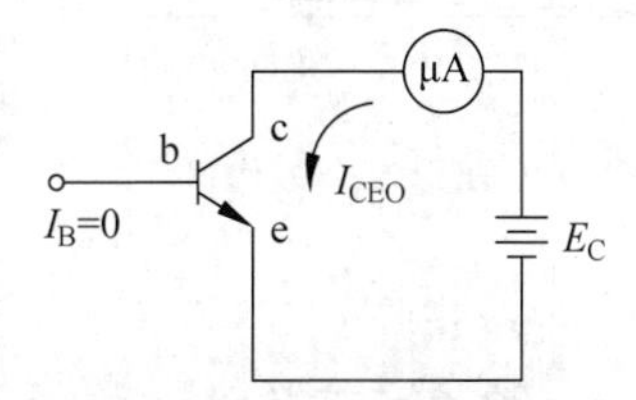

图 4-26　测量 I_{CEO} 的电路

3. 集-射极反向饱和电流 I_{CEO}

I_{CEO} 是当基极开路时（$I_B=0$），由集电极流到发射极的电流，如图 4-26 所示。这个电流由集电区穿过基区流至发射区，所以也称为穿透电流。同样，I_{CEO} 的值也是越小越好。通常晶体管的 I_{CEO} 比 I_{CBO} 大。在室温下，小功率锗管的 I_{CEO} 为几十微安，小功率硅管的 I_{CEO} 约为几微安。I_{CEO} 和 I_{CBO} 一样随温度的升高而增大，硅管的温度稳定性比锗管好。

由于 I_{CBO} 受温度影响很大，随着温度的升高，I_{CBO} 增加得很快，而 I_{CEO} 也随之增加。晶体管的温度稳定性较差，这是它的一个主要缺点。$\bar{\beta}$ 愈高的晶体管，I_{CBO} 愈大，温度稳定性愈差。因此，在选择晶体管时，要求 I_{CBO} 尽可能小些，而 $\bar{\beta}$ 以不超过 100 为宜。

4. 集电极最大允许电流 I_{CM}

集电极最大允许电流 I_{CM} 是晶体管在使用时，集电极所允许的最大电流。当集电极电流超过 I_{CM} 时，晶体管的性能将显著下降（主要是 β 值下降），甚至会烧坏晶体管。小功率晶体管的 I_{CM} 一般为几十毫安。

5. 集-射极反向击穿电压 $V_{(BR)CEO}$

基极开路时，加在集电极和发射极之间的最大允许电压，称为集-射极反向击穿电压 $V_{(BR)CEO}$。当晶体管的集-射极电压 U_{CE} 大于 $V_{(BR)CEO}$ 时，I_{CEO} 突然大幅度上升，说明晶体管已被击穿。元器件手册中给出的 $V_{(BR)CEO}$ 一般是常温（25℃）时的值，晶体管在高温下，其 $V_{(BR)CEO}$ 值将要降低，使用时应特别注意。小功率晶体管的 I_{CM} 通常为几十伏。

6. 集电极最大允许耗散功率 P_{CM}

集电极电流在流经集电结时所消耗的功率为 $P_C = I_C U_{CE}$。集电极最大允许耗散功率 P_{CM} 表示集电结上所允许消耗的最大功率。超过此值会使晶体管性能变坏，甚至会损坏晶体管。小功率晶体管的 P_{CM} 通常为几百毫瓦。

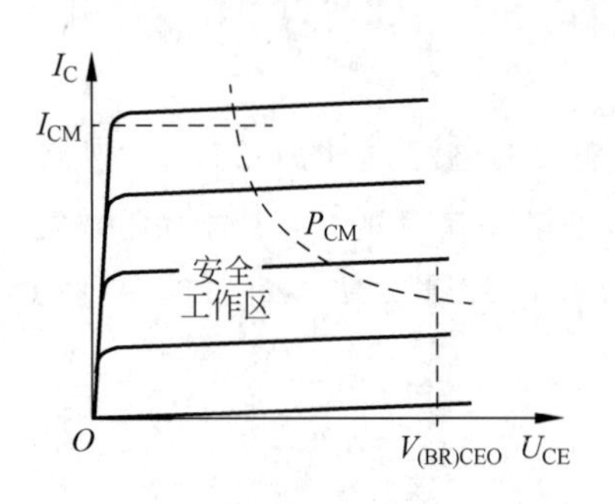

图 4-27　晶体管的安全工作区

在晶体管的输出特性曲线上由 I_{CM}、$V_{(BR)CEO}$ 和 P_{CM} 所围的区域是晶体管的安全工作区，如图 4-27 所示。

以上几个参数中，β 和 I_{CBO}（I_{CEO}）是表明晶体管性能优劣的主要指标；I_{CM}、$V_{(BR)CEO}$ 和 P_{CM} 都是极限参数，用来说明晶体管的安全使用限制。

4.5　晶体管的工作状态分析

晶体管是一种非线性器件，根据外电路所提供的条件不同，晶体管可能工作在放大状态、截止状态或饱和状态。晶体管的截止状态和饱和状态称为开关状态。在模拟电路中，一般要求晶体管工作在放大状态；在数字电路中，一般要求晶体管工作在开关状态。

4.5.1　晶体管的工作状态

前面介绍了晶体管的输出特性曲线分为 3 个区域，分别对应晶体管的 3 种工作状态。现在，结合图 4-28 所示的晶体管应用电路，以 NPN 型硅管为例，详细讨论晶体管的 3 种工作状态的特点，以及使晶体管处于某种状态所需要的外部条件。在下面的讨论中，忽略晶体管的穿透电流和反向漏电流，在整个放大区取 β 值为常数。

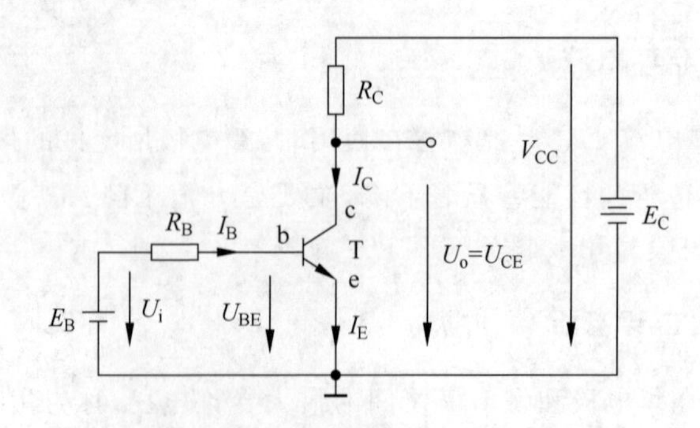

图 4-28　晶体管应用电路

1. 截止状态

当输入电压 U_i 小于 0 时，发射结截止，基极电流 $I_B=0$，从而使 $I_C=0$，$U_{CE}=E_C$，晶体管处于截止状态。这时发射结和集电结均为反向偏置。晶体管处于截止状态时，由于 $I_B=0$、$I_C=0$，各电极之间相当于是断开的，其等效电路模型如图 4-29(a)所示。实际上，当 U_i 小于晶体管发射结的死区电压时 $I_B=0$，晶体管进入截止状态。

2. 放大状态

当输入电压 U_i 大于晶体管发射结的死区电压时，发射结导通，基极电流 $I_B>0$，按照晶体管的电流分配关系，有 $I_C=\beta I_B$，$U_{CE}=E_C-I_CR_C=E_C-\beta I_BR_C$，只要 I_B 不是太大(不使 $U_{CE}\leqslant U_{BE}$)，上述关系就成立，晶体管就处于放大状态。放大状态的晶体管的等效电路模型如图 4-29(b)所示。菱形框是一个电流源，但其源电流不是独立的，而是受其他量控制的，称为受控电流源。此处受控电流源表示了晶体管的集电极电流受基极电流控制的特点。晶体管处在放大状态时，发射结正向偏置，集电结反向偏置。输出电压 U_o 随着输入电压 U_i 的变化而变化。

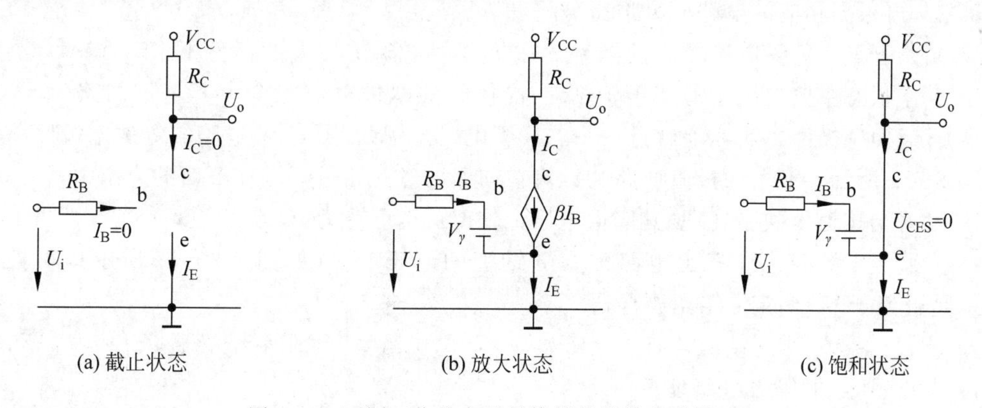

图 4-29　不同工作状态时晶体管的等效电路模型

3. 饱和状态

若逐渐增大输入电压 U_i，则基极电流 I_B 随之增大，按照关系式 $U_{CE}=E_C-\beta I_BR_C$，U_{CE} 要逐渐减小。当 U_{CE} 减小到接近零时，再增大基极电流 I_B，U_{CE} 也不能继续减小了，这时的集电极电流为 $I_C\approx E_C/R_C$，不再随 I_B 的增大而增大，晶体管进入饱和状态。饱和状态的晶体管的等效电路模型如图 4-29(c)所示。晶体管饱和时的管压降和集电极电流称为饱和管压降和饱和集电极电流，分别用 U_{CES} 和 I_{CS} 表示。小功率硅管的饱和管压降一般在 0.1～0.4V，在分析时常取 $U_{CES}=0$。按晶体管的电流放大关系 $I_C=\beta I_B$，使集电极电流等于 I_{CS} 的基极电流称为临界饱和基极电流，记作 I_{BS}。对图 4-28 所示的晶体管电路，$I_{BS}=I_{CS}/\beta\approx E_C/(\beta R_C)$。晶体管饱和时，发射结和集电结都是正向偏置，但流过集电结的仍是反向电流。

NPN 型晶体管 3 种工作状态的特点如表 4-2 所示。

表 4-2 NPN 型晶体管 3 种工作状态的特点

工作状态	各电极电流	各电极间电压*	各 PN 结偏置
截止	$I_B=0$ $I_C=0$	$U_{BE}\leqslant 0$ 或 $U_{BE}<V_\gamma$ $U_{CE}>0$	e 结反偏 c 结反偏
放大	$I_B>0$ $I_C=\beta I_B$	$U_{BE}=V_\gamma$ $U_{CE}>U_{BE}$	e 结正偏 c 结反偏
饱和	$I_B\geqslant I_{BS}$ $I_C=I_{CS}$	$U_{BE}=V_\gamma$ $U_{CE}\leqslant U_{BE}, U_{CE}\approx 0$	e 结正偏 c 结正偏**

注：* 晶体管的发射结按恒压模型。

** 流过集电结的仍是反向电流。

4.5.2 晶体管的工作状态分析

晶体管是一种非线性器件。在对晶体管电路进行分析计算时，先要确定晶体管的工作状态，再根据相应的电路模型进行分析计算。

晶体管是一种受电流控制的器件。在集电极电源足够大的条件下（$E_C>1V$），晶体管的工作状态主要取决于基极电流 I_B。晶体管的基极电流完全由其基极回路（输入回路）决定，而基极回路实际上就是一个二极管电路。例如，图 4-28 电路的等效基极回路如图 4-30(a)所示。有关二极管电路的计算在前面已经介绍过了。在下面的介绍中，将晶体管的发射结按恒压模型处理，其阈值电压记作 V_γ，也可写为 V_{BES}。

先假定 e 结截止计算出电路加在 e 结上的电压 U'_{BE}（如图 4-30(b)所示），再根据 U'_{BE}是否大于 V_γ 确定 e 结是否导通。

若 $U'_{BE}<V_\gamma$ 则 e 结截止，$U_{BE}=U'_{BE}$，$I_B=0$；$U'_{BE}>V_\gamma$ 则 e 结导通，$U_{BE}=V_\gamma$，可由图 4-30(c)所示的等效电路计算 I_B。

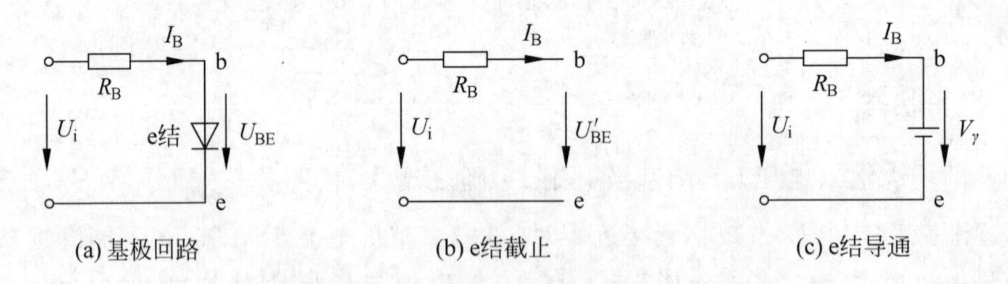

图 4-30 计算晶体管基极电流的等效电路

由基极电流可以直接确定晶体管是否截止。

若 $I_B=0$，则晶体管截止，$I_C=0$，$U_{CE}=E_C$；若 $I_B>0$，则晶体管导通，这时需要由临界饱和基极电流 I_{BS} 判断晶体管是否饱和。若 $I_B\geqslant I_{BS}$，则晶体管饱和，$I_C=I_{CS}$，$U_{CE}=U_{CES}$；若 $I_B<I_{BS}$，则晶体管放大，$I_C=\beta I_B$，$U_{CE}=E_C-I_C R_C$。

对图 4-28 所示电路，$I_{CS}=(E_C-U_{CES})/R_C\approx E_C/R_C$，$I_{BS}=I_{CS}/\beta_C\approx E_C/(\beta R_C)$。

例 4-8　已知图 4-28 所示电路中，$R_B=20\text{k}\Omega$，$R_C=3\text{k}\Omega$，$E_C=12\text{V}$，晶体管的 $\beta=40$，$V_\gamma=0.7\text{V}$。分别计算 $E_B=0.3\text{V}$、$E_B=1.7\text{V}$ 和 $E_B=3.6\text{V}$ 时晶体管的工作状态及输出电压 U_o。

解：(1)当 $E_B=0.3\text{V}$ 时：设 e 结截止，显然有 $U'_{BE}=E_B=0.3\text{V}<V_\gamma=0.7\text{V}$，$I_B=0$。所以晶体管处于截止状态，有 $I_B=0$，$I_C=0$，$U_o=E_C=12\text{V}$。

(2) 当 $E_B=1.7\text{V}$ 时：设 e 结截止，则有 $U'_{BE}=E_B=1.7\text{V}>V_\gamma=0.7\text{V}$，所以 e 结应导通，按恒压模型，有 $I_B=(E_B-V_\gamma)/R_B=(1.7-0.7)/20\text{mA}=1/20\text{mA}=0.05\text{mA}$。晶体管的临界饱和基极电流为 $I_{BS}=E_C/(\beta R_C)=12/(40\times3)\text{mA}=0.1\text{mA}$。由于 $I_B<I_{BS}$，所以晶体管处于放大状态，有 $I_B=0.05\text{mA}$，$I_C=\beta I_B=40\times0.05\text{mA}=2\text{mA}$，$U_o=E_C-I_CR_C=12-2\times3\text{V}=6\text{V}$。

(3) 当 $E_B=3.6\text{V}$ 时：设 e 结截止，则有 $U'_{BE}=E_B=3.6\text{V}>V_\gamma=0.7\text{V}$，所以 e 结应导通，按恒压模型，有 $I_B=(E_B-V_\gamma)/R_B=(3.6-0.7)/20\text{mA}=2.9/20\text{mA}=0.145\text{mA}$。由于 $I_B>I_{BS}=0.1\text{mA}$，所以晶体管处于饱和状态，有 $I_B=0.145\text{mA}$，$I_C=I_{CS}=(E_C-U_{CES})/R_C\approx E_C/R_C=12/3\text{mA}=4\text{mA}$，$U_o=U_{CES}\approx0\text{V}$。

例 4-9　图 4-31 所示电路中，设晶体管的 $\beta=50$，$V_{BES}=0.7\text{V}$。计算晶体管的工作状态。

解：设 e 结截止，则由图 4-32(a)基极回路的等效电路可得

$$U'_{BE}=V_{CC}R_{B2}/(R_{B1}+R_{B2})=5\times30/(80+30)\text{V}=1.36\text{V}$$

由于 $U'_{BE}>V_{BES}=0.7\text{V}$，所以 e 结应导通，由图 4-32(b)可得

$$\begin{aligned}I_B&=I_1-I_2=(V_{CC}-V_{BES})/R_{B1}-V_{BES}/R_{B2}\\&=(5-0.7)/80-0.7/30\text{mA}=0.030\text{mA}\end{aligned}$$

而 $I_{BS}=E_C/(\beta R_C)=5/(50\times2)\text{mA}=0.05\text{mA}$，由于 $I_B<I_{BS}$，所以晶体管处于放大状态，有

$$I_B=0.030\text{mA}$$

$$I_C=\beta I_B=50\times0.030\text{mA}=1.5\text{mA}$$

$$U_{CE}=V_{CC}-I_CR_C=5-1.5\times2\text{V}=2\text{V}$$

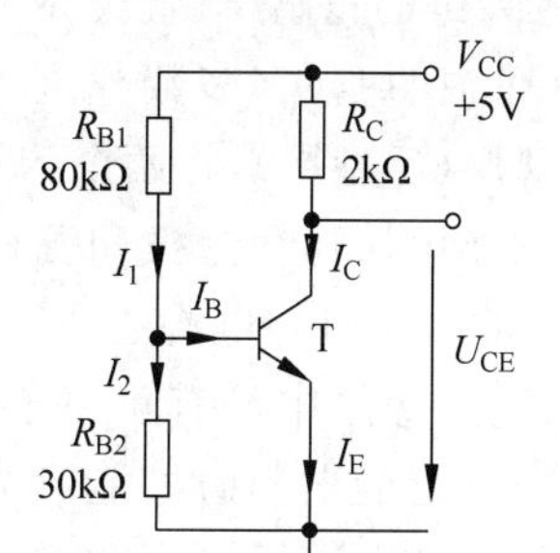

图 4-31　晶体管电路

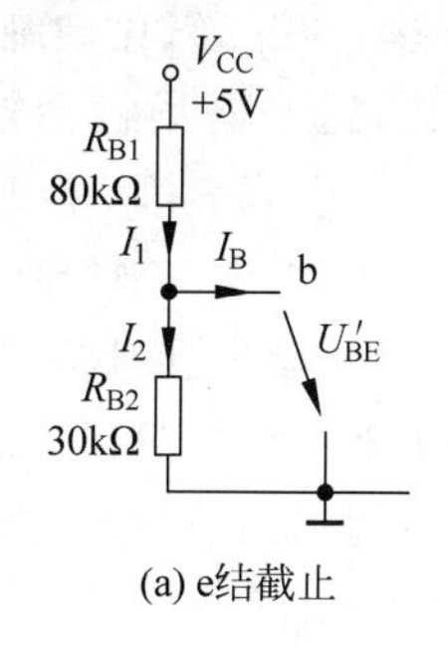

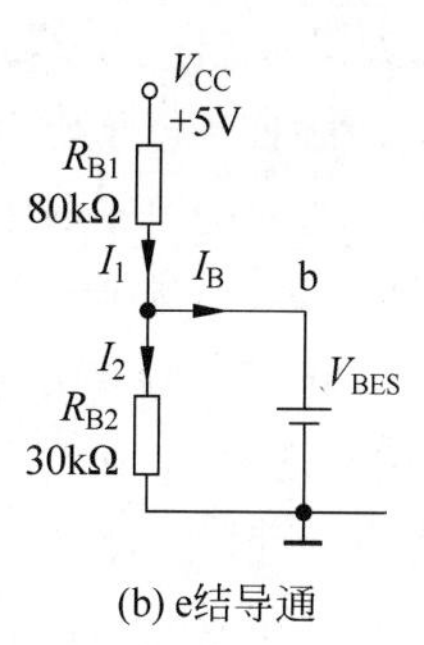

图 4-32　基极回路的等效电路

4.6　绝缘栅型场效应管

场效应管(field effect transistor，FET)是利用电场效应来控制电流的一种半导体器件，按其结构可分为结型场效应管和绝缘栅型场效应管两大类。由于绝缘栅型场效应管

的应用更为广泛，故这里仅介绍此种类型。

4.6.1 基本结构和工作原理

绝缘栅型场效应管按其导电类型，可分为 N 沟道（电子导电）和 P 沟道（空穴导电）两种。N 沟道绝缘栅型场效应管的结构如图 4-33(a)所示。它用一块杂质浓度较低的 P 型硅片作为衬底，在其上面扩散两个杂质浓度很高的 N^+ 区，并引出两个电极，分别称为源极 S(source)和漏极 D(drain)。P 型硅片表面覆盖一层极薄的二氧化硅（SiO_2）绝缘层，在源极和漏极之间的绝缘层上制作一个金属电极称为栅极 G(gate)，栅极和其他电极是绝缘的，故称为绝缘栅型场效应管。金属栅极和半导体之间的绝缘层目前常用二氧化硅，故又称为金属-氧化物-半导体(metal-oxide-semiconductor，MOS)场效应管，简称 MOS 管。

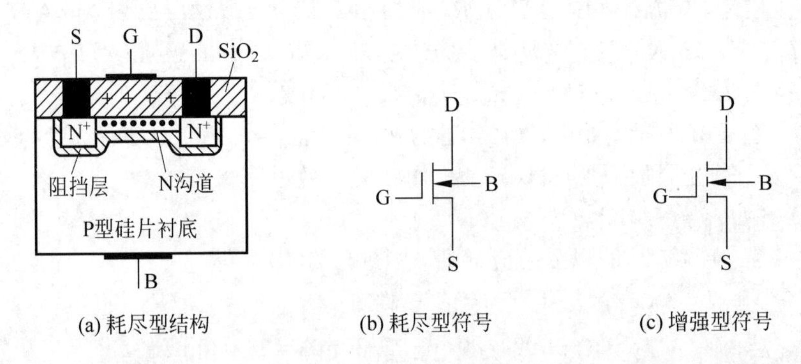

图 4-33 N 沟道绝缘栅型场效应管的结构示意图和图形符号

由图 4-33(a)可以看出，当衬底表面没有导电沟道时，在源极和漏极之间相当于有两个反向串联的 PN 结，所以不论在源极和漏极之间加何种电压都不会有电流。这时称 MOS 管处于关断状态或截止状态。

如果在制造 N 沟道 MOS 管时，在二氧化硅绝缘层中掺入大量的正离子，就会在 P 型衬底的表面产生足够大的正电场，这个电场将会排斥 P 型衬底中的空穴（多数载流子），并把衬底中的电子（少数载流子）吸引到表面，形成一个 N 型薄层（反型层），将两个 N^+ 区（源极和漏极）沟通。这个 N 型薄层称为 N 型导电沟道。这种 MOS 管在栅极和源极之间不加电压时就有导电沟道，只有在栅极和源极之间加上一定的电压时导电沟道才消失，这种 MOS 管称为耗尽型场效应管。如果在制造时使二氧化硅绝缘层中没有正离子，在衬底的表面就不能形成导电沟道，只有在栅极和源极之间外加一定的电压时才能形成导电沟道将源极和漏极沟通，这种 MOS 管称为增强型场效应管。N 沟道耗尽型和增强型 MOS 管的图形符号分别如图 4-33(b)、(c)所示。在增强型 MOS 管的符号中，源极 S 和漏极 D 之间的连线是断开的，表示 $U_{GS}=0$ 时导电沟道没有形成。

当衬底表面有导电沟道时，在源极和漏极之间加上一定的电压，就会形成漏极电流 I_D。这时称 MOS 管处于导通状态。

P 沟道 MOS 管是用 N 型硅片作为衬底，在衬底扩散两个 P^+ 区，然后分别加上金属电极作为源极和漏极。P 沟道 MOS 管工作时连通两个 P^+ 区的是一条 P 型导电沟道。P 沟道 MOS 管也分为耗尽型和增强型，它们的图形符号分别如图 4-34(a)、(b)所示。

由于场效应管工作时只有一种极性的载流子(N 沟道是电子,P 沟道是空穴)参与导电,所以场效应管是一种单极型半导体器件。场效应管也称为单极型晶体管。

与双极型晶体管的共发射极接法相类似,MOS 管常采用共源极接法。图 4-35 是用 N 沟道耗尽型 MOS 管构成的共源极电路。图 4-35 所示电路中,在正电源 U_{DD} 的作用下,耗尽型 MOS 管 N 型沟道中的电子就从源极向漏极运动,形成漏极电流 I_D。如果栅极和源极之间的电压 U_{GS} 增加(或降低),则垂直于衬底的表面电场强度加强(或减弱),从而使导电沟道加宽(或变窄),引起漏极电流 I_D 增大(或减小)。因此 MOS 管是利用半导体表面的电场效应来改变导电沟道而控制漏极电流的,或是利用栅源电压 U_{GS} 来控制漏极电流 I_D 的。

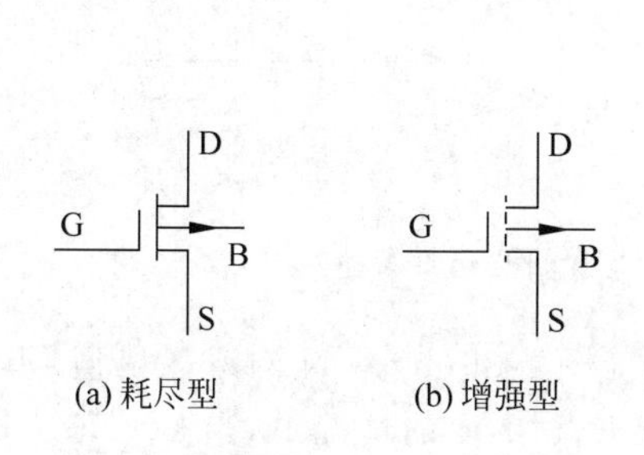

图 4-34 P 沟道 MOS 管的图形符号

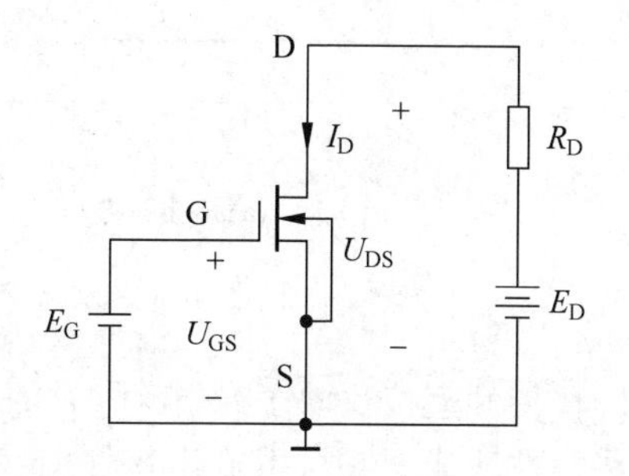

图 4-35 共源极电路

与晶体管相比,场效应管的源极相当于晶体管的发射极,漏极相当于集电极,栅极相当于基极。晶体管的集电极电流受基极电流 I_B 控制,是一种电流控制型器件。而场效应管的漏极电流 I_D 受栅源电压 U_{GS} 的控制,是一种电压控制型器件。场效应管具有输入电阻大、耗电少、噪声低、热稳定性好、抗辐射能力强等优点,在低噪声放大器的前级或环境条件变化较大的场合常被采用,MOS 管的制造工艺比较简单,占用芯片面积小,特别适合于制作大规模集成电路。

4.6.2 特性曲线和主要参数

1. 特性曲线

由于 MOS 管的栅极是绝缘的,栅极电流 $I_G \approx 0$,因此不研究 I_G 和 U_{GS} 之间的关系。I_D 和 U_{DS}、U_{GS} 之间的关系可用输出特性和转移特性来表示。

输出特性是指以 U_{GS} 为参变量时,I_D 和 U_{DS} 之间的关系,即

$$I_D = f(U_{DS})\big|_{U_{GS}=\text{常数}}$$

图 4-36(a)是 N 沟道耗尽型 MOS 管的输出特性曲线,也称为漏极特性曲线,它是以 U_{GS} 为参变量的一组曲线。当 U_{DS} 较小时,在一定的 U_{GS} 下,I_D 几乎随 U_{DS} 的增大而线性增大,I_D 增长的斜率取决于 U_{GS} 的大小,在这个区域内,场效应管 D、S 间可看作一个受 U_{GS} 控制的可变电阻,故称为可变电阻区。当 U_{DS} 较大时,I_D 几乎不随 U_{DS} 的增大而变化,但在一定的 U_{DS} 下 I_D 随 U_{GS} 的增加而增长,故这个区域称为线性放大区或恒流区,场效应管用于放大时就工作在这个区域。模拟电路中使用的场效应管主要是耗尽型

的 MOS 管。

转移特性是指以 U_{DS} 为参变量时，I_D 和 U_{GS} 之间的关系，即

$$I_D = f(U_{GS})\big|_{U_{DS}=常数}$$

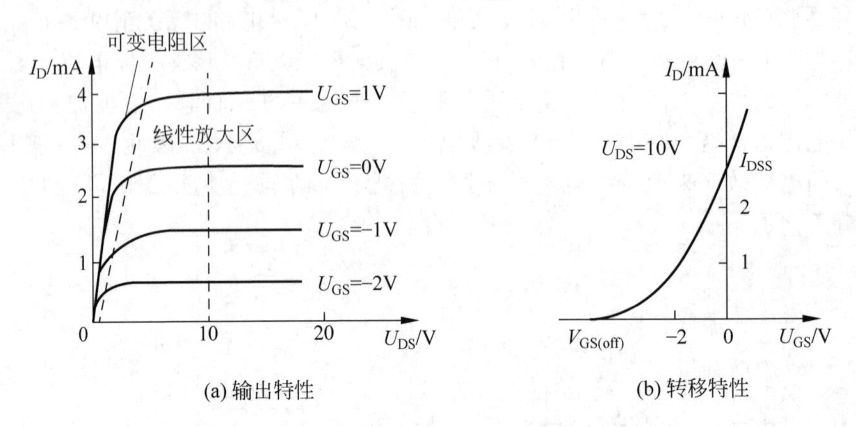

图 4-36　N 沟道耗尽型 MOS 管的特性曲线

转移特性直接反映了 U_{GS} 对 I_D 的控制作用。图 4-36(b)是 N 沟道耗尽型 MOS 管的转移特性曲线。它可由输出特性曲线求得。在 U_{DS} 不变的情况下，当 U_{GS} 增大时，衬底表面的 N 型导电沟道变宽，电阻减小，所以漏极电流增大。当 U_{GS} 减小(即向负值方向增大)到某一数值时，N 型导电沟道消失，$I_D \approx 0$，这时称场效应管处于关断状态(即截止)。通常定义 I_D 为某微小电流(几十微安)时的栅源电压为关断电压，记作 $V_{GS(off)}$。关断电压简记为 V_P。$U_{GS}=0$ 时的漏极电流用 I_{DSS} 表示，称为饱和漏电流。在 $U_{GS}>V_{GS(off)}$(按 N 沟道)的范围内，转移特性可近似表示为

$$I_D = I_{DSS}\left(1-\frac{U_{GS}}{V_P}\right)^2 \tag{4-1}$$

图 4-37(a)、(b)分别为 N 沟道和 P 沟道增强型 MOS 管的转移特性。增强型 MOS 管在 $U_{GS}=0$ 时不存在导电沟道，必须外加一定的 U_{GS} 后才会出现导电沟道。使漏极和源极之间开始有电流流过的栅源电压 U_{GS} 称为开启电压，记作 $V_{GS(th)}$。开启电压简记为 V_T。通常把 $|I_D|=10\mu A$ 时的 U_{GS} 值规定为开启电压。$U_{GS}=2V_T$ 时的漏极电流用 I_{DCE} 表示，称为中值漏电流"。在 $U_{GS}>V_T$(按 N 沟道)的范围内，转移特性可近似表示为

$$I_D = I_{DCE}\left(\frac{U_{GS}}{V_T}-1\right)^2 \tag{4-2}$$

式(4-1)和式(4-2)称为场效应管的电流方程。

P 沟道增强型 MOS 管漏极电源、栅极电源的极性均和 N 沟道增强型 MOS 管相反，故 P 沟道增强型 MOS 管漏极和源极之间要加负极性电源，栅极电位要比源极电位低 $|V_{GS(th)}|$ 时管子才导通。数字电路中使用的场效应管主要是增强型的 MOS 管。

2. 主要参数

(1) 关断电压(夹断电压)$V_{GS(off)}$ 和开启电压 $V_{GS(th)}$。$V_{GS(off)}$ 是耗尽型 MOS 管的参

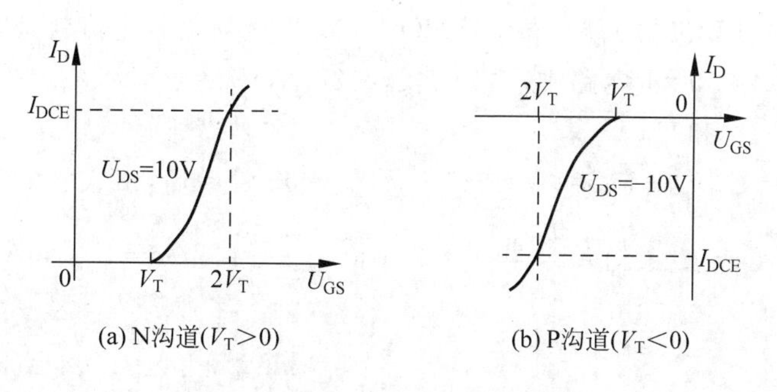

图 4-37　增强型 MOS 管的转移特性

数，是能使导电沟道消失的栅源电压 U_{GS} 的值。$V_{GS(th)}$ 是增强型 MOS 管的参数，是开始形成导电沟道的栅源电压 U_{GS} 的值。关断电压和开启电压常简记为 V_P 和 V_T。

(2) 跨导 g_m。跨导是在漏源电压 U_{DS} 为常数时，栅源电压的变化量与漏极电流的相应变化量的比值，即

$$g_m = \left.\frac{\Delta I_D}{\Delta U_{GS}}\right|_{U_{DS}=\text{常数}}$$

跨导反映了栅源电压 U_{GS} 对漏极电流 I_D 的控制能力，是表征场效应管放大能力的重要参数。跨导是交流参数，不能用于静态(直流)计算。小功率场效应管的跨导一般为几毫西门子(mS)。西门子是电导的单位，等于欧姆的倒数。

(3) 饱和漏极电流 I_{DSS} 和中值漏极电流 I_{DCE}。I_{DSS} 是耗尽型 MOS 管的参数，是当栅源电压 $U_{GS}=0$ 而漏源电压 U_{DS} 足够大时(一般取 $U_{DS}=10\text{V}$)，漏极电流 I_D 的值。I_{DCE} 是增强型 MOS 管的参数，是当栅源电压 $U_{GS}=2V_T$ 而漏源电压 U_{DS} 足够大时(一般取 $U_{DS}=10\text{V}$)，漏极电流 I_D 的值。

(4) 最大漏源击穿电压 $V_{(BR)DS}$。指漏极和源极之间的击穿电压(漏区和衬底之间的 PN 结反向击穿)，即 I_D 开始急剧上升时的 U_{DS} 值。

(5) 最大漏极电流 I_{DM} 和最大耗散功率 P_{DM}。

4.6.3　MOS 管电路的静态分析

场效应管是一种电压控制型器件，由栅源电压控制漏极电流。在线性工作区内，对于变化量(动态情况)，栅源电压和漏极电流的关系可以用跨导描述，即有 $\Delta I_D = g_m \Delta U_{GS}$。但是对于静态量(直流情况)，栅源电压和漏极电流之间的关系需要用场效应管的电流方程即式(4-1)或式(4-2)描述。这和晶体管有很大不同。在晶体管的线性工作区内，不论是动态情况或静态情况，集电极电流和基极电流的关系均可用 β 描述，即有 $\Delta I_G=\beta\Delta I_B$ 和 $I_G=\beta I_B$。

场效应管电路的静态分析步骤与晶体管电路的分析步骤类似，通常是先由 U_{GS} 与 V_P 或 V_T 的关系确定 MOS 管是否导通；若 MOS 管导通再用式(4-1)或式(4-2)计算漏极电流 I_D，有时 U_{GS} 和 I_D 需要通过求解联立方程得出(如自给栅偏压电路，见习题 4 及第 5 章)；最后，将计算出的 I_D 与电路所能提供的最大漏极电流 I_{Dm}(类似于晶体管电路的 I_{CS})进行比较以确定 MOS 管是否饱和。若计算出的 $I_D \geqslant I_{Dm}$，则 MOS 管饱和，实际漏

极电流为 I_{Dm}；若计算出的 $I_D < I_{Dm}$，则 MOS 管放大，实际漏极电流就是所计算出的 I_D。

例 4-10 图 4-35 所示电路中，已知 $I_{DSS}=2mA, V_P=-5V, E_G=-1V, E_D=15V, R_D=5k\Omega$。计算 I_D 和 U_{DS}。

解：因 $U_{GS}=E_G=-1V>V_P=-5V$ 所以 MOS 管导通，由式(4-1)可得

$$I_D=I_{DSS}\left(1-\frac{U_{GS}}{V_P}\right)^2=2\times\left(1-\frac{-1}{-5}\right)^2 mA=1.28mA$$

对本例电路

$$I_{Dm}=\frac{E_D}{R_D}=\frac{15}{5}mA=3mA$$

所以 MOS 管处于放大状态

$$I_D=1.28mA$$
$$U_{DS}=E_D-I_DR_D=15-1.28\times5V=8.6V$$

习题 4

一、思考题

1. 空穴导电和电子导电有哪些共同点和不同点？

2. 简述 PN 结的形成机理及导电特性。

3. 稳压二极管主要工作在反向击穿区以得到稳定的电压，普通二极管是否也可以工作在反向击穿区以达到稳压的目的？

4. 为什么二极管在使用时一定要接限流电阻？

5. 为什么功率二极管电路的分析计算一般采用折线模型？二极管的折线模型可以用哪些理想元件表示？

6. 简述确定二极管的工作状态的方法。是否可以先假定二极管导通？

7. 晶体管是由两个 PN 结构成的。能否用两个二极管组成晶体管？说明原因。

8. 如何理解在晶体管中，两种载流子都参与导电？若晶体管中的少数载流子可以忽略不计，则晶体管能否作为单极型半导体器件？

9. 简述当晶体管处于放大、截止和饱和的不同状态时，晶体管内部的载流子运动情况。

10. 晶体管具有电流放大作用的内部条件和外部条件各是什么？若将图 4-28 所示电路中晶体管的发射极和集电极接反了会出现什么情况？

11. 如何理解“晶体管饱和时，发射结和集电结都是正向偏置，但流过集电结的仍是反向电流”？

12. 晶体管饱和时的集电结正向偏置和二极管 PN 结的正向偏置有哪些不同？

13. 简述判断晶体管工作状态的方法及步骤。

14. 试做出一个 PNP 型晶体管的应用电路，使晶体管满足放大条件。

15. 简述增强型 MOS 管的导通机理和关断机理。使 N 沟道增强型 MOS 管导通的栅源电压 U_{GS}（即开启电压 $V_{GS(th)}$）应为什么极性？

16. 简要说明场效应管称为单极型晶体管的原因。若场效应管中的少数载流子不能忽略，则场效应管是否还是单极型半导体器件？

17. MOS 管的源极和漏极在原理上有无区别？若图 4-28 所示 MOS 管电路中电源极性接反会出现什么情况？

二、计算题

1. 有两个稳压管 D_{Z1} 和 D_{Z2}，其稳定电压分别为 5.5V 和 8.5V，正向压降都为 0.5V。如果要得到 0.5V、3V、5V、6V、9V 和 14V 几种稳定电压，稳压电路(包括稳压管和限流电阻)应该如何连接？画出各个电路图。

2. 判断图 4-38 所示各电路中二极管的工作状态，并计算电流 I_D 和电压 U_{AB} 的值。设各二极管的导通压降均为 $V_\gamma = 0.7V$。

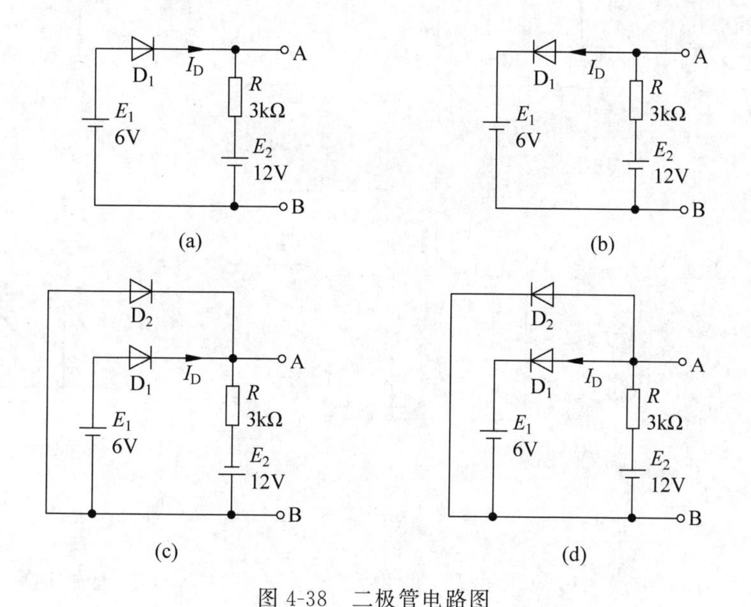

图 4-38 二极管电路图

3. 图 4-39 所示电路是数字电路中的"与门"和"或门"电路。电路的输入电压只能为 0V 或 5V(这种输入信号常称为开关量)。设各二极管均为理想二极管。计算电路在不同输入组合时，各二极管的工作状态及输出电压 U_o 的值。

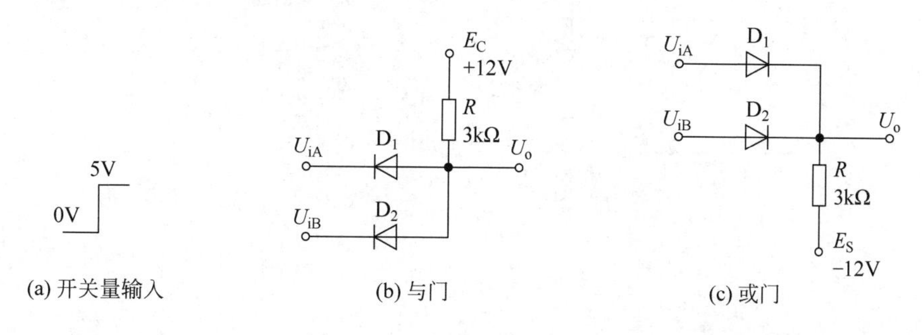

图 4-39 二极管逻辑门电路图

4. 图 4-40 所示的双向限幅电路，可以把输出电压限制在指定范围内。设各二极管均为理想二极管。当输入电压分别为 −3V 和 +5V 时，判断各二极管的工作状态，并计算电流 I_D 和电压 U_o 的值。

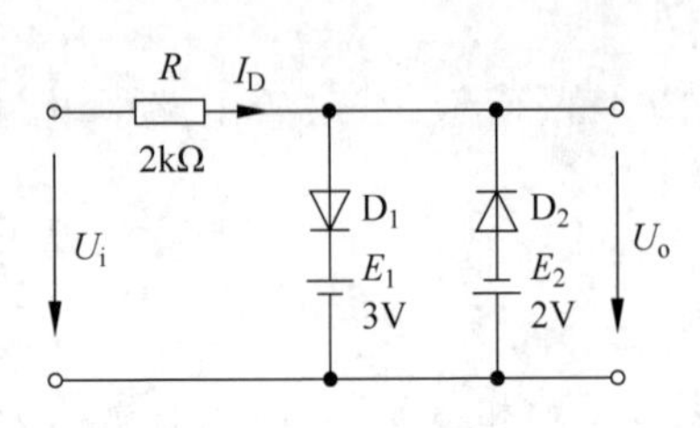

图 4-40 双向限幅电路图

5. 图 4-41 所示各电路中，各二极管均为理想二极管，输入电压 $u_i = 7.07\sin(500t)$ V。画出各电路的输出电压波形。

6. 图 4-42(a)所示电路图中，D 均为理想二极管，输入信号 u_i 为图 4-42(b)所示锯齿波。画出输出电压 u_{o1} 和 u_{o2} 的波形。

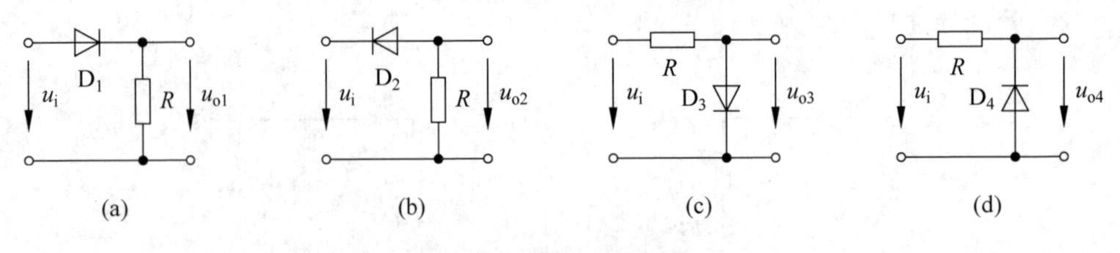

图 4-41 二极管电路图

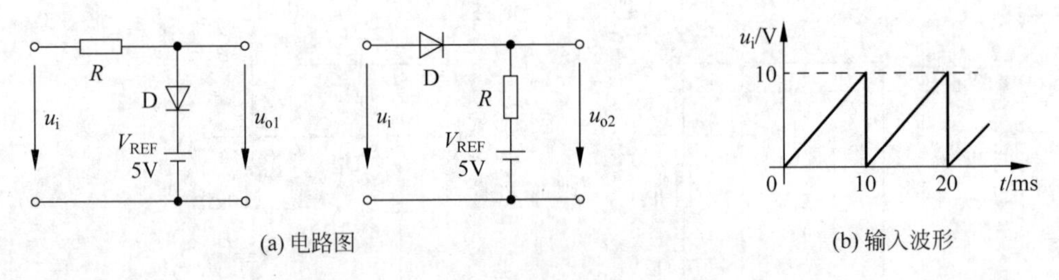

图 4-42 计算题 6 电路及输入信号 u_i 波形图

7. 图 4-43 所示电路中，稳压管 D_Z 的稳定电压 $V_Z = 9$V，求稳压管中的电流 I_Z。

8. 常用发光二极管来显示电路的状态。图 4-44 所示电路中，发光二极管的正向导通压降 $V_\gamma = 2$V，U_o 为开关量。当 $U_o = 5$V 时，要求发光二极管的导通电流为 5mA，以显示 U_o 的高电位状态，求电阻 R 的阻值。

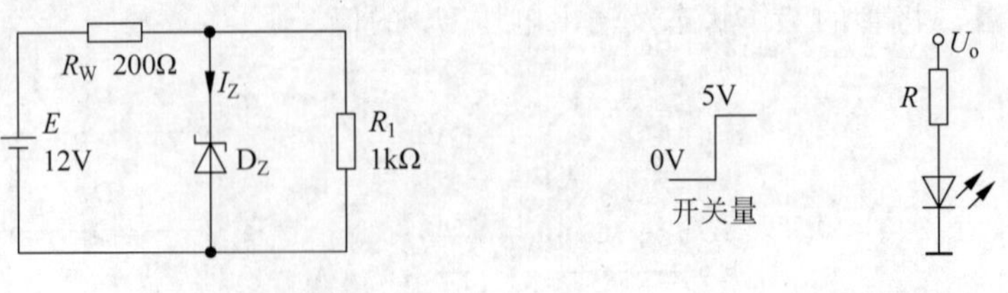

图 4-43 稳压管电路图　　图 4-44 发光二极管电路图

9. 某放大电路中有两个晶体管，测得它们引脚的电位（对“地”）分别如表4-3和表4-4所示。

表4-3　晶体管A引脚的电位

（单位：V）

引脚	电位
1	4
2	3.4
3	9

表4-4　晶体管B引脚的电位

（单位：V）

引脚	电位
1	−6
2	−2.5
3	−2

判别各晶体管的电极，并说明是NPN型还是PNP型晶体管。

10. 图4-45所示晶体管电路中，若晶体管的$\beta=60$，$V_{BES}=0.7V$，$V_{CES}=0V$。计算三极管各电极的电流和电压。

11. 图4-46所示电路中，若三极管的$\beta=50$，$V_{BES}=0.7V$，$V_{CES}=0V$。若输入电压只能是0V或5V。计算电路在不同输入电压时，三极管的工作状态及各电极的电流和电压。

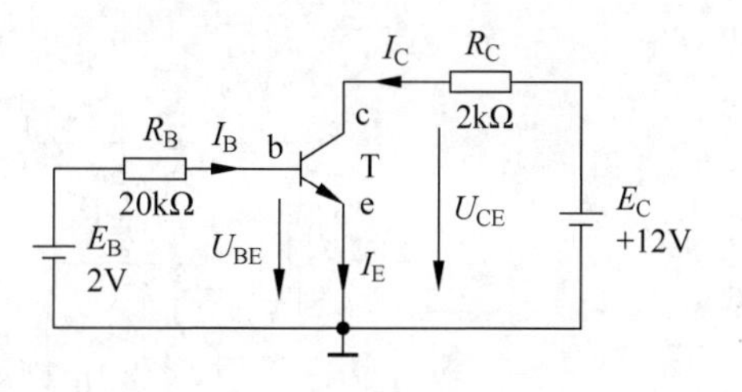

图4-45　晶体管电路图

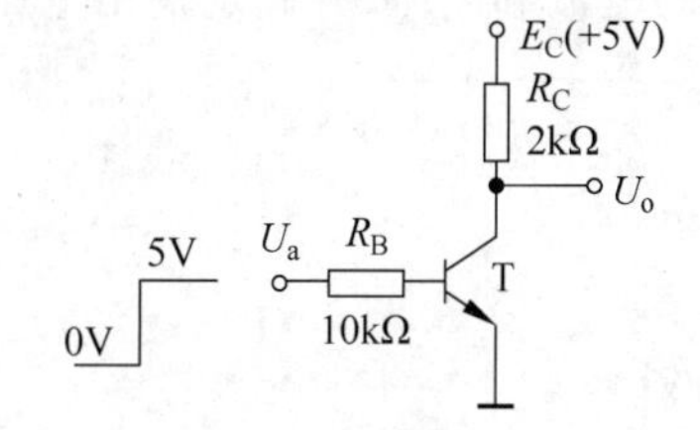

图4-46　计算题11电路图

12. 图4-47所示电路中，若晶体管的$\beta=40$，$V_{BES}=0.7V$，$V_{CES}=0V$。计算晶体管各电极的电流和电压。

13. 图4-48所示电路中，若晶体管的$\beta=40$，$V_{BES}=0.5V$，$V_{CES}=0V$，D_1和D_2都是理想二极管，$U_{iA}=0V$，$U_{iB}=3.5V$。判断各半导体器件的工作状态并确定U_o的值。

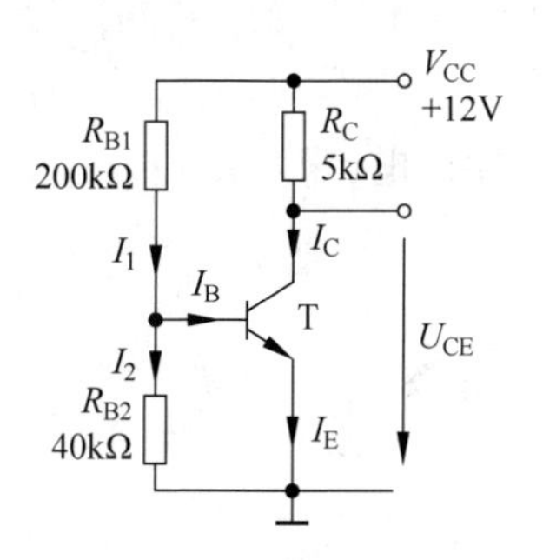

图4-47　计算题12电路图

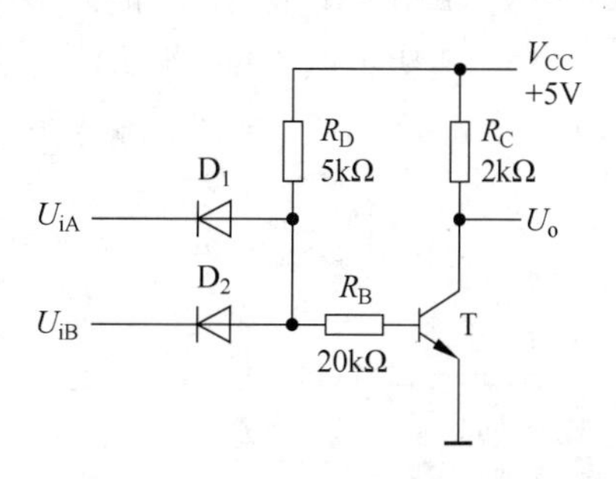

图4-48　计算题13电路图

14. 图4-49所示电路中，若晶体管的$\beta=40$，$V_{BES}=-0.5V$，$V_{CES}=0V$，D是理想二极管，$U_i=-3.5V$。判断各半导体器件的工作状态并确定U_o的值。

15. 图 4-50 所示电路中，晶体管的 $\beta=50$，$V_{BES}=0.7V$，$V_{CES}=0V$，输入电压 $u_i=1.4\sin(500t)V$。画出输出电压 u_o 的波形。

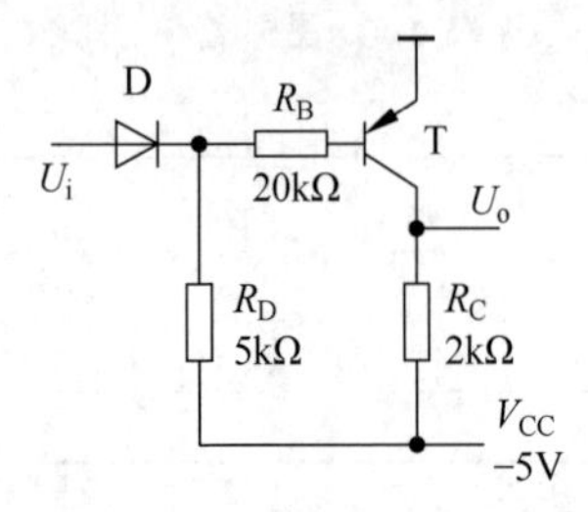

图 4-49 计算题 14 电路图

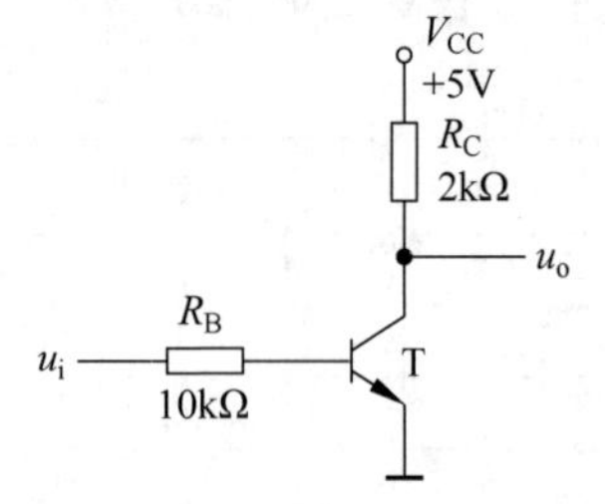

图 4-50 计算题 15 电路图

16. 图 4-51 所示电路中，晶体管的 $\beta=50$，$V_{BES}=0.5V$，$V_{CES}=0V$，输入电压为三角波。画出输出电压 u_o 的波形。

17. 图 4-52 所示电路中，若晶体管的 $\beta=40$，$V_{BES}=0.7V$，$V_{CES}=0V$。计算晶体管各电极的电流和电压，并确定输出电压 U_o 的值。

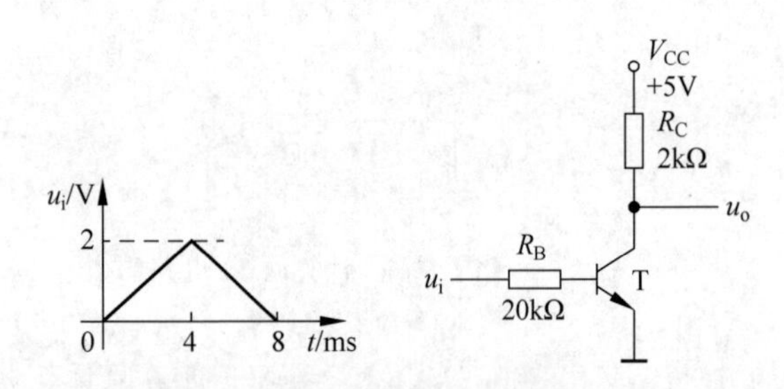

图 4-51 计算题 16 电路图

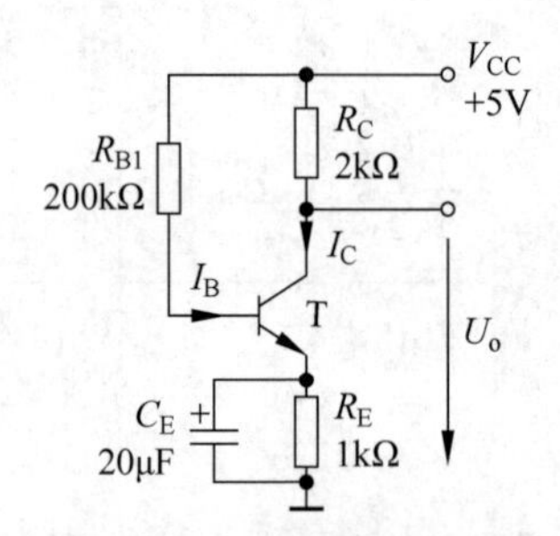

图 4-52 计算题 17 电路图

18. 图 4-53 所示电路中，晶体管的 $\beta=50$，$V_{BES}=0.5V$，$V_{CES}=0V$，输入电压 $u_i=4\sin(100t)V$。画出输出电压 u_o 的波形。

19. 图 4-54 所示电路中，若晶体管 T_1 为 $\beta=40$，$V_{BES}=-0.5V$，$V_{CES}=0V$；T_2 为 $\beta=50$，$V_{BES}=0.7V$，$V_{CES}=0V$；输入电压 $U_i=1V$。计算输出电压 U_o 的值。

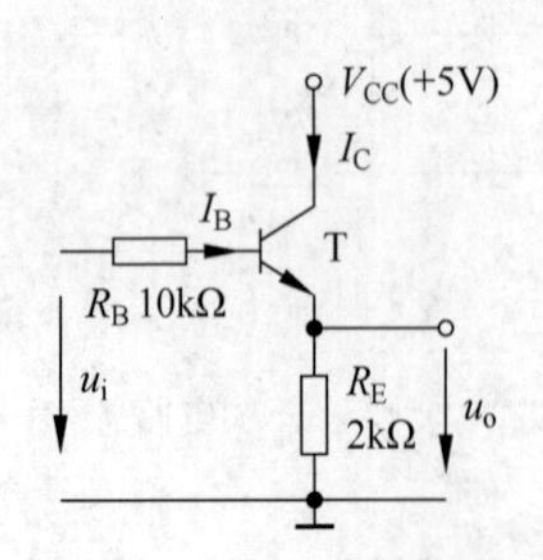

图 4-53 计算题 18 电路图

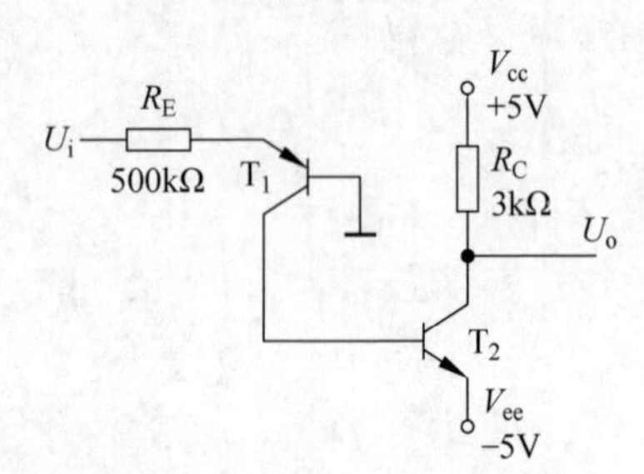

图 4-54 计算题 19 电路图

20. 图 4-55 所示电路中，N 沟道耗尽型 MOS 管的 $V_P=-4V$，$I_{DSS}=1mA$。计算电路的输出电压 U_o 的值。

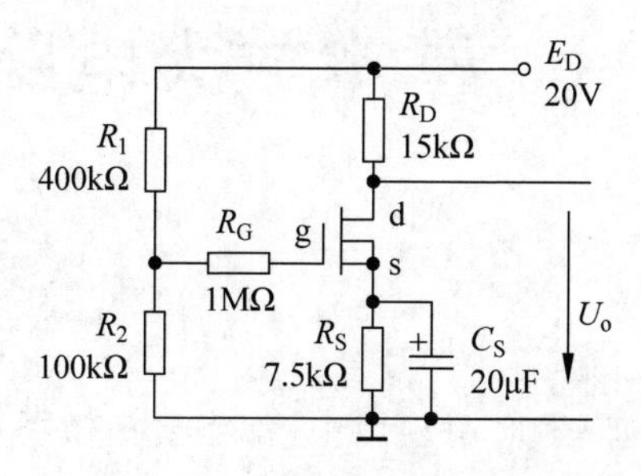

图 4-55　计算题 20 的电路图

第5章

基本放大电路

在电子技术的许多应用领域中，都需要把微弱信号放大到足够的幅度，以便进行显示、测量、变换、控制等处理。信号的放大是由放大电路实现的。随着电子技术的飞速发展，各种高性能的集成放大电路不断出现，但分立元件放大器是各种放大电路的基础。学习和掌握放大器的工作原理、分析方法、实验技术是电子技术课程的基本内容。本章主要介绍晶体管放大器的电路组成和工作原理，静态工作点的设置方式，分析放大器性能的微变等效电路，放大器的主要性能指标等。

5.1 晶体管基本放大电路

晶体管的主要用途之一是利用其放大作用组成各种放大电路，实现对微弱信号的放大。本节介绍晶体管共发射极基本放大电路（简称为放大器），包括它的电路组成、放大原理、分析方法以及主要性能指标等。

5.1.1 电路组成

图5-1是共发射极的基本放大电路。输入端接交流信号源（通常可用一个电动势 e_S 与电阻 R_S 串联的电压源等效表示），输入电压为 u_i，输出端接负载电阻 R_L，输出电压为 u_o。电路中各个元件所起作用如下。

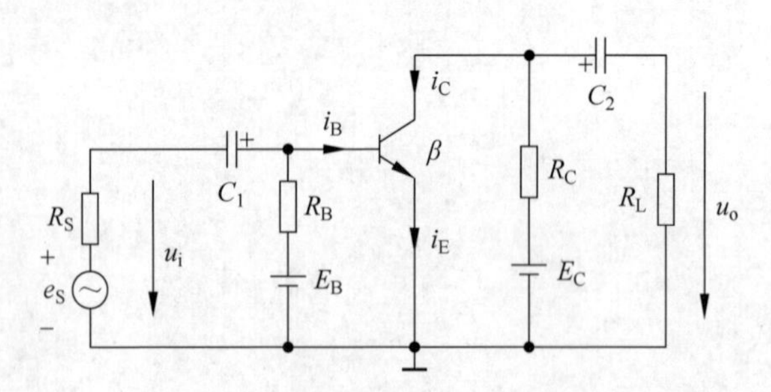

图5-1 共发射极基本放大电路

晶体管T：晶体管是放大电路中的放大元件，利用它的电流放大作用，在集电极电路获得放大的电流受输入信号的控制。如果从能量观点来看，输入信号的能量比较小，而输出信号的能量比较大，但这不是放大电路把输入的能量放大了。能量是守恒的，不能放大，输出的较大能量来自直流电源 E_C。也就是能量较小的输入信号通过晶体管的控制作用，去控制电源 E_C 所供给的能量，以在输出端获得一个能量较大的信号。这就是放大作用的实质，而晶体管也可以说是一个控制元件。晶体管是放大电路的核心。

集电极电源 E_C：电源 E_C 除为输出信号提供能量外，它还保证集电结处于反向偏置，以便晶体管起到放大作用。E_C 一般为几伏到几十伏。

集电极负载电阻 R_C：集电极负载电阻简称为集电极电阻，它主要是将集电极电流的变化变换为电压的变化，以实现电压放大。R_C 的阻值一般为几千欧。

基极电源 E_B 和基极电阻 R_B 它们的作用是使发射结处于正向偏置，并提供大小适当的基极电流 I_B，以使放大电路获得合适的静态工作点，使晶体管在输入信号的正半周和负半周都能良好的导通，在输出端得到与输入信号成正比的交流输出（无失真）。R_B 的阻值一般为几十千欧到几百千欧。

耦合电容 C_1 和 C_2：它们一方面起到隔直作用，C_1 用来隔断放大电路与信号源之间的直流通路，而 C_2 则用来隔断放大电路与负载之间的直流通路，使三者之间无直流联系，互不影响；另一方面又起到交流耦合作用，保证交流信号畅通无阻地经过放大电路，沟通信号源、放大电路和负载三者之间的交流通路。通常要求耦合电容上的交流压降小到可以忽略不计，即对交流信号可视作短路，因此电容的容量要取得比较大，使电容对交流信号的容抗近似为 0。C_1 和 C_2 的电容值一般为几微法到几十微法，通常用的是电解电容器，连接时要注意其极性。

在图 5-1 的电路中，用了两个直流电源 E_C 和 E_B。实际上把 R_B 改接一下，可以只由 E_C 供电，省去 E_B，如图 5-2 所示。这样，发射结仍是正向偏置，仍然能够产生合适的基极电流 I_B（R_B 的阻值要做相应调整）。

在电子电路中，通常把公共端接地，设其电位为零，作为电路中其他各点电位的参考点。同时为了简化电路的画法，习惯上不画出电路中的直流电源，而只在连接电源的节点上标出其对地的电压值 V_{CC} 和极性（“＋”或“－”），如图 5-2 所示。

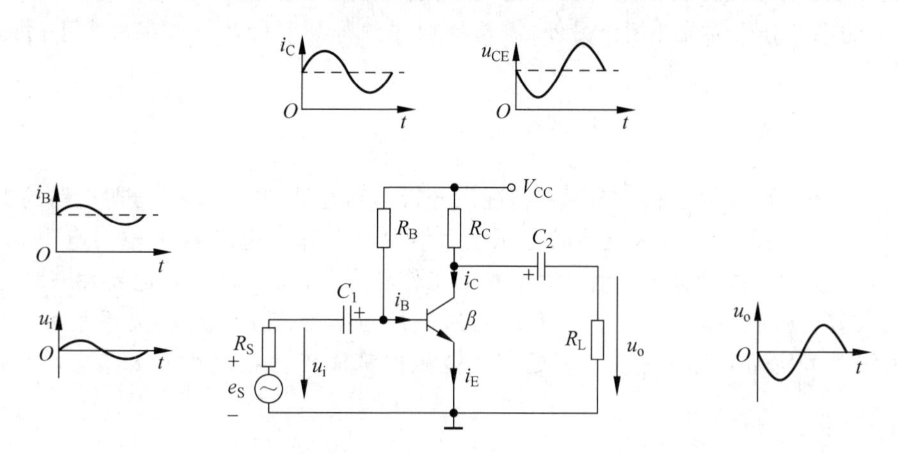

图 5-2　放大电路的习惯画法和工作波形

5.1.2 放大原理

首先结合基本放大电路的工作波型,如图 5-2 所示,简单介绍电路是如何对交流信号实现放大的。

根据叠加原理,电路在直流电源和交流信号源的共同作用下,电路中的电压或电流将含有直流分量和交流分量。为明确起见,用大写字母加大写下标表示电压或电流的直流分量,如 U_{CE}、I_B 等;用小写字母加小写下标表示电压或电流的交流分量,如 u_{ce}、i_b 等;用小写字母加大写下标表示电压或电流的总量,即直流分量和交流分量的和,如 u_{CE}、i_B 等。

设电路中的晶体管处于放大状态,即有 $i_C=\beta i_B$。在没有交流信号输入时(常称为静态),电路中的电压和电流只有直流分量,即

$$i_B=I_B$$
$$i_C=I_C=\beta I_B$$
$$u_{CE}=U_{CE}=V_{CC}-I_CR_C$$

式中,I_B、I_C 和 U_{CE} 为晶体管的静态工作点。在有交流信号输入时,$i_B=I_B+i_b$,其中 i_b 是信号源在基极回路产生的交流电流。根据晶体管的电流关系,有

$$i_C=\beta i_B=\beta(I_B+i_b)=\beta I_B+\beta i_b=I_C+\beta i_b$$

而

$$\begin{aligned}u_{CE}&=V_{CC}-i_CR_C=V_{CC}-(I_C+i_c)R_C=V_{CC}-I_CR_C-i_cR_C\\&=U_{CE}-\beta i_bR_C\text{(此处忽略了负载效应)}\end{aligned}$$

由于电容的隔直作用,在负载电阻上得到的是电压的交流分量$-\beta i_bR_C$。这里的负号表明输出电压与输入电流反相,其波形关系如图 5-2 所示。一般来说输出电压的幅度要比输入电压大,即电路实现了信号放大。

以上讨论中,假定晶体管处于放大状态,忽略了负载电阻对交流输出的影响(负载效应),输入交流信号设为正弦量。关于基极电流的交流分量 i_b 和输入电压 u_i 的关系在 5.1.4 节的动态分析部分介绍。另外,需要特别注意符号字母及下标字母大小写的不同含义。

5.1.3 静态分析

对放大电路可分静态和动态两种情况来分析。动态是指有输入信号时电路的工作状态,动态分析主要是确定放大电路的电压放大倍数 A_u、输入电阻 r_i 和输出电阻 r_o 等动态参数。静态则是指没有输入信号时电路的工作状态,静态分析是确定放大电路的静态工作点(直流值)I_B、I_C 和 U_{CE}。放大电路的质量与其静态工作点的关系很大,良好的静态工作点可使晶体管在输入信号的变化范围内都能工作在线性放大状态,使输出无失真。

1. 近似计算法

静态分析实际上就是在没有交流信号时对放大电路进行直流计算。根据电容对直流

相当于开路、电感对直流相当于短路的特点，将放大电路中的电容开路，电感短路，交流电压源短路，就可得到放大电路的直流通路。例如，将图 5-2 所示放大电路中的电容 C_1 和 C_2 开路，就可得到其直流通路如图 5-3 所示。

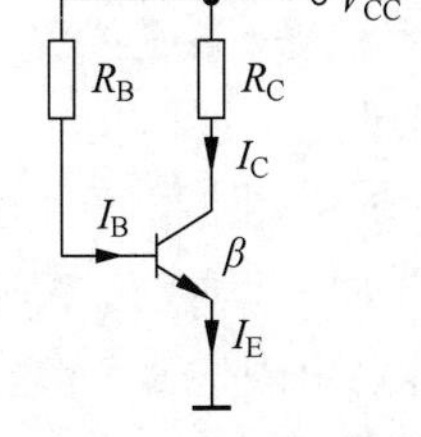

图 5-3　直流通路

有了放大电路的直流通路，就可以按第 4 章所介绍的晶体管电路的计算方法计算静态工作点，晶体管的发射结一般都按恒压模型处理。图 5-3 的所示的直流通路，若发射结导通，则有

$$I_B = \frac{V_{CC} - U_{BE}}{R_B} \approx \frac{V_{CC} - V_{BES}}{R_B} \tag{5-1}$$

若晶体管工作在放大状态($I_B < I_{BS}$)，则有

$$I_C = \beta I_B \tag{5-2}$$

$$U_{CE} = V_{CC} - I_C R_C \tag{5-3}$$

例 5-1　图 5-2 所示放大电路中，已知 $V_{BES}=0.7\text{V}$，$\beta=60$，$R_B=200\text{k}\Omega$，$R_C=2\text{k}\Omega$，$V_{CC}=5\text{V}$。计算晶体管的静态工作点。

解：做出电路的直流通路如图 5-3 所示，显然晶体管应该导通，所以

$$I_B = \frac{V_{CC} - V_{BES}}{R_B} = \frac{5-0.7}{200}\text{mA} = 0.022\text{mA}$$

因为 $I_{BS}=V_{CC}/(\beta R_C)=5/(60\times 2)\text{mA}=0.041\text{mA}$，$I_B<I_{BS}$ 所以晶体管处于放大状态，有

$$I_C = \beta I_B = 60 \times 0.022\text{mA} = 1.32\text{mA}$$

$$U_{CE} = V_{CC} - I_C R_C = 5 - 1.32 \times 2\text{V} = 2.36\text{V}$$

2. 图解法

晶体管是一种非线性元件，其基极电流 I_B 与基-射极电压 U_{BE} 之间，以及集电极电流 I_C 与集-射极电压 U_{CE} 之间都不是线性关系，可以用输入特性曲线和输出特性曲线描述。在直流通路中除晶体管之外都是线性元件，其电压和电流的关系可以用欧姆定律描述。这样，可以在晶体管的特性曲线上通过作图，找出同时满足晶体管特性和线性元件特性的电压值、电流值，即静态工作点。这就是静态分析的图解法。图解法可以确定晶体管的静态工作点，并能直观地分析和了解静态工作点的变化对放大器工作的影响。

下面以图 5-3 所示的直流通路为例，说明静态分析的图解法。

对于输入回路(基极回路)，按 KVL，有 $U_{BE}=V_{CC}-R_B I_B$。这是一个线性方程，给出了 U_{BE} 和 I_B 应该满足的线性约束。同时，U_{BE} 和 I_B 还应该满足晶体管输入特性曲线所给出的非线性约束。即晶体管的输入特性曲线和直线的 $U_{BE}=V_{CC}-R_B I_B$ 的交点就是电路的输入工作点，该点给出了 U_{BE} 和 I_B 的实际值，如图 5-4(a)所示。

对于输出回路(集电极回路)，按 KVL，有 $U_{CE}=V_{CC}-R_C I_C$。这是一个直线方程。在晶体管的输出特性曲线上，此直线与 I_B 等于实际值的曲线的交点 Q 就是晶体管的静态工作点，如图 5-4(b)所示。Q 点给出了 U_{CE} 和 I_C 的实际值。

由直线方程画出直线的方法很简单，如由方程 $U_{CE}=V_{CC}-R_C I_C$ 所确定的直线，在横轴上（电压）的截距为 V_{CC}，在纵轴上（电流）的截距为 V_{CC}/R_C，连接这两点就得到所求直线。这条直线是由直流通路得出的，且与集电极负载电阻 R_C 有关，故称为直流负载线。

由图 5-4 可见，基极电流 I_B 的大小不同，静态工作点在负载线上的位置也就不同。若 I_B 过大或过小，静态工作点可能落在 Q' 或 Q'' 附近，当有交流信号输入时，晶体管就很容易出现饱和失真或截止失真。可以通过改变 I_B 的大小来获得合适的工作点。因此，I_B 很重要，它确定晶体管的工作状态，通常称它为偏置电流，简称为偏流。产生偏流的电路称为偏置电路，在图 5-3 中，其路径为 $V_{CC}\to R_B\to$ 发射结 $\to$ 地。R_B 称为偏置电阻。通常可通过改变 R_B 的阻值来调整偏流 I_B 的大小。

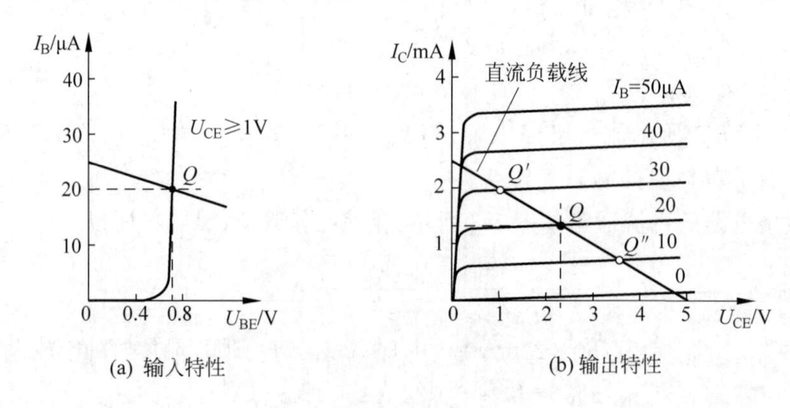

图 5-4 静态分析的图解法

5.1.4 动态分析

当放大电路有输入信号时，晶体管的各个电流和电压都含有直流分量和交流分量。直流分量一般为静态值，可由前述的静态分析来确定。动态分析是在静态值确定后分析信号的传输情况，考虑的只是电流和电压的交流分量（信号分量）。微变等效电路法是放大电路动态分析的基本方法。

微变等效电路是把非线性元件晶体管所组成的放大电路等效为一个线性电路，也就是把晶体管线性化，用线性元件来等效其输入、输出特性。这样，就可以像分析线性电路那样来分析晶体管放大电路。线性化的条件是晶体管工作在小信号（微变量）状态，这时才能在静态工作点附近的小范围内用直线近似地代替晶体管的特性曲线。

1. 晶体管的微变等效电路

如何把晶体管线性化，用一个等效电路（也称为线性化模型）来代替，这是首先要讨论的。下面从共发射极接法晶体管的输入特性和输出特性两方面来分析介绍。

晶体管的输入特性曲线是非线性的。但在静态工作点 Q 的附近可以用直线代替曲线，如图 5-5(a)所示。这就是说，当输入信号幅度较小时，可以认为晶体管的动态输入特性是线性的，可以用一个动态电阻 r_{be} 来表示动态输入电压和输入电流的关系，即

$$r_{be}=\frac{\Delta U_{BE}}{\Delta I_B}=\frac{u_{be}}{i_b}\bigg|_{V_{CE}\geqslant 1V} \tag{5-4}$$

式中,r_{be} 为晶体管的动态输入电阻,它表示晶体管在交流小信号时的输入特性。晶体管的输入电路可以用动态电阻 r_{be} 等效代替,如图 5-6(b)、(c)所示。

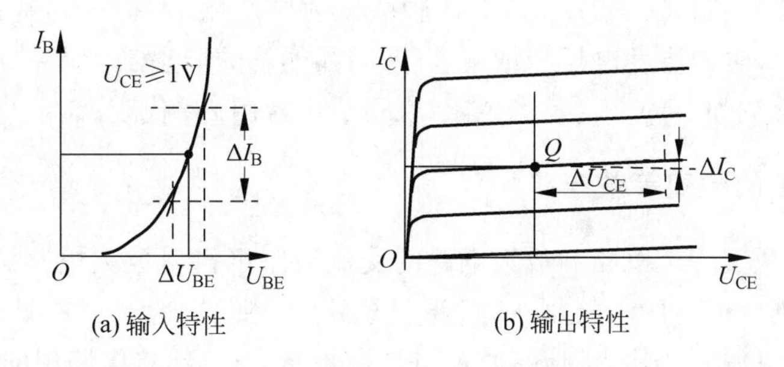

(a) 输入特性　　(b) 输出特性

图 5-5　小信号动态分析示意

图 5-5(b)是晶体管的输出特性曲线族,在线性工作区是一组近似等距离的平行直线。当 U_{CE} 为常数时,ΔI_C 与 ΔI_B 之比就是晶体管的电流放大系数 β,即

$$\beta=\frac{\Delta I_C}{\Delta I_B}=\frac{i_c}{i_b}\bigg|_{U_{CE}\text{为常数}} \tag{5-5}$$

在小信号的条件下,β 是一个常数,它确定了 i_c 受 i_b 控制的关系。在晶体管的等效电路中可用一个源电流为 βi_b 的受控恒流源表示此关系(图 5-6(b)和(c)中的菱形块)。小功率晶体管的 β 值一般为 20～100,在手册中常用 h_{fe} 代表。

此外,在图 5-5(b)中还可看到,晶体管的输出特性曲线不完全与横轴平行,当 I_B 为常数时,ΔU_{CE} 与 ΔI_C 的比值用 r_{ce} 表示,即

$$r_{ce}=\frac{\Delta U_{CE}}{\Delta I_C}=\frac{u_{ce}}{i_c}\bigg|_{I_B\text{为常数}} \tag{5-6}$$

式中,r_{ce} 为晶体管的输出电阻。在小信号的条件下,r_{ce} 也是一个常数。如果把晶体管的输出电路看作电流源,r_{ce} 就是电源的内阻,所以在等效电路中与恒流源 βi_b 并联,如图 5-6(b)所示。由于 r_{ce} 的阻值很高,一般为几十万欧,所以在微变等效电路中常把它忽略掉,这样就得到了图 5-6(c)所示的简化等效电路。上述等效模型只适用于中、低频。

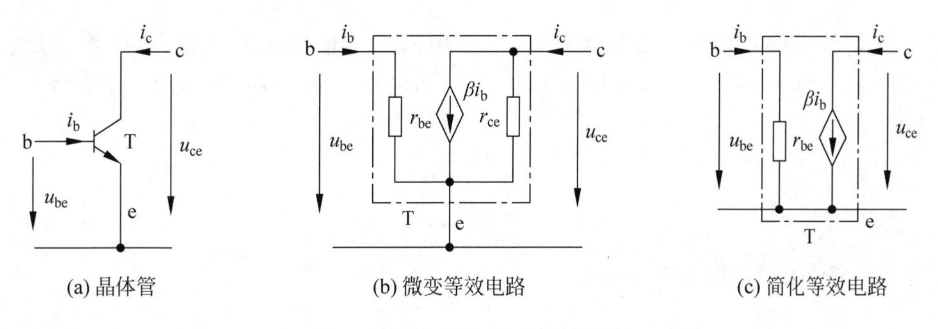

(a) 晶体管　　(b) 微变等效电路　　(c) 简化等效电路

图 5-6　晶体管的微变等效电路

低频小功率晶体管的输入电阻 r_{be} 常用下式估算：

$$r_{be}=r_b+(1+\beta)r_e \approx 200\Omega+(1+\beta)\frac{26\text{mV}}{I_E\text{mA}} \tag{5-7}$$

式中，I_E 为发射极的静态电流，以毫安为单位；r_b 是晶体管的基区体电阻，对于小功率晶体管，r_b 在 200Ω 左右；$(1+\beta)r_e$ 是晶体管的发射结电阻 r_e 折算到基极回路的等效电阻；26mV 是 25℃时的温度电压当量值。r_{be} 与晶体管的静态工作点有关，一般为几百欧到几千欧，是对交流而言的一个动态电阻，在手册中常用 h_{ie} 代表。

2. 放大电路的微变等效电路

由晶体管的微变等效电路和放大电路的交流通路可得出放大电路的微变等效电路。对于交流分量，耦合电容的阻抗很小，可视为短路；按照叠加原理，在计算交流信号源的响应时应使其他电源不作用，即应将直流电压源短路。这样，将电路中的耦合电容和直流电压源短路，就可得出放大电路的交流通路。一般来说，放大器电路中容量为几微法以上的电容，对交流信号都可视为短路。图 5-7(a)是图 5-2 所示交流放大电路的交流通路。电路中原标为 V_{CC} 的节点由于直流电压源短路也变成了地。再把交流通路中的晶体管用它的微变等效电路代替，就可得到放大电路的微变等效电路。图 5-7(b)就是图 5-2 所示交流放大电路的微变等效电路。其中晶体管用的是简化等效电路。交流通路和微变等效电路中的电压和电流都是交流量，不能用来计算电路的静态工作点。

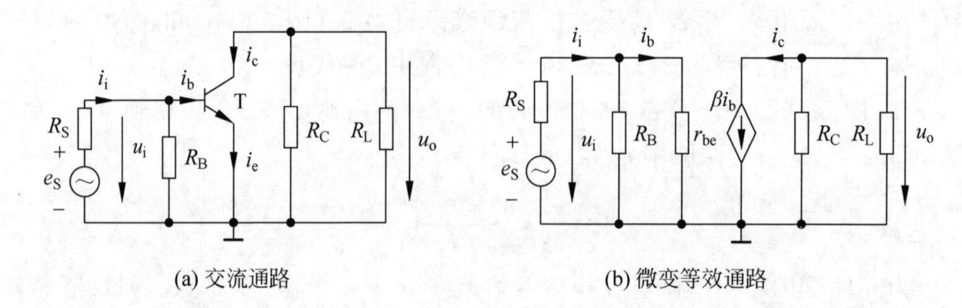

图 5-7 基本放大器的动态电路模型

3. 计算电压放大倍数

设放大器的输入是正弦交流信号，则电路中的交流量都是正弦量，可以用相量表示。放大器的电压放大倍数(也称为电压增益)定义为输出电压和输入电压的相量之比，常用 A_u 表示，即

$$A_u=\frac{\dot{U}_o}{\dot{U}_i} \tag{5-8}$$

按图 5-7(b)所示的微变等效电路，有

$$\dot{U}_i=\dot{I}_b r_{be}$$

$$\dot{U}_o=-\dot{I}_c R'_L=-\beta\dot{I}_b R'_L$$

式中，$R'_L = R_C // R_L$，所以

$$A_u = \frac{\dot{U}_o}{\dot{U}_i} = \frac{-\beta \dot{I}_b R'_L}{\dot{I}_b r_{be}} = -\beta \frac{R'_L}{r_{be}} \tag{5-9}$$

式中，负号表示输出电压 $\dot{U}_o$ 与输入电压 $\dot{U}_i$ 的相位相反。

当放大器的输出端开路时（不接负载电阻 R_L），放大器的电压放大倍数称为空载电压放大倍数，记作 A_{u0}，即

$$A_{u0} = \frac{\dot{U}_{o0}}{\dot{U}_i} = \frac{-\beta \dot{I}_b R_C}{\dot{I}_b r_{be}} = -\beta \frac{R_C}{r_{be}} \tag{5-10}$$

显然，放大器接有负载电阻时的放大倍数比空载时的放大倍数小。负载电阻越小，放大倍数降低得越多，这就是放大器的负载效应。

4. 计算输入电阻

一个放大器的输入端总是与信号源（或前级放大电路）相连，其输出端总是与负载（或后级放大电路）相连，如图 5-8 所示。因此放大器与信号源和负载之间（或前级放大电路和后级放大电路之间）都是互相联系、互相影响的。

放大器对信号源（或对前级放大电路）来说，是一个负载，可用一个电阻来等效代替。这个电阻就是放大器的输入电阻 r_i，是信号源的负载电阻，即

$$r_i = \frac{\dot{U}_i}{\dot{I}_i} \tag{5-11}$$

对交流信号而言，输入电阻 r_i 是一个动态电阻，是反映放大器对信号源的负载效应的指标。如果放大器的输入电阻较小，第一，将从信号源取用较大的电流，从而增加信号源的负担；第二，经过信号源内阻 R_S 和 r_i 的分压，使实际加到放大器的输入电压 U_i 减小，从而减小了输出电压；第三，后级放大电路的输入电阻，就是前级放大电路的负载电阻，从而将会降低前级放大电路的电压放大倍数。因此，通常希望放大器的输入电阻能高一些。

按图 5-7(b)所示的微变等效电路，有 $r_i = r_{be} // R_B$。实际上 R_B 的阻值比 r_{be} 大得多，因此，晶体管放大器的输入电阻基本上就等于晶体管的输入电阻，其阻值并不大。

注意：r_i 和 r_{be} 意义不同，不能混淆。在计算电压放大倍数 A_u 的式(5-9)中，用的是 r_{be} 而不是 r_i。

5. 计算输出电阻

放大器对负载（或后级放大电路）来说是一个信号源，其内阻就是放大器的输出电阻 r_o。放大器的输出电阻 r_o 也是一个动态电阻。

如果放大器的输出电阻比较大（相当于信号源的内阻较大），当接负载时，输出电压在内阻上的压降就大，负载所获得的电压就小（见图 5-8），即放大器带负载的能力比较差。因此，通常希望放大器输出级的输出电阻低一些。

放大器的输出电阻是在信号源短路($U_S=0$)和输出端开路的条件下，从放大器的输出端看进去的等效电阻，如图 5-9 所示。通常计算 r_o 时是将信号源短路(使 $U_S=0$，但要保留信号源内阻)，将 R_L 去掉，在输出端加交流电压 $\dot{U}_0$，计算出产生的电流 $\dot{I}_0$，则放大器的输出电阻为

$$r_o=\frac{\dot{U}_0}{\dot{I}_0} \tag{5-12}$$

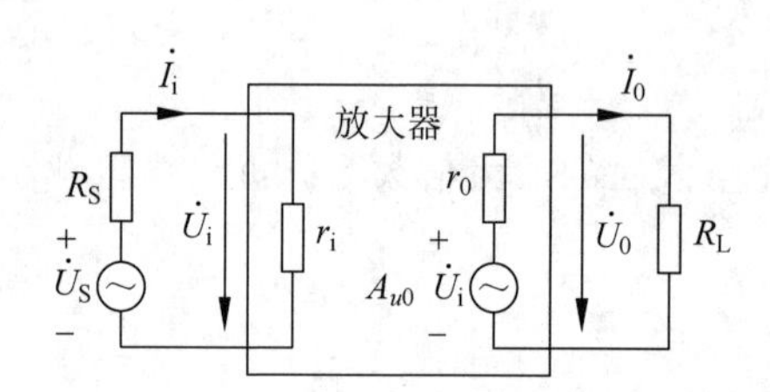

图 5-8　放大器的连接示意

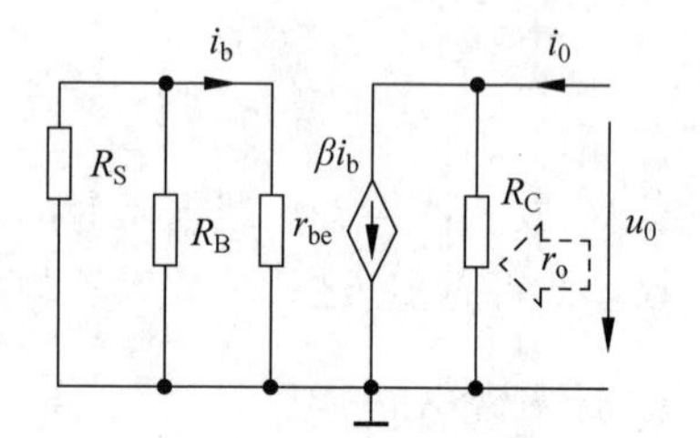

图 5-9　计算放大器输出电阻示意

注意：此处的 $\dot{U}_0$ 是一个外加的电压，不是放大器工作时是所产生的输出电压。

对于图 5-2 所示放大器，从它的微变等效电路(见图 5-7(b))看，当 $U_S=0$ 时，$I_b=0$，$\beta I_b=0$，即电路中的受控电流源为开路。显然，放大器的输出电阻为 $r_o=R_C /\!/ r_{ce}$。由于晶体管的输出电阻 r_{ce}(和恒流源 βi_b 并联)很大，与 R_C 相比可以忽略不计，所以有 $r_o \approx R_C$。

R_C 一般为几千欧，所以共发射极放大电路的输出电阻比较高。

利用微变等效电路对放大电路进行动态分析和计算非常方便，对较为复杂的电路也能适用，但不能用它来确定静态工作点。

例 5-2　在图 5-2 所示放大电路中，$V_{BES}=0.7V$，$\beta=60$，$R_B=200k\Omega$，$R_C=2k\Omega$，$V_{CC}=5V$，$R_S=500\Omega$，$R_L=2k\Omega$。计算电路的输入电阻 r_i 和输出电阻 r_o，空载电压放大倍数 A_{u0}，带载电压放大倍数 A_u，源载电压放大倍数 A_{us}。

解：晶体管的静态工作点已在例 5-1 中求出，为 $I_B=0.022mA$，$I_C=1.32mA$，$U_{CE}=2.36V$，$I_E=I_B+I_C=1.342mA$。做出电路的微变等效电路如图 5-7(b)所示，其中

$$r_{be}=200+(1+\beta)\frac{26}{I_E}=200+(1+60)\frac{26}{1.342}\Omega=1382\Omega$$

所以

$$r_i=r_{be} /\!/ R_B \approx r_{be}=1.38k\Omega$$

$$r_o \approx R_C=2k\Omega$$

$$A_{u0}=\frac{\dot{U}_{o0}}{\dot{U}_i}=-\beta\frac{R_C}{r_{be}}=-60\times\frac{2}{1.38}=-87$$

$$A_u=\frac{\dot{U}_o}{\dot{U}_i}=-\beta\frac{R'_L}{r_{be}}=-60\times\frac{2 /\!/ 2}{1.38}=-43\left(\text{或由 } A_u=\frac{R_L}{r_o+R_L}A_{u0} \text{ 计算}\right)$$

$$A_{us}=\frac{\dot{U}_o}{\dot{U}_S}=\frac{\dot{U}_o}{\frac{R_S+r_i}{r_i}\dot{U}_i}=\frac{r_i}{R_S+r_i}\cdot\frac{\dot{U}_o}{\dot{U}_i}=\frac{r_i}{R_S+r_i}A_u=\frac{1.38}{0.5+1.38}\times(-43)=-32$$

以上计算表明,由于负载以及信号源内阻的影响,放大器的放大倍数要比空载时低。

5.2　分压偏置的晶体管放大器

5.2.1　工作点的稳定问题

通过前面的介绍可知,晶体管的静态工作点(Q 点)对放大器非常重要,它不仅对放大倍数有重要影响,还关系到放大器的动态输出范围、波形失真等问题。为使放大器具有良好的性能,必须为放大器设置合适的静态工作点。前面介绍的基本放大电路,由 R_B 提供偏流 I_B。可以通过改变 R_B 的阻值来调整 I_B 的大小,从而获得合适的工作点。这种偏置电路称为固定偏置电路(由于 $I_B\approx V_{CC}/R_B$)。

晶体管的电气参数受温度影响较大,主要表现在两方面。①发射结的导通压降 U_{BE} 随温度的升高而减小(大多数小功率管的温度系数约为$-2.2\text{mV}/℃$),这会使 I_B 变大从而使 I_C 变大(在固定偏置电路中 $I_B=(V_{CC}-U_{BE})/R_B$)。②晶体管的 β 值随温度的升高而变大(β 的温度系数约为$+0.5\%/℃$),这也会使 I_C 变大。这两方面的影响都使晶体管的集电极电流 I_C 随温度的升高而变大,这就会使静态工作点偏离原来设置的位置,影响放大器的性能,这种现象称为温漂。固定偏置电路不能克服温漂以及其他原因(如元件老化,换用晶体管带来的 β 值变化等)引起的静态工作点偏移问题。分压偏置电路具有稳定静态工作点的能力,是晶体管放大器的主要偏置形式。

5.2.2　分压偏置的放大电路

图 5-10 所示电路称为分压偏置放大电路,也叫作射极偏置放大电路,具有稳定静态工作点的能力,是交流放大器中最常用的一种基本电路。下面分别介绍其静态分析方法、动态性能指标的计算以及工作点的稳定原理。

1. 静态分析

首先将电路中的电容开路,做出电路的直流通路如图 5-11 所示。由于基极电流 I_B 很小,与电阻 R_{B1} 及 R_{B2} 中的电流相比可以忽略不计,所以基极电位基本由电阻 R_{B1} 和 R_{B2} 对电源 V_{CC} 分压决定,即

$$V_B=\frac{R_{B2}}{R_{B1}+R_{B2}}V_{CC} \tag{5-13}$$

从而可得

$$I_C\approx I_E=\frac{V_B-U_{BE}}{R_E} \tag{5-14}$$

$$U_{CE}=V_{CC}-I_CR_C-I_ER_E\approx V_{CC}-I_C(R_C+R_E) \tag{5-15}$$

$$I_B = I_C / \beta$$

按以上各式就可以求出电路的 Q 点(I_B,I_C,U_{CE})。

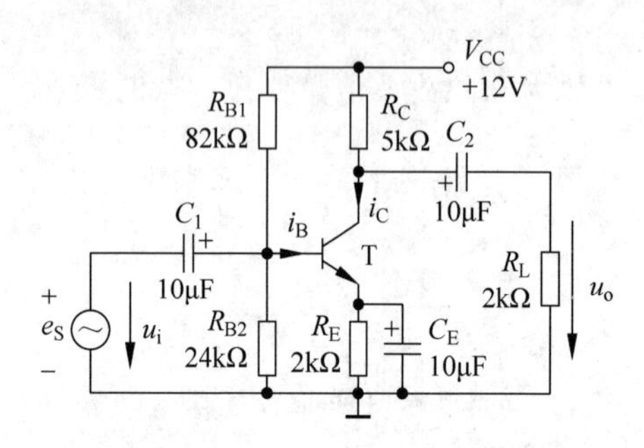

图 5-10 射极偏置放大电路

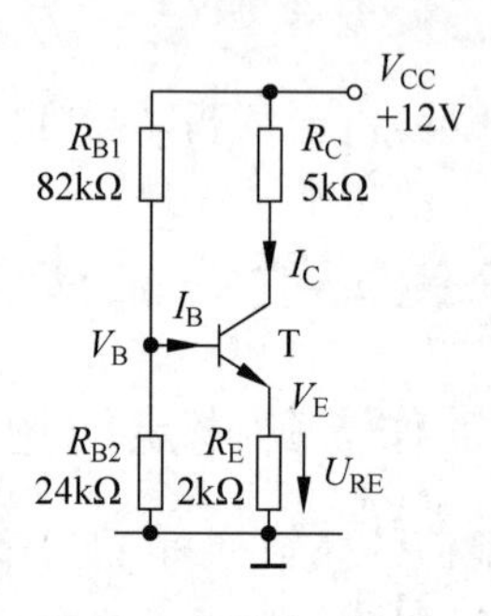

图 5-11 射极偏置放大电路的直流通路

例 5-3 计算图 5-10 所示射极偏置放大电路的静态工作点。设晶体管的参数为 $\beta=50$,$V_{BES}=0.7V$。

解:做出电路的直流通路如图 5-11 所示,将各元件参数代入上述各式,即可得到 Q 点

$$V_B = \frac{R_{B2}}{R_{B1}+R_{B2}} V_{CC} = \frac{24}{82+24} \times 12V = 2.72V$$

$$I_C \approx I_E = \frac{V_B - U_{BE}}{R_E} = \frac{2.72-0.7}{2} mA = 1.01mA$$

$$U_{CE} = V_{CC} - I_C R_C - I_E R_E \approx V_{CC} - I_C(R_C + R_E) = 12 - 1.01(5+2)V = 4.92V$$

$$I_B = I_C/\beta = 1.01/50mA = 0.020mA$$

2. 工作点稳定原理

以温度变化为例,介绍静态工作点的稳定情况。若温度升高引起集电极电流 I_C 变大,则电阻 R_E 上的压降变大使发射极电位 V_E 升高,由于基极电位 V_B 基本不变,所以 $U_{BE}=V_B-V_E$ 变小,使基极电流 I_B 变小,从而使集电极电流 I_C 变小,这个“变小”几乎可以完全抵消温度引起的“变大”,使得集电极电流 I_C 基本不变,静态工作点稳定。这个稳定工作点的过程可描述如下。

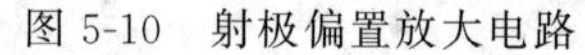

像这种一个量的变化经过某种途径再反回来抵消这个变化的过程称为负反馈。负反馈在电子技术、自动控制等领域中应用非常广泛。有关负反馈详见第 7 章。

3. 动态分析

发射极电阻 R_E 为直流分量,提供负反馈使静态工作点得到稳定。为避免 R_E 对交流分量也产生负反馈使放大倍数降低太多,在 R_E 上并联了一个 10μF 的电容 C_E。电容

C_E 为交流分量另外提供一条低阻通路,常叫作旁路电容。

将电路中的耦合电容和旁路电容短路,直流电压源短路,晶体管用简化等效电路替代,就可得到放大器的微变等效电路,如图 5-12(b)所示。电阻 R_E 不出现在交流通路中,对交流分量没有影响。分压偏置放大器的微变等效电路(见图 5-12(b))与固定偏置放大器的微变等效电路(见图 5-7(b))相比,除了 R_B 变成 R_{B1} 和 R_{B2} 并联之外,其余完全相同,所以有关动态指标的计算式也完全相同。

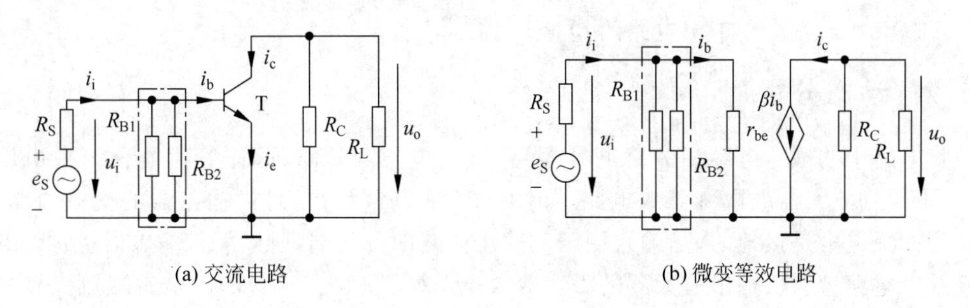

图 5-12 射极偏置放大器的动态电路模型

经常在发射极上串联一个不被电容旁路的小电阻(一般为几百欧姆)为放大器提供交流负反馈(见习题 5 计算题 10)。交流负反馈会降低放大倍数,但能显著地改善放大器的性能,稳定放大倍数,改变输入、输出电阻,展宽通频带等。

5.3 射极输出放大器

射极输出放大器简称为射极输出器,其电路如图 5-13 所示。从电路图中可以看到,射极输出器的输出电压取自晶体管的发射极。下面我们分别介绍其静态分析方法和动态性能指标的计算方法。

5.3.1 静态分析

首先将电路中的电容开路,做出电路的直流通路如图 5-14 所示。可以看出,射极输出放大器的偏置电路(直流通路)与分压偏置放大器的偏置电路(见图 5-11)相同,只是没有了集电极电阻,有关静态工作点的计算方法是相同的,即

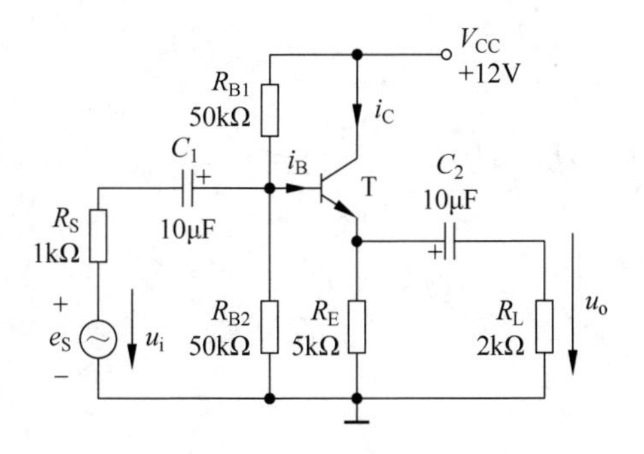

图 5-13 射极输出放大电路

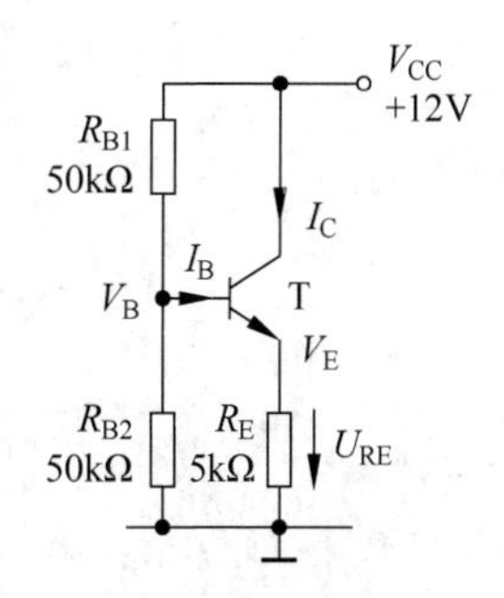

图 5-14 射极输出放大电路的直流通路

$$V_B = \frac{R_{B2}}{R_{B1}+R_{B2}}V_{CC}$$

$$I_C \approx I_E = \frac{V_B - U_{BE}}{R_E}$$

$$U_{CE} = V_{CC} - I_E R_E$$

$$I_B = I_C/\beta$$

按以上各式就可以求出电路的 Q 点(I_B,I_C,U_{CE})。

5.3.2 动态分析

将电路中的耦合电容和旁路电容短路,直流电压源短路,晶体管用简化等效电路替代,就可得到放大器的微变等效电路,如图 5-15(b)所示。在射极输出器的交流通路中,晶体管的集电极是接地的,是输入回路和输出回路的公共端,所以射极输出器也称为共集电极放大电路。射极输出放大器的微变等效电路(见图 5-15(b))与固定偏置放大器的微变等效电路(见图 5-7(b))有较大不同,有关动态性能指标的计算方法也有较大差别。

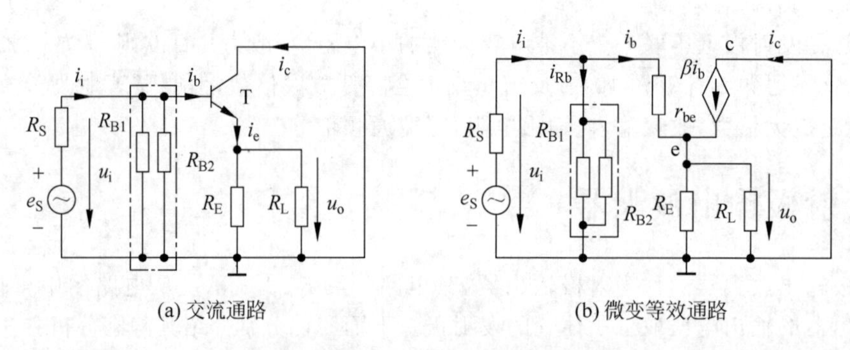

图 5-15 射极输出放大器的动态电路模型

1. 计算电压放大倍数 A_u

由图 5-15(b)所示的微变等效电路,可以写出

$$\dot{I}_e = \dot{I}_b + \dot{I}_c = (1+\beta)\dot{I}_b$$

$$\dot{U}_o = \dot{I}_e R'_L = (1+\beta)\dot{I}_b R'_L$$

式中,$R'_L = R_E /\!/ R_L$。

$$\dot{U}_i = \dot{I}_b r_{be} + \dot{U}_o = \dot{I}_b r_{be} + (1+\beta)\dot{I}_b R'_L = \dot{I}_b[r_{be} + (1+\beta)R'_L] \tag{5-16}$$

所以

$$A_u = \frac{\dot{U}_o}{\dot{U}_i} = \frac{(1+\beta)\dot{I}_b R'_L}{\dot{I}_b[r_{be}+(1+\beta)R'_L]} = \frac{(1+\beta)R'_L}{r_{be}+(1+\beta)R'_L} \tag{5-17}$$

通常情况下总有 $r_{be} \ll (1+\beta)R'_L$,所以有

$$A_u = \frac{\dot{U}_o}{\dot{U}_i} \approx \frac{(1+\beta)R'_L}{(1+\beta)R'_L} = 1 \tag{5-18}$$

即射极输出器的电压放大倍数为 1。式(5-18)说明射极输出器的输出电压 $\dot{U}_o$ 与输入电压 $\dot{U}_i$ 的幅度及相位都相同，输出电压完全是“跟随”输入电压，所以射极输出器也叫作射极根随器。

2. 计算输入电阻 r_i

由图 5-15(b)所示的微变等效电路，可以看出 $\dot{I}_i = \dot{I}_{Rb} + \dot{I}_b$。而 $\dot{I}_{Rb} = \dot{U}_i / R_B$，其中 $R_B = R_{B1} /\!/ R_{B2}$，由式(5-16)可得

$$\dot{I}_b = \frac{\dot{U}_i}{r_{be} + (1+\beta)R'_L}$$

所以

$$\dot{I}_i = \dot{I}_{Rb} + \dot{I}_b = \dot{U}_i \left[\frac{1}{R_B} + \frac{1}{r_{be} + (1+\beta)R'_L} \right] \tag{5-19}$$

即射极输出器的输入电阻为

$$r_i = R_B /\!/ [r_{be} + (1+\beta)R'_L] \tag{5-20}$$

考虑到 $\beta \gg 1$ 和 $\beta R'_L \gg r_{be}$，所以有

$$r_i \approx R_B /\!/ (\beta R'_L) \tag{5-21}$$

3. 计算输出电阻 r_o

按照放大器输出电阻的定义(在信号源短路但保留信号源内阻和输出端开路的条件下，从放大器的输出端看进去的等效电阻)，画出计算射极输出放大器输出电阻的等效电路，如图 5-16 所示，有

$$\dot{I}_0 = \dot{I}_{RE} - \dot{I}_b - \dot{I}_c = \dot{I}_{RE} - (1+\beta)\dot{I}_b$$

而

$$\dot{I}_{RE} = \frac{\dot{U}_0}{R_E}$$

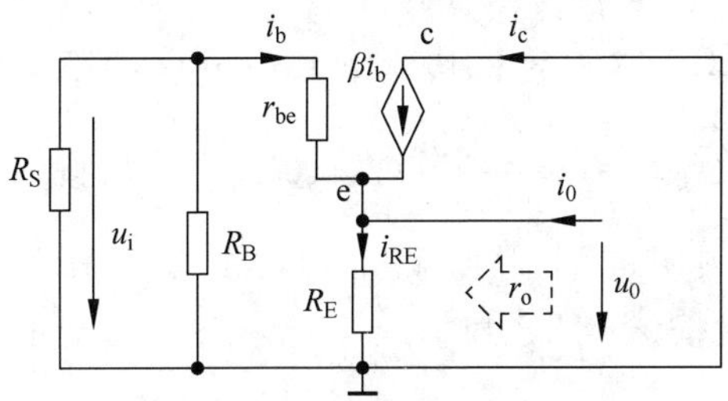

图 5-16　计算射极输出放大器输出电阻的等效电路

$$\dot{I}_b = -\frac{\dot{U}_0}{r_{be} + R'_B}$$

式中，$R'_B = R_B // R_S$。所以

$$\dot{I}_0 = \frac{\dot{U}_0}{R_E} + (1+\beta)\frac{\dot{U}_0}{r_{be} + R'_B} = \dot{U}_0\left[\frac{1}{R_E} + \frac{1+\beta}{r_{be} + R'_B}\right]$$

即

$$\frac{1}{r_o} = \frac{\dot{I}_0}{\dot{U}_0} = \frac{1}{R_E} + \frac{1+\beta}{r_{be} + R'_B} \tag{5-22}$$

$$r_o = R_E // \frac{r_{be} + R'_B}{1+\beta} \tag{5-23}$$

综合上述分析可知，射极输入器的特点：电压放大倍数接近于1，输入电阻越高，输出电阻越低。

例 5-4 分析图 5-13 所示射极输出放大器。设晶体管的参数为 $\beta = 50$，$V_{BES} = 0.7\text{V}$。

解：(1) 静态分析。做出放大器的直流通路如图 5-14 所示，由前述分析可知

$$V_B = \frac{R_{B2}}{R_{B1} + R_{B2}} V_{CC} = \frac{50}{50+50} \times 12\text{V} = 6\text{V}$$

$$I_C \approx I_E = \frac{V_B - U_{BE}}{R_E} = \frac{6-0.7}{5}\text{mA} = 1.06\text{mA}$$

$$U_{CE} = V_{CC} - I_E R_E = 12 - 1.06 \times 5\text{V} = 6.7\text{V}$$

$$I_B = I_C/\beta = 1.06/50\text{mA} = 0.021\text{mA}$$

(2) 动态分析。做出放大器的微变等效电路如图 5-15(b)所示，可得

$$r_{be} = 200 + (1+50) \times 26/1.08\Omega = 1.43\text{k}\Omega$$

$$R'_L = R_E // R_L = 5\text{k}\Omega // 2\text{k}\Omega = 1.43\text{k}\Omega$$

$$R_B = R_{B1} // R_{B2} = 50\text{k}\Omega // 50\text{k}\Omega = 25\text{k}\Omega$$

$$R'_B = R_B // R_S = 25\text{k}\Omega // 1\text{k}\Omega = 0.96\text{k}\Omega$$

由前述分析可知

$$A_u = \frac{(1+\beta)R'_L}{r_{be} + (1+\beta)R'_L} = \frac{51 \times 1.43}{1.43 + 51 \times 1.43} = 0.98 \qquad (\text{可直接取 } A_u = 1)$$

$$r_i \approx R_B // (\beta R'_L) = 25\text{k}\Omega // (50 \times 1.43)\text{k}\Omega = 18.5\text{k}\Omega \qquad (\text{按 } r_i \approx R_B = 25\text{k}\Omega)$$

$$r_o = R_E // \frac{r_{be} + R'_B}{1+\beta} = 5\Omega // \frac{1.43 + 0.96}{51}\Omega = 46\Omega \qquad (\text{按 } r_o \approx (r_{be} + R'_B)/\beta = 47\Omega)$$

本例题的计算结果表明，对于射极输出放大器，电压放大倍数可直接取为1，输入电阻和输出电阻可分别按 $r_i \approx R_B$ 和 $r_o \approx (r_{be} + R'_B)/\beta$ 近似计算，其误差一般不超过10%。

5.4　场效应管放大器

场效应管是一种电压控制的单极型半导体器件，具有输入阻抗高、热稳定性好、抗辐射能力强等优点。与双极型晶体管相比，场效应管的缺点是输出功率小、饱和压降大、工作频率低。随着半导体技术的发展，场效应管的这些不足之处已得到显著改善。场效应管也已广泛应用在放大电路中，特别是在一些高灵敏度的多级放大器中用作前置级（输入级）以提高放大器的输入电阻。

场效应管放大器的典型电路如图 5-17 所示。电路中所用的场效应管为 N 沟道耗尽型 MOS 管。在模拟电路中所用的场效应管主要是耗尽型的。场效应管放大器的分析也分为静态分析和动态分析。静态分析是确定放大器的静态工作点，动态分析是分析计算放大器的动态性能指标。下面分别简单介绍其静态分析方法和动态性能指标的计算方法。

5.4.1　静态分析

场效应管放大器也需要有直流偏置电路，为放大器提供合适的静态工作点。图 5-17 所示场效应管放大器与晶体管分压偏置放大器类似，是由电阻分压为 MOS 管的栅极提供一个合适的电位，从而确定放大器的静态工作点。场效应管放大器的这种直流偏置电路称为分压式自偏置电路，这是场效应管放大器的主要偏置形式。

将电路中的电容开路就可作出放大器的直流通路，如图 5-18 所示。工作在线性状态的场效应管，没有静态等效电路模型，其栅源电压和漏极电流的关系要用“电流方程”式(4-1)(耗尽型)或式(4-2)(增强型)描述。按图 5-18，放大器的静态工作点计算如下：由于 MOS 管的栅极是绝缘的，所以栅极电位由电阻 R_1 和 R_2 分压确定，即

$$V_G = \frac{R_2}{R_1 + R_2} V_{DD} \tag{5-24}$$

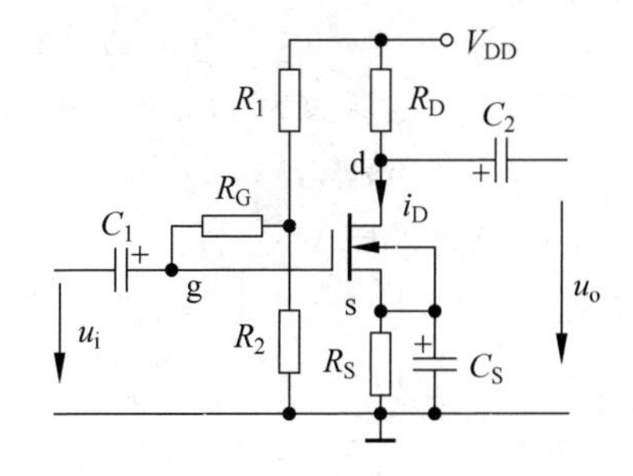

图 5-17　MOS 管放大器

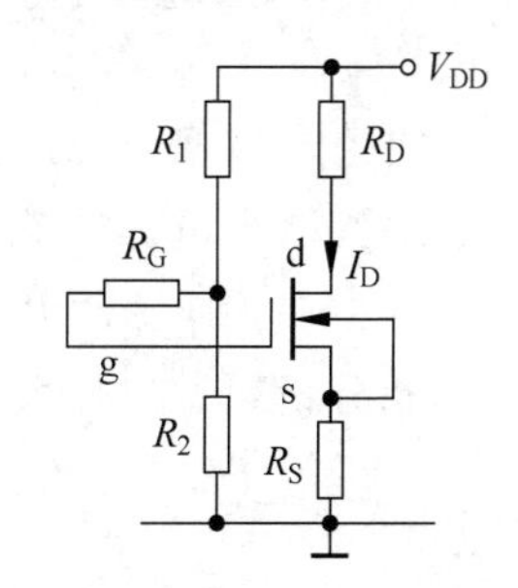

图 5-18　MOS 管放大器的直流通路

栅源电压为

$$U_{GS} = V_G - V_S = V_G - I_D R_S \tag{5-25}$$

而

$$I_D = I_{DSS}\left(1-\frac{U_{GS}}{V_P}\right)^2 \tag{5-26}$$

求解以上三式(其中式(5-25)和式(5-26)需联立求解)即可得出电路的 U_{GS} 和 I_D,再由

$$U_{DS} = V_{DD} - I_D R_D - I_D R_S = V_{DD} - I_D(R_D + R_S) \tag{5-27}$$

求出 U_{DS},就得到了放大器的静态工作点(U_{GS},I_D,U_{DS})。

5.4.2 动态分析

场效应管放大器的动态分析与晶体管放大器的动态分析基本相同,也是先做出放大器的交流通路,再将场效应管用其微变等效模型替代,得到放大器的微变等效电路,然后按微变等效电路计算放大器的电压增益、输入电阻、输出电阻等动态指标。

场效应管适用于中频范围的简化微变等效模型如图 5-19 所示。与晶体管的微变等效模型(见图 5-6(c))相比,差别仅在于管子的输入电阻为无穷大(相当于 r_{be} 变为无穷大)和受控电流源的控制量是电压 u_{gs}。

做出 MOS 管放大器的微变等效电路如图 5-20 所示。由此计算放大器的动态指标为

$$\begin{cases} A_{u0} = \dfrac{\dot{U}_{o0}}{\dot{U}_i} = \dfrac{-g_m \dot{U}_i R_D}{\dot{U}_i} = -g_m R_D \\ r_i = R'_G \quad (\text{其中 } R'_G = R_G + R_1 \,/\!/\, R_2) \\ r_o = R_D \end{cases} \tag{5-28}$$

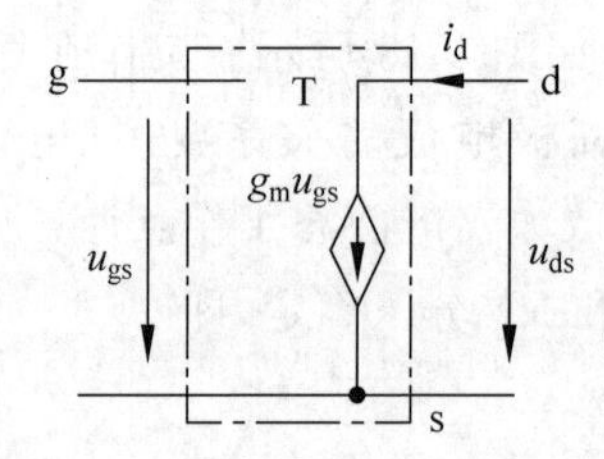

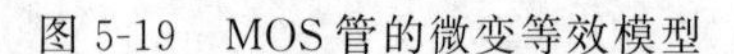

图 5-19 MOS 管的微变等效模型

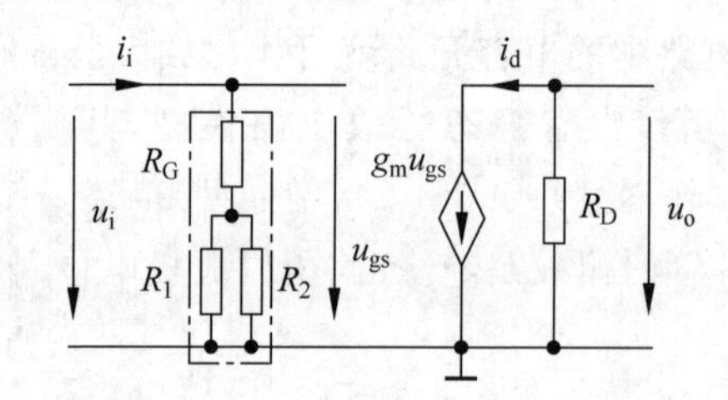

图 5-20 MOS 管放大器的微变等效电路

例 5-5 已知图 5-17 所示 MOS 管放大器中,MOS 管的参数为 $I_{DSS}=0.93\text{mA}$,$V_P=-4\text{V}$,$g_m=0.3\text{mA/V}$;电路参数为 $R_1=200\text{k}\Omega$,$R_2=50\text{k}\Omega$,$R_G=1\text{M}\Omega$,$R_D=12\text{k}\Omega$,$R_S=10\text{k}\Omega$,$V_{DD}=20\text{V}$。计算放大器的静态工作点和交流指标。

解:(1) 静态分析。做出放大器的直流通路如图 5-18 所示,由前述分析可知

$$V_G = \frac{R_2}{R_1+R_2}V_{DD} = \frac{50}{200+50}\times 20\text{V} = 4\text{V}$$

栅源之间的偏置电压为

$$U_{GS} = V_G - V_S = 4 - I_D R_S$$

N 沟道耗尽型 MOS 管的电流方程为

$$I_D = I_{DSS}\left(1-\frac{U_{GS}}{V_P}\right)^2$$

联立求解以上两式，可得 $I_D=0.56\text{mA}$，$U_{GS}=-1.6\text{V}$，所以

$$U_{DS}=V_{DD}-I_DR_D-I_DR_S=20-0.56\times12-0.56\times10\text{V}=7.68\text{V}$$

（2）动态分析。做出放大器的微变等效电路如图5-20所示，可得

$$A_{u0}=-g_mR_D=-0.3\times12=-3.6$$

$$r_i=R_G+R_1 /\!/ R_2=1000\text{k}\Omega+200\text{k}\Omega /\!/ 50\text{k}\Omega=1040\text{k}\Omega$$

$$r_o=R_D=12\text{k}\Omega$$

一般来说，MOS管的跨导与静态工作点 U_{GS} 有关，可以通过将式(4-1)（耗尽型）或式(4-2)（增强型）对 U_{GS} 求导得出。

5.5　多级放大器

由一个晶体管或场效应管构成的基本放大器称为单级放大器。单级放大器的电压增益一般为几十倍，这在很多场合是远远不够的。例如，无线电收音机接收到的电台广播信号幅度一般在毫伏级，要使扬声器正常工作需要将信号放大到几伏；在工业控制中用于检测炉温的热电偶的输出信号通常在微伏级，为满足模-数转换的要求需要将信号放大到十几伏；在生物医学领域，测量信号常常低于微伏。这些应用中所需要的电压增益成千上万，单级放大器无法实现。实际使用中常将多个单级放大器串联起来构成多级放大器，对信号进行多级放大，以获得所需要的输出幅度。多级放大器的构成如图5-21所示。本节简单介绍多级放大器的电压增益、级间耦合方式和放大器的频率特性。

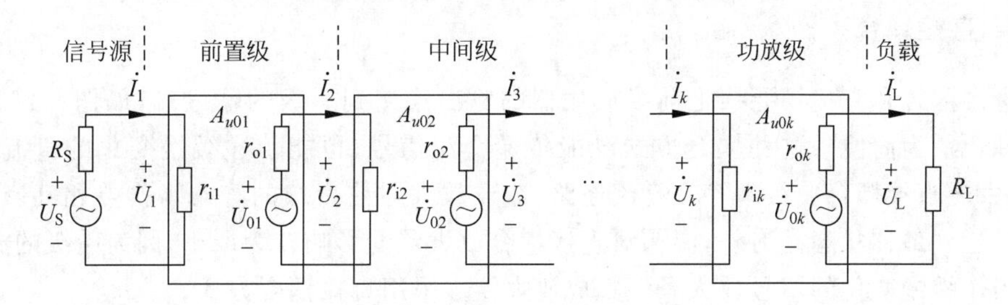

图5-21　多极放大器的构成示意图

5.5.1　多级放大器的电压增益

图5-21是多级放大器的构成示意图，各单级放大器的输入电压、空载输出电压、空载电压放大倍数、输入电阻和输出电阻分别用 $\dot{U}_j$、$\dot{U}_{0j}$、A_{u0j}、r_{ij} 和 r_{oj} 表示，其中 $j=1,2,\cdots,k$；信号源的电动势为 $\dot{U}_S$，内阻为 R_S；负载电阻为 R_L。

由电阻分压关系和空载电压放大倍数的定义，不难写出

$$\dot{U}_1=\frac{r_{i1}}{R_S+r_{i1}}\dot{U}_S,\dot{U}_2=\frac{r_{i2}}{r_{o1}+r_{i2}}\dot{U}_{01},\cdots,\dot{U}_k=\frac{r_{ik}}{r_{ok-1}+r_{ik}}\dot{U}_{0k-1},\dot{U}_L=\frac{R_L}{r_{ok}+R_L}\dot{U}_{0k}$$

$$\dot{U}_{01}=A_{u01}\dot{U}_1,\dot{U}_{02}=A_{u02}\dot{U}_2,\cdots,\dot{U}_{0k}=A_{u0k}\dot{U}_k$$

所以

$$\dot{U}_{0k}=A_{u0k}\dot{U}_k=A_{u0k}\frac{r_{ik}}{r_{ok-1}+r_{ik}}\dot{U}_{0k-1}=A_{u0k}\frac{r_{ik}}{r_{ok-1}+r_{ik}}A_{u0k-1}\frac{r_{ik-1}}{r_{ok-2}+r_{ik-1}}\dot{U}_{k-2}$$

$$=\cdots=A_{u0k}\frac{r_{ik}}{r_{ok-1}+r_{ik}}A_{u0k-1}\frac{r_{ik-1}}{r_{ok-2}+r_{ik-1}}\cdots\frac{r_{i2}}{r_{o1}+r_{i2}}A_{u01}\dot{U}_1$$

由此可以写出多级放大器的空载放大倍数

$$A_{u0}=\frac{\dot{U}_{0k}}{\dot{U}_1}=\frac{r_{ik}}{r_{ok-1}+r_{ik}}\frac{r_{ik-1}}{r_{ok-2}+r_{ik-1}}\cdots\frac{r_{i2}}{r_{o1}+r_{i2}}A_{u0k}A_{u0k-1}\cdots A_{u01} \tag{5-29}$$

多级放大器的第一级称为前置级,最末级称为功放级。前置级的输入电阻就是放大器的输入电阻,功放级的输出电阻就是放大器的输出电阻,即 $r_i=r_{i1}$,$r_o=r_{ok}$。

由放大器的空载放大倍数,放大器的输入电阻和信号源内阻的分压关系,放大器的输出电阻和负载电阻的分压关系,不难写出放大器的带载电压放大倍数 $A_u=\dot{U}_L/\dot{U}_1$ 和源载放大倍数 $A_{uS}=\dot{U}_L/\dot{U}_S$ 的计算式。读者可以自行推导。

5.5.2 放大器的级间耦合方式

放大器的级间耦合方式是指信号在放大器前后级间的传递方式,就是放大器前级的输出信号如何传送到后级,实现逐级放大。放大器的级间耦合方式主要有直接耦合、阻容耦合和变压器耦合 3 种。

1. 直接耦合

直接耦合是直接用导线把前级放大器的输出连接到后级的输入端,如图 5-22 所示。直接耦合最为简便。这种耦合方式既能传递交流信号,也能传递缓慢变化的直流信号。但是,由于直接耦合使级间存在直流通路,造成放大器前后级的静态工作点相互影响,难以同时达到最佳状态。另外,温漂对直接耦合放大器的影响较为严重,因为前级的温漂被后级当作缓慢变化的信号放大了。集成放大器多采用直接耦合方式。

2. 阻容耦合

阻容耦合是通过电容把前级放大器的输出信号传送到后级的输入端,如图 5-23 所示。用于在级间传送信号的电容称为耦合电容,如图 5-23 中的 C_1、C_2 和 C_3。耦合电容能够在级间传递交流信号的同时隔断直流通路。这样,阻容耦合放大器各级的静态工作点相互独立,互不影响,便于设置到合适的工作状态。因为各级的温漂不会被下一级放大,所以温漂对阻容耦合放大器的影响不太严重。分立元件的交流放大器大部分都采用阻容耦合方式。为使中频段(一般为几千赫兹到近兆赫兹)的信号能近于无损耗的通过,要求耦合电容的容量要足够大。通常交流放大器中所用的耦合电容都是电解电容,容量一般为几十微法。

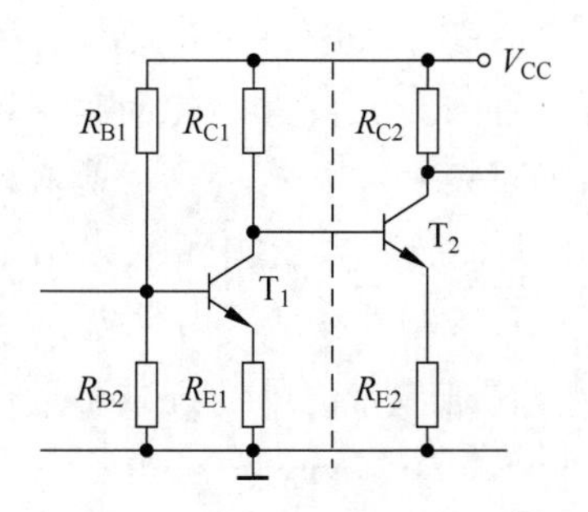

图 5-22　放大器的直接耦合

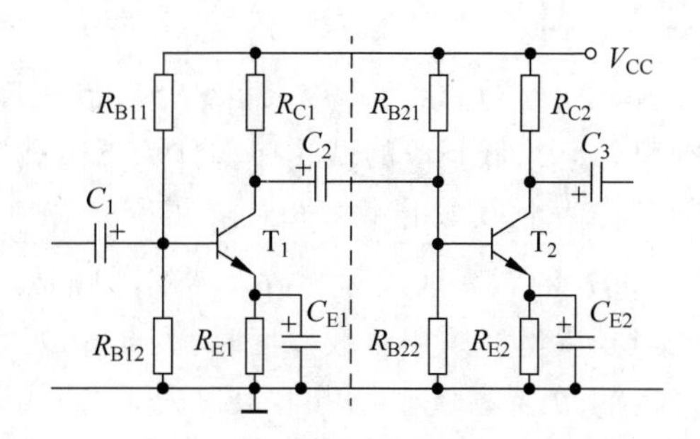

图 5-23　放大器的阻容耦合

3. 变压器耦合

变压器耦合是使用音频或中频变压器把前级放大器的输出信号传送到后级的输入端，如图 5-24 所示。无线电收音机中所用的"中周"就是一种中频变压器。变压器也能在级间传递交流信号的同时隔断直流，使得放大器各级的静态工作点相互独立。变压器耦合的主要好处是可以实现级间阻抗匹配，使放大器的输出功率接近最大。另外，中频变压器在传递信号的同时，常常还兼有选频的功能。变压器耦合的不足之处是变压器，特别是音频变压器的体积比较大，高频特性比较差。

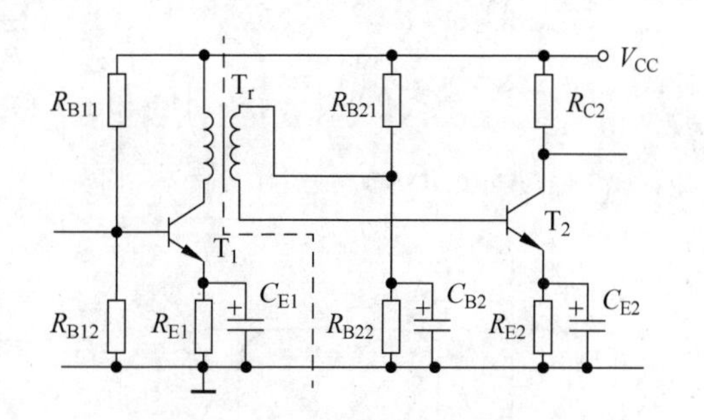

图 5-24　放大器的变压器耦合

5.5.3　放大器的频率特性

由于受到电路中的电抗元件(如耦合电容、旁路电容等)和半导体器件的极间电容、等效结电容，以及电路的分布电容、导线电感等因素的影响，放大器对不同频率的信号呈现不同的放大倍数。一般来说，耦合电容和旁路电容的阻抗变大是造成放大器低频段放大倍数下降的主要原因；半导体器件的等效结电容以及电路的分布参数等是造成放大器高频段放大倍数下降的主要原因。前面所介绍的微变等效电路仅适用于中频段。

放大器的电压放大倍数 A_u 定义为输出电压和输入电压的相量之比，在一般情况下 A_u 是个复数，即放大倍数包括幅度和相位两部分。放大器的放大倍数和频率的关系就是放大器的频率特性。频率特性又可分为幅频特性和相频特性。幅频特性是指放大倍数的幅值和频率的关系，相频特性是指放大倍数的相位(即辐角)和频率的关系。典型的放大器幅频特性如图 5-25 所示。横坐标代表频率，为使低频和高频部分都能清楚地显示出来，频率坐标常采用对数标度(在按对数标度的横坐标上，每个等距间隔所代表的频率相差十倍，常称为十倍频程)；纵坐标代表放大倍数的幅值。在图 5-25 中可以看出：放大器的放大倍数仅在中间一段频率范围内保持不变，在频率较低或较高时，放大倍数都会下降。中频段的放大倍数称为中频放大倍数，在图 5-25 中用 A_{uM} 表示(在前面所计算的放大倍数就是此处的 A_{uM})。放大倍数下降到中频放大倍数的 $1/\sqrt{2}$(0.707)时的频率称为截止频率，其中，低频段的截止频率称为下限截止频率(下限频率)，用 f_L 表示；高频段的截止频率称为上限截止频率(上限频率)，用 f_H 表示，放大倍数大于中频放大倍数的 $1/\sqrt{2}$(0.707)的频率区段称为放大器的通频带，用 ΔF 表示，即 $\Delta F = f_H - f_L$，如图 5-25 所示。当频率坐标采用对数标度时，大部分放大器的增益在通频带之外的衰减可近似表示为线性的，常称为每十倍频程衰减若干分贝。

工程上常用分贝增益表示放大倍数的幅值，其单位为分贝(dB)。分贝增益定义为

$$K_{dB} = 20\lg |A_u| \tag{5-30}$$

其中，K_{dB} 为放大器的分贝增益；lg 是以 10 为底的对数。

用分贝表示的放大器的频率特性如图 5-26 所示。由于在截止频率处，放大器的放大倍数为 $\frac{1}{\sqrt{2}}A_{uM} = 0.707A_{uM}$。而

$$20\lg\left(\frac{1}{\sqrt{2}}A_{uM}\right) = 20\lg A_{uM} - 20\lg\sqrt{2} = 20\lg A_{uM} - 3$$

即截止频率处的分倍增益比中频分贝增益下降了 3dB。

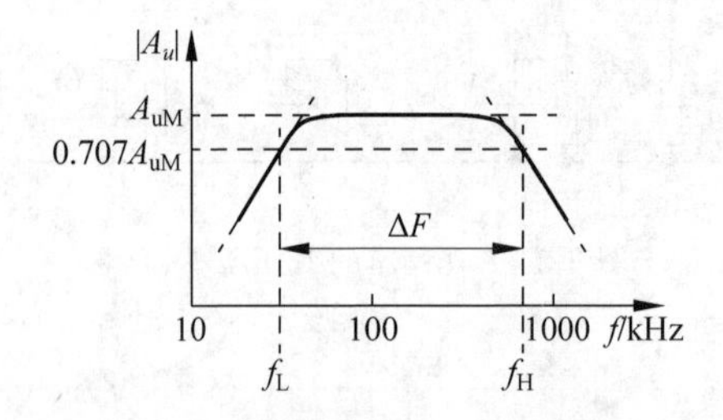

图 5-25 放大器的幅频特性曲线

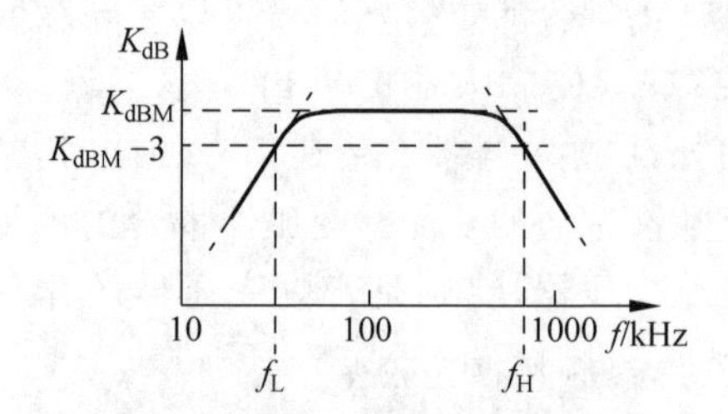

图 5-26 用分贝表示的幅频特性

习题 5

一、思考题

1. 简述共射极晶体管基本放大电路(见图 5-2)中各元件的作用。若电路中的 R_B 断开了，定性画出此时有交流信号输入的电路各点的波形。

2. 在图 5-1 所示的晶体管基本放大电路中，信号源 e_S 中有没有直流电流？电源 E_C 中有没有交流电流？

3. 简述分压偏置晶体管放大电路(见图 5-10)中各元件的作用。若电路中的 R_{B2} 断开了，定性画出此时在输入交流信号作用下电路各点的波形。

4. 比较图 5-10、图 5-11 和图 5-12 所示的同一放大器的不同通路中标注晶体管各电极电流所用符号的不同，说明其含义上的区别。

5. 在晶体管放大电路中,为什么要设置静态工作点？若不设置静态工作点会怎样？

6. 若图 5-2 所示放大电路的静态工作点在图 5-4(b)所示的 Q'点,应如何调整电路才能使工作点转到 Q 点？

7. 若图 5-2 所示放大电路的静态工作点在图 5-4(b)所示的 Q''点,定性画出电路出现一定程度的失真时电路各点的相应波形。这时的失真主要是何种失真？

8. 在图 5-10 所示分压偏置放大电路中,简述由于温度下降引起的静态工作点的稳定过程。在温度下降后,表示静态工作点的 3 个量 I_B,I_C,U_{CE} 中哪些量近似不变？哪些量会有变化？

9. 若图 5-10 所示分压偏置放大电路中的晶体管因为老化 β 值下降了,简述这时静态工作点的稳定过程。

10. 做出晶体管的微变等效电路,简要说明等效电路中各元件的意义。

11. 为什么不能用放大电路的微变等效电路来计算放大器的静态工作点？说明微变等效电路的适用范围。

12. 计算交流放大倍数的微变等效电路中并没有直流电源,所以放大器可以不用直流电源,这种说法是否正确？为什么？

13. 说明 A_u 和 A_{u0} 有何区别？若已知放大器的空载电压放大倍数 A_{u0}、输出电阻 r_o、负载电阻 R_L 和信号源内阻 R_S,推导放大器的电压电压放大倍数 A_u 和源载电压放大倍数 A_{us}。

14. 说明晶体管的输入电阻 r_{be} 和放大器的输入电阻 r_i、晶体管的输出电阻 r_{ce} 和放大器输出电阻 r_o 的区别,在什么条件下两者可以等效互换？

15. 为什么晶体管的发射结电阻 r_e 折算到基极回路要变大 $1+\beta$ 倍？

16. 叠加原理只适用于线性电路,而晶体管是非线性元件。为什么在由微变等效电路计算交流分量时,可以按叠加原理将直流电压源短路？

17. 简述放大器的负载效应及产生负载效应的原因。

18. 写出图 5-10 所示分压偏置放大电路的动态指标的计算式。

19. 既然射极输出器的电压放大倍数为 1,也就是说,射极输出器的输出电压和输入电压是一样的,那么为什么还要使用射极输出器？

20. 从电路构成、工作原理、分析方法、计算公式等方面简述场效应管放大器和晶体管放大器的相同点和不同点。

21. 说明温度变化时,图 5-17 所示场效应管放大器的工作点稳定过程。(稳定升高使漏极电流 I_D 变大)

22. 由 MOS 管的电流方程推导其跨导表达式,并结合 MOS 管结构原理,找出增大跨导的措施。

23. 参照图 5-21 所示多级放大器的构成示意图,推导放大器的有载电压放大倍数 $A_u=\dot{U}_L/\dot{U}_1$ 和源载电压放大倍数 $A_{us}=\dot{U}_L/\dot{U}_S$ 的计算式。

24. 简述放大器的几种级间耦合方式的主要优缺点。若要设计一个电子体温计,其中的放大器应采用哪种耦合方式？

25. 在截止频率处，放大器的负载电阻所获得的功率比中频时下降了多少？直接耦合放大器的下限截止频率应该是多少？

二、计算题

1. 判断图5-27所示各电路能否对信号进行线性放大，并说明理由。

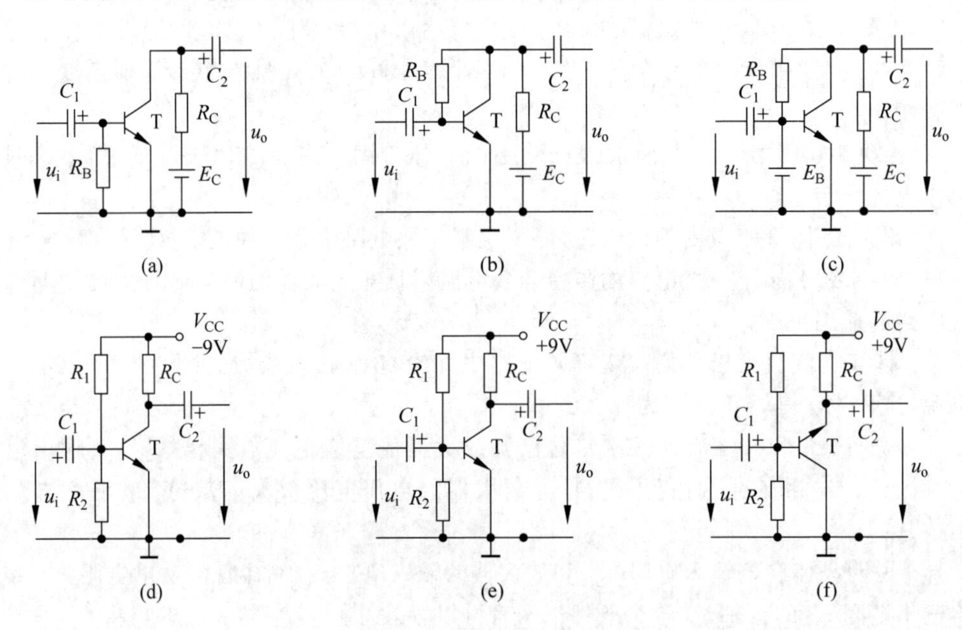

图5-27 计算题1的电路图

2. 图5-28(a)所示放大电路的输入、输出波形如图5-28(b)所示。说明此时的失真是饱和失真还是截止失真？应如何调整电路才能消除此失真？

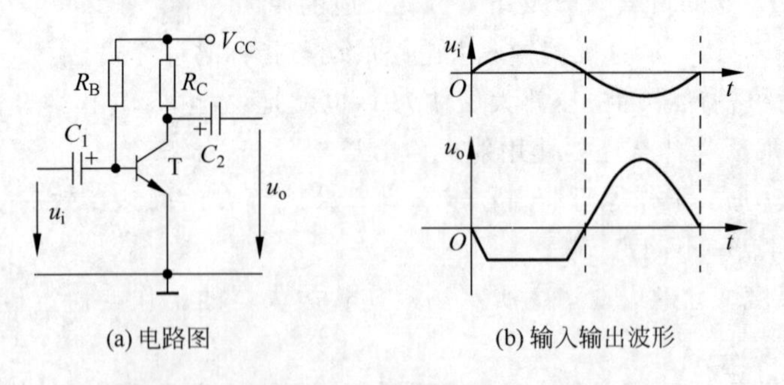

图5-28 计算题2图

3. 设图5-29所示各放大电路中晶体管的参数均为$\beta=50$，$V_{BES}=0.7\text{V}$。确定电路中各未知电阻的阻值，使电路具有合适的静态工作点，输出动态范围最大。

4. 放大器电路如图5-30所示，已知$V_{CC}=+12\text{V}$，$R_C=3\text{k}\Omega$，$R_B=240\text{k}\Omega$，$\beta=50$，$V_{BES}=0.7\text{V}$，$R_L=2\text{k}\Omega$。求放大器的静态工作点，电压放大倍数A_u，输入电阻r_i，输出电阻r_o。

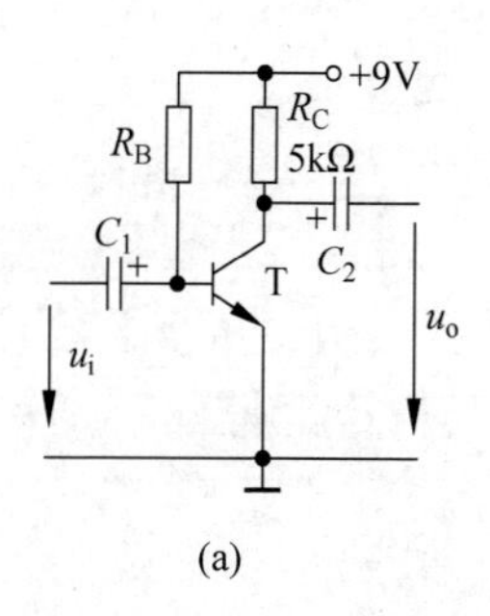

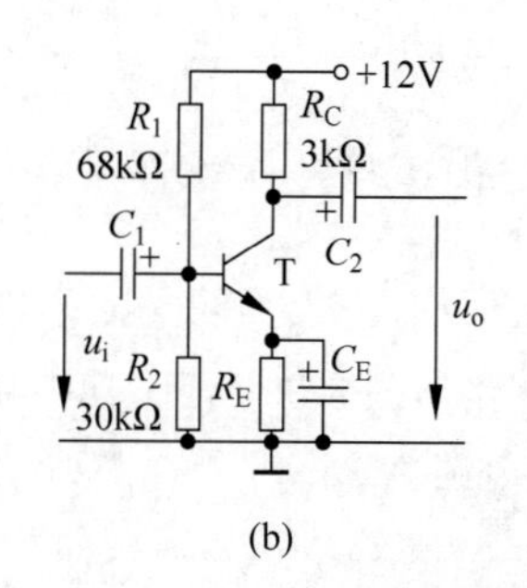

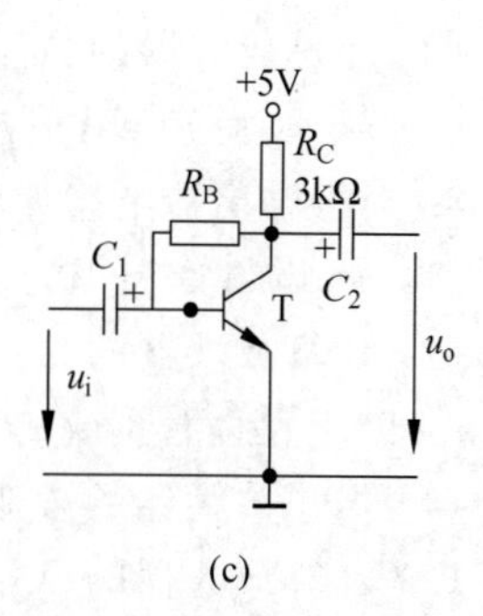

图 5-29　计算题 3 的电路图

5. 图 5-31 所示放大器中，$V_{CC}=+12V$，$R_C=4k\Omega$，$R_1=140k\Omega$，$R_2=40k\Omega$，$R_E=2k\Omega$，$\beta=100$，$V_{BES}=0.7V$。求放大器的静态工作点，电压放大倍数 A_{u0}，输入电阻 r_i，输出电阻 r_o。

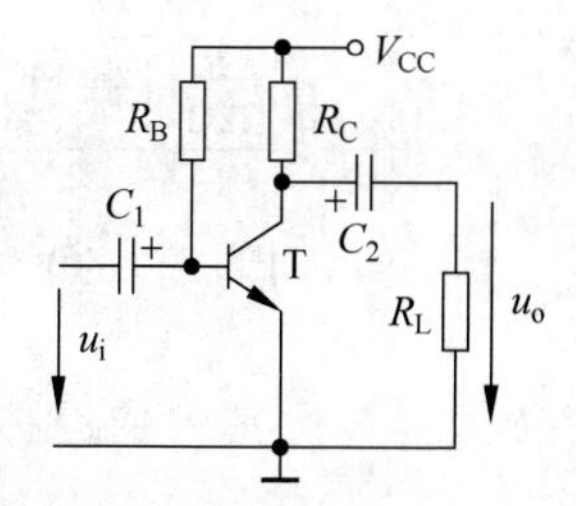

图 5-30　计算题 4 的电路图

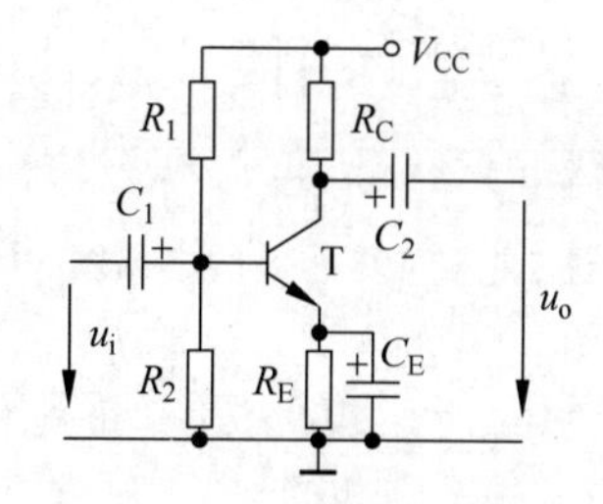

图 5-31　计算题 5 的电路图

6. 放大器电路如图 5-32 所示，其中晶体管的 $\beta=40$，$V_{BES}=0.7V$。

(1) 计算放大器的静态工作点。

(2) 做出放大器的微变等效电路。

(3) 计算放大器的 A_u，r_i，r_o。

(4) 若 $R_S=500\Omega$，求 A_{us}。

7. 放大器电路如图 5-33 所示，其中晶体管的 $\beta=80$，$V_{BES}=0.7V$。

(1)计算放大器的静态工作点。

(2) 做出放大器的微变等效电路。

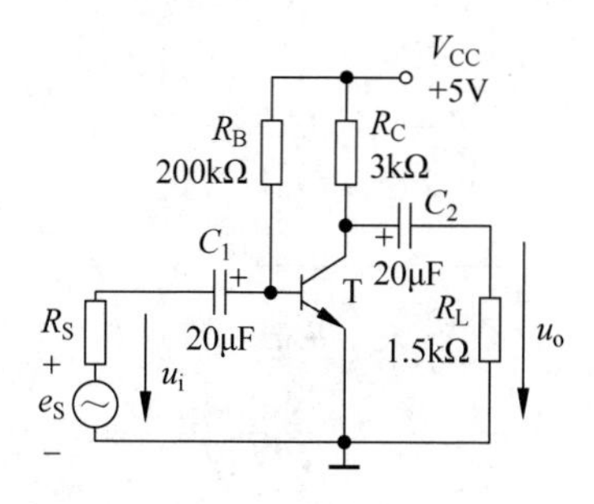

图 5-32　计算题 6 的电路图

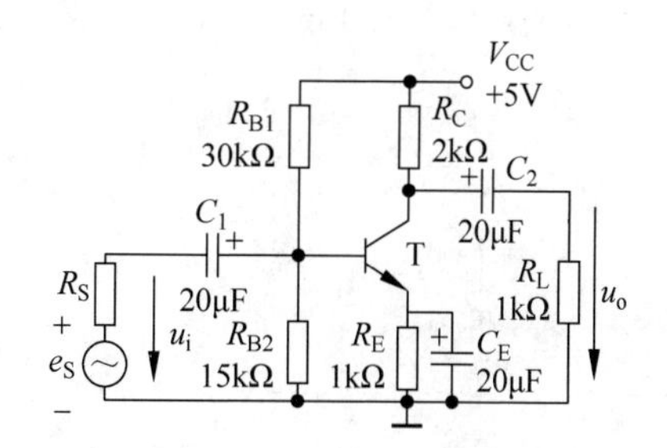

图 5-33　计算题 7 的电路图

(3) 计算放大器的 A_u, r_i, r_o。

(4) 若 $R_S=500\Omega$, 求 A_{us}。

8. 射极输出器电路如图 5-34 所示,其中晶体管的 $\beta=60$, $V_{BES}=0.7V$。

(1) 做出放大器的微变等效电路。

(2) 计算放大器的 A_u、r_i、r_o。

9. PNP 晶体管构成的放大电路如图 5-35 所示,其中晶体管的 $\beta=80$, $V_{BES}=-0.5V$。

(1) 做出放大器的微变等效电路。

(2) 计算放大器的 A_{u0}, r_i, r_o。

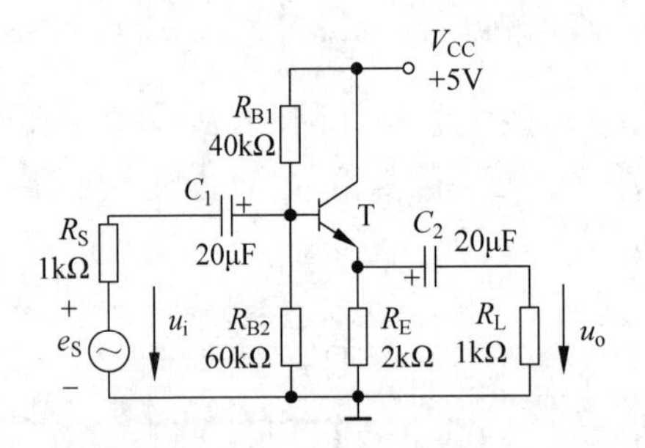

图 5-34 计算题 8 的电路图

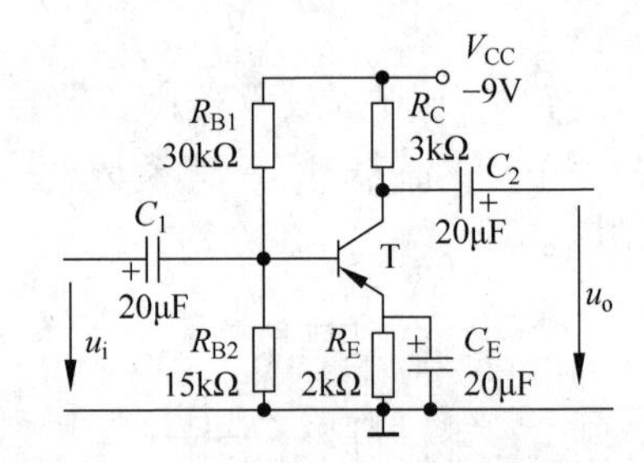

图 5-35 计算题 9 的电路图

10. 图 5-36 所示电路是一种具有交流负反馈的放大器,设其中的晶体管 $\beta=60$, $V_{BES}=0.7V$, $r_{be}=1.3k\Omega$。

(1) 做出放大器的微变等效电路。

(2) 计算放大器的 A_{u0}、r_i、r_o。

11. 图 5-37 所示电路也是一种具有交流负反馈的放大器,设其中的晶体管 $\beta=40$, $V_{BES}=0.7V$。

(1) 确定电路的静态工作点。

(2) 做出放大器的微变等效电路。

(3) 计算放大器的交流参数 A_{u0}、r_i、r_o。

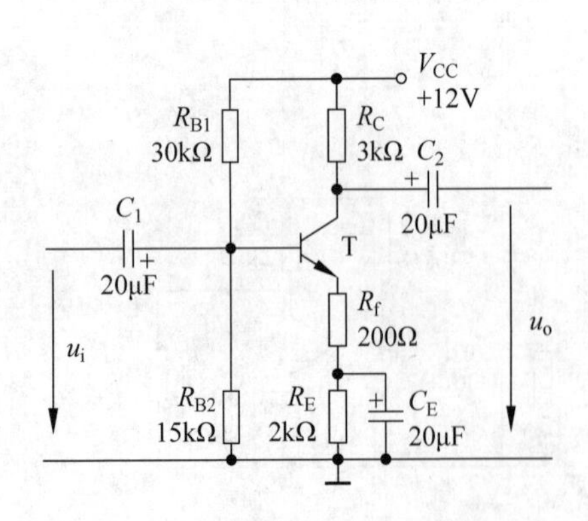

图 5-36 计算题 10 的电路图

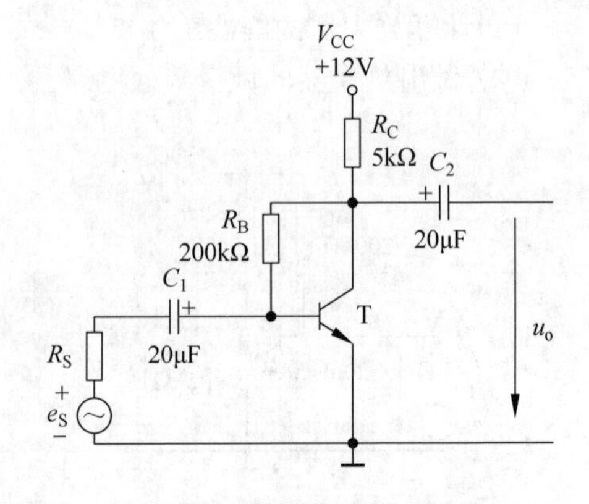

图 5-37 计算题 11 的电路图

12. 某交流放大器在输入信号为 $U_i=10\text{mV}$ 时,当输出端空载时测得输出为 $U_{o0}=5\text{V}$,当输出端空载接有负载电阻 $R_L=2\text{k}\Omega$ 时测得输出为 $U_o=3\text{V}$。求放大器的 A_{u0} 和 r_o。

13. 某放大器连接如图 5-38,已知放大器的动态指标为 $A_{u0}=10^3$,$r_i=1\text{k}\Omega$,$r_o=4\text{k}\Omega$;$U_S=5\text{mV}$,$R_S=1\text{k}\Omega$,$R_L=2\text{k}\Omega$。计算放大器的输出电压 U_o。

14. MOS管放大电路如图 5-39 所示,其中 MOS 管的参数为 $I_{DSS}=2\text{mA}$,$V_P=-2\text{V}$,$g_m=1.2\text{mA/V}$。

(1) 确定电路的静态工作点。

(2) 做出放大器的微变等效电路。

(3) 计算放大器的交流参数 A_{u0}、r_i、r_o。

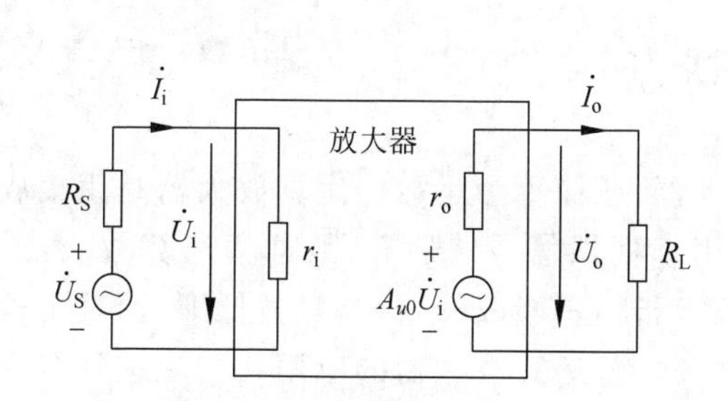

图 5-38 放大器的连接示意图

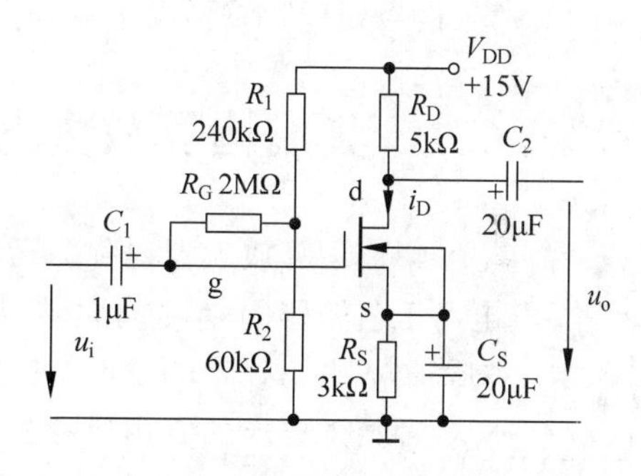

图 5-39 MOS管放大器

15. 有两个单级放大器分别为 A:$A_{u0}=-50$,$r_i=2\text{k}\Omega$,$r_o=1\text{k}\Omega$;B:$A_{u0}=-20$,$r_i=20\text{k}\Omega$,$r_o=4\text{k}\Omega$。已知信号源为 $U_S=10\text{mV}$,$R_S=5\text{k}\Omega$;负载电阻为 $R_L=1\text{k}\Omega$。两个单级放大器应如何连接才能使负载得到最大电压?这个最大电压为何值?

16. 将两个参数均为空载分贝增益 $K_{dB0}=40\text{dB}$,输入电阻 $r_i=2\text{k}\Omega$,输出电阻 $r_o=4\text{k}\Omega$ 的放大器串联起来,其总的分贝增益为何值?若所接信号源为 $U_S=4\text{mV}$,$R_S=2\text{k}\Omega$;负载电阻为 $R_L=1\text{k}\Omega$,则输出电压为何值?

第6章

集成运算放大器

集成运算放大器是现代电子技术中的一种基本功能部件，应用非常广泛。本章介绍集成运算放大器的特点、主要技术指标、基本分析方法，以及在信号运算、信号处理和波形发生器等方面的应用。

6.1 集成运算放大器的特点

集成运算放大器也称为运算放大器，或简称为运放。运算放大器是用集成电路工艺制作的单片放大器，最早用于模拟信号的运算，故称为运算放大器。随着集成电路技术的发展，其各项技术指标不断改善，价格日益低廉，出现了适应各种特殊要求的专用运算放大器。目前，运算放大器的应用几乎渗透到电子技术的各个领域，以运算放大器为基础，可以构成各种放大器、信号处理器、波形发生器等电路。运算放大器具有精度高、功耗低、使用灵活方便的特点。

需要注意，运算放大器与晶体管放大电路特点不同，晶体管放大器在高频、大电流、高压、开关等应用方面有优势，因此运算放大器尚不能完全取代分立元件放大器。

6.1.1 运算放大器的特点

运算放大器是具有高放大倍数的直接耦合放大电路，它有以下特点。

1. 能放大直流信号

一些温度、压力传感器的信号只有几十毫伏，需要高精度直流放大器才能放大到可利用的幅度。直流放大器需采用直接耦合方式。因为半导体器件的温度漂移十分严重（如晶体管 U_{be} 的温度漂移约 -2mV/℃），因此传统分离元件放大电路不适合放大直流信号。差分放大器采用补偿原理减小了输入级温度漂移，但如果不能集成化，也不能做到很好的匹配。

集成运算放大器采用集成电路工艺，将整个电路做在一个很小的硅片上。虽然集成电路工艺制作的元件精度不是很高，但各元件性能一致性很好、距离很近、所处环境温度基本相同。其输入级的差分放大器可以有效抑制温度漂移。运算放大器的失调电压很低，完全能够胜任毫伏级直流信号的放大。

运算放大器同样可以放大交流信号。

2. 闭环增益稳定

运算放大器的开环增益很高，通过外接负反馈电路可以获得较低但很稳定的线性放大增益。用运算放大器容易实现性能稳定的信号放大和处理，这是分立元件放大器难以做到的。

3. 外围器件少、耗电少

运算放大器包含完整的放大电路。电路可分为输入级、中间级、输出级和偏置电路 4 部分。输入级采用差分放大电路，能抑制共模干扰，包括温度漂移；中间级是一个高增益放大器，同时在输入级和输出级之间起到电平匹配作用；输出级是一个 OCL 功率放大电路，可以提供较大的输出电流；偏置电路向各级放大电路提供偏置电流和有源负载。

除个别情况需要外接调零电位器或频率补偿电容/电阻外，大部分运算放大器可直接使用而不需要外接辅助器件。运算放大器各级偏置电流很小，整体功耗很低，电源电压的适应范围较宽。

4. 应用广泛

运算放大器已成为电子线路中的基本元件，可以像二极管、晶体管一样灵活使用。运算放大器多用于高精度信号放大处理。

在设计应用电路时，要考虑输入信号与运算放大器输入的匹配，运算放大器输出与负载的匹配，以及运算放大器的选取，电源电压的选择等。

目前电路设计大量采用各种模拟和数字集成电路，使用这些器件能简化电路结构、减小体积质量、提高性能和可靠性。从某种意义上讲，能否设计有竞争力的电子装置，取决于设计者对各种集成电路的熟悉程度。

6.1.2 运算放大器

运算放大器符号如图 6-1(a)所示。一个运算放大器有两个输入端和一个输出端，V_{i+} 称为同相输入端，V_{i-} 称为反相输入端，V_o 称为输出端。理想运算放大器的放大关系为

$$V_o = A_0(V_{i+} - V_{i-})$$

式中，A_0 为开环差模电压增益，一般 A_0 非常大，有几万倍以上。实际运算放大器的 V_o 不能超出电源电压的范围。

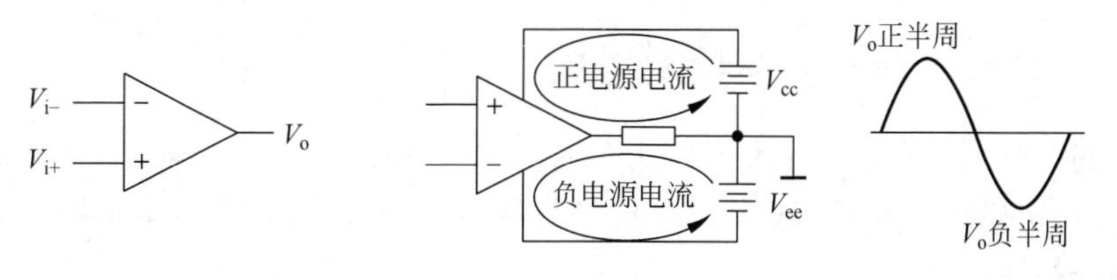

(a) 运算放大器符号　　(b) 双电源供电时电源电流方向

图 6-1 运算放大器符号和电源

运算放大器有两个电源端，如图 6-1(b)所示。在原理电路图中电源端可以不画出来，但并不表示没有电源端，在工程中使用的电路图不仅要画出电源端，还常标出集成电路的引脚编号。

正电源 V_{cc} 在正半周向负载供电，产生正半周负载电流；负电源 V_{ee} 在负半周向负载供电，产生负半周负载电流。

可以想象，V_o 端对 V_{cc} 和 V_{ee} 之间各有一个缓慢接通的开关(即运算放大器输出级的 OCL 放大电路)来调整负载电压 V_o 的变化，因此 V_o 上限是 V_{cc}，下限是 V_{ee}。缓慢接通的开关受 V_{i+} 和 V_{i-} 控制，它们可以有一个接通，但不会同时接通。

运算放大器内部有过电流保护电路，防止负载短路时输出电流过大损坏电路。

3 种常用运算放大器外形和引脚如图 6-2 所示。

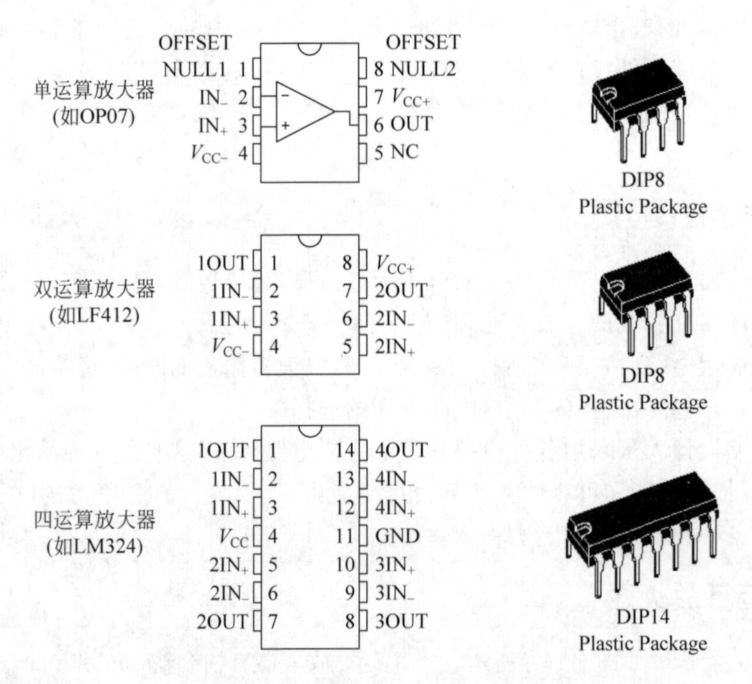

图 6-2　3 种常用运算放大器外形和引脚

运算放大器引脚的表示方法各有不同。图 6-2 中 IN_- 表示反相输入端，IN_+ 表示同相输入端，OUT 表示输出端，V_{CC+} 表示正电源，V_{CC-} 或 GND 表示负电源，OFFSET NULL 表示调零端。DIP 表示引脚为双列直插方式，Plastic Package 表示塑料封装。

6.1.3　运算放大器的主要技术指标

不同的电路设计对运算放大器性能有不同要求，有的希望直流放大精度高，有的需要速度快，有的需要耗电低等。实际运算放大器种类型号很多，其指标各有侧重，合理选用器件对提高性能和降低成本十分重要。

运算放大器有 20 多种技术指标，常用的 8 种如下。

1. 输入失调电压(input offset voltage)V_{os}

实际运算放大器的放大关系可写成 $V_o=A_0(V_{i+}-V_{i-}\pm V_{os})$,它是由于运算放大器输入级晶体管参数失配造成的。输入电压需要补偿 V_{os} 后才能达到正确放大关系,因此 V_{os} 会降低直流信号放大的精度。V_{os} 以其绝对值表示,一般为 2~10mV,性能较好的在 2mV 以下,如 OP07 为 10μV,一些高性能运算放大器带有斩波稳零电路(如 ICL7650),V_{os} 可达到 1μV,适合放大热电偶一类的弱直流电压信号。

一些运算放大器有调零端,可外接调零电位器将 V_{os} 调整到可接受的程度。

2. 输入失调电压温漂(input offset voltage drift)$\frac{dV_{os}}{dT}$

输入失调电压温漂为 V_{os} 的温度系数,单位一般为 μV/℃。如 OP07 为 0.2μV/℃,如果在 0~50℃工作,V_{os} 变化为 10μV。V_{os} 可以调整到 0,但温漂一般无法补偿。考虑宽温度范围工作时,这个指标往往比 V_{os} 更为重要。

3. 输入偏置电流(input base current)I_B

输入偏置电流指运算放大器两个输入端的平均输入直流偏置电流。输入端对应运算放大器内部差分放大器晶体管的基极或 FET 的栅极,总是希望 I_B 越小越好,I_B 会在信号源内阻上产生压降,导致误差。

一般晶体管输入级的偏置电流稍大,如 LM324 达 100nA,场效应管输入级的偏置电流较小,约为 50pA。

类似地,存在输入失调电流(input offset current)I_{os} 和输入失调电流温漂(input offset current drift)$\frac{dI_{os}}{dT}$,使两个输入端偏置电流产生不平衡。

4. 开环差模电压增益(voltage gain)A_0

对两个输入端电压差的放大能力,除用倍数表示外,也可以用 V/mV 做单位,如果用分贝表示则为 $20\lg A_0$,如通用运算放大器 LM741 为 200V/mV(106dB),OP27 达 1500V/mV。

5. 共模抑制比(common mode rejection ratio)CMRR

对运算放大器的基本要求是只放大输入电压差(差模输入),而不放大两个电压的平均值(共模输入)即共模增益 $A_{vc}=\frac{V_o}{V_{ic}}\approx 0$,$V_{ic}=(V_{i+}+V_{i-})/2$ 为共模输入电压。CMRR 定义为

$$\mathrm{CMRR}=20\lg\left|\frac{A_0}{A_{vc}}\right|$$

LM741 的 CMRR 至少为 70dB。

6. 差模输入电阻(differential mode input resistance)r_{id}

差模输入电阻是指输入的差模电压与其引起的差模输入电流之比。一般场效应管输入级的 r_{id}(约 200GΩ)比晶体管输入级的(约 2MΩ)大,但这并不等于实际放大器的输入电阻,因为实际放大器是带有负反馈回路的闭环放大器,放大器输入电阻与负反馈电路结构有关。

7. 单位增益带宽(unity gain bandwidth)G_{BW}

运算放大器接成增益为 1 的跟随器,输入小信号时,随频率增加增益降低为 0.707 时所对应的频率称为单位增益带宽。也有定义为开环放大器的增益降低为 1 时所对应的频率。

由于运算放大器的开环带宽较窄(几赫兹至几千赫兹),一般假设运算放大器在单位增益带宽内只有一个极点,因此运算放大器开环增益 A_0 随频率增大而减小,A_0 与频率乘积等于 G_{BW},由此可以推算不同频率下的 A_0 值。

8. 转换速率(slew rate)S_R

S_R 表示运算放大器输出电压的极限转换速率,单位为 V/μs。G_{BW} 表示运算放大器的小信号性能,而 S_R 表示大信号时运算放大器的响应速度,S_R 越大表示运算放大器对脉冲信号的响应越好。如高速运算放大器 LM318 的 S_R=50V/μs。

除此之外,还有一些指标,如电源电压对失调电压的影响 PSRR,折合到输入端的噪声电流电压密度 I_N/e_N,输出短路电流、电源电流、电源电压范围、最大输入输出电压范围等。

6.1.4 运算放大器的选择

虽然集成运算放大器的基本用法简单,但其种类繁多,要根据应用电路的要求合理选型。例如,微弱直流电压信号的放大需要很低的失调电压和失调电压温漂,微弱直流电流放大需要运算放大器有很低的偏置电流、失调电流和失调电流温漂,高速信号放大需要运算放大器有高的带宽和转换速率指标,电池供电电路需要低功耗,功率放大电路需要高电源电压和大电流型等。但这些指标相互之间有矛盾,速度高则功耗大,偏置电流小的失调电压大,如果各方面性能都好,则价格会难以承受。因此需要仔细分析运算放大器对电路性能的影响,在精度、速度、功耗、价格等指标之间折中,优先选用通用型器件。

另外,同其他集成电路一样,运算放大器按工作温度不同分为军用级(−55～125℃)、工业级(−25～85℃)和商业级(0～70℃),价格差别较大。

表 6-1 是几种常用运算放大器的部分指标参数。

表 6-1 几种常用运算放大器的部分指标参数

类型	通用	低成本	高速	高阻	精密	微功耗
型号	μA741	LM324	LM318	LF412	OP07A	LM4250
失调电压/mV	1	2	4	1	0.01	3

续表

类型	通用	低成本	高速	高阻	精密	微功耗
偏置电流/nA	80	45	150	0.05	0.7	7.5
开环增益/(V/mV)	200	100	200	100	500	100
转换速率/(V/μs)	0.5	—	50	10	0.3	—
单位增益带宽/MHz	1	1	15	3	0.8	—
电源电流/mA	3	1.5	7	3.6	2.5	0.011

6.2 常用模拟信号放大、运算电路

使用运算放大器可以方便地处理模拟信号。应用最多的是放大电路(同相、反相放大器),其次是运算电路(加法、减法、积分、微分、对数和反对数等),例如自动控制中的PID调节器,可以用运算放大器实现比例(P)、积分(I)、微分(D)运算,再是信号处理电路(各类有源滤波器)和波形变换电路(脉冲振荡器、比较器)等。

尽管模拟信号已越来越多采用计算机技术处理,但数字处理器前后端的模拟信号仍需要运算放大器组成的电路。

放大、运算和滤波电路都属于线性放大电路,利用理想运算放大器的“虚短”“虚断”概念和交直流电路分析方法便能处理,为此引入理想运算放大器的概念。

6.2.1 理想运算放大器

1. 理想运算放大器的基本特征

实际运算放大器性能非常接近于理想运算放大器,视为理想运算放大器不会引入明显误差。

理想运算放大器具有以下特征。

(1) 开环差模电压增益 $A_0=\infty$。

(2) 差模输入电阻 $r_{id}=\infty$。

(3) 输入偏置电流,失调电压及温漂,失调电流及温漂均为0。

(4) 输出电阻 $r_o=0$。

(5) 共模抑制比 $CMRR=\infty$。

(6) 开环带宽 $BW=\infty$。

(7) 无干扰和噪声。

2. 虚短和虚断

线性放大器的输出电压总是有限的,实际运算放大器输出电压不会超出电源电压范围。运算放大器用于线性放大,按放大关系

$$V_o=A_0(V_{i+}-V_{i-})$$

$A_0=\infty$时,对有限的 V_o 必有 $V_{i+}-V_{i-}=0$,即

$$V_{i+}=V_{i-} \tag{6-1}$$

即线性放大时，运算放大器两个输入端电位相等。此特点称为虚短。注意，两个输入端并没有真正短路。

既然两个输入端电位相等，差模电压为0，运算放大器的差模输入电阻为有限值(理想运算放大器 $r_{id}=\infty$)，因此两个输入端之间没有信号电流流过(而且理想运算放大器也不需要偏置电流)，所以运算放大器输入端信号电流为

$$i_{i+}=i_{i-}=0 \tag{6-2}$$

即线性放大时，运算放大器两个输入端没有电流流过。此特点称为虚断。注意，两个输入端并没有真正断开。

注意：线性放大时，虚短、虚断同时存在。用虚短、虚断分析运算放大器线性电路是十分简单、有效和普遍的。实际运算放大器有足够高的开环增益，基本符合虚短、虚断的条件。非线性放大电路不使用虚短、虚断的概念。

6.2.2 同相放大器

同相放大器又称为同相比例运算电路，电路如图6-3(a)所示。

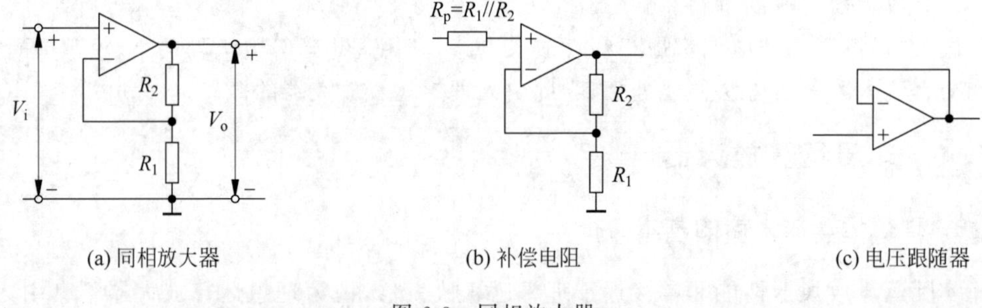

(a) 同相放大器　(b) 补偿电阻　(c) 电压跟随器

图6-3　同相放大器

用虚短、虚断可以分析放大关系：$V_i=V_{i+}$ 为输入电压，由 R_1、R_2 对 V_o 分压产生 $V_{i-}=\dfrac{R_1}{R_1+R_2}V_o$(按虚断没有电流流过 V_{i-}，不会影响分压关系)，按虚短两者必然相等，即 $V_i=V_+=V_-=\dfrac{R_1}{R_1+R_2}V_o$，所以

$$A_u=\frac{V_o}{V_i}=\left(1+\frac{R_2}{R_1}\right) \tag{6-3}$$

式中，A_u 为放大器的闭环电压增益。A_u 只取决于 R_1 和 R_2，尽管 A_u 是有限的，但运算放大器本身仍按 $V_o=A_0(V_{i+}-V_{i-})$工作，其中 $A_0=\infty$。这并不矛盾，从负反馈的思想来看，R_1、R_2 对 V_o 采样产生 V_{i-}，如果误差电压 $V_{i+}-V_{i-}$ 不为0，通过运算放大器放大并重新调整 V_o，最后迫使 $V_{i-}=V_{i+}$，从而使 $V_o=\left(1+\dfrac{R_2}{R_1}\right)V_i$。当然运算放大器的正负输入端不能接反，否则 V_o 的调整方向不对，无法达到平衡，这种情况也称为正反馈，不属于线性放大电路。

如果反馈和放大环节信号传输延迟较大，此负反馈调节可能使 V_o 产生振荡，称自激振荡。为避免这种情况出现，运算放大器内部有相位矫正电路可以消除振荡，有时也可以外接矫正电路来避免自激振荡。

可见，负反馈调节使输出电压只受 V_i 控制，不受负载影响（除非输出过载，V_o 已无法调节，负反馈失效），表现为输出电阻为

$$r_o = 0$$

由于虚断，放大器不需要输入信号电流，因此输入电阻为

$$r_i = \infty$$

可见放大器的 A_u 只取决于外围负反馈器件，如果要求 A_u 准确稳定（如测量放大器等），R_1、R_2 需要选用精度高、温度系数小的精密电阻。

实际运算放大器的 V_{i+} 和 V_{i-} 之间存在着失调电压，负反馈调节结果不是 $V_{i+} = V_{i-}$，而是将它们之间的电压差调整为失调电压。因此放大弱直流电压信号时应使用低失调电压的运算放大器。

实际运算放大器需要偏置电流，一般认为两个输入端的偏置电流相等，它们同时流入输入端或由输入端流出（这取决于运算放大器输入级差分电路器件类型）。如果两个输入端对地电阻不同，偏置电流在电阻上产生的压降不同，会引起附加的失调电压。解决的方法是在电阻小的一端串联补偿电阻，使两个输入端产生相同电压漂移，使误差抵消。图 6-3(b)中 V_{i-} 对地电阻为 $R_1//R_2$（注意 V_o 对地电阻为 0），可在 V_{i+} 串联电阻 $R_1//R_2$ 用于补偿（假设信号源内阻为 0）。

如果 $R_1 = \infty$ 或 $R_2 = 0$ 则形成增益为 1 的放大器，此放大器称为电压跟随器或电压缓冲器，如图 6-3(c)所示，其特点是输出电压与输入电压相同，不消耗信号源电流（$r_i = \infty$），却能向负载提供大驱动电流（$r_o = 0$），起到阻抗变换和隔离的作用。例如，用内阻 1MΩ 的电压表测量内阻 9MΩ 的信号电压，只能读到实际电压的 10%，如果中间接一个电压跟随器，便可以准确测量。

同相放大器用途广泛，可以放大各种交直流信号。

例 6-1　图 6-3(a)为理想运算放大器，$R_1 = 1\text{k}\Omega$，$R_2 = 99\text{k}\Omega$，输入电压 $V_i = 10\text{mV}$。

(1) 计算输出电压。

(2) 如果运算放大器失调电压为 $V_{i+} - V_{i-} = 2\text{mV}$，计算输出电压。

解：(1) 理想运算放大器的输出电压为

$$V_o = \left(1 + \frac{R_2}{R_1}\right) V_i = \left(1 + \frac{99\text{k}\Omega}{1\text{k}\Omega}\right) \times 10\text{mV} = 1000\text{mV}$$

(2) 如果失调电压为 $V_{i+} - V_{i-} = 2\text{mV}$，因 $V_{i+} = 10\text{mV}$，则虚短状态 $V_{i-} = 8\text{mV}$，由于 V_{i-} 是 V_o 经 R_1、R_2 分压所得

$$V_{i-} = \frac{R_1}{R_1 + R_2} V_o$$

因此

$$V_o = \left(1 + \frac{R_2}{R_1}\right) V_{i-} = \left(1 + \frac{99\text{k}\Omega}{1\text{k}\Omega}\right) \times 8\text{mV} = 800\text{mV}$$

例 6-2 图 6-4 中 A 为理想运算放大器,信号源电压 $V_S=1V$,内阻 $R_S=1M\Omega$。

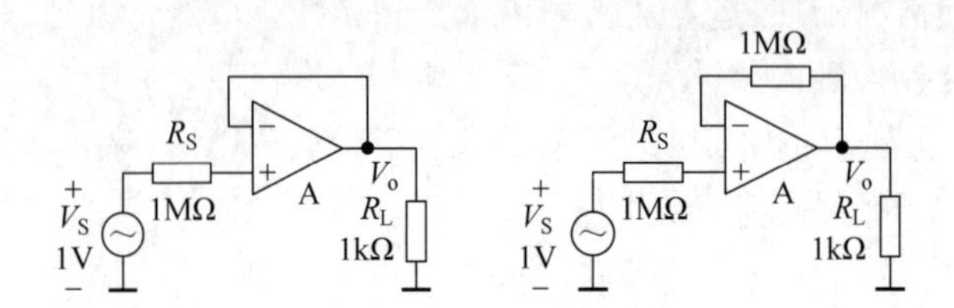

图 6-4 例 6-2 电路

(1) 计算输出电压和负载电流。

(2) 如果 A 的偏置电流为 100nA(流入运算放大器输入端),失调电流为 0,计算输出电压,并改进电路。

解:(1) A 为理想运算放大器时,运算放大器输入端没有电流流过,信号源内阻上没有电压降,因此 $V_{i+}=V_S$,由于电路为电压跟随器,因此 $V_o=V_{i+}=V_S=1V$,$I_L=V_o/R_L=1mA$。

(2) 如果 $I_{B+}=100nA$,此电流在 R_S 上产生压降为 $V_{RS}=R_SI_{B+}=0.1V$,因此 $V_o=V_{i+}=V_S-V_{RS}=0.9V$。改进方法是从 V_o 至 V_{i-} 之间串联与 R_S 等值的补偿电阻,在失调电流为 0 时 $I_{B-}=I_{B+}$,两个电阻附加电压降相等,仍有 $V_o=V_S$。

6.2.3 反相放大器

反相放大器又称为反相比例运算电路,如图 6-5 所示。

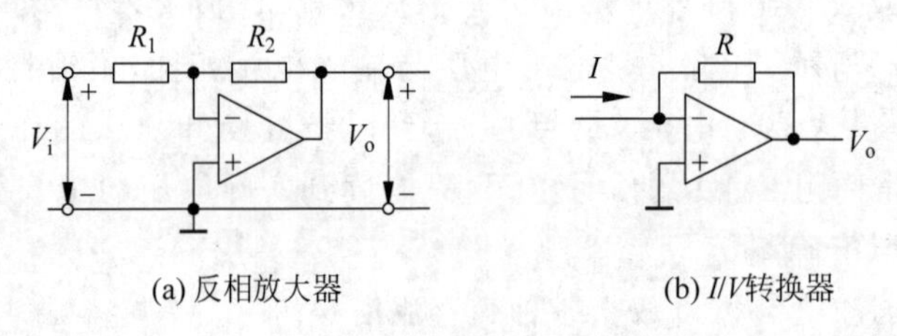

图 6-5 反相放大器和 I/V 转换器

由于 V_{i+} 接地,因此 V_{i-} 电压也为 0,此时反相输入端也称为虚地。按关联参考方向,流过 R_1 的电流为$\frac{V_i}{R_1}$,流过 R_2 的电流为$\frac{V_o}{R_2}$,按节点电流定律:$\frac{V_i}{R_1}+\frac{V_o}{R_2}=0$(按虚断,没有电流流过反相输入端)。故电压增益为

$$A_u=\frac{V_o}{V_i}=-\frac{R_2}{R_1} \tag{6-4}$$

该放大关系也可按负反馈的思想理解:只有当 $V_o=-\frac{R_2}{R_1}V_i$ 时,R_1 和 R_2 在 V_i 和 V_o 之间的分压才能使 $V_{i-}=0$,反之若 $V_{i-}\neq 0$ 将会通过运算放大器引起 V_o 变化,最终达到该数值。

可以看到,输入电流为 V_i/R_1,因此放大器的输入电阻为 R_1。理想运算放大器开环

输入电阻为无穷大，连接负反馈电阻 R_2 后，V_{i-} 成为虚地，输入电阻为 0，接上 R_1 后输入电阻变为 R_1，这种有趣的变化，其根本原因还是在于负反馈。

因输出电压不受负载电阻影响(图 6-5 中未画出负载电阻)，输出电阻为 0。

如果去掉 R_1 直接输入一个电流，则形成 I/V 转换器

$$V_o = -IR \tag{6-5}$$

此时输入电压和输入电阻均为 0。I/V 转换器相当于内阻为 0 的理想电流表，可以准确地测量小电流而不会对原电路产生影响，这是单纯电阻采样电路无法做到的。像微弱电流的测量或 D/A 转换器的权电流叠加等，都采用这种电路。

例 6-3　图 6-6(a)为线性半波整流电路，设 D_1、D_2 导通电压为 0.7V，并忽略其反向漏电流，$R_1=R_2$，试分析其工作原理。

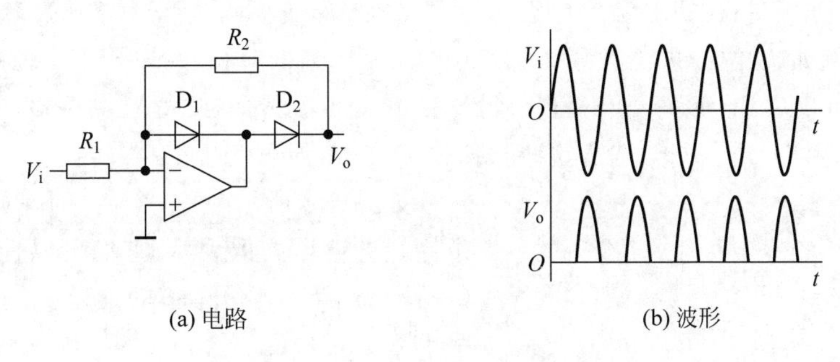

图 6-6　例 6-3 线性半波整流电路与波形

解：(1) $V_i>0$ 时，输入电流通过 D_1 流入运算放大器输出端，运算放大器输出电压 $-0.7V$，D_2 截止，输出电压 $V_o=V_{i-}=0$。

(2) $V_i<0$ 时，运算放大器输出电流经 $D_2 \rightarrow R_2 \rightarrow R_1 \rightarrow V_i$，$D_1$ 截止、D_2 导通，此时满足反相放大关系 $V_o=-\frac{R_2}{R_1}V_i=-V_i$。

(3) 输入正弦波交流电压时，输入输出波形如图 6-6(b)所示，实现半波整流，而且没有二极管导通电压的影响。V_o 经过平滑滤波可得到与 V_i 成比例关系的直流电压。这种电路适合于交流小信号的测量。

6.2.4　反相加法器

反相加法器又称为反相求和电路，电路如图 6-7 所示。与反相放大器相比，多了几路输入电压，因此多了几路输入电流，这些电流叠加后流过 R_4。

按虚短有 $V_{i-}=V_{i+}=0$，按关联参考方向，流入反相输入端的电流分别为 V_1/R_1、V_2/R_2、V_3/R_3、V_o/R_4。按虚断，流入反相输入端的电流为 0，即

$$\frac{V_1}{R_1}+\frac{V_2}{R_2}+\frac{V_3}{R_3}+\frac{V_o}{R_4}=0$$

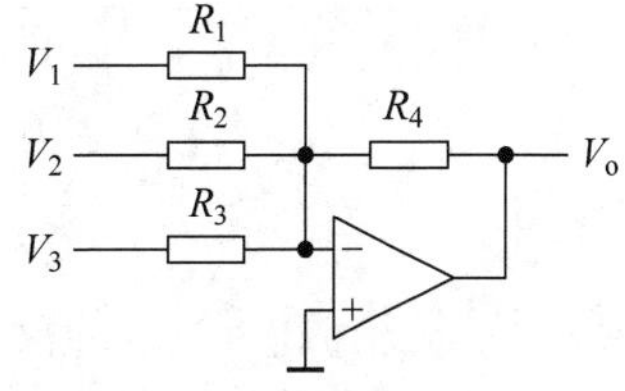

图 6-7　反相加法器

故

$$V_o=-\left(\frac{R_4}{R_1}V_1+\frac{R_4}{R_2}V_2+\frac{R_4}{R_3}V_3\right) \tag{6-6}$$

若 $R_1=R_2=R_3=R_4$ 则 $V_o=-(V_1+V_2+V_3)$。

从负反馈观点看，只有满足上式的 V_o 才能使 $V_{i-}=0$，否则会引起强烈的负反馈调节，使 V_o 达到上式规定的电压。

上式也可根据反相放大器原理，用叠加原理导出。

计算机用二进制数字表示信息，许多数字信息需要转换为模拟信号才可以被人们接受(如普遍使用的数字音响或数字电视)。数字/模拟(D/A)转换器可以将二进制数字量转换为模拟电压或电流信号。一种常用的方法是按二进制的权值规律产生权值电流，然后将这些权值电流按二进制数字的要求选择叠加，形成模拟信号。叠加过程常用反相加法器实现。例如，8位二进制数字 $D_7D_6\cdots D_0$ 由高到低各位权值分别为128、64、32、16、8、4、2、1，10000001B=$D_7\times128+D_0\times1$=129D，如果设置128mA、64mA、…、1mA的权值电流，分别用 $D_7D_6\cdots D_0$ 选通这些权值电流叠加，便可实现D/A转换。

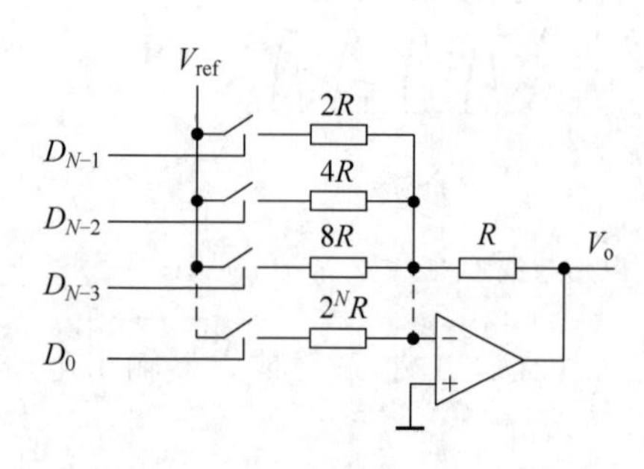

图 6-8　D/A 转换原理

如图6-8所示，每一个数字量的1/0可用一条导线的电压高低表示，它们可以控制模拟开关(一种高速半导体开关)的通断。输入二进制数字 $D_{N-1},D_{N-2},D_{N-3},\cdots,D_0$ 分别按位控制各权电流通断，这些权电流依次为 $\frac{1}{2}I_0,\frac{1}{4}I_0,\frac{1}{8}I_0,\cdots,\frac{1}{2^N}I_0$，其中 $I_0=\frac{V_{ref}}{R}$。设1为通0为断，$D_{N-1}=1$ 接通 $I_0/2$，$D_{N-2}=1$ 接通 $I_0/4\cdots$，然后通过反相加法器将这些选定的权电流叠加起来：

$$\sum I_i=(D_{N-1}2^{N-1}+D_{N-2}2^{N-2}+D_{N-3}2^{N-3}+\cdots+D_0 2^0)\frac{I_0}{2^N}=D\frac{I_0}{2^N}$$

其中，$D=D_{N-1}2^{N-1}+D_{N-2}2^{N-2}+D_{N-3}2^{N-3}+\cdots+D_0 2^0=\sum_{i=0}^{N-1}D_i 2^i$ 是二进制数所表示的数量，所以

$$V_o=-R\sum I_i=-\frac{D}{2^N}V_{ref} \tag{6-7}$$

这就是 N 位D/A转换器的关系式，其输出电压与输入的二进制数成正比，范围为 $0\sim-V_{ref}$。显然 $V_{i-}=0$ 保证了这些权电流的稳定性，运算放大器制造的虚地起了不可替代的作用。

利用一个 $A_u=-1$ 的反相放大器可以得到正输出电压 $V_o=\frac{D}{2^N}V_{ref}$，输出电压范围为 $0\sim V_{ref}$，或者再利用一个反相加法器实现双极性输出 $V_o=\frac{D}{2^N}V_{ref}-\frac{V_{ref}}{2}$，输出电压范

围为$-\frac{V_{ref}}{2}\sim+\frac{V_{ref}}{2}$。

例 6-4　图 6-9 所示电路中，输入 V_i 为单极性电压 0～－5V，基准电压 V_{ref} 为＋5V 直流电压。计算输出电压 V_o 的变化范围。

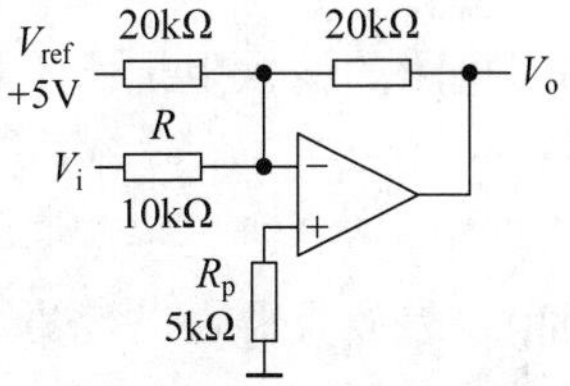

解：由理想运算放大器的虚短、虚断，可以写出输出电压和输入电压的关系式为

$$V_o=-2V_i-V_{ref}$$

图 6-9　例 6-4 电路图

由此式可知：当 $V_i=0V$ 时，$V_o=-5V$；当 $V_i=-5V$ 时，$V_o=-2\times(-5)-5V=+5V$。即图 6-9 所示电路能够把 0～－5V 的单极性电压变成－5～＋5V 的双极性电压。

受运算放大器电路的输出电流和偏置电流限制，电路中的电阻不能选过小或过大的，一般选用几千欧姆至几十万欧姆是合适的。

如果需要，可对运算放大器的输入偏置电流进行补偿，增加的补偿电阻为 $R_p=5k\Omega$，是 V_{i-} 所接 3 个电阻的并联值。R_p 的接入并不影响 V_{i-} 的虚地特性。

6.2.5　减法器

减法器也称为差动比例运算电路，电路如图 6-10(a)所示。V_2 通过下方的 R_1、R_2 分压得到 $V_{i+}=\frac{R_2}{R_1+R_2}V_2$，$V_1$ 和 V_o 通过上方的 R_1、R_2 分压得到 $V_{i-}=\frac{R_1}{R_1+R_2}(V_o-V_1)+V_1$，按虚短两者应相等，整理得

$$V_o=\frac{R_2}{R_1}(V_2-V_1) \tag{6-8}$$

减法器的作用是放大两个信号的差值，并能获得稳定的增益。差分放大器也能放大信号差值，但无法方便地控制增益和非线性失真，不能代替减法器。式(6-8)假设了电阻是严格匹配的，如果电阻不能严格匹配，则不能获得严格的减法关系。

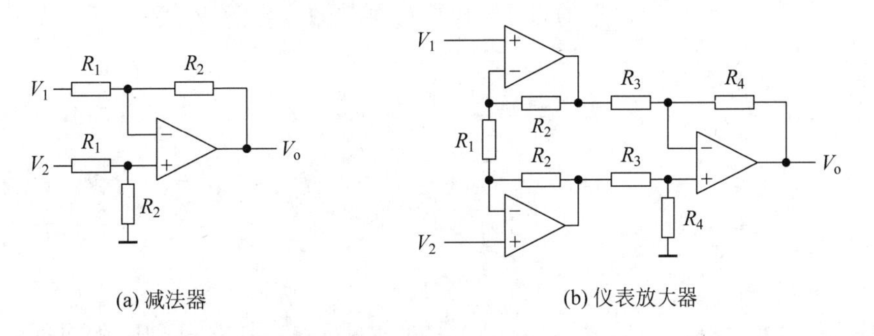

图 6-10　减法器和仪表放大器

减法器的输入电阻不高，不能直接连接高阻信号源，一种改进的电路如图 6-10(b)所示，称为仪表放大器，它在减法器前面增加了一级放大器，将信号放大 $1+2\dfrac{R_2}{R_1}$倍，同时提高了电路的输入阻抗。不难证明其运算关系为

$$V_o=\left(1+2\frac{R_2}{R_1}\right)\frac{R_4}{R_3}(V_2-V_1) \tag{6-9}$$

目前仪表放大器也已经集成化。

减法器可以将某两点的电压差转换为一个对地电压，以方便测量。如果 V_1、V_2 中含有相同的干扰信号，可以用减法器消除干扰，这种干扰又称为共模干扰，在自动控制、数据采集、精密测量等场合会经常遇到。

例 6-5 一传感器输出电压 V_S 传输到数据采集系统，双方都接地且两地之间有地电位干扰 V_X，设计一个电路消除地线干扰并将信号放大 10 倍。

解：因地电位干扰，从数据采集系统的输入看，信号地线电压为 V_X，信号线电压为 V_S+V_X，只要在数据采集系统输入端接一个增益为 10 倍的减法器(如果信号源内阻较大可用仪表放大器)即可，如图 6-11 所示。

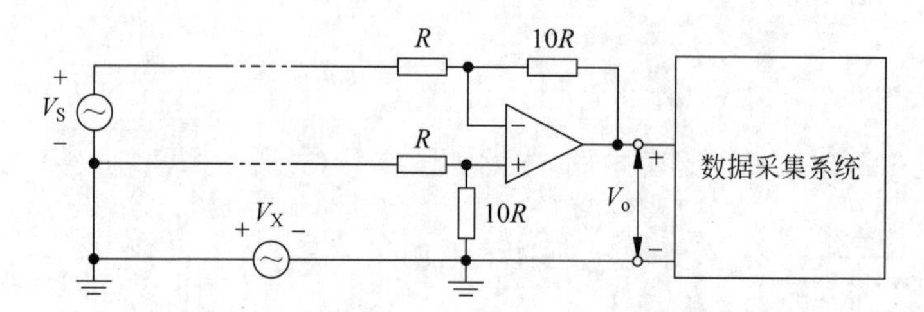

图 6-11 利用减法器消除地线干扰的方法

6.2.6 积分电路

反相放大器中的负反馈电阻用电容代替即构成积分电路，如图 6-12(a)所示。

电容 C 储存的电量 Q 与其两端电压 V_C 的关系为 $Q=CV_C$，由于 $V_{i-}=0$，因此 $V_o=-V_C=-Q/C$。Q 是一个积累的过程，但只能通过输入电流 V_i/R 对时间的积累实现 $Q=\int_0^t\frac{V_i}{R}\mathrm{d}t+Q_0$，所以

$$V_o=-\frac{1}{RC}\int_0^t V_i\mathrm{d}t+V_o|_{t=0} \tag{6-10}$$

其中，$V_o|_{t=0}=-\dfrac{Q_0}{C}$。

如果 V_i 是恒定值，则 $V_o=-\dfrac{V_i t}{RC}+V_o|_{t=0}$，即 V_o 在原来基础上随时间直线上升($V_i<0$)或下降($V_i>0$)。如图 6-12(b)所示，$V_i<0$ 时电流按 $V_o\to C\to R\to V_i$ 方向流动，电容反向充电，输出电压线性升高；$V_i=0$ 时通过 C 的电流为 0，电容电荷保持不变，输出

电压维持不变；$V_i>0$ 时电容正向充电，输出电压线性降低。

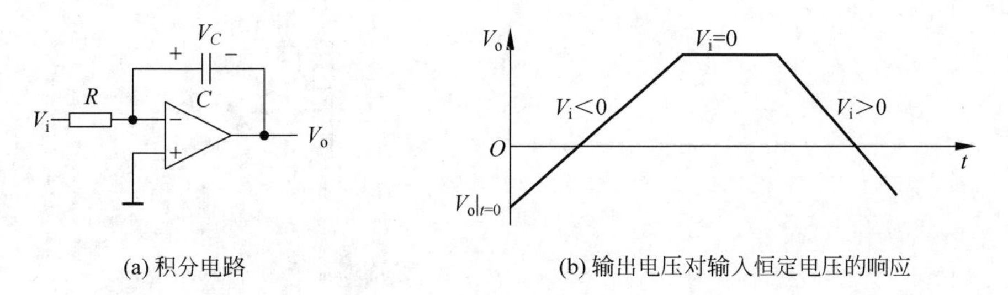

(a) 积分电路　　(b) 输出电压对输入恒定电压的响应

图 6-12　积分电路及特性

输入一个不含直流的方波可得到三角波输出，如果输入一个不含直流的三角波，输出波形接近正弦波，如图 6-13 所示，说明积分器能平滑波形。

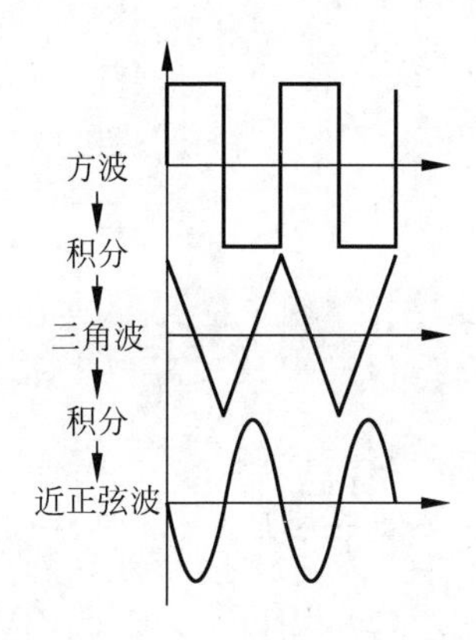

图 6-13　积分器对波形的平滑作用

如果输入信号中含有直流成分，输出电压将向一个方向漂移，直到输出饱和。

积分器也可用稳态正弦电路方法分析，电容阻抗为 $Z_C=1/j\omega C$，这时积分器相当于一个反相放大器，增益为（注：这两种关系式可用拉普拉斯变换互相转换）

$$\dot{A}_u=-\frac{Z_C}{R}=-\frac{1}{j\omega RC}=\frac{j}{\omega RC}$$

上式说明，随频率 ω 增加 $|\dot{A}_u|$ 减小，输出信号中高频成分被衰减，波形趋于平滑。输出电压相位超前 90°，这是因为反相放大器的缘故，否则输出电压相位落后 90°。

RC 一阶低通滤波器的作用与积分器相似，如图 6-14(a)所示，输入输出关系为

$$\frac{\dot{V}_o}{\dot{V}_i}=\frac{Z_C}{R+Z_C}=\frac{1}{1+j\omega RC}$$

当只有 ω 比较大时上式可写成 $1/j\omega RC$，与积分器一致，但此时输出电压已很低，此时输出电压相位落后 90°。这种 RC 低通滤波器常接在放大器输入端以减小高频干扰，如图 6-14(b)中的 C_1。

经常在放大器的负反馈电阻两端并联小电容，以降低高频增益并起到超前补偿作用，防止出现自激振荡。这种电容容量很小，不能当作积分器看待，如图 6-14(b)中的 C_2。

积分电路可用于定时、测量、波形变换和低通滤波等场合。

例 6-6　双积分式 A/D 转换器原理如图 6-15 所示，分析其工作原理。

解：电路由固定频率的时钟脉冲控制，时钟周期为 T，过零比较器可检测积分器输出电压是否为 0。转换分两个阶段进行。

(1) $V_o=0$ 时(电容 C 的电荷为 0)，控制逻辑电路使模拟开关的 1、2 接通，输入电压为 V_i，接通时间为 N 个时钟脉冲，时间为 NT。此时输入电压经 R 对 C 充电，储存电荷

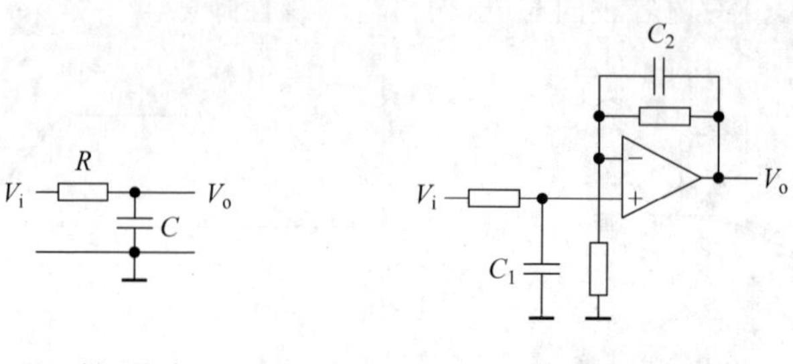

图 6-14　电容的抑制干扰作用

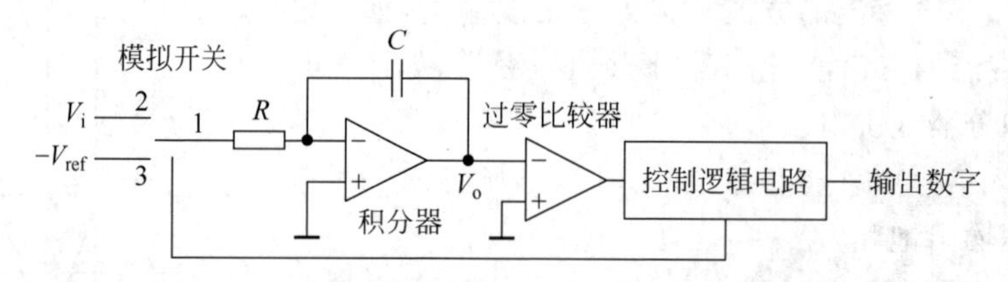

图 6-15　例 6-6 双积分式 A/D 转换器原理图

为 $Q=\frac{V_i}{R}NT$，V_i 为 NT 时间内的平均电压。积分器输出电压为 $V_o=-Q/C$。

(2) 模拟开关的 1、3 接通，输入电压为 $-V_{ref}$。此时为反向充电，经过 M 个时钟后检测到 $V_o=0$，第一阶段储存的电荷释放完毕。此段时间释放的电荷

$$Q'=\frac{V_{ref}}{R}MT=Q=\frac{V_i}{R}NT$$

因此

$$V_i=\frac{M}{N}V_{ref}$$

取 $N=2000$，$V_{ref}=2000\text{mV}$，则 $V_i=M(\text{mV})$，输入电压变为计数器的计数值，完成 A/D 转换。双积分 A/D 结构简单精度高，广泛用于数字万用表和其他测量仪表。

6.2.7　微分电路

积分电路的 RC 交换位置变成为微分电路，如图 6-16(a)所示。

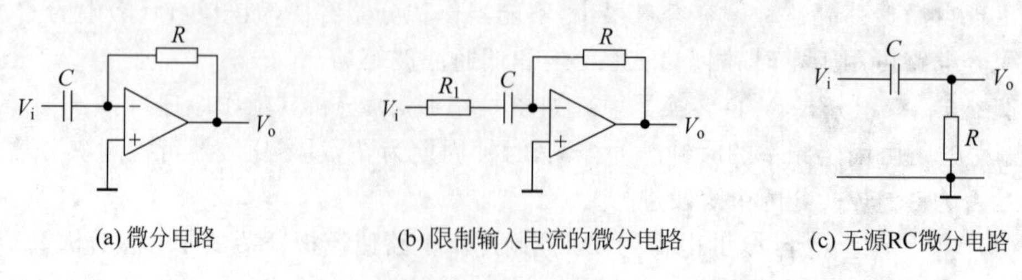

图 6-16　微分电路

电容两端电压即为输入电压，电容电量 $q=V_iC$，因此流过电容的电流 $\frac{dq}{dt}=C\frac{dV_i}{dt}$，该电流流过 R 产生输出电压为

$$V_o=-RC\frac{dV_i}{dt} \tag{6-11}$$

微分运算关系与积分运算相反，输入一个三角波输出可得到方波。

也可用稳态正弦电路方法分析微分电路，放大器增益为

$$\dot{A}_u=-\frac{R}{Z_C}=-j\omega RC$$

信号频率越高，放大量越大，因此输出信号中快速波动部分更加明显，由于干扰和噪声多集中在高频，导致输出信号的信噪比降低。输出信号相位落后 90°，这是反相放大器的原因，否则超前 90°。

微分电路的输出电压对 V_i 的变化很敏感，当输入波形的边沿很陡峭时，$\frac{dV_i}{dt}$很大，不仅会使输出饱和，甚至可能损坏运算放大器。可以与电容串联电阻以限制电流，如图 6-16(b)所示，V_i 变化较慢时仍可近似实现微分运算。

无源 RC 微分电路可实现近似的微分作用，如图 6-16(c)所示，用稳态正弦电路方法分析，输入输出关系为

$$\frac{\dot{V}_o}{\dot{V}_i}=\frac{R}{R+Z_C}=\frac{j\omega CR}{1+j\omega CR} \tag{6-12}$$

输入直流信号($\omega=0$)时输出为 0，ω 很大时 $V_o=V_i$，体现了隔直流、通交流的特点，在交流放大器的级间耦合中经常使用。ω 很小时式(6-12)可近似写成 $j\omega CR$，为一同相微分电路，但此时输出电压幅度已很小。

例 6-7　设图 6-16(c)的微分电路的时间常数 $RC=10\text{ms}$，输入 1000Hz 和 16.7Hz 方波，方波的幅度为 E，分别画出输出波形。

解：设方波幅度为 E，当方波边沿发生 E 的跳变时，因电容两端电压不能发生跳变，微分电路的输出也会产生 E 跳变。因电路隔直流，输出电压最终平均值为 0。输出波形如图 6-17(a)和图 6-17(b)所示。输出电压产生跌落 ΔV，波形上冲幅度为$\frac{E+\Delta V}{2}$，之后随时间按指数规律衰减到$\frac{E-\Delta V}{2}$，即$\frac{E-\Delta V}{2}=\frac{E+\Delta V}{2}e^{-\frac{t}{RC}}$，1000Hz 和 16.7Hz 的半周期分别为 0.5ms 和 29.9ms，可分别计算 ΔV 约为 $0.025E$ 和 $0.9E$。可见高频信号的畸变相对较小。

6.2.8　对数和反对数运算电路

二极管的伏安特性关系为

$$I=I_S(e^{V/V_T}-1)$$

I_S 为二极管反向饱和电流，在常温下($T=300\text{K}$)，热电压 $V_T=26\text{mV}$，$V\gg V_T$ 时，上式可

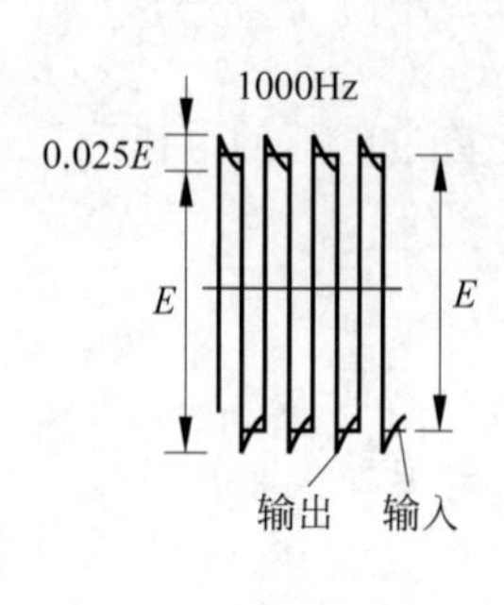

(a) 1000Hz波形

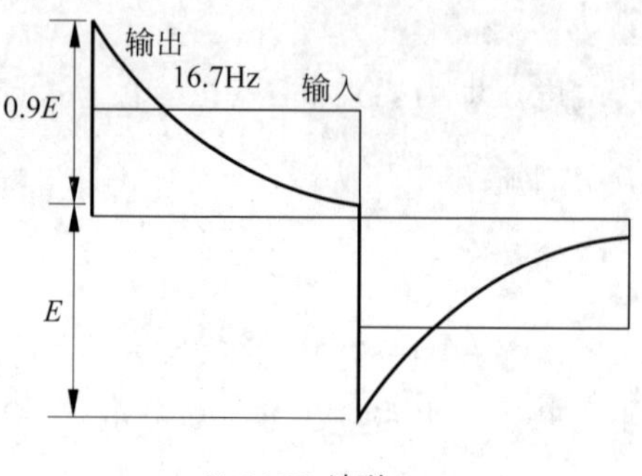

(b) 16.7Hz波形

图 6-17　例 6-7 输出波形图

近似为

$$I = I_{\mathrm{S}} \mathrm{e}^{V/V_T}$$

或

$$V = V_T \ln \frac{I}{I_{\mathrm{S}}}$$

可组成对数运算电路如图 6-18(a)所示。

$$V_{\mathrm{o}} = -V = -V_T \ln \frac{I}{I_{\mathrm{S}}} = -V_T \ln \frac{V_{\mathrm{i}}}{RI_{\mathrm{S}}} \tag{6-13}$$

实际电路需要解决 3 个问题。

(1) 二极管大电流时误差较大,因此一般用双极型晶体管接成二极管形式,以获得较大的工作范围。

(2) I_{S} 随温度变化较大,用两个性能相同的晶体管和改进的电路可将 I_{S} 影响抵消。

(3) V_T 与绝对温度成正比,需要温度补偿。

将有关元件换位,可实现反对数运算(又称为指数运算)如图 6-18(b)所示。

$$V_{\mathrm{o}} = -RI = -RI_{\mathrm{S}} \mathrm{e}^{V_{\mathrm{i}}/V_T} \tag{6-14}$$

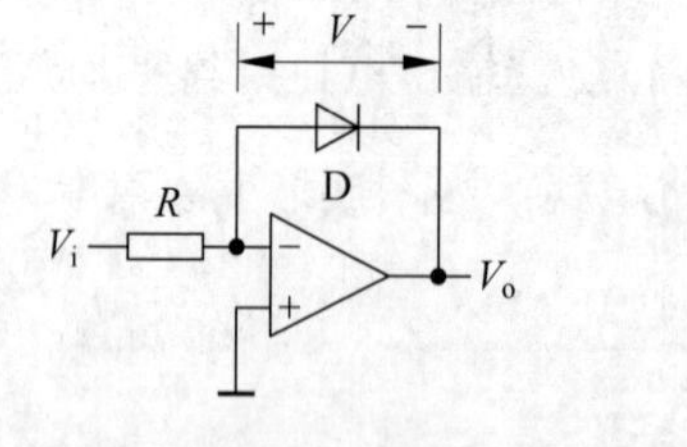

(a) 对数运算电路

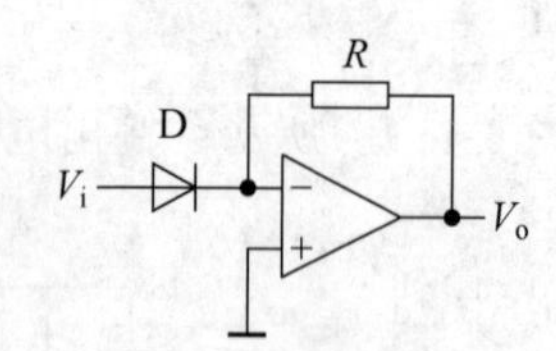

(b) 反对数运算电路

图 6-18　对数和反对数运算电路

利用对数和反对数电路配合加、减、放大电路,可以实现模拟信号的乘、除、指数等运算,如

$$V_1 V_2 = e^{\ln V_1 + \ln V_2}$$

$$\frac{V_1}{V_2} = e^{\ln V_1 - \ln V_2}$$

$$V_{\mathrm{i}}^{m}=e^{m\ln V_{\mathrm{i}}}$$

乘法器可用于通信领域的模拟信号处理,如调制、解调、混频、自动增益控制等。乘法运算可以采用专门的模拟乘法器集成电路实现。

随着计算机技术的发展,模拟信号越来越多地采用数字化方式处理,各种复杂运算都能用软件实现,其处理速度也越来越快。

6.3　有源滤波器

同一个信号可以在时域(即时间轴上)中表示为波形,也可以在频域(即频率轴上)中表示为频谱。傅里叶变换是一种常用的方法,可以将信号由时域转换到频域。

实际上从频域处理信号更加方便,例如,无线电信号是按频率区分的,音响的高低音控制便是提升或衰减某一频段的信号,利用干扰信号与有用信号的频率差别可以抑制干扰等。

滤波器是从频谱上处理信号的基本电路。可将常用滤波器分为4类:低通滤波器、高通滤波器、带通滤波器和带阻滤波器,其理想化的幅频特性如图6-19所示。

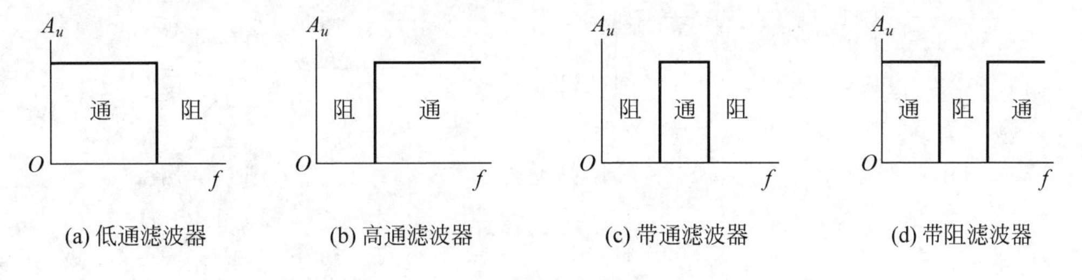

(a) 低通滤波器　(b) 高通滤波器　(c) 带通滤波器　(d) 带阻滤波器

图6-19　常用滤波器频带特性

低通滤波器允许某一频率以下的信号通过,高通滤波器允许某一频率以上的信号通过,带通滤波器允许某一频段的信号通过,带阻滤波器抑制某一频段的信号通过。实际上理想化的滤波器是不存在的,通与阻之间有一个过渡过程,一般以信号衰减到70.7%(−3dB)时的频率作为通与阻的分界点。

如果只利用电阻、电感、电容等元件组成的滤波器称为无源滤波器,有源滤波器是指带有放大器和RC元件的滤波器。有源滤波器不需要电感,体积小结构简单,又有放大和阻抗变换作用,特别适合于零至十万赫兹的低频小信号滤波,而这类信号正是计算机数据采集系统最常遇到的。

高频和大功率信号还采用LC滤波电路。此外,陶瓷滤波器和声表面波滤波器也经常使用。还有用硬件方式的开关滤波器,而计算机信息处理中采用数字滤波器。

6.3.1　低通滤波电路

1. 一阶RC低通滤波电路

图6-20中的3种电路均为一阶低通滤波电路,图6-20(a)为无源滤波器,图6-20(b)

为同相有源滤波器，图 6-20(c)为反相有源滤波器。代入容抗 $Z_C=\frac{1}{j\omega C}$，其中 $\omega=2\pi f$，不难分析：

$$\text{图 6-20(a)}\quad \frac{\dot{V}_o}{\dot{V}_i}=\frac{Z_C}{R+Z_C}=\frac{1}{1+j\frac{\omega}{\omega_0}},\quad \text{其中}\quad \omega_0=\frac{1}{RC} \tag{6-15}$$

$$\text{图 6-20(b)}\quad \frac{\dot{V}_o}{\dot{V}_i}=\frac{A_u}{1+j\frac{\omega}{\omega_0}},\quad \text{其中}\quad A_u=1+\frac{R_2}{R_1},\quad \omega_0=\frac{1}{RC} \tag{6-16}$$

$$\text{图 6-20(c)}\quad \frac{\dot{V}_o}{\dot{V}_i}=\frac{A_u}{1+j\frac{\omega}{\omega_0}},\quad \text{其中}\quad A_u=-\frac{R}{R_1},\quad \omega_0=\frac{1}{RC} \tag{6-17}$$

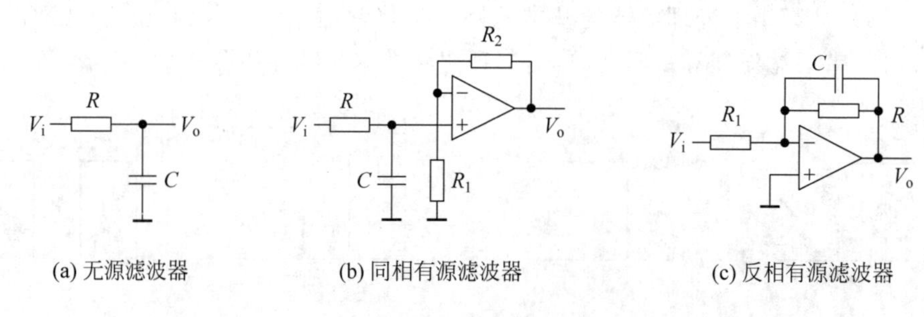

(a) 无源滤波器 (b) 同相有源滤波器 (c) 反相有源滤波器

图 6-20 一阶低通滤波器

其共同特点是分母为 ω 的一阶多项式，故称一阶滤波器。一阶滤波器有如下特性。

(1) 随 ω 增大 $\left|\frac{\dot{V}_o}{\dot{V}_i}\right|$ 减小，为低通特性。

(2) 当 $\omega=\omega_0$ 时，$\left|\frac{1}{1+j\frac{\omega}{\omega_0}}\right|=\frac{1}{\sqrt{2}}=0.707$，用分贝表示时 $20\lg\frac{1}{\sqrt{2}}\left|\frac{\dot{V}_o}{\dot{V}_i}\right|=20\lg\left|\frac{\dot{V}_o}{\dot{V}_i}\right|-3$，故增益下降到 $0.707\left|\frac{\dot{V}_o}{\dot{V}_i}\right|$ 或 -3dB 处，即对应截止频率 $f_0=\frac{\omega_0}{2\pi}$。

(3) 当 $\omega>\omega_0$ 时，可忽略分母中的 1，$\left|\frac{\dot{V}_o}{\dot{V}_i}\right|$ 按 $\frac{\omega_0}{\omega}$ 规律减小，即频率每增加 10 倍，幅度减小为原来的 $\frac{1}{10}\left(20\lg\frac{1}{10}\text{dB}=-20\text{dB}\right)$，此衰减规律称为“$-20$dB/十倍频程”，这便是一阶滤波器的特点。

(4) 同相的一阶滤波器输出信号相位落后 $\tan^{-1}\frac{\omega}{\omega_0}$，对应 $\omega=0$、ω_0、∞ 分别落后 0°、45°、90°。一阶 RC 低通滤波器的幅频特性和相频特性如图 6-21 所示。

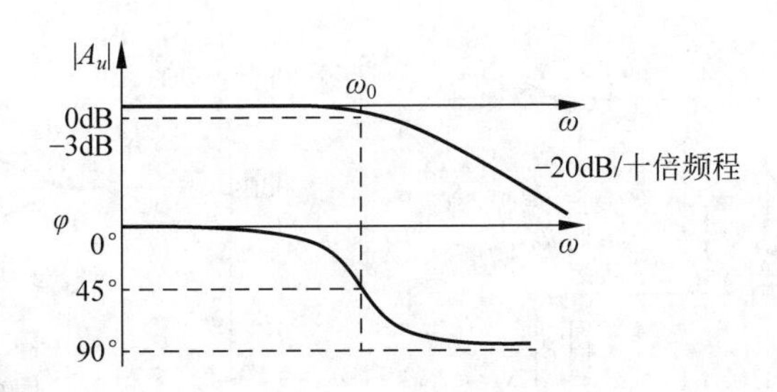

图 6-21　一阶 RC 低通滤波器的幅频特性和相频特性

2. 二阶有源低通滤波电路

虽然一阶低通滤波器衰减较慢，由于电路简单，在要求不太严格的场合经常使用。如果希望在截止频率之外输出加快衰减，可将多级一阶滤波器串联形成高阶滤波电路。较常用的是二阶滤波器，在截止频率之外可提供－40dB/十倍频程的衰减。如图 6-22(a)所示，有两个 RC 电路，第一个 C 接到放大器输出端以改善幅频特性。由公式

$$\dot{V}_o = A_u \dot{V}_{i+}$$

$$A_u = 1 + \frac{R_2}{R_1}$$

$$\dot{V}_{i+} = \frac{Z_C}{R + Z_C}\dot{V}_1$$

$$\frac{\dot{V}_i - \dot{V}_1}{R} + \frac{\dot{V}_o - \dot{V}_1}{Z_c} + \frac{\dot{V}_{i+} - \dot{V}_1}{R} = 0$$

可得出

$$\dot{A} = \frac{\dot{V}_o}{\dot{V}_i} = \frac{A_u}{1 - \left(\frac{\omega}{\omega_0}\right)^2 + \mathrm{j}\frac{1}{Q}\frac{\omega}{\omega_0}} \tag{6-18}$$

其中，$\omega_0 = \frac{1}{RC}$，$Q = \frac{1}{3 - A_u}$。类似谐振电路，Q 可称为品质因数。

(1) 截止频率为 ω_0，$\omega = \omega_0$ 时，若 $Q = 1$，则 $|\dot{A}| = A_u$（没按 0.707 倍定义，但很接近），因此在截止频率内，幅频特性比较平坦。

(2) 当 $\omega > \omega_0$ 时，$|\dot{A}| \approx A_u\left(\frac{\omega_0}{\omega}\right)^2$，频率每增加 10 倍衰减为原来的$\frac{1}{100}$，即－40dB。

(3) A_u 必须小于 3，否则会在 $\omega = \omega_0$ 处导致$|\dot{A}| = \infty$而产生自激振荡。幅频特性受 Q 影响较大，如图 6-22(b)所示。

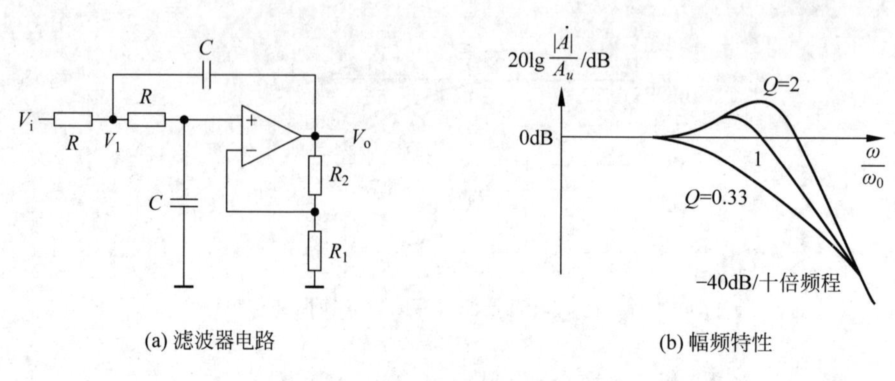

(a) 滤波器电路　　(b) 幅频特性

图 6-22　二阶有源低通滤波器

6.3.2　高通滤波电路

如图 6-16(c)所示的一阶高通 RC 无源滤波器输入输出关系为

$$\frac{\dot{V}_o}{\dot{V}_i}=\frac{Z_C}{R+Z_C}=\frac{\mathrm{j}\,\dfrac{\omega}{\omega_0}}{1+\mathrm{j}\,\dfrac{\omega}{\omega_0}} \tag{6-19}$$

图 6-23(a)为二阶高通滤波电路。输入输出关系为

$$\dot{A}=\frac{\dot{V}_o}{\dot{V}_i}=-\frac{\left(\dfrac{\omega}{\omega_0}\right)^2 A_u}{1-\left(\dfrac{\omega}{\omega_0}\right)^2+\mathrm{j}\,\dfrac{1}{Q}\,\dfrac{\omega}{\omega_0}} \tag{6-20}$$

其中,$A_u=1+\dfrac{R_2}{R_1}$;$\omega_0=\dfrac{1}{RC}$;$Q=\dfrac{1}{3-A_u}$。幅频特性如图 6-23(b)所示,$\omega=0$ 时,$|\dot{A}|=0$;$\omega=\infty$时,$|\dot{A}|=A_u$。

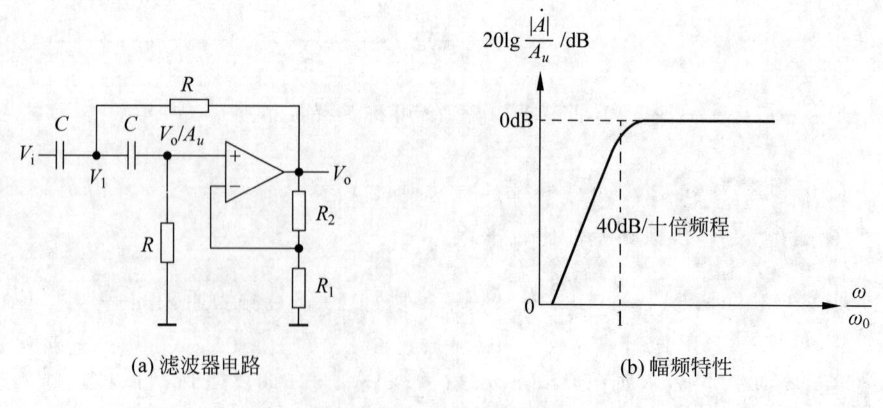

(a) 滤波器电路　　(b) 幅频特性

图 6-23　二阶高通滤波器

6.3.3　带通滤波电路

用低通和高通滤波电路配合可得到带通滤波电路，如图 6-24(a)所示，R 和 C 组成低通滤波，C 和 R_2 组成高通滤波。其输入输出关系为

$$\dot{A}=\frac{\dot{V}_o}{\dot{V}_i}=\frac{j\omega}{\omega_0^2-\omega^2+Bj\omega}\frac{A_u}{RC} \tag{6-21}$$

其中，$A_u=1+\dfrac{R_F}{R_1}$，$\omega_0^2=\dfrac{1}{R_2C^2}\left(\dfrac{1}{R}+\dfrac{1}{R_3}\right)$，$B=\dfrac{1}{C}\left(\dfrac{1}{R}+\dfrac{2}{R_2}-\dfrac{A_u-1}{R_3}\right)$。可见：① $\omega=0$ 和 $\omega=\infty$ 时，$|\dot{A}|=0$，只有 $\omega=\omega_0$ 时，$|\dot{A}|$最大，且 ω_0 不受 A_u 影响；②频带宽度刚好为 B，可定义品质因数 $Q=\omega_0/B$，Q 值受 A_u 影响，A_u 越大 Q 越大，频带越窄。电路的幅频特性如图 6-24(b)所示。

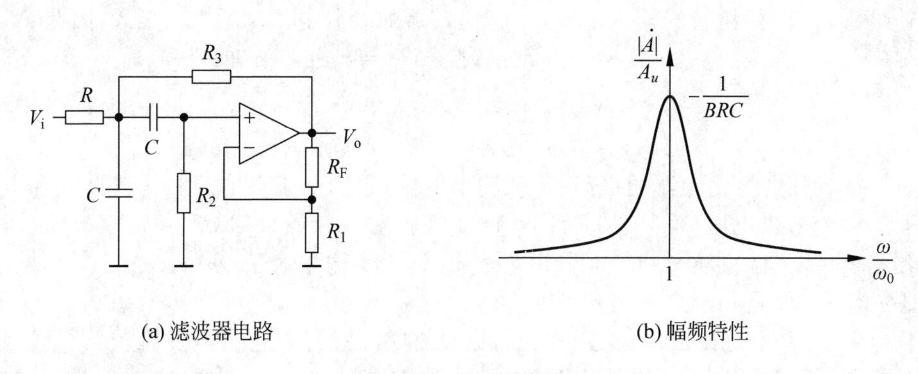

图 6-24　带通滤波器

6.3.4　带阻滤波电路

利用双 T 型选频网络的带阻(也称为陷波)特点可得到带阻滤波电路，如图 6-25(a)所示，其输入输出关系为

$$\dot{A}=\frac{\dot{V}_o}{\dot{V}_i}=\frac{A_u(\omega_0^2-\omega^2)}{\omega_0^2-\omega^2+2(2-A_u)\omega_0 j\omega} \tag{6-22}$$

其中，$A_u=1+\dfrac{R_2}{R_1}$，$\omega_0=\dfrac{1}{RC}$。①$\omega=0$ 和 $\omega=\infty$时，$|\dot{A}|=A_u$；$\omega=\omega_0$ 时，$|\dot{A}|=0$。②在 ω_0 附近 A_u 越接近 2，阻断范围越窄。电路的幅频特性如图 6-25(b)所示。电路对元件参数对称性要求较高。

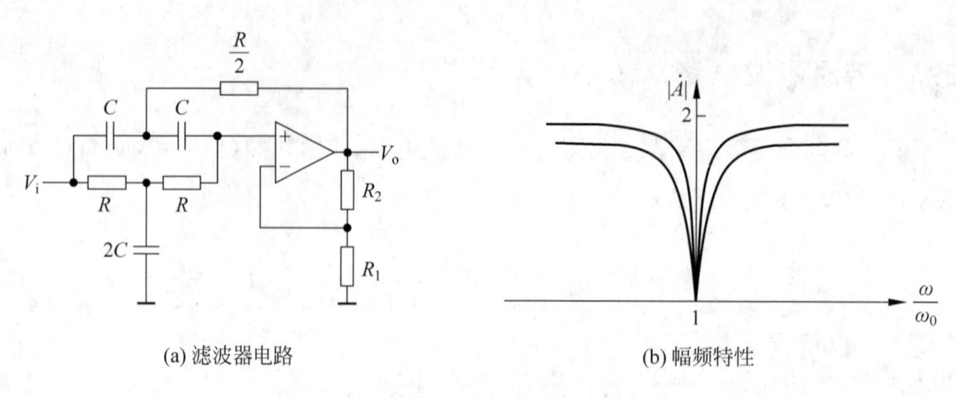

(a) 滤波器电路

(b) 幅频特性

图 6-25 带阻滤波器

6.4 电压比较器

电压比较器简称为比较器，比较器可以用运算放大器实现，其符号与运算放大器相同。V_{i+} 和 V_{i-} 为待比较的输入电压，由于比较器的差分电压增益 A_0 很大，因此

$$\begin{cases} V_{i+} > V_{i-} \text{ 时} & V_o = V_H \\ V_{i+} < V_{i-} \text{ 时} & V_o = V_L \\ V_{i+} = V_{i-} \text{ 时} & V_o \text{ 不确定} \end{cases} \tag{6-23}$$

式中，V_H、V_L 分别为比较器的最高、最低输出电压，它们受正负电源和比较器饱和电压限制，例如，±15V 供电时，$V_H \approx 13V$，$V_L \approx -13V$。对比较器而言，输入是模拟信号，注重比较器精度（如失调电压影响），而输出为逻辑量，表示输入大于或小于，至于输出电压（逻辑电平）并不需要是一个严格的数值。

$V_{i+} = V_{i-}$ 并不是比较器关心的问题，也没有实际意义。它仅涉及比较器在线性放大区域的情况，因 A_0 很大，可以认为 $V_{i+} = V_{i-}$ 时，V_o 为 V_H 或 V_L 之一。

实际上有专用的比较器，如 LM311、LM339 等，采用 OC 输出（集电极开路输出），使用上拉电阻可以输出电压，与逻辑电路配合比普通运算放大器方便。普通运算放大器输入端之间可能有双向钳位二极管，输入电压差过大会使钳位二极管导通，因此运算放大器作为比较器时应使用无钳位二极管。专用的比较器也不宜作为普通运算放大器使用。比较器的主要技术指标与运算放大器基本相同，影响精度的主要是输入失调电压，影响比较速度的是比较器的响应时间。

运算放大器用于线性放大时总是使用负反馈，负反馈的自动调节最终使 $V_{i-} = V_{i+}$，因此有虚短和虚断的结论。比较器属于非线性电路，无负反馈甚至有正反馈，输入电压差不为 0，不能用虚短、虚断分析。

比较器是模拟信号到逻辑信号的转换器件，在设定值比较、波形检测变换等方面应用十分广泛。

6.4.1 单门限比较器

1. 过零比较器

过零比较器是把一个输入端接地，地电位就是参考（门限）电压，所以输入电压与地电位(0 电位)比较。图 6-26(a)为同相过零比较器,图 6-26(b)为反相过零比较器,电路图下方为传输特性,即输出随输入变化的曲线,这里使用正负电源供电的运算放大器,允许输出负电压。

图 6-26(c)、(d)是采用稳压二极管限制输出电压。图 6-26(c)的双向钳位稳压二极管接在运算放大器的负反馈回路中,$-V_Z < V_o < +V_Z$ 时稳压管截止,相当于增益为$-\infty$的反相放大器——反相比较器。一旦稳压管导通,负反馈限制了 V_{i-} 的变化,使 V_o 不能超过$\pm V_Z$。图 6-26(d)是简单的利用稳压管双向限幅的电路。

过零比较器可以将正弦波整形成方波,方波的边沿对应正弦波的过零点,用逻辑电路可以测量方波的周期,也是正弦波的周期。

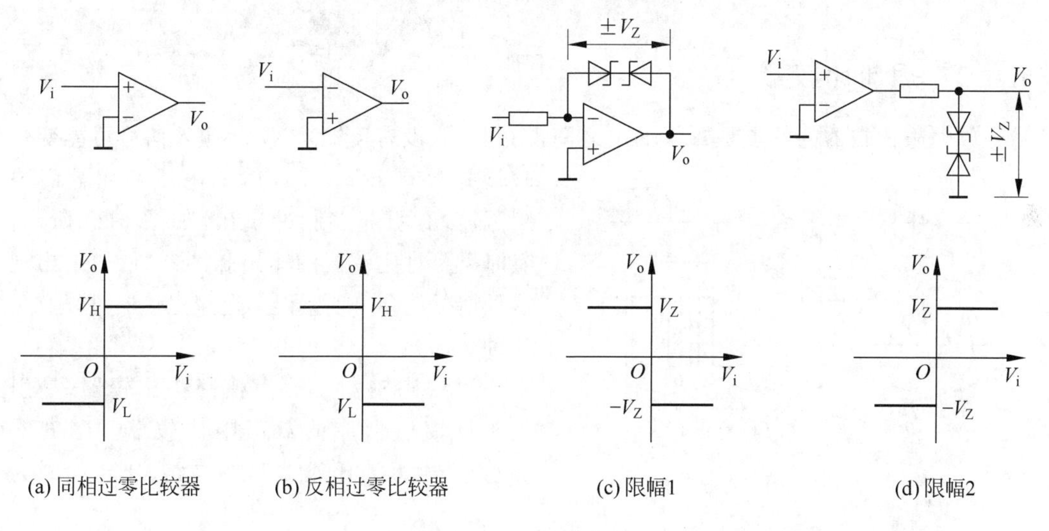

图 6-26　过零比较器

2. 非过零比较器

可以设法移动比较门限,使之成为非过零比较器。如图 6-27(a)所示的比较门限为 V_{ref},图 6-27(b)的比较门限为$-\dfrac{R_2}{R_1}V_{ref}$。

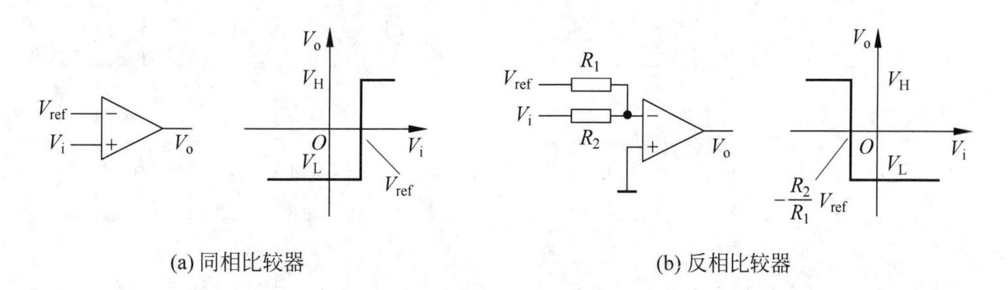

图 6-27　非过零比较器

利用几个不同门限的比较器可以检测输入电压处于哪一个范围，如图 6-28 所示。这种方法也用于高速模拟/数字转换器的设计。

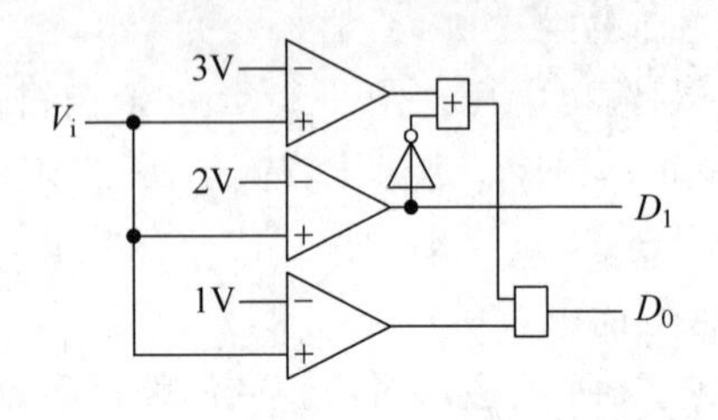

模拟输入	数字输出	
V_i	D_1	D_0
$V_i<1V$	0	0
$1V<V_i<2V$	0	1
$2V<V_i<3V$	1	0
$3V<V_i$	1	1

图 6-28　多门限幅度比较

6.4.2　迟滞比较器

单门限比较器的特点是输入输出之间没有联系(没有反馈)。实际输入信号可能变化较慢并含有干扰，造成输入电压在比较门限附近波动，引起多脉冲输出，如图 6-29 所示。有时需要对比较器的输出脉冲计数，如果出现这种情况就会出现错误。迟滞比较器可以避免这种干扰。

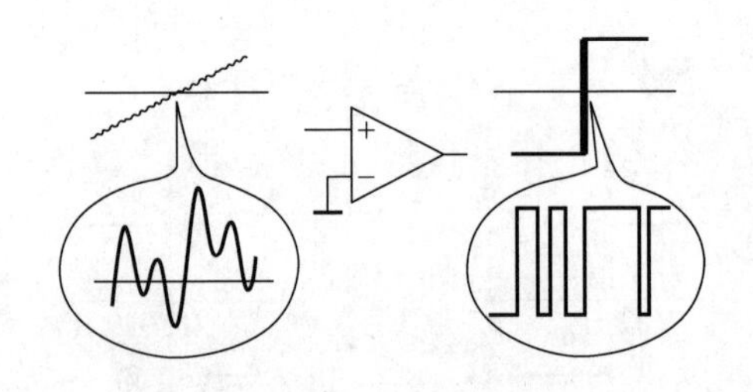

图 6-29　输入波动引起多脉冲输出

迟滞比较器又称为施密特比较器，是引入正反馈后形成的双门限比较器。图 6-30(a)为反相迟滞比较器基本电路，比较门限为 V_{i+}，当 $V_o=V_H$ 时比较器使用上门限电压 $V_{RH}=\dfrac{R_1}{R_1+R_2}V_H$，当 $V_o=V_L$ 时使用下门限电压 $V_{RL}=\dfrac{R_1}{R_1+R_2}V_L$。图 6-30(b)为同相迟滞比较器基本电路，当 $V_o=V_H$ 时使用下门限电压 $V_{RL}=-\dfrac{R_1}{R_2}V_H$，当 $V_o=V_L$ 时使用上门限电压 $V_{RH}=-\dfrac{R_1}{R_2}V_L$。可见随输出电压不同，迟滞比较器会自动改变比较门限。

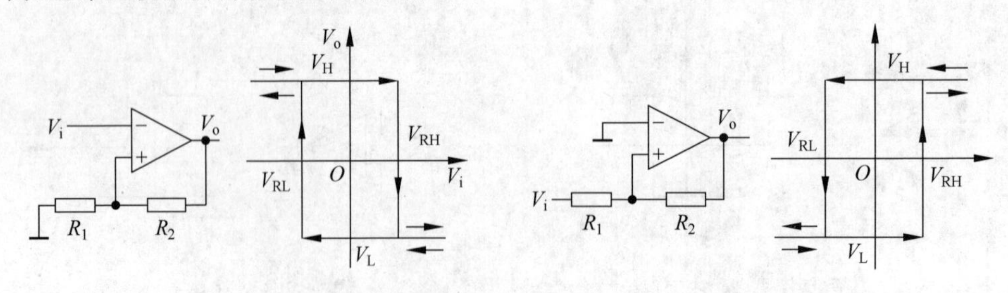

(a) 反相迟滞比较器　　(b) 同相迟滞比较器

图 6-30　迟滞比较器及传输特性

下面以反相迟滞比较器为例说明其工作过程。

(1) 如果 $V_i > V_{RH}$，必有 $V_o = V_L$，$V_{i+} = V_{RL}$，即自动采用下门限。

(2) 设 V_i 开始降低，但在 $V_i > V_{RL}$ 之前，输出状态不会变化。

(3) 一旦 $V_i < V_{RL}$，导致 $V_o = V_H$，从而 $V_{i+} = V_{RH}$，即自动变为上门限，之后 V_i 继续变低不会引起输出变化。

(4) 设 V_i 升高，但在 $V_i < V_{RH}$ 之前输出不会变化，只有 $V_i > V_{RH}$ 瞬间，进入(1)状态。

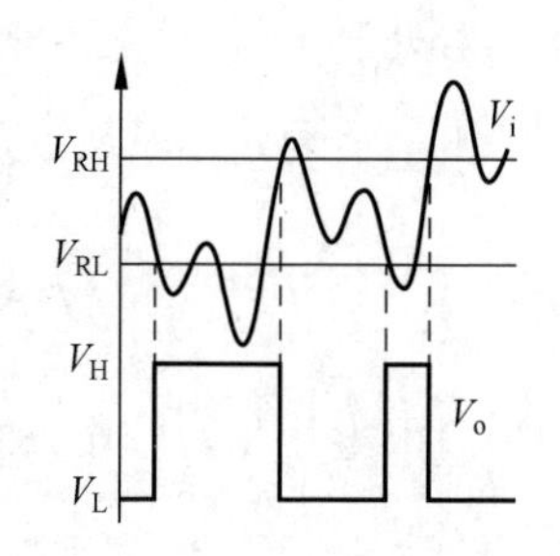

图 6-31　迟滞比较器整形波形

利用迟滞比较器对输入波形整形，如图 6-31 所示。可见一旦输出状态转换，比较门限自动偏离一个回差电压 $|V_{RH} - V_{RL}|$，只要信号波动不超过此值，无法再次引起输出状态转换，因此迟滞比较器的抗干扰能力很强。

实际使用时应按需要设置两个门限。回差电压过小则抗干扰能力差，回差电压过大则灵敏度太低。也可以在 R_2 上并联电容，自动调整回差电压。

6.5　脉冲振荡电路

使用运算放大器可以方便地构成低频脉冲振荡电路，产生方波、锯齿波、三角波等周期信号。这种振荡电路可用于逻辑电路的时钟发生器、报警装置、示波器扫描信号发生器、扫频仪、通用信号发生器等场合。

6.5.1　方波振荡电路

方波常用于数字脉冲电路作为信号源。用迟滞比较器可以构成方波振荡电路，如图 6-32 所示。

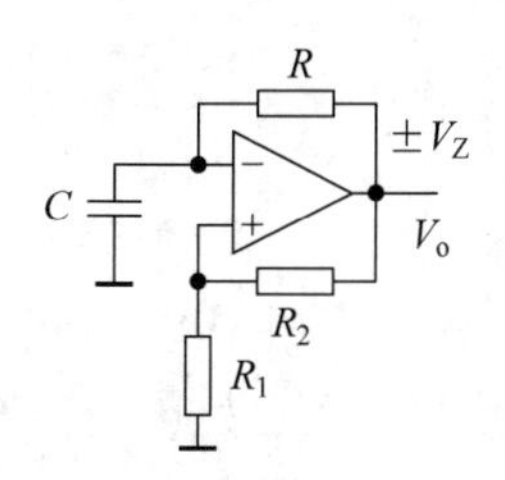

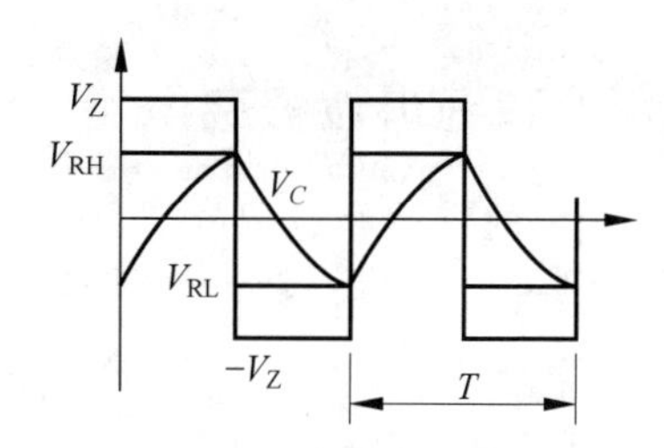

图 6-32　方波振荡器

设比较器输出电压幅度为 $\pm V_Z$，上门限电压为 $V_{RH} = \frac{R_1}{R_1 + R_2} V_Z$，下门限电压为 $V_{RL} = -\frac{R_1}{R_1 + R_2} V_Z$。工作过程如下。

(1) 通电后比较器输出处于一个随机状态，如 $+V_Z$，比较器处于上门限。

(2) $+V_Z$ 通过 R 对 C 充电，V_C 缓慢上升，至上门限时比较器翻转，输出 $-V_Z$，比较器处于下门限。

(3) $-V_Z$ 通过 R 对 C 反向充电，V_C 缓慢下降，至下门限时比较器翻转，输出 $+V_Z$，比较器处于上门限，之后重复(2)和(3)，不断翻转，输出方波。

由三要素法 $V_C=V_Z+(V_{RL}-V_Z)e^{-\frac{t}{RC}}$，当 $t=T/2$ 时 $V_C=V_{RH}=-V_{RL}$，因此

$$T=2RC\ln\frac{V_Z+V_{RH}}{V_Z-V_{RH}}=2RC\ln\left(1+2\frac{R_1}{R_2}\right)$$

如果门限电压相对较小，$R_1 \ll R_2$，则 $\ln\left(1+2\frac{R_1}{R_2}\right)\approx 2\frac{R_1}{R_2}$，$T\approx 4RC\frac{R_1}{R_2}$。

图 6-33 为一些常用方波振荡器。图 6-33(a)利用二极管隔离，使电容正向、反向充电经过不同阻值的电阻，到达翻转门限的时间不同，从而改变输出方波的占空比。

图 6-33(b)利用带有迟滞比较器特性的逻辑非门电路(如反相器 CD40106 或 74LS14 等)作为方波振荡器，其原理与运算放大器构成的电路相似。

图 6-33(c)利用两个反相门电路产生方波，反相门用单电源 E 供电，相当于门限为 $E/2$(普通 COMS 门)的单门限反相比较器，$T=2RC\ln 3\approx 2.2RC$。

NE555 定时器也经常使用，是利用 RC 定时的多用途脉冲发生器集成电路。

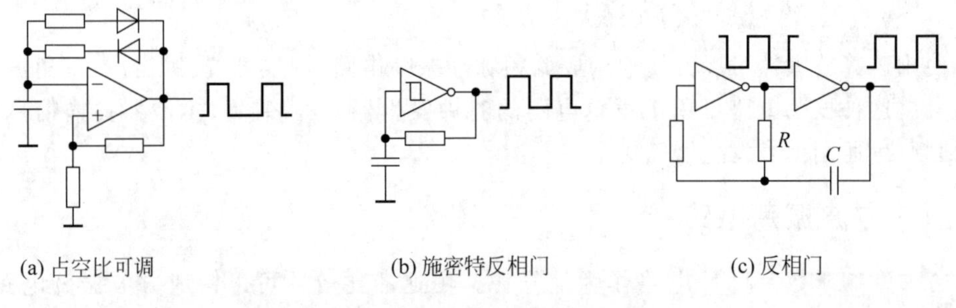

图 6-33 常用方波振荡器

6.5.2 三角波和锯齿波振荡电路

占空比为 50%的方波经过积分器可以产生三角波，改变方波的占空比经过积分可以产生锯齿波。图 6-34 的电路可以产生三角波或锯齿波，它由一个反相积分器和一个同相迟滞比较器组成，V_o 低到下门限时 $V_{o1}=-V_Z$ 经积分 V_o 上升，V_o 达到上门限时 $V_{o1}=V_Z$ 经积分 V_o 下降，如此循环。用二极管隔离改变积分器的充放电速率可产生锯齿波。

6.5.3 数字波形发生器

上述电路都使用 RC 充放电定时，因 RC 元件精度和稳定性不高，影响定时精度。许多场合需要高稳定度的定时脉冲或波形，这时只能使用数字电路的方法解决。数字时序电路采用晶体振荡器做时钟，具有十分准确和稳定的振荡频率，对该时钟进行分频组合，可以得到各种占空比的方波。

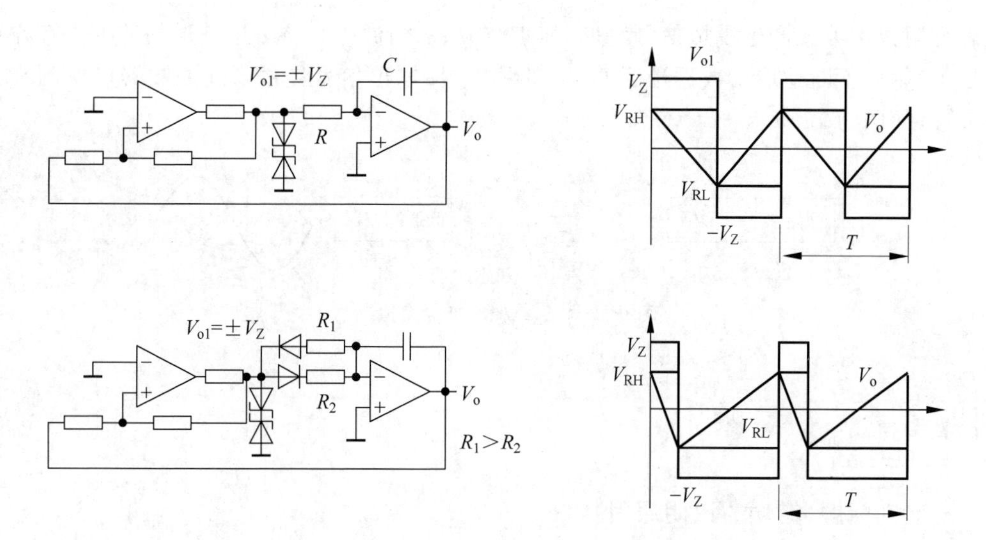

图 6-34　三角波和锯齿波振荡电路

图 6-35 中采用级联的二进制分频电路，可产生 2^N 倍时钟周期的方波。将这些方波用门电路译码可以输出占空比不同的方波。有大量的数字电路器件可供选择，包括计算机外围定时器接口电路。高速复杂的可使用大规模可编程逻辑电路。

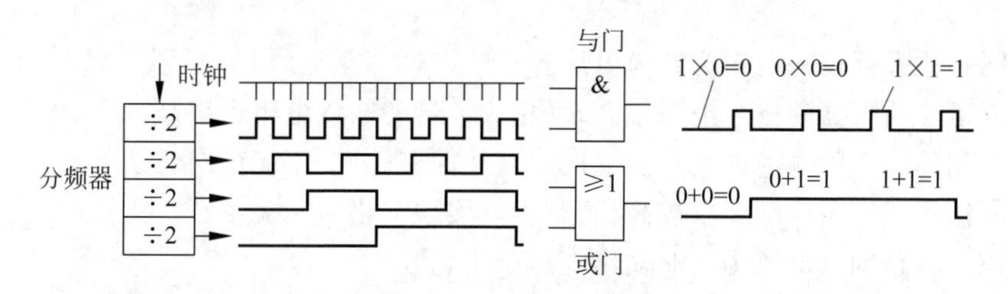

图 6-35　数字电路产生方波

利用频率固定的精密时钟产生可调频率信号的方法称为频率合成器，在通信、自动控制等方面有广泛应用。如图 6-36 所示，其核心是一个锁相环(PLL)，它包含一个相位比较器(PC)和一个压控振荡器(VCO)，PC 一端输入基准 f_0，另一端输入反馈频率，如果两个信号频率相位不同，PC 控制 VCO 改变输出频率，直至两个信号频率相等且相位锁定，因此得到 $f=\frac{M}{N}f_0$。改变分频数 M 和 N，便可以得到需要的频率。

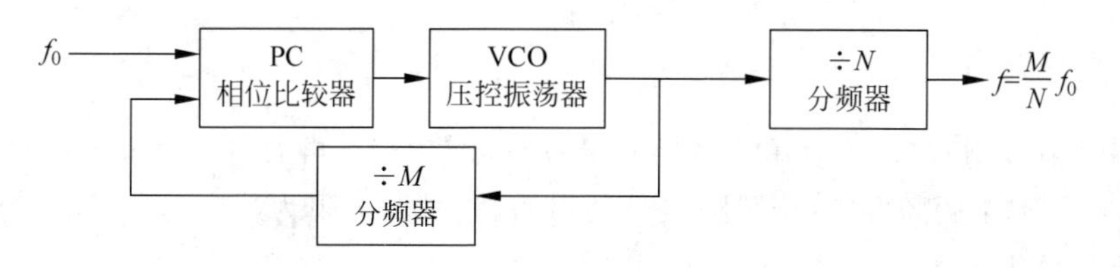

图 6-36　频率合成器

可用数字方式产生模拟信号波形(如正弦波、三角波等),将表示波形的数据先存在存储器中,然后不断地取出数据送到D/A即可,D/A输出信号经过低通滤波器可得到平滑的波形,如图6-37所示。

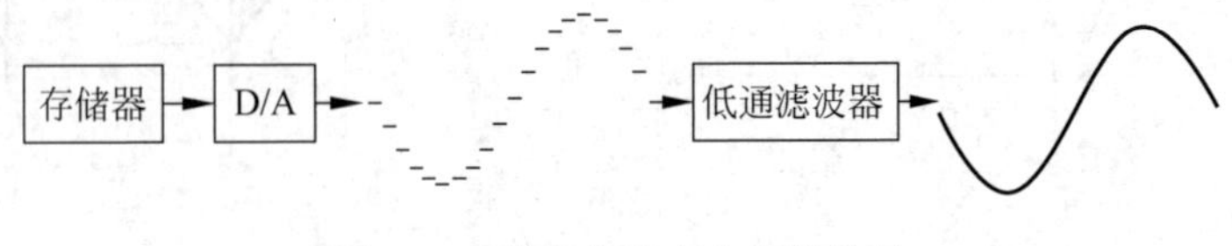

图6-37 数字方式产生模拟信号

习题6

一、判断题(错误的说明原因)

1. 运算放大器的A_0很高,能将很低的电压放大到1000V以上。(提示:电源电压限制)

2. 运算放大器频带窄,不能放大音频信号。(提示:普通运算放大器可放大到几十万赫兹)

3. 虚短、虚断可分析运算放大器构成的各种电路。(提示:非线性放大不能用虚短、虚断概念)

4. 同相放大器输入电压为共模电压。

5. 因运算放大器的输入电阻很高,反相放大器的输入电阻也很高。

6. 反相加法器的输入电流只能流向运算放大器一侧,不能反向流动。

7. 减法器对电阻匹配要求较高,否则不能实现严格减法关系。

8. 积分电路输入电压为0时输出电压一定为0。

9. 微分电路输入电压不为0时输出电压一定不为0。

10. 温度升高时,二极管反馈的对数电路的输出电压降低。

11. 存在高频干扰时,可用低通滤波器改善信号的信噪比。

12. 带阻滤波器可抑制单频率干扰信号,如50Hz的工频干扰。

13. 无线电接收机普遍使用RC带通滤波器。(提示:RC滤波器不适合几十万赫兹以上频率)

14. 用多个不同门限的单门限比较器可以对输入信号的幅度进行多级划分。

15. 输入电压在两个门限之间,迟滞比较器输出状态为低电平。

二、选择题

1. 用内阻为10MΩ的万用表直接测量一直流信号源,再通过一个理想电压跟随器测量,发现电压增加10%,设电压跟随器是理想的,信号源内阻为(　　)。

A. 900kΩ　　B. 1MΩ　　C. 1.1MΩ

2. ±15V供电的$A_u=10$的同相放大器,在$V_i=2V$时(　　)。

A. 符合虚短的条件　B. 符合虚断的条件　C. 不符合虚短、虚断的条件

3. 用运算放大器构成Ⅳ转换器测量一个很小的直流电流，运算放大器需要(　　)。

A. 低功耗型　　B. 低失调电压型　　C. 低偏置电流型

4. $A_u=-100$ 的反相放大器，失调电压 $V_{os}=V_{i-}-V_{i+}=1mV$，$V_i=0$ 时 V_o 为(　　)。(提示：$V_{i-}=1mV$ 是由输出电压提供的)

A. 1mV　　B. −100mV　　C. 101mV

5. $t=0$ 时反相积分电路的 $V_o=1V$，设 $R=100k\Omega$，$C=100\mu F$，$V_i=1V$，到 $V_o=-5V$ 所需时间为(　　)。

A. 60μs　　B. 60ms　　C. 60s

6. 反相微分电路同时输入 50Hz 和 150Hz 正弦波，幅度为 2∶1，输出中两信号幅度比为(　　)。(提示：用交流电路方法分别计算各信号的输出电压)

A. 2∶1　　B. 3∶2　　C. 2∶3

7. 电视图像细节不清晰，视频信号中(　　)。(提示：视频属宽带信号，变化快的信号影响细节)

A. 低频不足　　B. 中频不足　　C. 高频不足

8. 一阶 RC 无源低通滤波器，$R=1k\Omega$，$C=0.01\mu F$，截止频率为(　　)。

A. 2.53kHz　　B. 15.9kHz　　C. 100kHz

9. 一阶 RC 无源高通滤波器，在截止频率处，输出信号相位(　　)。

A. 不变　　B. 超前 45°　　C. 落后 90°

10. 带通滤波器中心频率为 1MHz，通频带 10kHz，品质因数 Q 为(　　)。(提示：$Q=\Delta f/f_0$)

A. 10　　B. 100　　C. 1000

11. 二阶有源低通滤波器增益为 2.5，在 ω_0 处，输出信号与输入信号幅度之比为(　　)。

A. 1∶2　　B. 1∶2.5　　C. 1∶5

12. 单门限比较器(　　)。

A. 有负反馈　　B. 有正反馈　　C. 无反馈

13. 几个 OC 输出的比较器的输出端(　　)。(提示：OC 输出相当于一个对地开关)

A. 可以并联　　B. 不能并联

C. 用运算放大器做比较器输出可并联

14. 迟滞比较器(　　)。

A. 有负反馈　　B. 有正反馈　　C. 无反馈

15. 图 6-34 三角波振荡电路，若减小 R(　　)。(提示：波形幅度由第一级的比较门限确定)

A. 波形幅度增大　　B. 波形周期增大　　C. 波形幅度不变

三、计算题

1. 写出图 6-38 各电路的输出电压，运算放大器是理想的，输入直流信号。

2. 写出图 6-39 各电路的输出电压或可能取值。运算放大器是理想的，但最大输出电压为±10V。输入电压有跳变的忽略上升时间。(提示：无反馈或正反馈的是比较器)

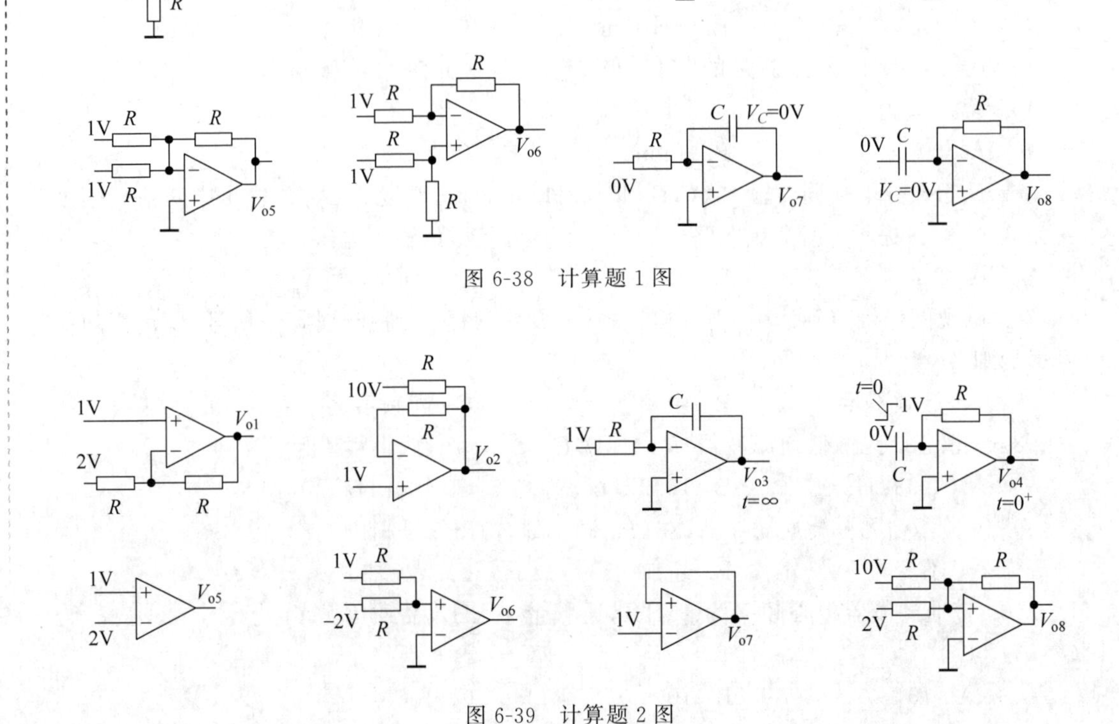

图 6-38　计算题 1 图

图 6-39　计算题 2 图

3. 图 6-40 中 $V_i = \sin(2000\pi t)$ V 为连续正弦波电压，$RC = 0.001$s，写出各输出电压峰值和相位。（提示：通过交流阻抗计算）

4. 图 6-40 中输入 100Hz 方波交流电压，定性画出各输出电压波形。（提示：V_{o4} 为冲激脉冲，V_{o5}、V_{o6} 按三要素法处理）

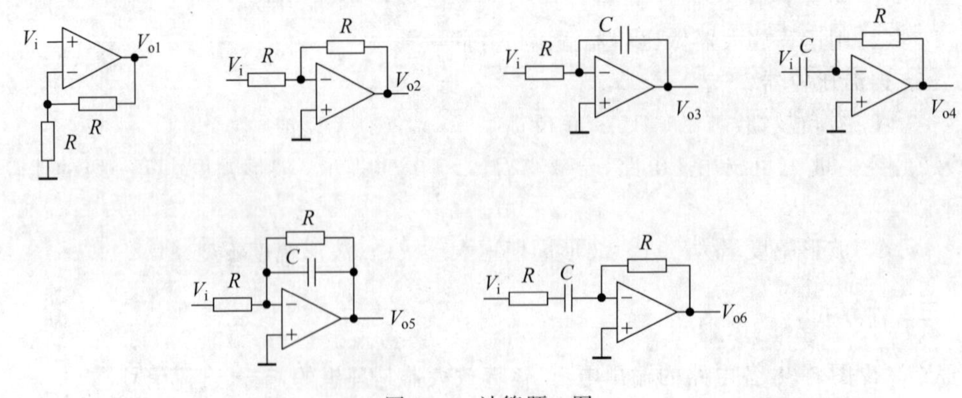

图 6-40　计算题 3 图

5. 写出图 6-41 中 V_{o1}、V_{o2}、V_{o3} 数值，运算放大器是理想的。

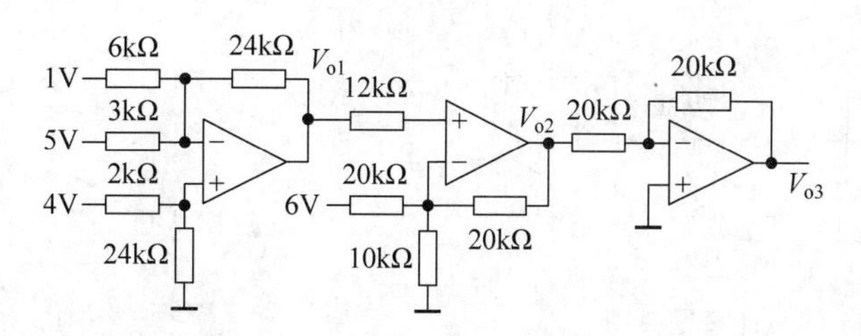

图 6-41　计算题 5 图

6. 写出图 6-42 中 V_o 的表达式，输入正弦波电压时画出输出波形，说明电路作用。(提示：结合例 6-3 分 $V_i>0$ 和 $V_i<0$ 两种情况分析)

7. 图 6-43 为反相放大器，二极管用于运算放大器的输入保护将 V_{i-} 限制在 ±0.7V 之间。

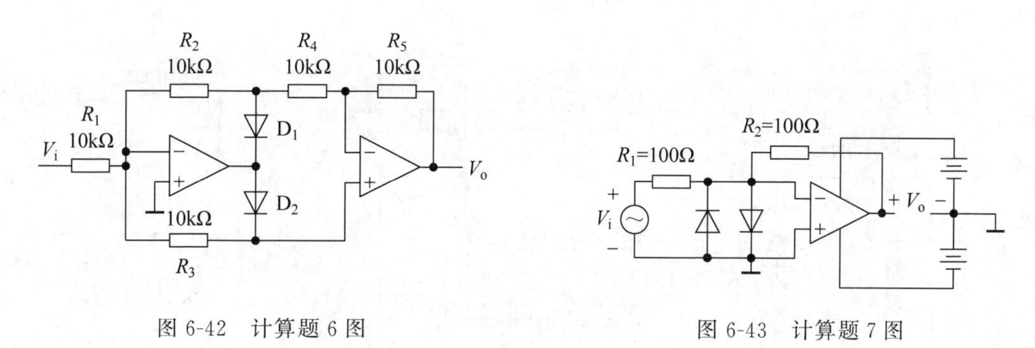

图 6-42　计算题 6 图　　图 6-43　计算题 7 图

(1) 设运算放大器为线性放大，分别说明正负半周输入电流流通回路。

(2) 设运算放大器最大输出电流为 ±20mA，分别计算 V_i = 1V、2V、3V 时输出电压 V_o。(提示：输入电流必然通过 R_1、R_2、V_o 端、电源和地线返回信号源；运算放大器达到最大输出电流后，输入电压便失去对 V_o 的调节能力，虚短失效)

8. 用电压叠加原理重新证明仪表放大器输入输出关系。

9. 图 6-44 为反相积分器，$V_o|_{t=0}=0$，输入波形如图 6-44 所示。

(1) 画出输出波形。

(2) 如果运算放大器最大输出电压为 10V，说明输出电压达到最大电压的时刻。

(3) 若希望 V_o 不含直流分量，改进电路。(提示：缓慢阻断输入的直流电压，缓慢泄放 C 的直流电压)

10. 图 6-45 中 R_t 是 PT100 铂电阻温度传感器，对应 0～100℃ 电阻在 100～138.45Ω 线性变化，该电路对应 0～100℃ 线性输出 0～5V 电压。计算 R_1、R_2。

11. (1) 如图 6-46，计算其门限电压，画出传输特性曲线。

(2) 设输入电压为 $6\sin\omega t V$，画出输出波形。

12. 滤波器如图 6-47，写出 V_o/V_i 并说明滤波器作用。(提示：用复阻抗推导输入输出关系，再分析该关系的特点)

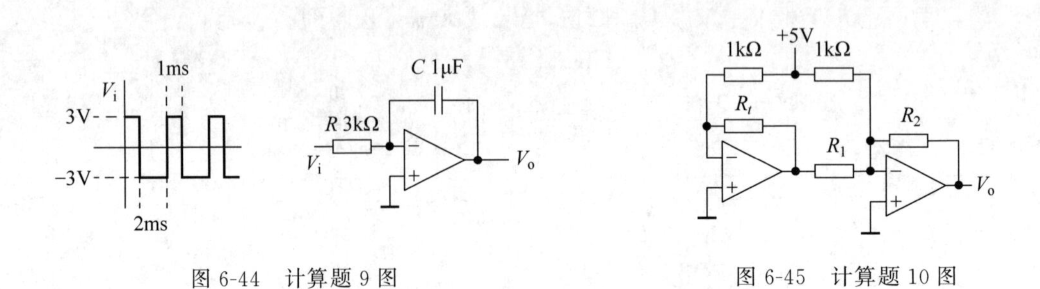

图 6-44　计算题 9 图

图 6-45　计算题 10 图

13. (1) 设计一个 $Q=1$ 的二阶有源低通滤波器，能将 30kHz 干扰抑制到万分之一(用 0.01μF 电容)。

(2) 计算此滤波器对 50Hz 信号的实际增益。

14. 图 6-48 的振荡器，计算输出方波的周期。

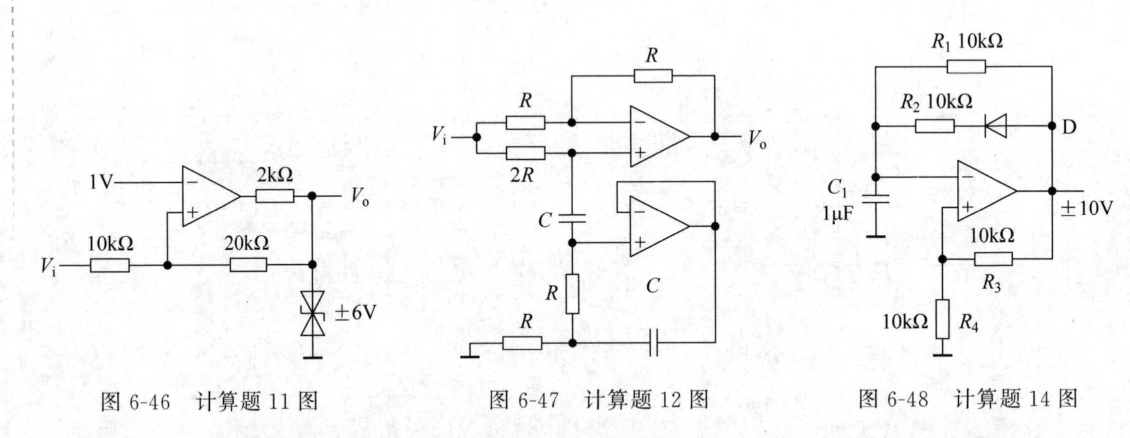

图 6-46　计算题 11 图

图 6-47　计算题 12 图

图 6-48　计算题 14 图

15. 图 6-49 的锁相环电路，确定分频值 L、M、N。(提示：L、M、N 必须是整数)

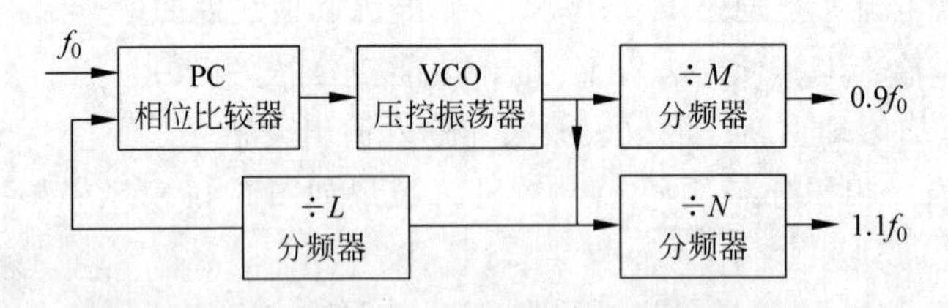

图 6-49　计算题 15 图

第7章

放大电路中的反馈

放大器中普遍采用负反馈来改善放大器性能，本章介绍反馈的分类，反馈的一般概念，负反馈对放大器稳定性能的影响。

正反馈会引起放大器不稳定，利用这个特点可实现正弦波振荡电路，本章介绍了正弦波振荡电路的组成、振荡条件和几种典型电路。

7.1 放大电路中的反馈分类和组态

反馈是从放大器输出端取出部分信号送到放大器输入端，如图7-1所示。从放大器输出端经过反馈电路引一个反馈信号到放大器输入侧，与输入信号叠加后形成一个净输入信号送到放大器输入端。

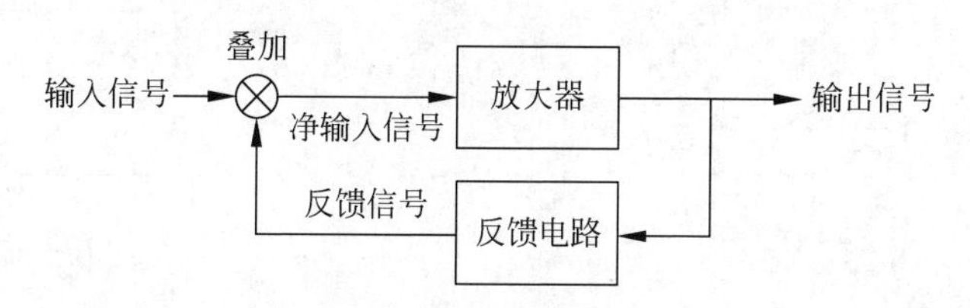

图7-1 带有反馈回路的放大器(闭环放大器)

带有反馈回路的放大器称为闭环放大器，反馈会对放大器性能产生本质的影响。

反馈的思想随处可见。例如，加热一个容器到规定温度，必须测量温度(反馈信号)——测量温度与设定温度比较(叠加)——根据温度误差控制加热器功率(放大器)；当改变温度设定值时，容器温度也应随之相应改变(线性放大)；如果温度设定过高或容器散热量太大，即使加热器满负荷工作仍然无法达到规定温度(放大器饱和)；由于加热环节有延迟，控制不好会使温度产生过冲或者波动(自激振荡)。

如果只按照温度要求改变加热功率，而不关心容器散热，这种控制精度并不高(开环放大器)。

7.1.1 反馈分类

1. 正反馈和负反馈

如果反馈信号送到输入端，再经过放大使输出信号增强，为正反馈。反之，反馈信号的加入使放大器输出信号减弱，为负反馈。

可以用瞬时极性法判断正反馈还是负反馈。放大器内部电路和外部反馈电路形成一个环形回路，从输入端或回路的任一点开始，假定该点信号电压向一个方向变化（↑或↓），沿环路逐级分析并返回该点，如果返回信号变化方向与原始信号假定方向一致则为正反馈，反之则为负反馈。

为使用瞬时极性法，必须熟悉各个放大环节的输入信号与输出信号是同相位还是反相位。图 7-2 中，运放的 V_{i+} 至 V_o 同相，V_{i-} 至 V_o 反相；晶体管共发射极放大器 b 至 c 反相；共集电极放大器 b 至 e 同相；共基极放大器 e 至 c 同相；差分放大器 T_1 的 b 至 T_2 的 c 同相；应注意 NPN 或 PNP 型晶体管放大器的相位关系是相同的。变压器的输入输出极性要看变压器的同名端，两个标"·"为同名端，相位相同。

信号通过电阻或耦合电容器，瞬时相位不变。

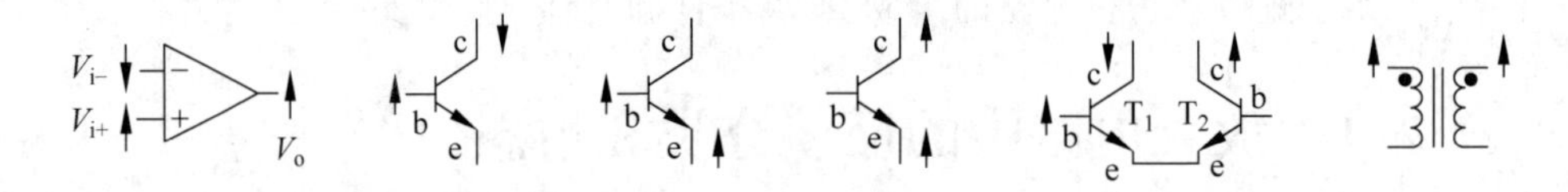

图 7-2　常用元件的输入输出相位关系

例 7-1　分析图 7-3 的反馈极性。

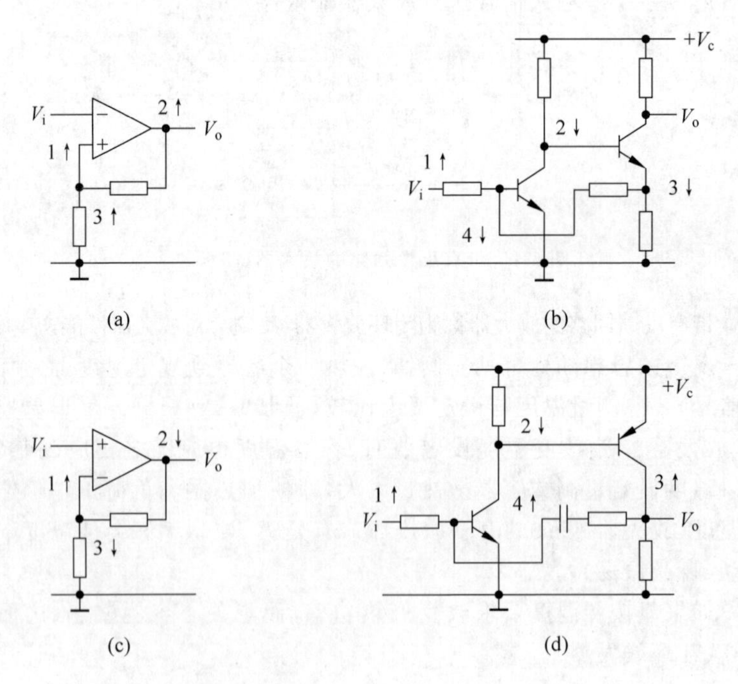

图 7-3　例 7-1 电路

解：从放大器到反馈回路分析一周，图 7-3 各箭头表示瞬时极性，箭头前的数字代表分析次序。

（a）反馈信号加强了最初信号，正反馈（迟滞比较器）。

(b) 反馈信号削弱了输入信号,负反馈。

(c) 反馈信号削弱了最初信号,负反馈(同相放大器)。

(d) 反馈信号加强了输入信号,正反馈。

2. 直流反馈和交流反馈

如果反馈信号仅包含直流信号称为直流反馈,如果反馈信号仅包含交流信号称为交流反馈。

对交流放大器而言,直流负反馈的目的是为了稳定放大器的直流工作点。而这里关心的是被放大的信号,因此只关心交流反馈。

对直流放大器而言,直流和交流都是信号,直流反馈和交流反馈同时存在,因此不能区分是直流反馈还是交流反馈。

例 7-2　分析图 7-4 的交直流负反馈类型。

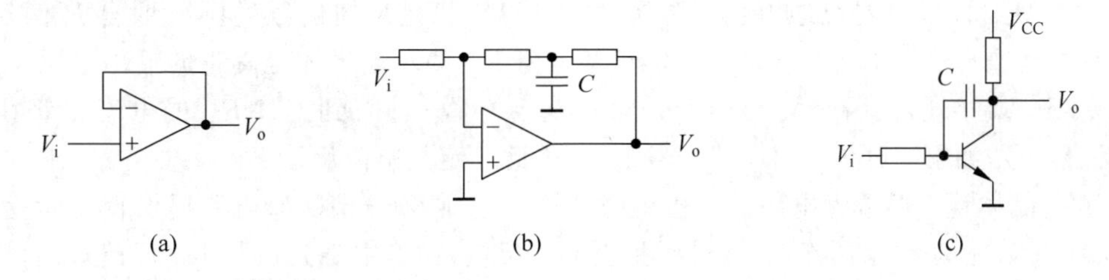

图 7-4　例 7-2 电路

解:(a) 输出电压全部反馈到输入端(V_{i-}),其中交流反馈和直流反馈同时存在。

(b) 输出信号反馈到输入端(V_{i-})的只有直流成分,因此为直流反馈。交流反馈信号被 C 接地短路,V_o 的波动成分不能传递到 V_{i-}。

(c) 集电极输出的交流成分可以通过 C 反馈到基极,因此为交流反馈。

3. 电压反馈和电流反馈

如果反馈信号取自负载两端的电压称为电压反馈,如果取自流过负载的电流称为电流反馈。实际上,放大器输出电压的定义也是指加到负载两端的电压,输出电流也是指流过负载的电流,因此可以看反馈信号反映的是输出电压还是输出电流。

电压反馈和电流反馈的判断方法:假设输出电压短路(负载电阻两端短路),如果反馈信号消失即为电压反馈,如果反馈信号仍然存在则为电流反馈;或者断开输出电流(即断开全部负载电阻),反馈信号消失即为电流反馈,反馈信号存在则为电压反馈。

负反馈使受监控的对象变得稳定,因此电压负反馈能稳定输出电压使之只受输入信号控制,较少受负载因素影响,表现为放大器输出电阻减小(电压源);电流负反馈能稳定放大器输出电流,使之较少受负载电阻的影响,表现为放大器输出电阻增大(电流源)。

例 7-3　分析图 7-5 的电压电流反馈类型。

解:电压反馈还是电流反馈总是从放大器输出端定义的,但还是需要从放大器输入端观察哪个是反馈信号,才能判断是输出电压还是输出电流引起此反馈信号。

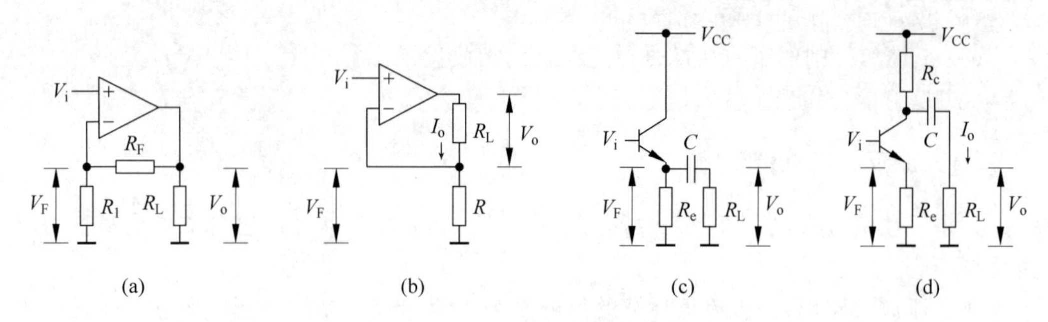

图 7-5 例 7-3 电路

(a) V_i 减掉 V_F 后为放大器净输入电压,V_F 即为反馈电压。注意到 V_F 是采自 V_o 的样本,即 $V_F=\dfrac{R_1}{R_1+R_F}V_o$,如果人为假设 $V_o=0$ 反馈信号即消失,因此必定是电压反馈。

(b) V_i 和 V_F 都是以地电位为参考的电压,V_F 仍是反馈信号,但 V_F 取自 R 两端电压,而不是取自输出电压 V_o(总是假定负载电阻 R_L 两端电压才是真正的输出电压,不管 R_L 是否一端接地)。因此 V_o 与 V_F 并没有直接关系。注意到流过 R_L 的电流在 R 上产生反馈信号,如果断开 R_L 则反馈信号消失,因此必定是电流反馈。

(c) 晶体管反馈放大电路的分析稍微麻烦一些,必须分清哪些电路提供直流偏置,哪些信号为反馈,哪些是局部反馈,哪些是大环路反馈(这里主要关心大环路反馈)。而且晶体管放大器不是理想放大器,分析时应抓住主要矛盾。

图 7-5(c)实际上是交流放大器,其中基极电压为输入电压,发射极电压为反馈电压,晶体管 be 结为放大器的净输入端(因为 V_{be} 能强烈控制发射极电流,从而控制输出电压)。耦合电容 C 视为交流短路,因此 $V_F=V_o$,显然假设 $V_o=0$ 反馈信号即消失,因此是电压反馈。

(d) 反馈信号 V_F 为 R_e 两端电压,输出电压 V_o 为 R_c 两端电压,因此 V_o 与 V_F 并没有直接关系(进行分析时采用交流通路的思想,即耦合电容和电源视为短路,电源线可视为接地,晶体管能自己产生输出电流。近似分析时总是假定集电极电流与发射极电流相等)。如果将 V_o 短路,仍有电流流过集电极到发射极并在 R_e 两端产生反馈电压,符合电流反馈特点,为电流反馈。

注意,将 R_L 断路仍有电流通过 R_c 流到发射极并产生反馈电压,分析产生困难。其原因在于 R_c 提供晶体管放大器的直流通路,是放大器内部不能缺少的部分,但 R_c 同时又是放大器总负载电阻的一部分,因此单独断开 R_L 并不能断开放大器的总负载电阻。

4. 串联反馈和并联反馈

从放大器的输入端看,反馈信号与输入信号以电压方式叠加称为串联反馈,以电流方式叠加称为并联反馈。串联反馈和并联反馈容易从电路结构上区分。

串联反馈常见的电路结构是放大器有两个输入端,一端接输入电压,另一端接反馈电压,因此放大器两个输入端得到的是电压差值(即净输入电压 V_d),由两个电压(通过地线)串联形成,如图 7-6(a)所示。当然对运放等符合虚短特征的深度负反馈放大器,净输入电压为 0，输入电压等于负反馈电压。

并联反馈常用的电路结构是放大器的两个净输入端一端接地，另一端通过两个电阻分别接输入电压和反馈电压，输入电压 V_i 和输出电压 V_o 分别形成电流 I_i 和 I_F，经过并联后其差值 I_d 送到放大器，如图 7-6(b)所示。对运放等符合虚断特征的深度负反馈放大器，净输入电流为 $I_d=0$，输入电流等于负反馈电流。

对串联负反馈，放大器净输入电压比没有负反馈时小，在输入电压不变情况下，流过放大器的输入电流减小，因此输入电阻增大。对并联负反馈，因负反馈支路的分流作用，放大器净输入端的输入电阻减小(极端情况是反相放大器的虚地，输入电阻为 0)。这个结论很重要。

对串联反馈，希望信号电压和反馈电压接近理想电压源，这样对放大器净输入电压的调节能力较强；对并联反馈，希望信号源内阻(或图 7-6(b)中 R_1)较大，提供的输入电流有限，反馈电流的分流作用效果明显。

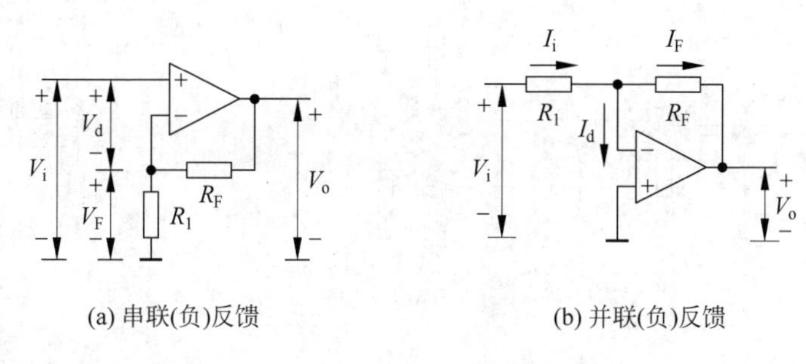

图 7-6　串联和并联反馈

7.1.2　四种反馈组态

从反馈放大器输入看，反馈信号与输入信号的叠加分为串联和并联两种方式。从反馈放大器的输出看，反馈信号的来源分为电压和电流两种方式。总体看，可分为四种反馈组态：电压串联、电压并联、电流串联和电流并联。

分辨这四种组态，首先必须熟悉放大电路的结构。输入侧要找到放大器的净输入端，观察输入信号和反馈信号是电压叠加关系还是电流叠加关系。从放大器输出端观察反馈信号取自输出电流还是输出电压。

例 7-4　分析图 7-7 各电路的反馈极性和反馈组态。

解：放大器的输入输出信号习惯用电压表示，但并不一定都是电压串联反馈，关键看电路结构。

(a) 同相电压放大器。输入输出电压都是对地电压。R_1 两端为反馈电压，提供反馈电压的是输出电压，因此为电压串联负反馈。

(b) R_1 两端为反馈电压，由流过负载电阻 R_L 的电流产生，不难分析为负反馈，因此是电流串联负反馈。

(c) 反相放大器。输入电压通过 R_1 向虚地注入电流，输出电压通过 R_2 从虚地拉走电流(负反馈电流)，因此是电压并联负反馈。

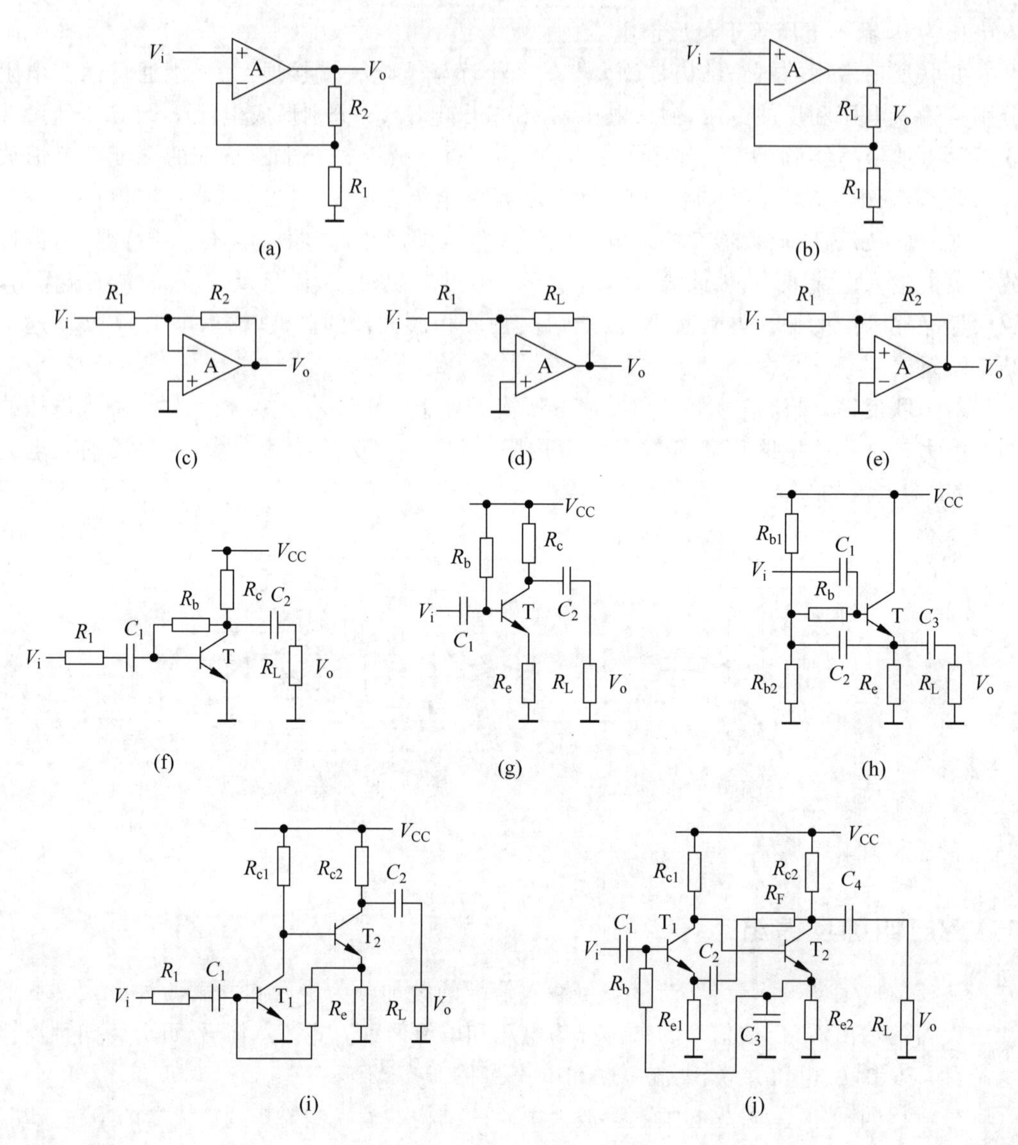

图 7-7 例 7-4 电路

(d) 注意到负载电阻接到反馈支路,即流过负载电阻 R_L 的电流同时为反馈电流(断开 R_L 反馈电流消失),因此为电流并联负反馈。

(e) 此放大器虽为电压并联组态,但为正反馈,不能作为线性放大器。它实际是同相迟滞比较器。

(f) V_i 通过 R_1 向 T 的基极提供输入电流,V_o 通过 R_b 从 T 基极拉走电流(负反馈电流,如果短路负载电阻,此电流消失),因此为电压并联负反馈。

(g) R_e 两端为反馈电压,它是流过 $R_c//R_L$ 的电流流过 R_e 产生的(短路 R_L 此电流仍存在),由于 $V_i\uparrow - V_{be}\uparrow - I_c\uparrow - V_e\uparrow - V_{be}\downarrow$ 为负反馈,因此为电流串联负反馈。

(h) 此电路较特殊,主要部分为 R_e 产生的电压串联负反馈。V_o 通过 C_2 提供了一个正反馈，由于其正反馈作用很弱（射极跟随器电压增益小于 1，且 R_b 很大，C_1 又能将流过 R_b 的交流电流信号短路到信号源），不会造成放大器的不稳定，它能使 R_b 两端的交流电压几乎相等，使 R_b 的交流电阻远大于 R_b，提高放大器的输入电阻，此特点称为自举。

(i) 从 T_1 输入端看必为并联反馈，由于反馈电流由 R_e 电压产生，且此电压由流过 $R_c//R_L$ 的电流产生，又可分析为负反馈，因此为电流并联负反馈。

(j) 此电路有两条反馈回路：①通过 R_b 的类似电流并联负反馈，但一方面信号为电压输入，不能产生交流电流反馈，另一方面 C_3 将 R_{e2} 的交流电压短路，也无法将交流信号反馈到 T_1 基极，因此 R_b 只有直流负反馈的作用，目的是稳定放大器的直流工作点。②通过 R_F 形成交流电压串联负反馈（R_{e1} 两端为反馈电压，它由 R_{e1} 和 R_F 对 V_o 分压产生），这是整个电路的大环路负反馈，起主要作用，虽然 R_{e1} 对 T_1 放大级有电压串联负反馈作用，但它是电路的局部负反馈，起次要作用。

7.2　反馈的一般概念

反馈是从放大器输出端取出部分信号与输入信号叠加后送入开环放大器的输入端，如图 7-8 所示。

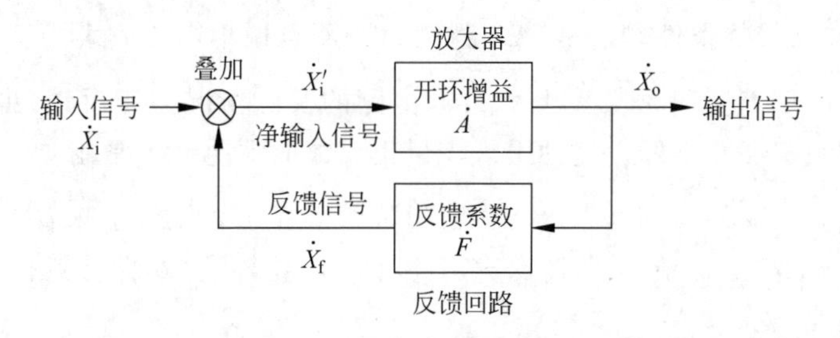

图 7-8　负反馈放大器

图 7-8 中，$\dot{A}$ 为放大器开环增益，$\dot{X}_i'$为放大器净输入，即

$$\dot{A}=\frac{\dot{X}_o}{\dot{X}_i'} \tag{7-1}$$

$\dot{F}$ 为反馈系数，即

$$\dot{F}=\frac{\dot{X}_f}{\dot{X}_o} \tag{7-2}$$

叠加关系为

$$\dot{X}_i'=\dot{X}_i-\dot{X}_f=\dot{X}_i-\dot{F}\dot{X}_o=\frac{\dot{X}_o}{\dot{A}} \tag{7-3}$$

因此，放大器的闭环增益为

$$\dot{A}_f = \frac{\dot{X}_o}{\dot{X}_i} = \frac{\dot{A}}{1+\dot{A}\dot{F}} \tag{7-4}$$

$|1+\dot{A}\dot{F}|$为反馈深度。

这里的信号 $\dot{X}$ 泛指电压或电流。如果输入输出同为电压或电流，$\dot{A}_f$、$\dot{A}$、$\dot{F}$ 没有单位；若输入电流、输出电压则 $\dot{A}_f$、$\dot{A}$ 单位是 V/A=Ω，$\dot{F}$ 的单位是 A/V=S。

(1) 如果$|1+\dot{A}\dot{F}|>1$，则$|\dot{A}_f|<|\dot{A}|$，电路的实际情况为负反馈，特别是当$|1+\dot{A}\dot{F}|\gg 1$时，式(7-4)可表示为

$$\dot{A}_f = \frac{1}{\dot{F}} \tag{7-5}$$

闭环增益由反馈电路决定，而与放大器参数无关，此种情况称为深度负反馈。此时

$$\dot{X}'_i = \frac{\dot{X}_i}{1+\dot{A}\dot{F}} = 0$$

即放大器的净输入信号为0，这就是“虚短”“虚断”，因此只要是深度负反馈就可以用“虚短”“虚断”来分析，且分析的重点是反馈回路，而不必关心开环放大器内部结构。闭环增益与放大器参数无关的条件之一是$|\dot{A}|$足够大，并不是说不需要放大器。

(2) 如果$|1+\dot{A}\dot{F}|<1$，则$|\dot{A}_f|>|\dot{A}|$，电路的实际情况为正反馈，虽然可以提高增益，但放大器的稳定性并不好。这种引入少量正反馈的情况并不常用。

特别是当$|1+\dot{A}\dot{F}|=0$时，$|\dot{A}_f|=\infty$，形成严重的正反馈，意味着放大器不需要输入信号也有输出，若是交流放大器必产生振荡，正弦波振荡器有意使用正反馈产生振荡。

7.3 负反馈对放大器性能的影响

引入负反馈会带来诸多好处：增益降低但稳定，精度提高，失真减小，噪声降低，通频带展宽等。负反馈还使闭环放大器的输入输出电阻变化。为便于分析，假定交流放大器工作在中频段或直流放大器工作在中低频段，这时 $\dot{A}$ 和 $\dot{F}$ 皆为实数(A、F 可用±号表示其相位，负反馈放大器的 AF 乘积为正数)，式(7-4)可写成：

$$A_f = \frac{A}{1+AF} \tag{7-6}$$

注意：不同反馈组态的放大器 A 和 F 的单位不同，如电压并联负反馈，A 是输出电压与净输入电流之比，而 F 是反馈电流与输出电压之比。

1. 闭环增益降低但稳定性提高

开环增益一般受温度、电源、负载的影响较大，稳定性差。引入负反馈后，放大器开环增益是闭环增益的 $1+AF$，但闭环增益稳定性却提高了 $1+AF$ 倍。对式(7-6)微分

$$\mathrm{d}A_{\mathrm{f}}=\frac{\mathrm{d}A}{1+AF}-\frac{AF}{(1+AF)^{2}}\mathrm{d}A=\frac{1}{(1+AF)^{2}}\mathrm{d}A$$

与式(7-6)相除得

$$\frac{\mathrm{d}A_{\mathrm{f}}}{A_{\mathrm{f}}}=\frac{1}{1+AF}\frac{\mathrm{d}A}{A} \tag{7-7}$$

即 A_{f} 的相对变化比 A 的相对变化减小 $1+AF$ 倍。

深度负反馈时，A_{f} 只受 F 影响，只要保证 F 的稳定性，即可保证放大器闭环增益的稳定性。

2. 减小放大器非线性失真和内部干扰

非线性失真可以看成放大器的开环增益随信号幅度变化而变化，按式(7-7)，闭环后非线性失真将减小 $1+AF$ 倍。

开环放大器内部干扰噪声以 V_{n} 输出，闭环后变为 V'_{n}，它是 V'_{n} 负反馈经放大与 V_{n} 合成的结果：$V_{\mathrm{n}}-AFV'_{\mathrm{n}}=V'_{\mathrm{n}}$，因此内部干扰和噪声也减小 $1+AF$ 倍。

输入信号中的干扰和噪声是输入信号的一部分，不能用负反馈提高信噪比。如果需要可用滤波器处理。当然高保真放大器反而需要真实再现信号中的干扰和噪声。

3. 增加放大器带宽

设开环放大器有一阶低通滤波特性

$$\dot{A}=\frac{A}{1+\mathrm{j}\dfrac{\omega}{\omega_{0}}}$$

代入式(7-4)有

$$\dot{A}_{\mathrm{f}}=\frac{\dot{A}}{1+\dot{A}F}=\frac{A/(1+\mathrm{j}\omega/\omega_{0})}{1+FA/(1+\mathrm{j}\omega/\omega_{0})}=\frac{A/(1+AF)}{1+\mathrm{j}\dfrac{\omega}{(1+FA)\omega_{0}}}=\frac{A_{\mathrm{f}}}{1+\mathrm{j}\dfrac{\omega}{\omega_{0\mathrm{f}}}} \tag{7-8}$$

因此，$\omega_{0\mathrm{f}}=(1+FA)\omega_{0}$，比无负反馈时的高频截止频率提高 $1+FA$ 倍。

这里假定放大器高频段只有一个极点(分母为 ω 的一次多项式)，开环增益按 $-20\mathrm{dB}$/十倍频程下降，如果下降速度更快，频带展宽量要小一些。

同样，负反馈能使交流放大器的低频截止频率降低。

4. 改变输入输出电阻

闭环放大器净输入 $X'_{\mathrm{i}}=\dfrac{X_{\mathrm{o}}}{A}=\dfrac{X_{\mathrm{i}}A_{\mathrm{f}}}{A}=\dfrac{1}{1+AF}X_{\mathrm{i}}$，减少为原来的$\dfrac{1}{1+AF}$。

对串联负反馈，如果维持净输入电压 V_{i} 不变，需要额外增加 AF 份 V_{i} 抵消负反馈电压，因此输入电阻 $R_{\mathrm{if}}=\dfrac{(1+AF)V_{\mathrm{i}}}{I_{\mathrm{i}}}=(1+AF)R_{\mathrm{i}}$，提高 $1+AF$ 倍，如图 7-9 所示。深度负反馈时增大到∞。

对并联负反馈。如果维持净输入电流 I_{i} 不变，需要额外向负反馈通路提供 AF 份

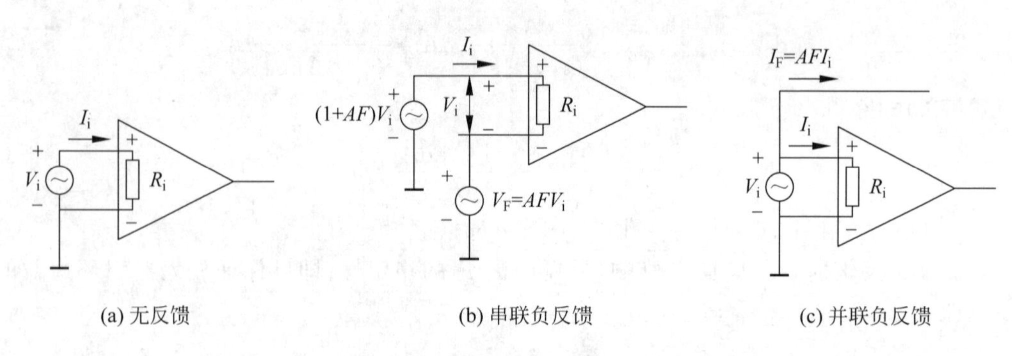

(a) 无反馈　　(b) 串联负反馈　　(c) 并联负反馈

图 7-9　负反馈对输入电阻的影响

I_i，因此输入电阻 $R_{if}=\dfrac{V_i}{(1+AF)I_i}=\dfrac{R_i}{1+AF}$，减少 $1+AF$ 倍，如图 7-9 所示。深度负反馈时减小到 0。

对电压负反馈，设开环输出电阻为 R_o。由输出端加电压 V_o，有 FV_o 的信号反馈到输入端，经放大有 AFV_o 的放大器内部电压，故 R_o 两端电压变为 $(1+AF)V_o$，流过 R_o 的电流增加 $1+AF$ 倍，输出电阻降低 $1+AF$ 倍，如图 7-10(a)所示，深度负反馈时输出电阻变为 0，成为理想电压源。

电压负反馈虽然能减小线性放大区的输出电阻，但并不能增加放大器极限输出电流的能力。负反馈只是加大了输出电压/电流的调节力度，一旦放大器饱和便失去线性放大能力，负反馈调节也无能为力。

对电流负反馈，由输出端加电流 I_o，有 FI_o 的信号反馈到输入端，经放大有 AFI_o 的放大器输出，故 R_o 两端电压 V_o 变为 $(1+AF)I_oR_o$，因此输出电阻增加 $1+AF$ 倍，如图 7-10(b)所示，深度负反馈时输出电阻变为∞，成为理想电流源。

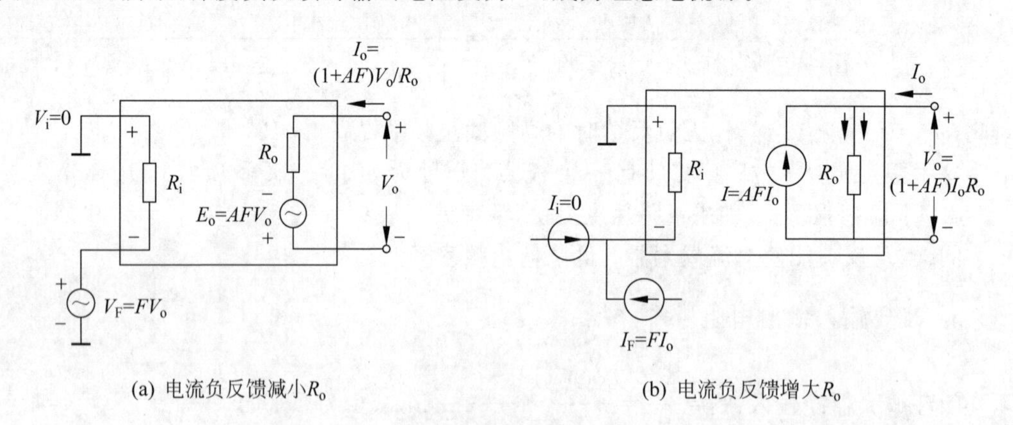

(a) 电流负反馈减小R_o　　(b) 电流负反馈增大R_o

图 7-10　负反馈对输出电阻的影响

电流负反馈并不能提高放大器的极限输出电压，达到最大输出电压后放大器饱和，负反馈调节失效，因此其恒流特性只在放大器最大输出电压范围内有效。

四种组态的负反馈放大器特点综合如表 7-1 所示。

表 7-1　四种组态的负反馈放大器特点综合

组态	输入电阻(深度负反馈)	输出电阻(深度负反馈)	用途
电压串联	增大(∞)	减小(0)	电压放大
电压并联	减小(0)	减小(0)	电流/电压转换
电流串联	增大(∞)	增大(∞)	电压/电流转换
电流并联	减小(0)	增大(∞)	电流放大

5. 负反馈放大器的自激振荡

放大器和负反馈回路都有信号延时或附加相移,它们会随频率变化,因此 $\dot{A}\dot{F}$ 的幅值$|\dot{A}\dot{F}|$和角度 φ 都是频率的函数。在交流放大器的中频或直流放大器的中低频段认为 $\varphi=0$,如果在其他频率 φ 超过$\pm 90°$,则负反馈变为正反馈,如果这时放大器有足够的放大能力则会产生自激振荡,即使没有输入信号也会产生输出信号。

图 7-8 中,设 $\dot{X}_i=0$,自激振荡的条件是 $\dot{A}(0-\dot{F}\dot{X}_o)=-\dot{A}\dot{F}\dot{X}_o$,在 $\dot{X}_o$ 方向投影大于或等于 $\dot{X}_o$,如图 7-11 所示,即 $AF\cos\varphi\leqslant-1$。振荡发生在 $AF\cos\varphi$ 最小的频率处。

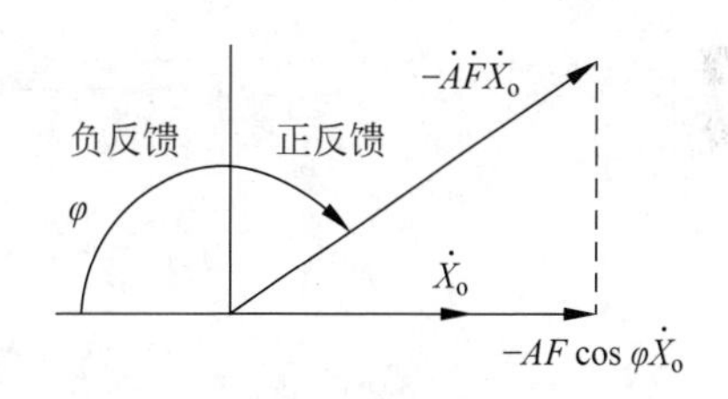

图 7-11　附加相移产生正反馈

防止自激振荡必须破坏这个条件。一般自激振荡多以高频为主,常用的校正方法是在放大器的负反馈支路或中间级负载位置并联小容量电容(几皮法至几百皮法)或电容、电阻串联网络。如图 7-12 所示,通过降低放大器的高频增益抑制振荡,负反馈回路中的电容同时具有超前移相作用,可补偿放大器的内部延时。C、R 的数值可通过试验调试最后确定,使之既能有效抑制振荡,又不会影响需要的高频特性。

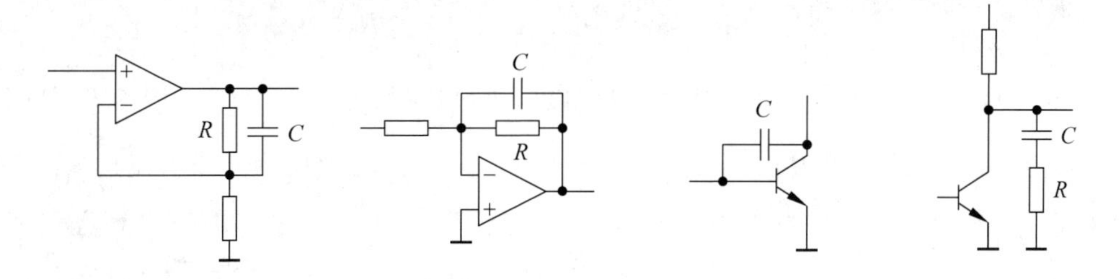

图 7-12　负反馈放大器消除自激振荡的方法

6. 负反馈放大器的分析

对深度负反馈放大器,$\dot{A}_f=\dfrac{1}{\dot{F}}$且放大器净输入信号为 0,均可用“虚短”“虚断”分析,十分简便(如采用运放的线性放大器)。对晶体管放大电路,必须熟悉其交流通路(耦合电容和电源视为短路)，通过交流电路计算相关数据。

例 7-5 设图 7-13 各放大器为深度负反馈，计算其闭环电压增益和输入输出电阻。

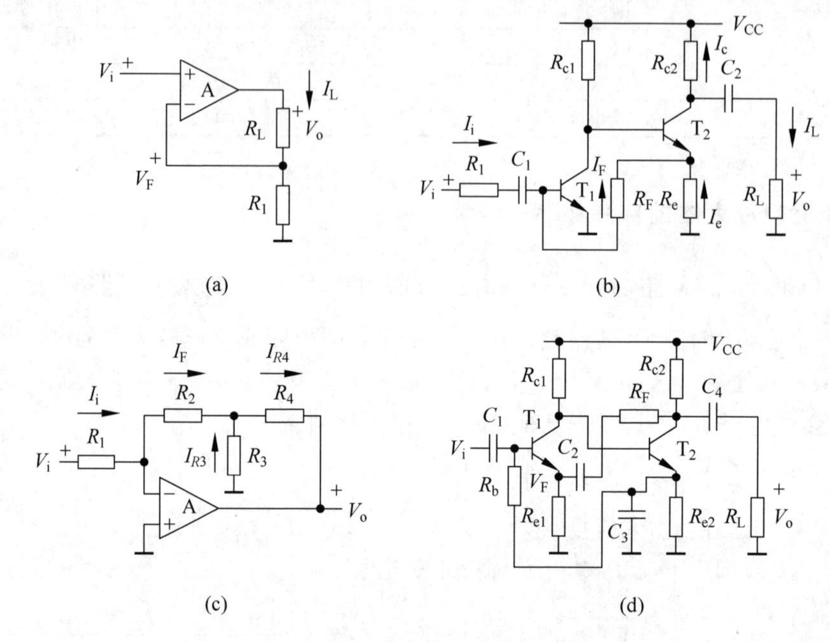

图 7-13 例 7-5 电路

解：(a) 电流串联负反馈。由虚短，$V_F=V_i$，因虚断没有电流流过 V_{i-}，故 $I_o=\dfrac{V_o}{R_L}=\dfrac{V_F}{R_1}=\dfrac{V_i}{R_1}$，即 $A_u=\dfrac{V_o}{V_i}=\dfrac{R_L}{R_1}$；因虚断，没有电流流过 V_{i+}，故 $R_i=\infty$；因负载电流与 R_L 无关，$R_o=\infty$。

按反馈系数定义 $F=\dfrac{V_F}{V_o}=\dfrac{R_1}{R_F}$，也可以得出 $A_u=\dfrac{1}{F}=\dfrac{R_F}{R_1}$。

(b) 电流串联负反馈，T_1 基极为虚地(电压为 0)，因此 $I_F=I_i=\dfrac{V_i}{R_1}$。因为 R_F 与 R_e 电压相等(交流通路可视为并联)，R_{c2} 与 R_L 电压相等(交流通路为并联)，流过 $R_F//R_e$ 的电流与流过 $R_{c2}//R_L$ 的电流相等，有

$$I_L=\frac{R_{c2}//R_L}{R_L}(I_L+I_c)=\frac{R_{c2}//R_L}{R_L}(I_F+I_e)=\frac{R_{c2}}{R_{c2}+R_L}\frac{R_e+R_F}{R_e}I_F$$

因此

$$A_u=\frac{V_o}{V_i}=\frac{I_LR_L}{I_iR_1}=\frac{I_LR_L}{I_FR_1}=\frac{R_{c2}}{R_{c2}+R_L}\frac{R_e+R_F}{R_e}\frac{R_L}{R_1}$$

如果定义反馈系数 $F_i=\dfrac{I_F}{I_L}$，则放大器电流增益 $A_i=\dfrac{1}{F}=\dfrac{I_L}{I_F}$，因 $A_u=\dfrac{V_o}{V_i}=\dfrac{I_LR_L}{I_iR_1}$，结论相同。

因 T_1 基极输入电阻为 0(虚地)，$R_i=R_1$。

因电流负反馈，T_2 集电极输出电阻为∞，$R_o=R_{c2}$（可按放大器 R_o 定义，令 $V_i=0$，则 T_2 输出电流为 0，外加电压 V_o，只有 $I_o=V_o/R_{c2}$ 的电流流入放大器的输出端，因此 $R_o=V_o/I_o=R_{c2}$）。

(c) 电压并联负反馈。$I_F=I_i=\dfrac{V_i}{R_1}$，$I_{R4}=I_F+I_{R3}=\left(1+\dfrac{R_2}{R_3}\right)I_F$（因虚地，$R_2$ 左端为 0 电位），因 $V_o=-(I_FR_2+I_{R4}R_4)=(R_2+R_4+R_2R_4/R_3)I_F$，故

$$A_u=\frac{V_o}{V_i}=\frac{V_o}{I_FR_1}=-\frac{R_2+R_4+R_2R_4/R_3}{R_1}$$

如果定义反馈系数：$F_{iv}=\dfrac{I_F}{V_o}$，则 $A_{iv}=\dfrac{V_o}{I_i}=\dfrac{1}{F_{iv}}$，而 $A_u=\dfrac{V_o}{V_i}=\dfrac{V_o}{I_i}\dfrac{1}{R_1}=\dfrac{A_{iv}}{R_1}$，结论相同。

$R_i=R_1$，因电压负反馈，输出电压不受 R_L 影响 $R_o=0$。

(d) 交流通路为电压串联负反馈，由于 $V_i=V_F=\dfrac{R_{e1}}{R_{e1}+R_F}V_o$，$A_u=1+\dfrac{R_F}{R_{e1}}$。按虚断，$T_1$ 基极输入电阻为∞，因此 $R_i=R_b$（R_b 另一端通过 C_3 接地），因电压负反馈，输出电压不受 R_L 影响，$R_o=0$。

非深度负反馈放大电路，结构简单的可以用公式法求解，与用微变等效电路分析射极跟随器相类似。

较复杂的电路可将负反馈放大器分为开环放大器和反馈回路两部分，再利用

$$\dot{A}_f=\frac{\dot{A}}{1+\dot{A}\dot{F}}$$

求解。分析开环放大器时应考虑反馈回路对输入输出的负载效应。另外开环放大器的内部可能有局部负反馈，将它们看作开环放大器的一部分，只对开环增益有影响。

7.4　正弦波振荡电路

正弦波振荡电路是一种基本电子线路，在广播电视信号的发射接收、时钟源、高频加热、超声波应用、测量、自动化等领域有广泛应用。

正弦波振荡电路采用正反馈。

7.4.1　产生正弦波振荡的条件

正弦波振荡电路是一个不需要输入信号的正反馈放大器，如图 7-14 所示，靠放大器的输出正反馈到放大器的输入端来维持振荡。电路等幅振荡时：$\dot{X}_o=\dot{A}\dot{X}_i=\dot{A}(\dot{F}\dot{X}_o)$，即

$$\dot{A}\dot{F}=1 \tag{7-9}$$

其中，可将选频网络和稳幅环节的传输特性包含在 $\dot{A}$ 中。式(7-9)是维持等幅振荡的条件，此条件可理解为 $\dot{A}\dot{F}$ 的实部为 1，即

$$|\dot{A}\dot{F}|\cos\varphi_{\dot{A}\dot{F}}=1 \tag{7-10}$$

$\varphi_{\dot{A}\dot{F}}$ 为反馈环路的附加相移，严格正反馈时 $\varphi_{\dot{A}\dot{F}}=0$。

起振条件为

$$|\dot{A}\dot{F}|\cos\varphi_{\dot{A}\dot{F}}>1 \tag{7-11}$$

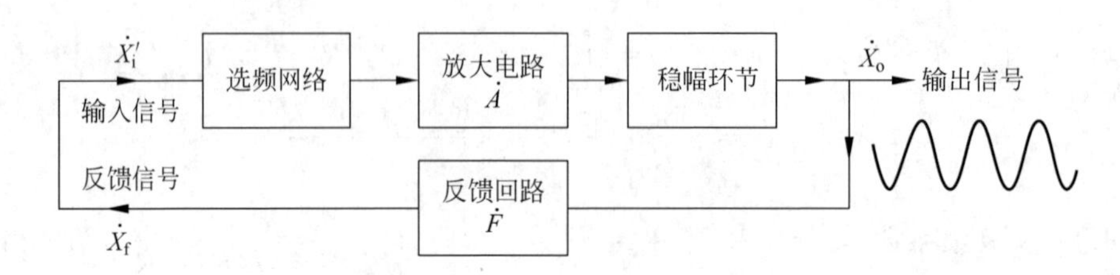

图 7-14 实现正弦波振荡的正反馈电路

1. 正弦波振荡电路组成

正弦波振荡电路由以下 4 部分组成。

(1) 放大电路：向负载和正反馈回路提供能量，维持振荡。

(2) 正反馈回路：将放大器输出信号正反馈到放大器输入。

(3) 选频网络：选频网络一般采用带通滤波器，能使需要频率的信号通过，使 $|\dot{A}\dot{F}|\geqslant 1$ 成立，非需要频率的信号幅度被严重衰减，而且产生附加相移，使 $|\dot{A}\dot{F}|\ll 1$。因此，正弦波振荡电路的频率是由选频网络规定的。

(4) 稳幅环节：为使振荡器顺利起振，电路通电时应使 $|\dot{A}\dot{F}|>1$，这样输出幅度会不断增加。等达到一定的幅度，受到稳幅环节的限制，迫使放大器增益下降，$|\dot{A}\dot{F}|=1$，形成等幅振荡。

有些电路有专门的稳幅环节。但许多电路没有专门的稳幅电路，如 LC 选频的高频振荡器，它们最终是受电源电压限制的，放大器输出饱和输出幅度自然不能无限制增加，从而实现稳幅。

正弦波振荡电路起振的原始动力是电路的微小扰动(如通电扰动、热噪声)，这种扰动经过正反馈增幅，会迅速形成等幅振荡。

2. 正弦波振荡电路的分析方法

1) 判断能否起振

(1) 放大电路：检查放大器能否工作，如果没有放大能力自然不会起振。

(2) 正反馈：利用瞬时极性法判断是否为正反馈，或者是否在某一频率上形成正反馈。

(3) 起振条件：检查放大器增益 A 和正反馈系数 F，在振荡频率处是否满足 $|\dot{A}\dot{F}|\geqslant 1$ 的要求。

2）计算振荡频率

（1）使用带通滤波特性的选频网络，振荡频率由带通滤波器决定。带通滤波器能使中心频率的信号幅度最大，附加相移接近 0，使 AF 达到最大值。

（2）非带通选频网络（如多级 RC 移相，但正弦波振荡器较少使用这种方式）靠附加相移达到正反馈，可利用附加相移与频率的关系计算振荡频率。

3. 正弦波振荡电路分类

正弦波振荡电路可按选频网络分为以下 3 类。

（1）RC 正弦波振荡电路：选频网络由 RC 阻容元件组成，适合于产生几十万赫兹以下的低频正弦波。常作为低频信号发生器。因 RC 选频网络滤波特性不好，可用专门的稳幅环节以减小波形失真。

（2）LC 正弦波振荡电路：选频网络为 LC 谐振电路，适合产生几十万赫兹以上的高频（无线电中也称为射频）正弦波。LC 电路高频 Q 值高，能量损失小，选频特性好，电路简单，广泛用于各种通信设备。一般利用电源电压的限制实现稳幅。

（3）晶体振荡电路：用石英晶体振荡器作为选频网络，产生几万赫兹至几百兆赫兹信号，其振荡频率特别准确和稳定，应用也非常广泛。还有一类压电陶瓷振荡器，虽然稳定性差，但价格低廉。

7.4.2　RC 正弦波振荡电路

1. RC 选频网络

RC 选频网络由 RC 串并联电路组成，如图 7-15 所示。对很低的频率上面的电容相当于断路，对很高的频率下面的电容相当于短路，这两种情况选频网络输出都为 0，因此中间某一频率有最大输出。

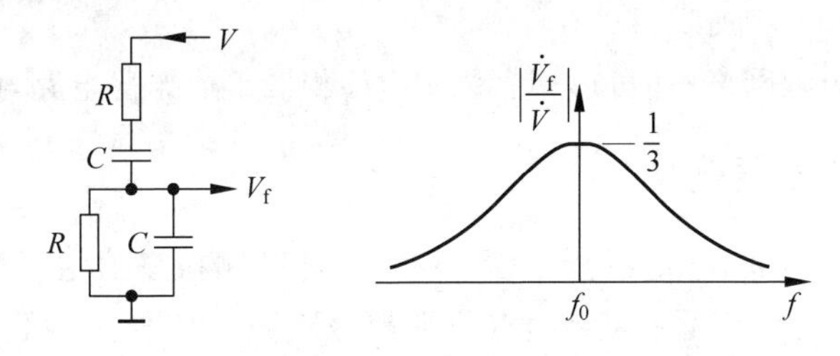

图 7-15　RC 选频网络

其传输特性为

$$\dot{F}=\frac{\dot{V}_f}{\dot{V}}=\frac{Z_C//R}{Z_C//R+R+Z_C}=\frac{1}{3+\mathrm{j}\left(\frac{\omega}{\omega_0}-\frac{\omega_0}{\omega}\right)} \tag{7-12}$$

其中，$\omega_0=1/RC$。当 $\omega=2\pi f=\omega_0=1/RC$ 时，输出电压最大，为输入电压的 1/3，输出与输入同相位。振荡器的振荡频率为

$$f_0=\frac{1}{2\pi RC} \tag{7-13}$$

RC 选频网络需要配合同相放大器才能形成正反馈，放大器的电压放大倍数至少为 3。

2. 振荡电路

如图 7-16(a)所示，该电路也称为文氏桥振荡器。电路为正反馈，只要放大器增益 $A_u=1+\frac{R_f}{R_1}$，稍大于 3，即可使振荡器起振。

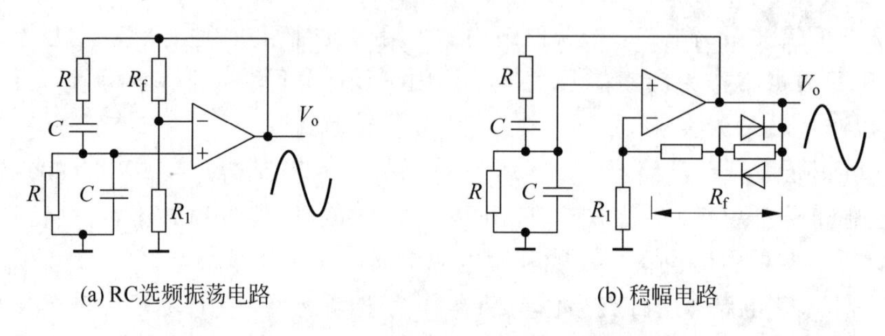

图 7-16 稳幅 RC 选频振荡电路

RC 选频振荡电路在低频段具有优势，因为获得大阻值电阻比较容易，调节 R 可改变频率。稳幅有以下 3 种方案。

(1) 输出波形增大至放大器饱和，输出信号削顶而自然限幅，但波形有失真。

(2) R_f 换为负温度系数电阻，随放大器输出幅度增大，R_f 发热阻值降低 A_u 下降而稳幅(将 R_1 换为正温度系数电阻也能起相同作用)，当然这种方法会导致振荡受环境温度影响。

(3) 利用二极管导通电阻随电流增加而减小的特点而自动限幅，虽然稍有失真但稳定性较好，如图 7-16(b)所示。

除 RC 串并联选频网络，还可以用多级 RC 移相器组成振荡电路，此处不再介绍。

7.4.3 LC 正弦波振荡电路

RC 选频网络 Q 值低、稳定性差、效率不高，因此高频振荡器主要使用 LC 选频网络。LC 振荡电路常用于产生几十万赫兹至几百兆赫兹正弦波信号。一般采用晶体管单级放大器以达到高频放大所需要的增益、效率和功率。LC 振荡电路一般没有专门稳幅电路，靠晶体管饱和限幅，反馈信号一般较强烈，电路很容易起振。

1. LC 并联谐振电路

图 7-17(a)是 LC 并联选频电路，R 为谐振电路的总损耗等效电阻(负载、电感电容损耗、电磁辐射)。将谐振电路视为一个整体阻抗，其阻抗随频率变化会出现一个谐振峰，当输入电流的频率为谐振频率时会在电路两端得到一个最大电压，此时电流电压同相位。

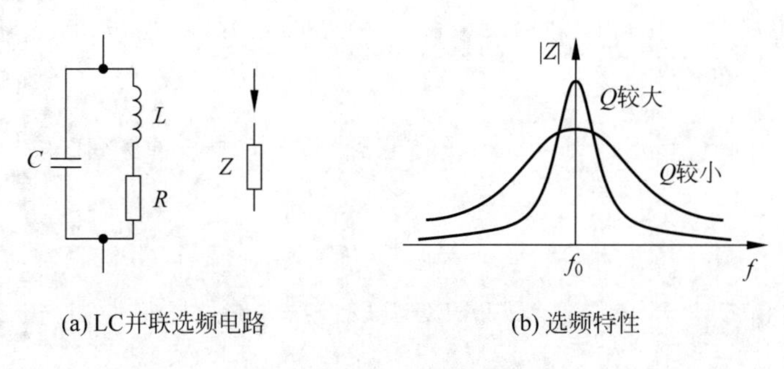

图 7-17　LC 并联谐振电路

谐振电路的阻抗表达式为

$$Z=(R+Z_L)//Z_C=\frac{R+\mathrm{j}\omega L}{1-\omega^2 LC+\mathrm{j}\omega CR}$$

如果令 $|Z|$ 为最大,可得 $\omega^2=\frac{1}{LC}\left(\sqrt{1+\frac{2CR^2}{L}}-\frac{CR^2}{L}\right)$,如果令 Z 的虚部为 0(电流电压同相位),可得 $\omega^2=\frac{1}{LC}\left(1-\frac{CR^2}{L}\right)$,谐振电路中电阻 R 总是远小于感抗或容抗,因此 $\frac{CR^2}{L}=\frac{R}{|Z_C|}\frac{R}{|Z_L|}\ll 1$,电路谐振频率可按式(7-14)计算,即

$$f_0=\frac{\omega_0}{2\pi}\approx\frac{1}{2\pi\sqrt{LC}} \tag{7-14}$$

定义品质因数 Q 为谐振频率下感抗与电阻值之比,即

$$Q=\frac{\omega_0 L}{R} \tag{7-15}$$

一般 Q 值为几十至几百。用 ω_0 和 Q 可将阻抗表达式写为

$$Z=\frac{R+\mathrm{j}\omega L}{1-\omega^2 LC+\mathrm{j}\omega CR}=\frac{1+\frac{R}{\mathrm{j}\omega L}}{\left(1-\frac{\omega^2}{\omega_0^2}\right)\frac{1}{\mathrm{j}\omega L}+\frac{CR}{L}}=\frac{1+\frac{R}{\mathrm{j}\omega L}}{1+\mathrm{j}\frac{\omega L}{R}\left(1-\frac{\omega_0^2}{\omega^2}\right)}\frac{L}{CR}$$

Q 较大时可忽略 $\frac{R}{\mathrm{j}\omega L}$,近似有 $\frac{\omega L}{R}\approx\frac{\omega_0 L}{R}=Q$,令 $\frac{L}{CR}=Z_0$,则

$$Z\approx\frac{Z_0}{1+\mathrm{j}Q\left(1-\frac{\omega_0^2}{\omega^2}\right)} \tag{7-16}$$

由此可以得出以下结论。

(1) $f<f_0$ 时,Z 的虚部>0,LC 并联电路呈电感性;$f>f_0$ 时,Z 的虚部<0,LC 并联电路呈电容性。$f=f_0$ 时,Z 具有最大值 Z_0。

(2) Q 较大时,在谐振状态容抗与感抗数值近似相等,$\frac{Z_0}{|Z_C|}=\frac{Z_0}{|Z_L|}=\frac{\omega_0 L}{R}=Q$,因此

电容电感中的电流为总电流的 Q 倍，或者外加很小的电流可在谐振电路中引起很大的谐振电流。

(3) 令 $Q\left(1-\frac{\omega_0^2}{\omega^2}\right)=\pm1$，可计算上下截止频率，由此可得通频带

$$\Delta f \approx \frac{f_0}{Q} \tag{7-17}$$

因此，Q 越高通频带越窄，选择性越好。LC 并联谐振电路选频特性如图 7-17(b)所示。

2. 变压器反馈式振荡电路

基本电路如图 7-18(a)所示，一个共发射极放大电路（放大器可以采取一些稳定直流工作点的措施），LC 选频网络接在集电极，同时 L 又是一个变压器（高频一般使用铁氧体磁心），次级一路提供反馈信号，一路驱动负载。按变压器同名端定义，电路为正反馈。谐振频率为

$$f_0 \approx \frac{1}{2\pi\sqrt{LC}}$$

按晶体管放大关系，$v_c=i_cZ_0=\beta i_bZ_0=\beta\frac{v_f}{r_{be}}Z_0$，若变压器是紧耦合的，电压关系为 $v_f=\frac{N_2}{N_1}v_c\left(\frac{N_2}{N_1}\text{为反馈线圈与 } L \text{ 的匝数比}\right)$，起振要求为

$$\beta > \frac{r_{be}}{Z_0}\frac{N_1}{N_2} \tag{7-18}$$

此条件容易满足。对非紧耦合变压器 $v_f=\frac{d\psi}{dt}=\frac{di}{dt}M=\frac{di}{dt}L\frac{M}{L}=v_c\frac{M}{L}$（$M$ 是 N_1 与 N_2 间的互感量），故 $\beta>\frac{r_{be}RC}{M}$。

电路中集电极电压围绕 $+E_c$ 波动，电源电压起限幅作用。反馈信号强烈时晶体管基本工作在开关状态，如图 7-18(b)所示。常让晶体管集电极接 L 的一个抽头，驱动一部分线圈，以通过提高 Q 值改善波形。

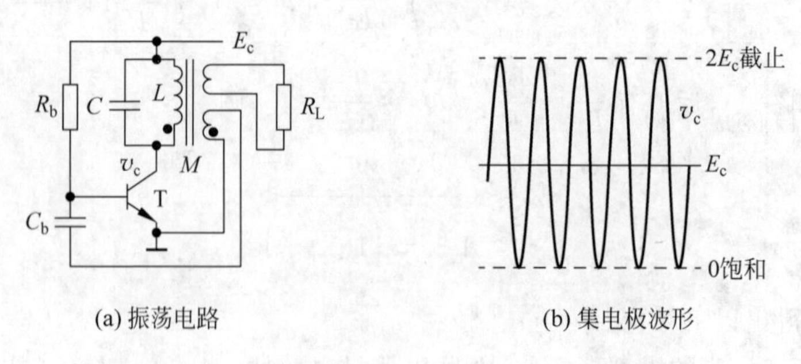

(a) 振荡电路　　(b) 集电极波形

图 7-18　变压器反馈式振荡电路及集电极波形

变压器耦合振荡电路适合几十兆赫兹以下频率。通常采用可变电容器调节频率，调节范围较宽，常见于收音机的本机振荡器。

3. 电感三点式振荡电路

如图 7-19(a)所示。电感三点式振荡电路有一个简单的正反馈判断方法：从放大器交流电路(即电源 E_c 和耦合电容 C_b 视为短路)看，晶体管的发射极接到电感中间抽头，而基极和集电极各接电感两端。如图 7-19(b)所示，发射极为参考地，按自耦变压器的特点，集电极电位下降则基极电位必然上升；对晶体管，基极电位上升集电极电位必然下降，因此形成正反馈。

振荡频率 $f_0 \approx \dfrac{1}{2\pi\sqrt{LC}}$。一般电感线圈是紧耦合的，起振条件与式(7-18)相同。对非紧耦合情况，可按两个互感线圈正向串联考虑，如图 7-19(c)所示，设线圈中谐振电流相等：$\dfrac{v_1}{v_2}=\dfrac{\Psi_1'}{\Psi_2'}=\dfrac{(iL_1+iM)'}{(iL_2+iM)'}=\dfrac{L_1+M}{L_2+M}$(′表示对时间求导)，而$\dfrac{v_2}{r_{be}}\beta=i_c=\dfrac{v_1}{Z_{01}}$，这里 Z_{01} 表示 L_1 两端的等效谐振阻抗，故 $\beta>\dfrac{L_1+M}{L_2+M}\dfrac{r_{be}}{Z_{01}}$。

电感三点式振荡电路基本属于变压器耦合式振荡电路，但结构相对简单，同名端不容易搞错。由于 L_1、L_2 耦合较紧，对晶体管基极驱动能力强，即使负载较重也不易停振，同时带来的问题是波形较差。电感三点式振荡电路一般用于几十兆赫兹以下频率和对波形要求不严格的场合。

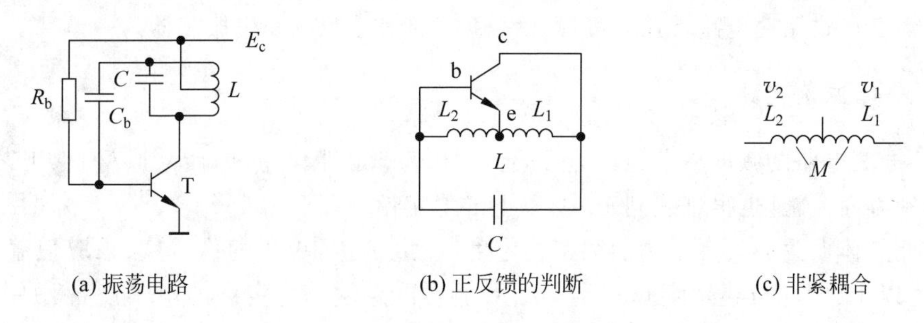

图 7-19　电感三点式振荡电路

4. 电容三点式振荡电路

电容三点式振荡电路又称为考毕兹(Colpitts)振荡电路，如图 7-20(a)所示，它采用电容分压产生反馈信号。从交流通路看，其特点是发射极接电容分压器中点，基极和集电极分别接谐振回路两端。此接法必然形成正反馈，如图 7-20(b)所示，v_c 上升，C_1、C_2 分压点(即发射极)电压 v_e 上升，按共基极放大电路特点，v_c 上升，从而形成正反馈。谐振频率为

$$f_0 \approx \frac{1}{2\pi\sqrt{LC}} \tag{7-19}$$

式中，C 为回路总电容，$C=\dfrac{C_1C_2}{C_1+C_2}+C_3$。按电容分压关系 $v_e=\dfrac{C_1}{C_1+C_2}v_c$，发射极输入

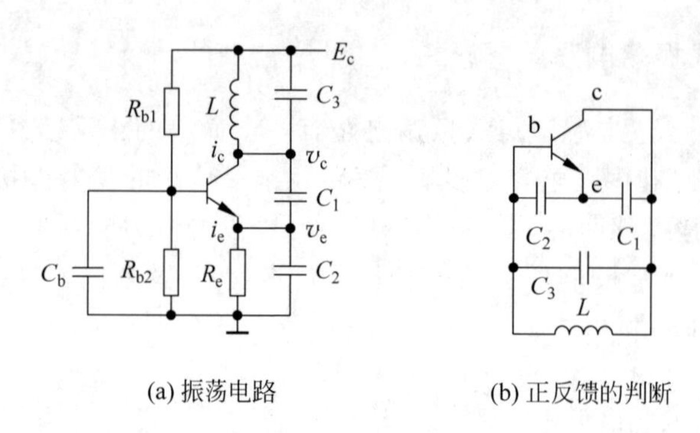

(a) 振荡电路　　(b) 正反馈的判断

图 7-20　电容三点式振荡电路

电阻为$\dfrac{r_{be}}{1+\beta}$,有 $i_c=\dfrac{\beta}{1+\beta}i_e=\dfrac{\beta}{1+\beta}\dfrac{C_1}{C_1+C_2}\dfrac{v_c(1+\beta)}{r_{be}}=\dfrac{v_c}{Z_0}$,$Z_0$ 为谐振电路总阻抗,因此起振条件为

$$\beta>\frac{r_{be}}{Z_0}\left(1+\frac{C_2}{C_1}\right) \tag{7-20}$$

电容三点式振荡电路的电容分压反馈回路和共基极放大电路都有良好的高频特性,振荡频率可达到数百兆赫兹。频率较高时需要很小的电感(几圈或单圈空心线圈),因此 Q 值稍低,振荡频率容易受杂散参数影响。

电容三点式振荡电路常用于高频无线通信的信号源或本机振荡器。

5. 晶体振荡电路

LC 振荡电路的频率调节比较方便,但其频率稳定性较差,即使采取材料、工艺、使用环境等各方面措施,也很难达到 10^{-5} 以上的稳定性。

石英晶体振荡器具有很高的频率稳定度,一般可达 10^{-6} 的稳定度,采取恒温措施可达 10^{-8} 以上,因此石英晶体振荡器广泛用于要求高频率稳定度的电子设备,如电子表、频率计、频率合成器、通信设备、计算机等。

将石英晶体按一定晶向切割成薄片,在薄片两侧镀上电极,封装并引出引线,即成为石英晶体振荡器。晶体振荡器具有压电谐振效应,其振荡频率与晶片厚度和结构有关,常用的为几兆赫兹至几十兆赫兹,高的可达几百兆赫兹。几万赫兹的采用音叉结构制作(如电子表常用的 32 768Hz)。有的晶体振荡器同振荡电路集成到了一起。

(1) 基本特性。

晶体振荡器的符号和等效电路如图 7-21 所示。C_0 为引线电极形成的几何电容,一般为几皮法至几十皮法,LCR 为晶体的等效谐振电路,等效 L 为 0.001～100H,等效 C 为 0.01～0.1pF,等效 R 约为 100Ω。LCR 电路的 Q 值极高。晶体振荡器有两个谐振点,一个是 LCR 的串联谐振点 $f_s=\dfrac{1}{2\pi\sqrt{LC}}$,另一个是 LCR 和 C_0 的并联谐振点 $f_p=$

$\dfrac{1}{2\pi\sqrt{L\dfrac{CC_0}{C+C_0}}}$，因 $C \ll C_0$，f_s 与 f_p 很接近。设 $R=0$ 则阻抗只有虚部，在 f_s 与 f_p 之间为电感性，在此范围外为电容性。可见，晶体振荡器外接电容可以微调晶体振荡器的频率 f_p，此电容也称为晶体振荡器的负载电容。

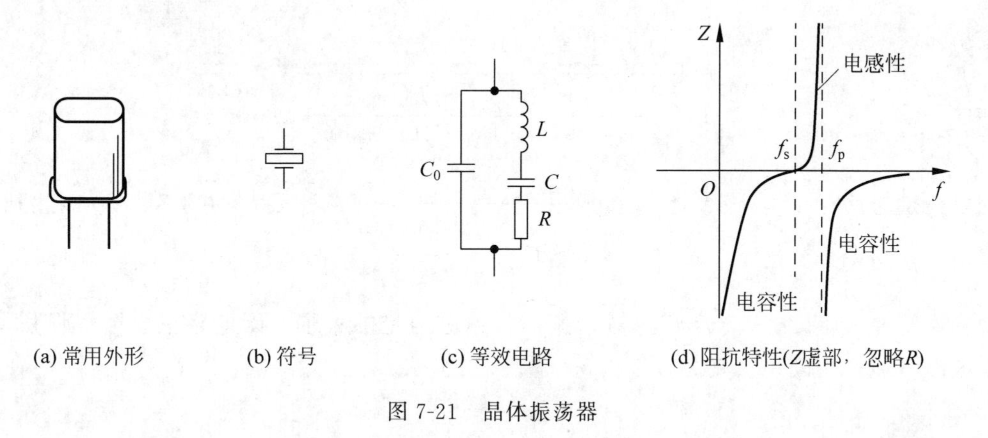

(a) 常用外形　(b) 符号　(c) 等效电路　(d) 阻抗特性(Z虚部，忽略R)

图 7-21　晶体振荡器

(2) 振荡电路。

图 7-22 为并联型晶体振荡电路，从其交流等效电路看为电容式三点振荡器（C_b 视为交流耦合电容，C_1、C_2 为交流分压电容和谐振电路的一部分），L 与 C、C_0、C_1、C_2 形成并联谐振，由于 $C \ll C_0 + \dfrac{C_1C_2}{C_1+C_2}$，振荡频率主要由 LC 决定。电路中晶体振荡器整体呈现电感性。

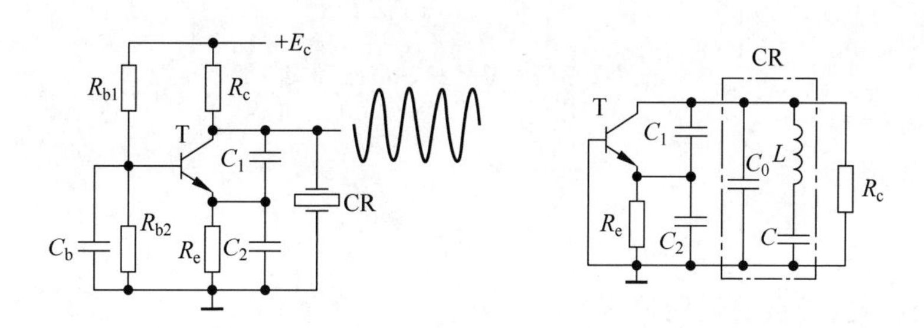

图 7-22　并联型晶体振荡电路和交流等效电路

图 7-23 为较常用的晶体振荡电路，可用 CMOS 反相逻辑门电路作为放大器，R_1（几十万欧姆以上）迫使反相门工作在线性放大状态，C_1、C_2（几十皮法）为负载电容，用于防止产生谐波和微调晶体振荡器频率。

输入电压由输出电压经晶体振荡器阻抗 Z_{CR} 与 C_1 容抗 Z_{C1} 分压得到

$$\dot{F} = \frac{\dot{V}_i}{\dot{V}_o} = \frac{Z_{C1}}{Z_{C1} + Z_{CR}} \tag{7-21}$$

由于采用反相放大器，$\dot{F}$ 的角度应基本为 180°才能形成正反馈，因此要求 $\dot{F}$ 的实部 $\mathrm{Re}(\dot{F})=-F<0$，高频可忽略 R_1 和晶体振荡器等效电阻 R 影响，有

$$\mathrm{Re}(\dot{F})=\frac{C+C_0(1-\omega^2LC)}{C+(C_0+C_1)(1-\omega^2LC)}=-F$$

得

$$\omega=\frac{1}{\sqrt{LC\dfrac{(1+F)C_0+FC_1}{(1+F)C+(1+F)C_0+FC_1}}}\approx\frac{1}{\sqrt{LC}}$$

因电路是振荡在 $|\dot{A}\dot{F}|$ 最大处，ω 接近 $\dfrac{1}{\sqrt{L\dfrac{C(C_0+C_1)}{C+C_0+C_1}}}$ 时，F 很大，由于 $\dot{V}_i$、$\dot{V}_o$ 能达到电源允许的最大幅度，F 接近 1，这对于振荡电路已经足够大了。因电路正反馈很强烈，输出波形可能产生削顶失真。

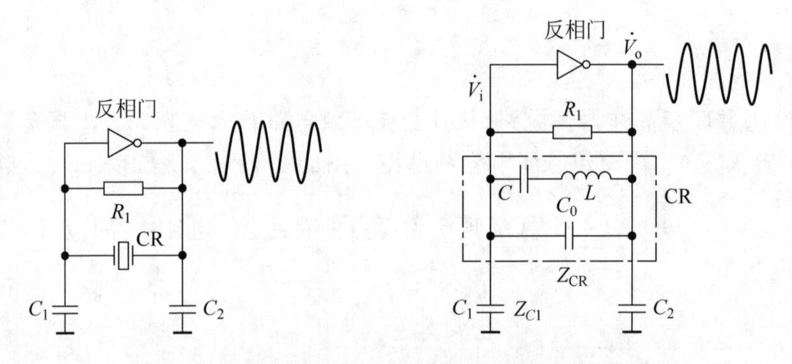

图 7-23 采用反相门的晶体振荡电路和交流等效电路

习题 7

一、判断题(错误的说明原因)

1. 负反馈的反馈信号监视哪个量，哪个量便不随输入信号变化。
2. 直流负反馈可以稳定晶体管放大器的工作点。
3. 输入信号与反馈信号的叠加有电压和电流两种形式，称为电压反馈或电流反馈。
4. 区分电压电流反馈，关键要看反馈信号监视的是输出电压还是输出电流。
5. 输入信号失真严重时，可使用负反馈降低失真。
6. 深度负反馈与“虚短”“虚断”不一样。
7. 如果信号源内阻较小，并联负反馈的效果较差。
8. 测量高内阻信号源的电压时，要采用串联负反馈的放大器。
9. 通过负反馈减小放大器的输出电阻后，放大器的最大输出电流明显增加。(提示：

负反馈只改善放大器线性区的特性，输出饱和负反馈失效）

10. 正反馈必然使放大器振荡。（提示：看正反馈的程度）

11. 运放内部一般有防止自激振荡的校正电路，单片运放放大电路一般不会振荡。

12. 如果不是严格正反馈（有一点附加相移），则不能产生振荡。

13. 只要 C 足够大，LC 振荡器可产生极低频率振荡。$\left(\text{提示：}Q=\dfrac{X_L}{R}\right)$

14. 晶体振荡器的频率比 LC 振荡器稳定。

15. 无线电设备中主要采用 RC 振荡电路。（提示：比较 RC、LC 电路的特点和 Q 值）

二、选择题

1. NPN 管 b、c 之间为反相关系，PNP 管 b、c 之间（　　）。（提示：PNP、NPN 微变模型相同）

A. 为同相关系　　B. 为反相关系　　C. 相位关系视具体电路而定

2. 运放构成的同相放大器的负反馈属于（　　）。

A. 直流反馈　　B. 交流反馈　　C. 交流直流都存在的反馈

3. 减小负载电阻，负载电压基本不减小的负反馈属于（　　）。

A. 串联反馈　　B. 电流反馈　　C. 电压反馈

4. 减小信号源内阻，负载电压基本不增加的负反馈属于（　　）。（提示：放大器输入电阻很高）

A. 串联反馈　　B. 电流反馈　　C. 电压反馈

5. 负反馈使放大器增益降低但稳定的现象适合（　　）。

A. 电流串联反馈放大器

B. 电压并联反馈放大器

C. 所有放大器

6. 深度负反馈放大器增益取决于（　　）。

A. 开环增益　　B. 反馈系数　　C. 反馈类型

7. 一电流电压转换器的反馈系数为 $F=0.009\text{S}(1/\Omega)$，开环增益为 $A=1000\Omega$，输入 1mA 电流的输出电压为（　　）。

A. 0.1V　　B. 1V　　C. 10V

8. 一负反馈放大器附加相移达到 135°时，$AF=2$，此放大器（　　）。

A. 不会振荡　　B. 一定振荡

C. 如果 180°时 $AF<1$ 不会振荡

9. 负反馈放大器产生自激振荡后，正确的消除方法是（　　）。

A. 降低振荡频率处放大器增益　　B. 增加放大器的级数

C. 增大开环增益 A

10. 图 7-14 的选频网络（　　）。

A. 只能在放大器之前　　B. 只能在反馈回路之前

C. 只要在回路中间即可

11. 图 7-16(a)中若减小 R_1(　　)。

A. 可能停振　　B. 波形失真　　C. 频率变化较大

12. 图 7-18(a)中若减小 R_L(　　)。

A. Q 值增大　　B. Q 值减小　　C. Q 值不变

13. 图 7-19(a)中若 E_c 由中间抽头改接 C_b 上端,则(　　)。

A. 停振　　B. 波形失真　　C. 频率变化较大

14. 图 7-20(a)中若考虑 bc 结电容随反向电压增加而减小的现象,从基极输入音频信号可以实现(　　)。

A. 频率调制　　B. 滤波　　C. 放大

15. 图 7-23 中若 $R_1=0$(　　)。

A. 停振　　B. 频率增加　　C. 频率减小

三、计算题

1. 判断图 7-24 各电路的反馈极性,并指明哪些是交流反馈哪些是直流反馈。

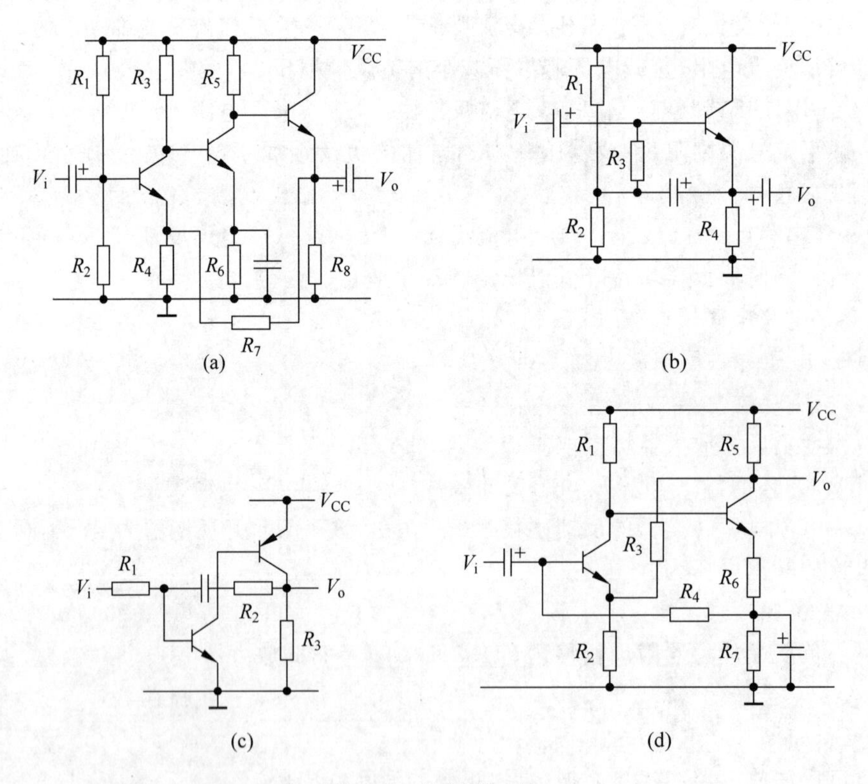

图 7-24　计算题 1 图

2. 写出图 7-25 各闭环放大器的反馈极性、反馈组态、闭环增益、输入和输出电阻。(提示:运算放大器的线性放大器是深度负反馈;没特别指明的电压如 V_i 都是对地的且以地为参考负极,如果明确画出负载电阻,则负载电阻两端是输出电压,如图 7-25(c)、(d))

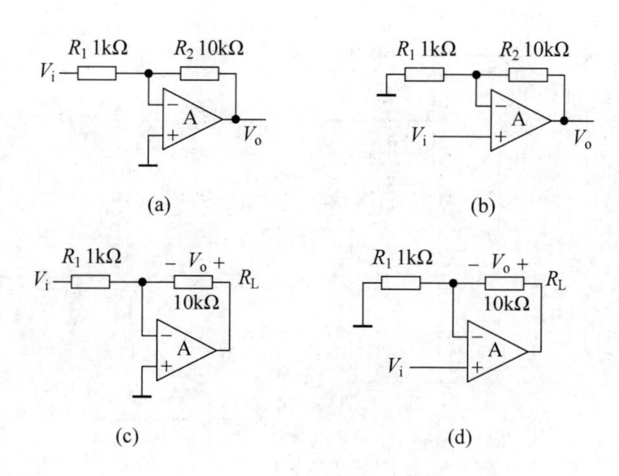

图 7-25　计算题 2 图

3. 图 7-26 电路为深度负反馈，写出反馈组态、闭环增益、输入和输出电阻。（提示：一些电阻既用于设置直流工作点又在交流通路中起作用，一定要按交流通路分析放大电路；深度负反馈时第一级晶体管 be 结符合虚短、虚断，电路分析的重点是反馈电路）

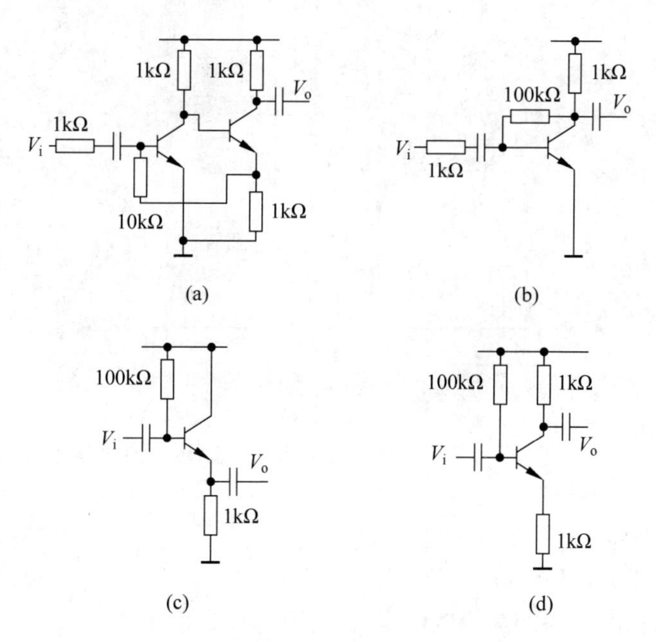

图 7-26　计算题 3 图

4. 图 7-27 电路为深度负反馈，写出反馈组态、闭环增益、输入和输出电阻。（提示：图 7-27(a)中 T_1、T_2 是差分放大电路，电路的输入端是两个晶体管的基极）

5. 如果要求开环增益 A 变化 25%时，闭环增益 A_f 变化不超过 1%，设闭环增益为 100，问开环增益 A 至少应选多大？这时的反馈系数 F 又应选多大？

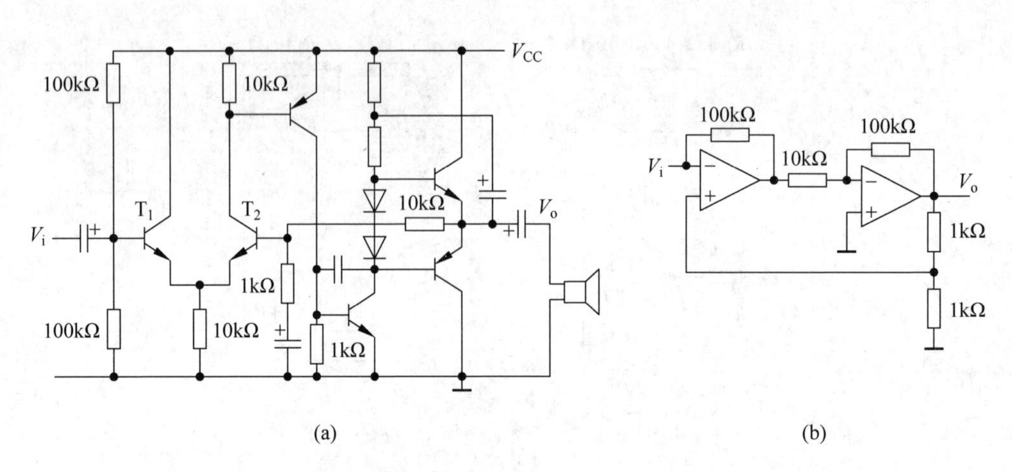

图 7-27　计算题 4 图

6. 图 7-28 是一磁带录音机的前置放大器，分析图中有哪些反馈支路，各有什么作用。（提示：有 R_{f1} 和 R_{f2}/R_{f3} 两条反馈支路）

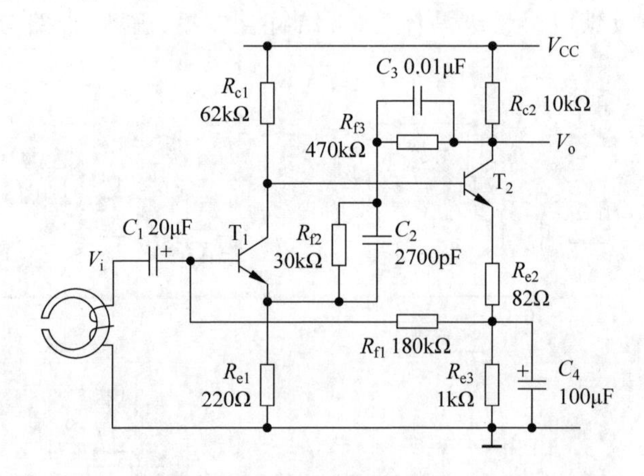

图 7-28　计算题 6 图

7. 说明图 7-29 各电路能否振荡，并说明原因。（提示：图 a 是差分放大器；图 d 为自给偏压场效应管放大器）

8. 图 7-30 为 RC 正弦波振荡器。

(1) 指出图中错误。

(2) 计算 R_f 阻值，说明为稳定幅度 R_f 应有的温度系数。

(3) 计算振荡频率。

9. 图 7-31 为 LC 正弦波振荡器。

(1) 指出图中错误。

(2) 计算振荡频率范围。（提示：按电容串并联计算总电容）

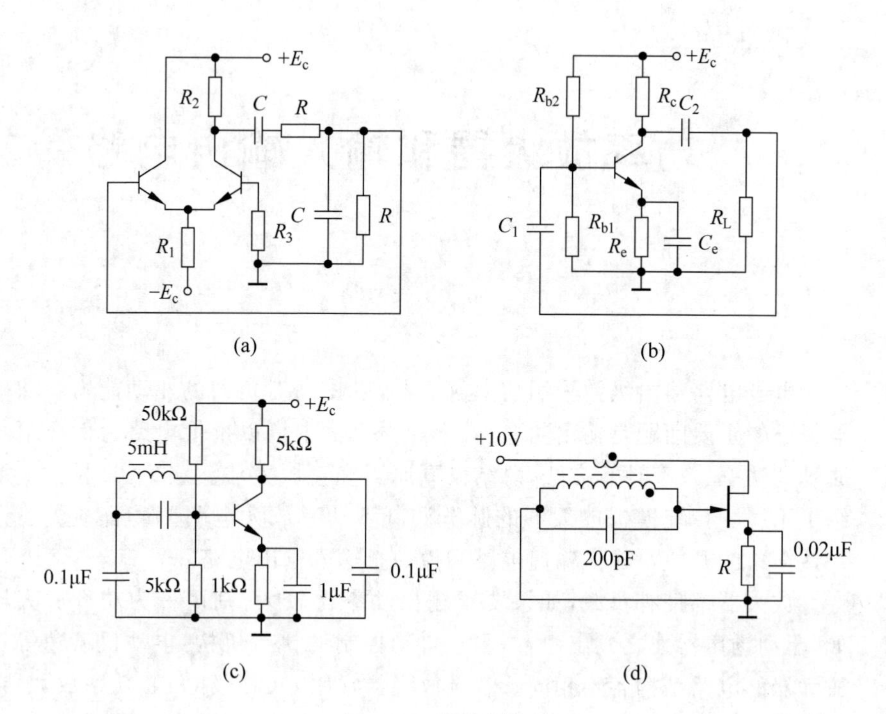

图 7-29 计算题 7 图

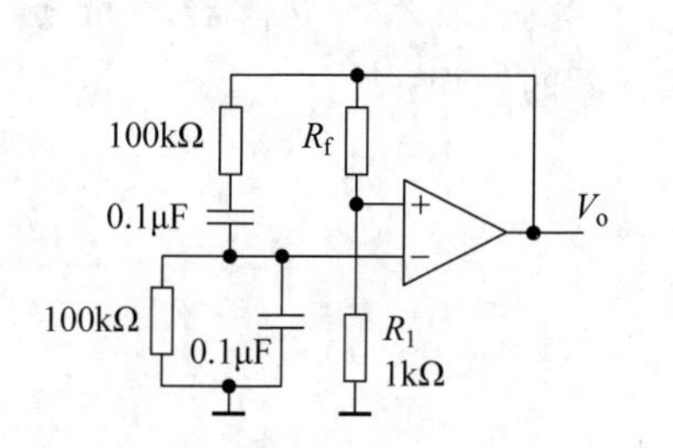

图 7-30 计算题 8 图

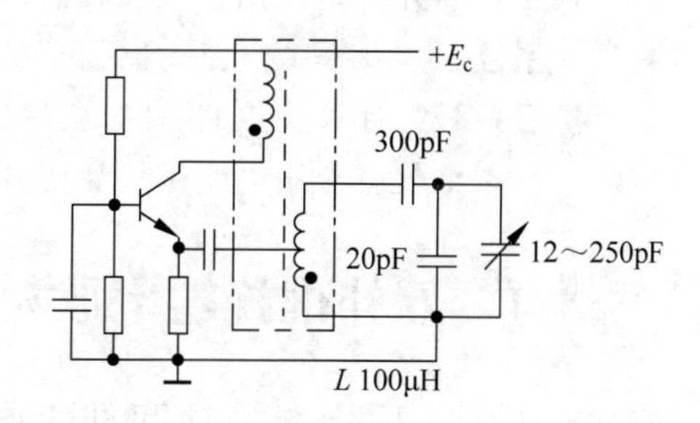

图 7-31 计算题 9 图

第8章

功率放大器和输入输出电路

电子电路输出级常采用功率放大器，以提高对负载的驱动能力。功率放大器关心的主要问题是输出功率、效率和失真。本章以推挽电路为例介绍其电路原理和功率、效率计算方法，总结失真原因和克服方法。鉴于实用性，本章还介绍了不属于传统模拟放大器的脉宽调制型功率放大电路。最后本章还介绍了一些简单的开关量输入输出电路和模拟量输入输出电路。

放大器都带有负载，如果要求输出功率比较大，则可称为功率放大器。例如，驱动扬声器使之发出声音，驱动自动控制的执行机构，电动机调速等。功率放大器的电路结构各不相同。音频放大器常用 OCL 或 OTL 功率放大器，它们是用模拟电路实现的，效率不高但失真较小。更大功率的放大器是用 PWM 方式工作的开关型模拟信号放大器，效率很高但电路比较复杂。一个完整功率放大系统会涉及模拟电路、开关电路、高电压、大电流、功率半导体器件、散热、保护、可靠性、计算机控制、计算机辅助设计等方面的知识。

本章仅就常用电路做一简要分析。

8.1 互补推挽功率放大器

8.1.1 互补推挽功率放大器原理

1. 用射极跟随器输出大电流

功率放大器要求有较高的输出电压、输出电流和较小的输出电阻。在晶体管放大电路中，射极跟随器(共集电极放大器)符合要求，如图 8-1 所示。

图 8-1(a)是采用硅 NPN 功率管接成射极跟随器形式，实现负载电压正方向驱动。注意到硅管 be 结导通电压约为 $U_{be}=0.7\text{V}$，现在考察 V_o 随 V_i 的变化如下。

(1) $V_i<0.7\text{V}$ 时 $V_o=0$。$V_i<0.7\text{V}$ 晶体管截止，$I_b=0$，$I_e=(1+\beta)I_b=0$，因此 $V_o=0$。当然 V_i 不能太小，如果 $V_i<-10\text{V}$ 会导致 be 结反向击穿引起晶体管损坏。

(2) $0.7\text{V}\leqslant V_i\leqslant E+0.4\text{V}$ 时 $V_o=V_i-0.7\text{V}$。即 V_o 比 V_i 小 U_{be}。这时晶体管 be 结有负反馈作用，如果 $V_o<V_i-0.7\text{V}$，$U_{be}>0.7\text{V}$，引起 I_b 迅速增大，

I_e 增大使 V_o 增大。而 $I_b=\frac{I_e}{1+\beta}=\frac{I_L}{1+\beta}=\frac{1}{1+\beta}\frac{V_i-0.7\text{V}}{R_L}$，这意味着由小输入电流可以得到大输出电流。

(3) $V_i=E+0.4\text{V}$ 时 $U_{ce}=0.3\text{V}$。晶体管饱和，如果继续提高 V_i，晶体管失去放大能力，bc 结也开始正向导通，会有很大的电流向电源 E 充电，负载电流也全部由 I_b 提供，会烧坏晶体管。实际上，小功率的前级放大器不可能有这种驱动能力，因此 V_o 的上限为 $E-U_{CES}$，忽略饱和电压 U_{CES}，V_o 的上限是电源电压。

图 8-1(b)是采用硅 PNP 功率管接成射极跟随器形式，实现负载电压负方向驱动。类似，$-0.7\text{V}<V_i<10\text{V}$ 时 $V_o=0$，$-(E+0.4\text{V})<V_i<-0.7\text{V}$ 时 $V_o=V_i+0.7\text{V}$，V_o 最低为 $-(E-U_{CES})$，忽略饱和电压 U_{CES}，V_o 最低为 $-E$。

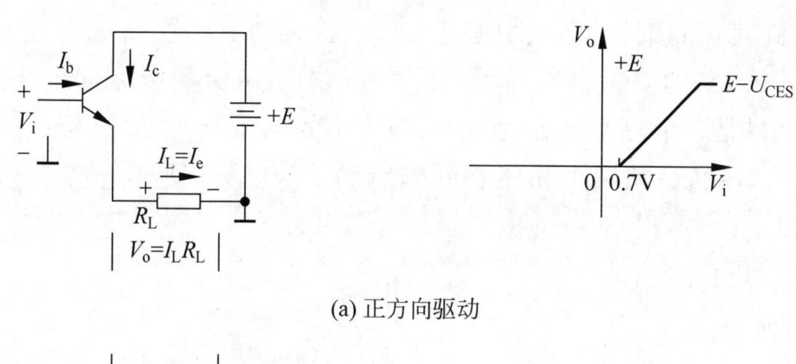

(a) 正方向驱动

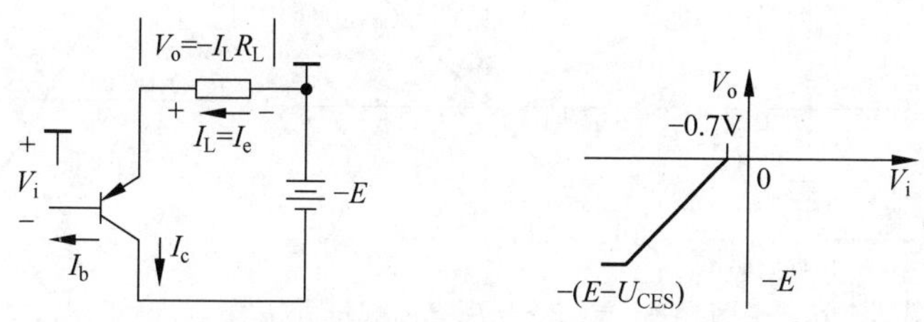

(b) 负方向驱动

图 8-1　用射极跟随器输出大电流

2. 无偏置互补推挽电路

上述射级跟随器中 NPN 管只能输出正电压不能输出负电压，PNP 管只能输出负电压不能输出正电压，将两个管子组合起来便可以输出交流电压。如图 8-2 所示，正半周由 T_1 将负载电压上拉，负半周由 T_2 将负载电压下拉，因此也称为推挽式功率放大电路或互补对称功率放大电路。

输入电压最大范围 $\pm(E+0.4\text{V})$，输出电压最大范围 $\pm(E-0.3\text{V})$（理想情况为 $\pm E$）。可以看出，晶体管的 be 结承受的最大反向电压只有 -0.7V，因此输入电压不会使晶体管损坏。这个电路存在的问题是输入电压在 $\pm0.7\text{V}$ 之间尚达不到 U_{be} 所需要的导通电压，输出电压为 0。这会引起输出波形失真，称为交越失真。

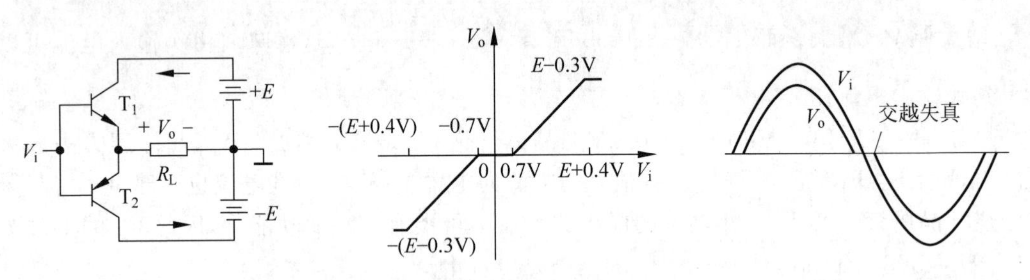

图 8-2 无偏置互补推挽电路产生交越失真

3. 克服交越失真的方法

既然交越失真是晶体管导通电压引起，因此对 NPN 管基极对发射极电压提供 0.7V、PNP 管 −0.7V 的偏置电压即可消除交越失真，两个基极之间电压相差 1.4V，如图 8-3 所示。这只是一个理论方法，实际上如果偏置电压小于 $2U_{be}$ 仍有交越失真，如果偏置电压稍大于 1.4V 会使两个晶体管同时出现基极电流，使 T_1、T_2 同时导通，严重时会烧坏 T_1、T_2。

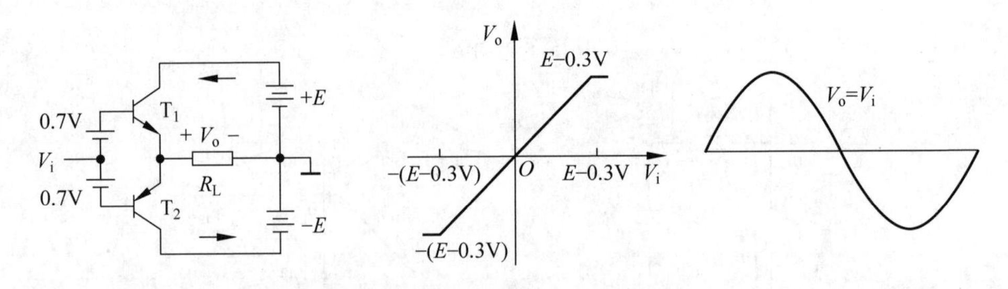

图 8-3 克服交越失真的理论方法

偏置电路应该使两个晶体管处于同时微弱导通状态，产生一个很小的贯穿两管的静态电流，并且对 U_{be} 的温度漂移有补偿作用。

可以按三极管的导通特点将放大器分为以下 3 类。

(1) 甲类：晶体管始终导通，晶体管电流随信号有大小变化但不会截止。像单管放大电路，晶体管在信号正负半周都处于导通状态，即导通角为 360°。甲类放大器的特点是失真较小，但效率(放大器输出功率与电源消耗功率之比)低。

(2) 乙类：晶体管仅在信号的半个周期(正半周或负半周)内导通，导通角为 180°，与甲类相比，乙类放大器输出功率大、效率较高，但可能存在微弱的交越失真。为避免交越失真，可使晶体管导通角稍大于 180°(即晶体管有很小的静态偏置电流)，这种情况称为甲乙类(有时也直接称为乙类)。

(3) 丙类：晶体管导通角小于 180°，如图 8-2 所示，有交越失真。丙类放大器效率高，常用于高频功率放大，晶体管常以开关方式工作。

8.1.2　互补推挽放大器的偏置和保护

图 8-4 是一个比较完整的互补推挽放大电路，下面对该电路进行简单分析，以了解电路整体工作情况。

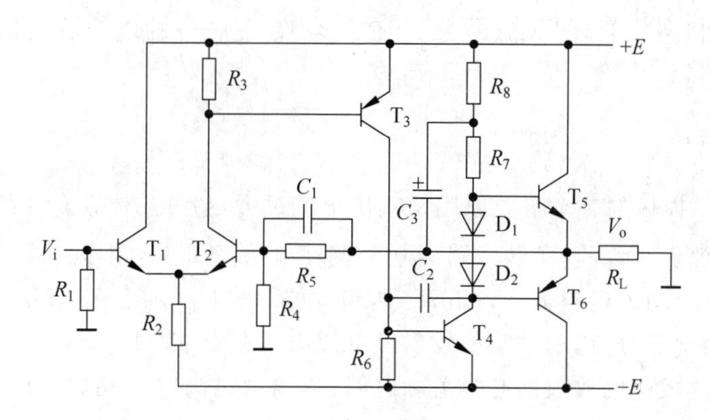

图 8-4　互补推挽放大电路

T_1、T_2 构成差分放大器，是放大器输入级。T_3、T_4 是中间放大级。T_5、T_6 是互补推挽输出级。R_3、R_4 分别是 T_2、T_3 的负载电阻，它们可以减小 I_{CEO} 的影响，并增加 T_2、T_3 的静态工作电流，以提高增益。R_7、R_8 是 T_4 的负载电阻，T_4 集电极电流变化通过 R_7 产生电压波动，经 T_5、T_6 推挽输出。不难看出整个电路是一个直接耦合同相放大器，R_5、R_4 组成电压反馈回路，视为深度负反馈时放大器增益为 $1+\frac{R_5}{R_4}$。C_1、C_2 为小容量电容，防止电路产生自激振荡。

1. 推挽输出级的偏置

流过 R_7、R_8 的电流在 D_1、D_2 上产生约 1.4V 的偏置电压，使 T_5、T_6 处于微弱导通状态，对音频功率放大器此静态偏置电流(贯穿 T_5、T_6 的穿透电流)为毫安级。集成电路结构的放大器，各元件处于同一温度环境，D_1、D_2 正好补偿 T_5、T_6 的 be 结温度系数，保证了静态偏置电流的稳定，这点很重要。分离元件放大器，D_1、D_2 需要安装在 T_5、T_6 的散热器上，也是为了温度补偿。

有时在 T_5、T_6 基极之间并联电容，或者用晶体管代替二极管(见图 8-5(a))，可减小 T_5、T_6 基极之间的交流电阻。

2. 输出饱和电压

为了尽量增大输出电压的动态范围，希望 T_5、T_6 的饱和电压越小越好。可以看出，负半周 T_4 集电极对 T_6 基极有足够强的驱动能力。T_6 饱和电压为 $U_{CES6}=U_{CES4}+U_{be6}\approx 1V$。

如果没有 C_3，正半周只有通过 R_7、R_8 对 T_5 提供基极电流来维持输出电压，T_5 基极电流在 R_7、R_8 上产生压降使输出电压降低。C_3 是为了解决这个问题而引入的，在正半周 V_o 上升，通过 C_3 使 R_7 上端电压上升并超过 $+E$，通过 R_7 能提供足够大的电流，从而

使 T_5 可以达到饱和。C_3 称为自举电容。

3. 复合晶体管

为进一步增大输出电流能力,并减小前级的驱动负担,T_5、T_6 常用复合晶体管代替。图 8-5(b)为 NPN 复合管,图 8-5(c)为 PNP 复合管,复合管的电流放大倍数是两管放大倍数之积。

4. 电流保护

引起 T_5、T_6 损坏的一个重要原因是输出电流过大,超过晶体管允许的集电极最大电流,如果没有电流保护,一旦负载短路会立刻烧坏电路。图 8-5(d)是常用的限流电路,功率管发射极串联小阻值电阻 R_e,当 I_eR_e 达到保护管的 $U_{be}\approx0.7V$,保护管 ce 导通,使流过功率管的基极电流分流,功率管的发射极电流限制在 $0.7V/R_e$。

除此之外,集成化的放大器有热关断电路,当温度过高时自动关闭放大器,音频放大器还有软开机电路,防止开机时放大器输出暂态冲击引起扬声器噪声或使扬声器损坏。

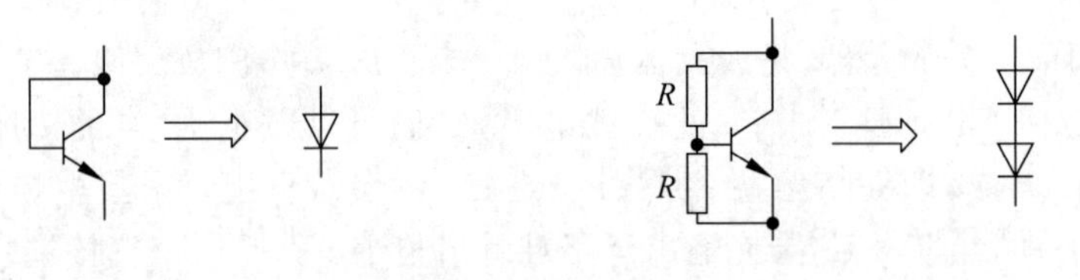

(a) 用三极管代替二极管

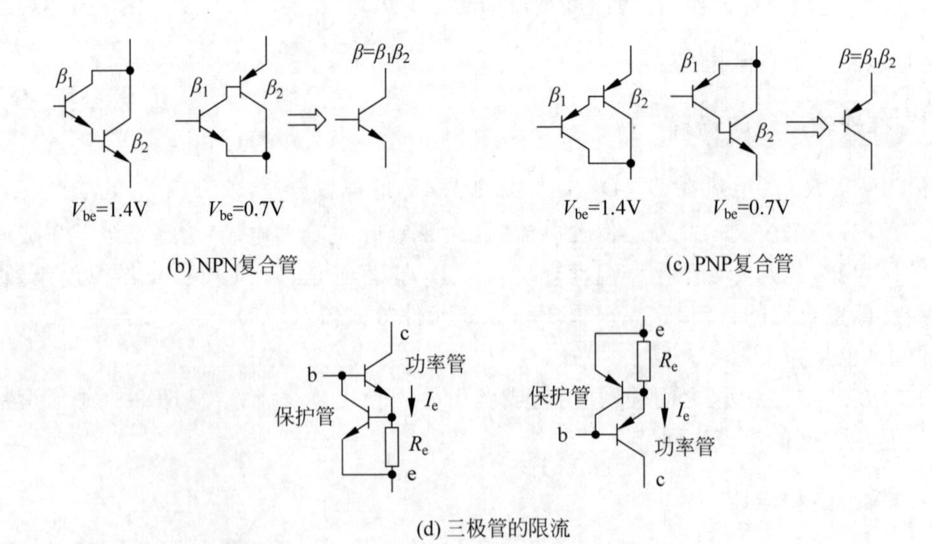

(b) NPN复合管

(c) PNP复合管

(d) 三极管的限流

图 8-5 推挽电路的局部改进

8.1.3 OCL 和 OTL 电路

OCL(output capacitor less,无输出耦合电容的功率输出级,是相对于 OTL 而言的)

和 OTL(output transformer less,无输出变压器的功率输出级,是相对于变压器耦合输出电路而言的)是目前最常用的功率放大器输出电路。

OCL 的特点是采用双电源供电、输出端直接与负载连接(没有使用耦合电容器)。图 8-3、图 8-4 都是 OCL 互补对称功率放大电路。OCL 电路的优点是能放大直流信号(如运放输出级便采用 OCL),一些大功率音频放大器为拓宽低频带常采用 OCL 电路。OCL 电路的缺点是需要双电源供电,结构复杂、成本高。而且一旦电路出现故障,会使负载长时间通电,可能烧坏负载。如果忽略 T_1、T_2 饱和电压,OCL 最大输出电压为 $\pm E$,如图 8-6(a)所示。

OTL 是单电源供电的互补对称电路,如图 8-6(b)所示,V_{o1} 的直流电压为 $E/2$,波动范围 $0\sim E$,耦合电容器 C 能隔直流通交流,因此输出直流电压为 0,交流波动范围为 $-E/2\sim E/2$。其实际电流的流动方向:①正半周:电源正极→T_1→C 正极→R_L→电源负极。②负半周:C 正极→T_2→R_L→C 负极。C 两端有 $E/2$ 的直流电压,上电时对负载有一瞬时冲击电流。

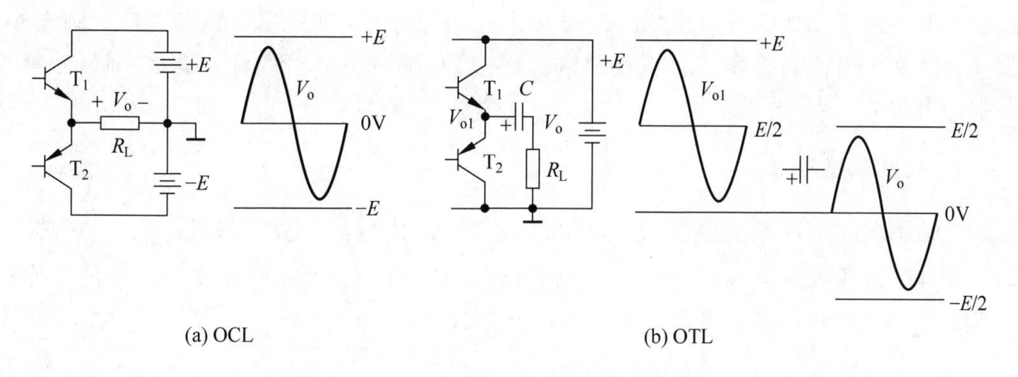

图 8-6　OCL 和 OTL 电路及输出电压范围

可将 OTL 视为电源电压为 $\pm E/2$ 的 OCL 电路,区别在于 OTL 输出对负载串联了耦合电容 C,会引起低频输出电压下降,一般 C 取值尽量大以减小影响。以下给出中频段 OCL 电路的有关计算公式,只要将电源电压替换为 $E/2$ 即为 OTL 电路的公式。

1. OCL 最大输出功率

忽略晶体管饱和电压和输出电压为正弦波的情况下,最大输出峰值电压 $V_{OP}=E$,负载有效值功率为

$$P_{OM}=\frac{E^2}{2R_L} \tag{8-1}$$

2. OCL 的效率

输出电压为 V_{OP} 时负载电流为 $\frac{V_{OP}}{R_L}\sin\omega t$,正负半周分别由正负电源供电,平均电流

为 $\bar{I}=\frac{1}{\pi}\int_{\omega t=0}^{\omega t=\pi}\frac{V_{\mathrm{OP}}}{R_{\mathrm{L}}}\sin\omega t\,\mathrm{d}(\omega t)=\frac{2}{\pi}\frac{V_{\mathrm{OP}}}{R_{\mathrm{L}}}$，电源消耗功率为 $P_{\mathrm{E}}=\bar{I}E=\frac{2V_{\mathrm{OP}}E}{\pi R_{\mathrm{L}}}$，输出功率为 $P_{\mathrm{O}}=\frac{V_{\mathrm{OP}}^2}{2R_{\mathrm{L}}}$，放大器效率为

$$\eta=\frac{P_{\mathrm{O}}}{P_{\mathrm{E}}}=\frac{\pi V_{\mathrm{OP}}}{4E} \tag{8-2}$$

$V_{\mathrm{OP}}=E$ 时有最大效率 78.5%。

3. 推挽管的耗散功率和电流电压

发热功率为 $P_{\mathrm{D}}=P_{\mathrm{E}}-P_{\mathrm{O}}=\frac{2V_{\mathrm{OP}}E}{\pi R_{\mathrm{L}}}-\frac{V_{\mathrm{OP}}^2}{2R_{\mathrm{L}}}$，对该式求极值，在 $V_{\mathrm{OP}}=\frac{2E}{\pi}$ 时有最大值

$$P_{\mathrm{DM}}=\frac{4}{\pi^2}\frac{E^2}{2R_{\mathrm{L}}}=\frac{4}{\pi^2}P_{\mathrm{OM}}\approx 0.4P_{\mathrm{OM}} \tag{8-3}$$

即放大器最大发热功率为 $0.4P_{\mathrm{OM}}$，它被两个晶体管分摊，每个消耗 $0.2P_{\mathrm{OM}}$，除此之外，推挽管的最大电流为 E/R_{L}，承受的最大电压为 $2E$，应按这 3 个条件选择功率管，并留有足够的余量。

4. 散热器的选择

散热器的主要参数为热阻 R_t，单位是℃/W，如 $R_t=1$℃/W，即每散出 1W 热功率，热源比环境温度要升高 1℃。热阻越小则散热器体积越大，因此应按器件允许的工作温度和发热功率合理选择。设环境温度为 t_0，放大器的温度为

$$t=t_0+P_{\mathrm{DM}}R_t \tag{8-4}$$

8.1.4 BTL 电路

为了在电源电压和负载电阻不变的情况下提高放大器的输出功率，可采用 BTL (balanced transformer less)放大电路。如图 8-7 所示，负载两端分别连接一个功率放大器，放大器的增益相同，但一个是同相放大，另一个是反相放大。正半周峰值时，A_1 输出最高电压，A_2 输出最低电压；负半周峰值时，A_1 输出最低电压 A_2 输出最高电压，忽略放大器饱和电压时，负载上的最大电压比单个放大器时提高了 1 倍，最大功率提高到 4 倍，当然 BTL 对放大器的输出电流能力要求更高，单个放大器的发热功率也提高了 1 倍。

BTL 的另一个好处是，即使单电源供电，也可以不用输出耦合电容器。

与小信号放大器不同，功率放大器对电源容量、散热和电路布线有特殊要求。因功率放大器工作在大动态范围，失真稍大，但可以用负反馈来减轻到足够小的程度。

目前这种中小功率的放大器大部分采用集成电路结构，甚至一个集成电路上集成了几个功率放大器，其使用方法与运算放大器相似，可以按要求接成 OCL、OTL 或 BTL 放大电路。这类集成放大器的种类繁多、价格低、性能优良、使用简便，可以从互联网上检索使用资料。

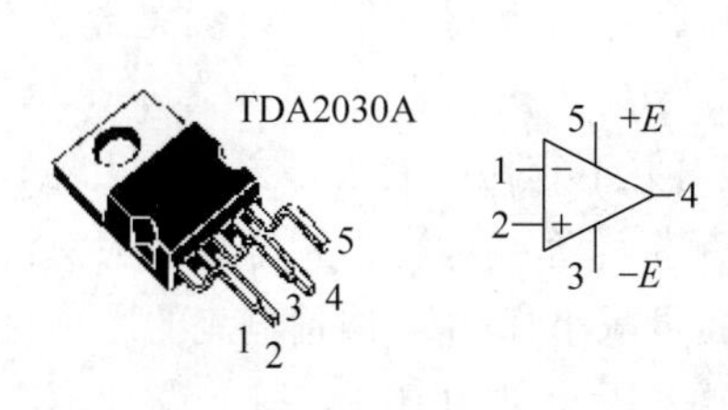

(a) 集成功率放大器

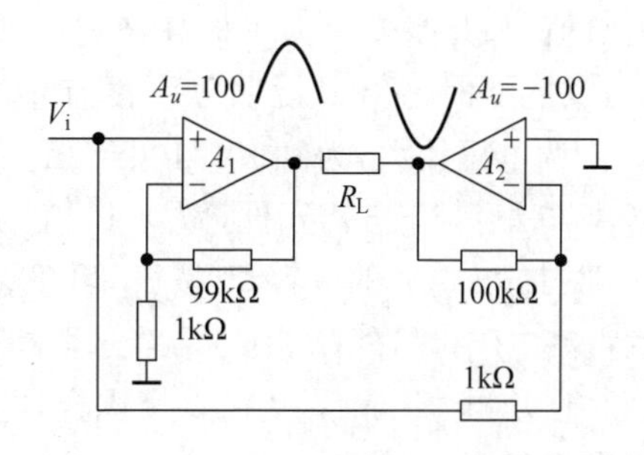

(b) BTL电路

图 8-7　集成功率放大器和 BTL 电路

例 8-1　图 8-6(a)所示的功率放大器，设 $E=12V$，$R_L=8\Omega$，晶体管的极限参数为 $I_{CM}=2A$、$V_{(BR)CEO}=30V$、$P_{CM}=5W$。

(1) 求最大输出功率 P_{OM}(忽略饱和电压)，检验所给晶体管是否安全？

(2) 求放大器在 $\eta=0.6$ 时的输出功率 P_o 值。

解：(1)

$$P_{OM}=\frac{E^2}{2R_L}=\frac{12^2}{2\times 8}W=9W$$

$$I_{CM}=\frac{E}{R_L}=\frac{12}{8}A=1.5A$$

$$U_{CEM}=2E=2\times 12V=24V$$

$$P_{CM}=0.2P_{OM}=0.2\times 9W=1.8W$$

与给定晶体管指标比较，晶体管工作是安全的。

(2) 由式(8-2)可得

$$V_{OP}=\frac{4E\eta}{\pi}=\frac{4\times 12\times 0.6}{3.14}V=9.2V$$

因此

$$P_O=\frac{V_{OP}^2}{2R_L}=\frac{9.2^2}{2\times 8}W=5.3W$$

例 8-2　图 8-4 所示的功率放大器，设计交流信号增益为 100 倍，发现存在一些问题，分析原因并改进。

(1) $V_i=0$ 时 T_5、T_6 发热较严重。

(2) $V_i=0$ 时 V_o 有 0.2V 的直流电压。

(3) T_3 容易损坏。

(4) 有信号时 R_8 烧坏。

解：(1) 静态时 T_5、T_6 发热，说明 T_5、T_6 的静态工作电流过大，电流经 $E\rightarrow T_5\rightarrow T_6\rightarrow -E$ 引起 T_5、T_6 发热。原因是 D_1、D_2 提供的偏置电压较高，引起 T_5、T_6 基极电流和集电极电流过大。

解决方法：在一个二极管上并联可调电阻、微调电阻，测量 T_5、T_6 集电极电流达到希望的数值,如几毫安。为了提高稳定性,应在 T_5、T_6 发射极上串联 0.5Ω 左右的电阻。

(2) $V_i=0$ 时 $V_o\neq0$ 说明放大器有直流输出,影响放大器性能。原因是差分放大器 T_1、T_2 失调电压较大,为 0.2V/100=2mV。

解决方法:对于分离元件,做到 T_1、T_2 严格配对并不容易。因为是交流放大器,可以在 R_4 上串联 10μF 左右的电容 C(按 R_4 和低频截止频率计算 C),使放大器只放大交流电压,不放大直流电压。另外,R_1、R_5 应当选取相同阻值,可减小 T_1、T_2 偏置电流的影响。

(3) T_3 集电极与 T_4 基极直接耦合,电源电压几乎全部由 T_3 承担。设计不当使 T_3 集电极电流过大,可能引起损坏。

解决方法:按要求确定 T_3 增益,尽量减少工作电流。增大 R_2、R_6 或减小 R_3 可减少电流,也可在 T_3 集电极串联 1kΩ 左右的限流电阻。

(4) 电路设计不当。从交流通路看,R_8 相当于与 R_L 并联的负载电阻,如果 R_8 阻值和功率太小,放大器的交流输出会烧坏 R_8。

解决方法:R_8 选择 200Ω 以上,标称功率最好大于实际功率 2 倍。R_8 的变化会影响 T_5、T_6 的静态电流,可重新调整。

8.2 脉宽调制型功率放大电路

脉宽调制也称为 PWM(pulse-width modulation)。

对于放大器,电源电压不变,但要求输出电压是变化的。模拟功率放大器,如推挽电路,电源电压与输出电压之差是由推挽管承担的,这部分功率必然被推挽管消耗,而出现效率低和发热的问题。从原理上讲,模拟功率放大器的效率不可能超过式(8-2)规定的理论限制。这种效率对小功率放大器是可以接受的,但对千瓦级的大功率放大器,不仅浪费能源,单散热问题就无法解决。

PWM 电路中,功率半导体器件(功率晶体管、功率 MOS 管、IGBT 等)均以开关方式工作。开状态对应器件的饱和导通,此时流过器件的电流很大,但器件两端的电压很低;关状态对应器件的截止,此时器件两端的电压很高,但没有电流流过。因此发热很小,理论上的理想开关是不消耗能量的。

PWM 通过调节功率器件的导通/截止时间比例实现输出功率的连续调节。PWM 的用途很广泛,像开关电源、大功率逆变电源、电动机调速大部分采用 PWM。一些新型的高效音频功率放大器也采用 PWM 原理。

8.2.1 PWM 放大器原理简介

图 8-8(a)是一个 PWM 放大电路原理图。假定比较器是一个理想的,其输出饱和电压为 0,有 $+E$ 和 $-E$ 两种输出电压,且输出电压在 $\pm E$ 之间转换所需要的时间为 0,因此比较器本身不消耗能量。

比较器反相输入端输入一个峰峰值为 $\pm V_S$ 的三角波,频率为 f_0,周期 $T=1/f_0$。同相输入端输入一个直流电压 V_i,不难画出输出电压波形,如图 8-8(b)所示。输出方波的占空比 ρ 受 V_i 控制,即

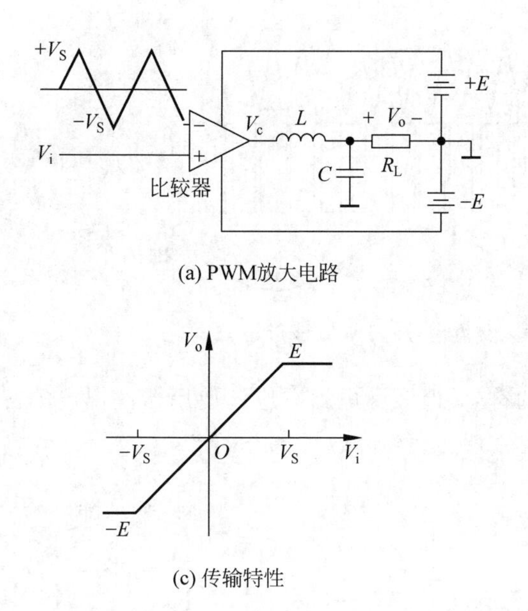

(a) PWM放大电路

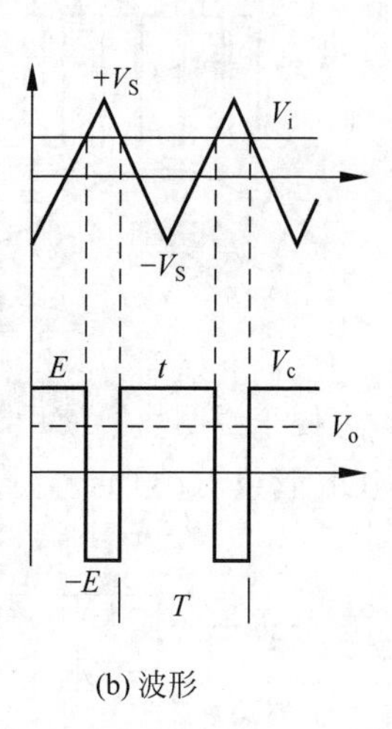

(b) 波形

V_o
E
$-V_S$
O
V_S
V_i
$-E$

(c) 传输特性

图 8-8　PWM 放大器原理

$$\rho=\frac{t}{T}=\frac{V_S+V_i}{2V_S}$$

式中，t 为输出高电平时间；T 为方波周期。$V_i<-V_S$ 时输出电压为 $-E$，$\rho=0$；$V_i>V_S$ 时输出电压为 E，$\rho=1$。由傅里叶变换可知，输出波形的直流电压 V_o 为波形在一个周期中的积分与方波周期之比，即

$$V_o=\frac{1}{T}\left(\int_0^t E\,dt-\int_t^T E\,dt\right)=\frac{2t-T}{T}E=(2\rho-1)E=\frac{V_i}{V_S}E \tag{8-5}$$

$V_i<-V_S$ 时 $V_o=-E$；$V_i>V_S$ 时 $V_o=E$。可见输出直流电压 V_o 受 V_i 线性控制，图 8-8(c)是其传输特性。

输出波形中除了直流电压外，其余是以 f_0 为基波的高次谐波，它们可以用 LC 低通滤波器滤除。理想的 LC 滤波器不会损失能量，因此整个电路能以 100% 的理论效率将电源能量转换为输出能量，同时实现对输出电压(功率)的连续调节。

当 V_i 为频率 f 的交流信号时，按采样定理，只要 $f<f_0/2$，可以用滤波器恢复出不失真的输出电压 V_o，式(8-5)仍然成立。但是为了保证滤波效果，LC 低通滤波器的的截止频率应远低于 $f_0/2$，因此 f 不能太高。当然 f_0 越高越好，可以减小 LC 低通滤波器的体积重量，增加放大器的带宽。但实际上不是这样，f_0 受开关器件速度影响不能选得太高，如大功率器件 f_0 不宜超过 40kHz。实际电路应按要求合理选择 f、f_0。输入交流信号时 PWM 波形如图 8-9 所示，也称为 SPWM(正弦波 PWM)。

8.2.2　用功率半导体器件产生 PWM

实际电路采用的电源电压比较高，用功率半导体器件作为开关产生 PWM 波形，如图 8-10 所示。T_1、T_2 表示功率半导体器件，它们在输入 PWM 波形的控制下，以开关方

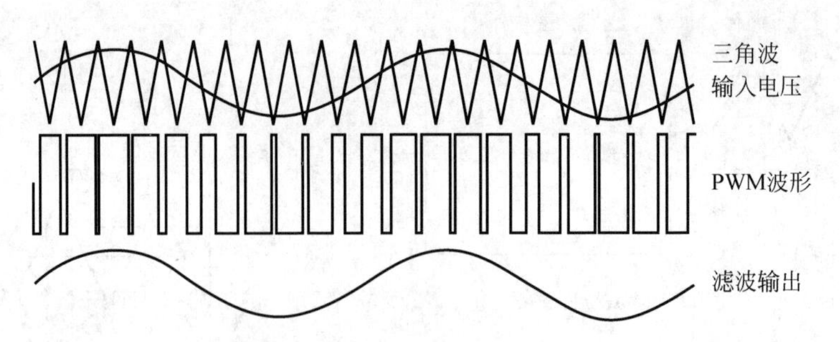

图 8-9　输入交流信号时 PWM 波形

式工作,为便于说明直接使用了开关的符号,但实际电路图应该使用器件规定的符号(晶体管、MOS 管或 IGBT)。

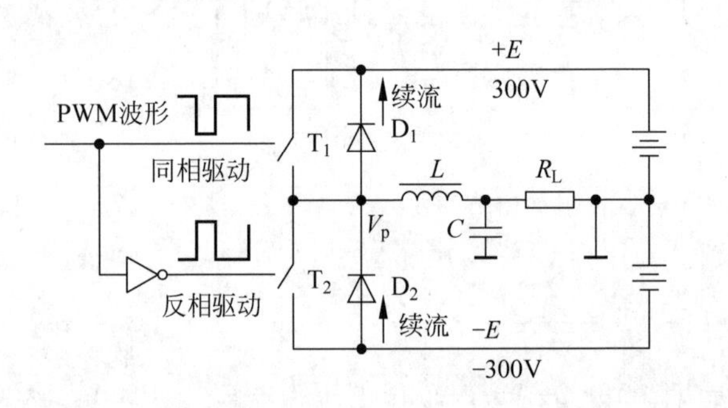

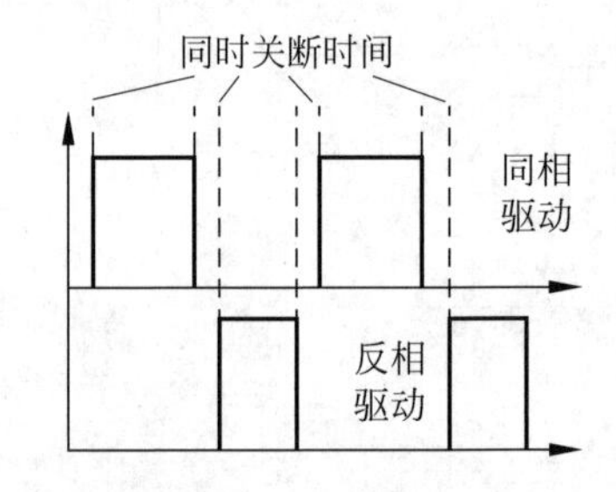

图 8-10　PWM 开关放大电路

1. 开关控制

在待机或保护状态下允许 T_1、T_2 同时关断,此时输出为高电阻状态。

正常工作时,用 PWM 波形控制两个半导体开关管 T_1、T_2 交替导通即可产生放大的 PWM 波形。经过 LC 低通滤波向负载提供大功率输出,相当于一个低内阻电源。

任何情况下不允许 T_1、T_2 同时导通,即便是毫秒级时间的贯通也会立刻烧坏 T_1、T_2。因为实际的半导体开关管有一定动作延迟时间,因此两个开关管的驱动必须留有一定的同时关断的时间(dead time),此时间约几微秒,对保护开关管安全也至关重要。如果没有这个时间,会在交替通断时产生脉冲状贯通电流。

2. 逆程二极管

一般功率半导体器件内部都设置了逆程二极管,即图 8-10 中的 D_1、D_2。它们可以在 T_1、T_2 交替通断时为滤波电感续流,防止 T_1、T_2 损坏。例如,在 T_1 接通状态,$V_p=+E$ 对 L 充电,在 T_1 断开瞬间,此电流必须经 $-E$ 和 D_2 续流(此时 $V_c=-E$)。等续流结束 T_2 已接通,L 开始反向充电。T_2 断开瞬间,电流又经过 D_1、$+E$ 续流 $V_p=+E$,如此往复。

3. 功率半导体器件的驱动

由于 PWM 允许输出很大的电流，如果使用晶体管作为功率开关，则需要很大的基极驱动电流，因此目前大多使用 N 沟道功率 MOS 管或 IGBT。功率 MOS 管或 IGBT 电特性类似于 NPN 晶体管，但其输入采用绝缘栅结构，因此不需要静态驱动电流。由于栅极呈现电容特性(一般为 1000～10 000pF)，在驱动电压反转时要消耗脉冲电流才能使栅极电容的电压翻转，仍然需要驱动电路要有足够大的电流驱动能力。

图 8-11(a)为 IGBT 的元件符号和常规的驱动电压要求，可见驱动电压加在 IGBT 的栅极和发射极之间，通常需要在驱动电路与栅极之间串联一个几十欧姆的电阻，目的是适当增加 IGBT 的开关状态转换时间，减小 V_p 的上升斜率，保护 IGBT。

图 8-10 中 T_1 的发射极(V_p)处在高速波动的电压上，T_2 的发射极($-E$)处在负电源上，而控制电路处于地电位上，因此 T_1、T_2 的驱动电路与控制电路之间必须设法隔离，常用的方法是用高速光电耦合器隔离。因为 T_1、T_2 驱动电路需要电源才能工作，又必须提供两个隔离电源，如图 8-11(b)所示。

目前隔离驱动电路已集成化。有的带有短路检测电路和保护电路，可按要求选用。

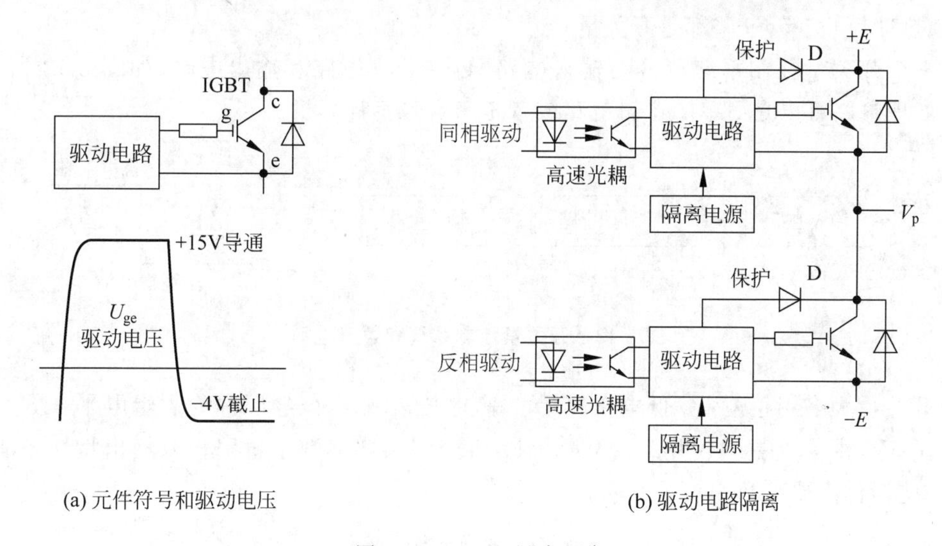

(a) 元件符号和驱动电压　　(b) 驱动电路隔离

图 8-11　IGBT 驱动电路

实际 PWM 波形的上升下降边沿时间不可能为 0，这段时间功率半导体器件处于线性放大状态，另外功率半导体器件的饱和电压不为 0，这是发热损耗的主要来源。一般电路的实际效率可达到 90%以上，大功率使用时还必须有良好的散热。

8.2.3　桥式 PWM 驱动电路

如上所述，双电源供电的 PWM 电路输出直流功率时，± 电源能量消耗不平衡。为解决这个问题，可以用单电源供电，采用桥式 PWM 电路驱动负载，如图 8-12 所示。这很像 BTL 放大器。三相交流电动机调速则需要三个独立的 PWM 电路，驱动电路更加复杂，产生三相幅度频率可调的 SPWM 波形也需要专门电路。

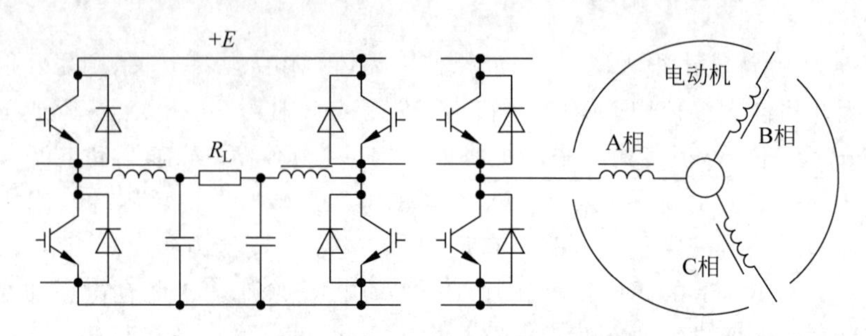

图 8-12 桥式和电动机驱动

8.3 开关量输入输出电路

用 0、1 两种状态表示的量称为数字量或逻辑量，自动控制场合也称为开关量。例如，需要检测输入量如开关“通”“断”、温度“正常”“超限”，或输出控制灯泡“点亮”“熄灭”、电炉“加热”“停止”等，这些都是开关量。

一个开关量控制系统可分为输入电路、数字处理电路和输出电路，如图 8-13 所示。数字处理电路可以是简单的逻辑电路或者是一台数字计算机。

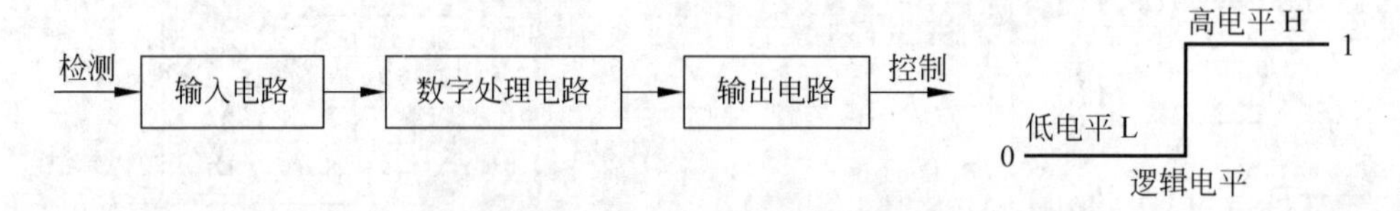

图 8-13 开关量控制系统和逻辑电平

开关量大多用正逻辑：低电压表示 0，高电压表示 1，该电压称为逻辑电平。数字电路常用 5V 供电，理想情况用 0V 表示 0，5V 表示 1。实际数字电路输入输出特性各有不同，一些器件主要参数如表 8-1 所示。

表 8-1 器件主要参数

器件	功能	工艺	输入 0		输入 1		输出 0		输出 1	
			电压/V	电流/μA	电压/V	电流/μA	电压/V	电流/mA	电压/V	电流/mA
74LS00	门电路	低功耗肖特基	＜0.8	－1600	＞2	40	0.4	16	3.4	－0.4
74HC00	门电路	高速 CMOS	＜1.5	0	＞3.5	0	0.3	5	4.7	－5
CD4011	门电路	CMOS	＜1.5	0	＞3.5	0	0.4	1	4.6	－1
89C51	单片机	高速 CMOS	＜0.9	－50	＞1.9	0	0.45	1.6	4.5	－0.01

注：负号表示流出器件引脚的电流。74LSXX 或 74HCTXX 器件采用 TTL 电平，一般小于 0.7V 表示 0，大于 2.4V 表示 1。74HCXX 或 4000 系列 CMOS 器件几乎不需要输入电流，小于 30%电源电压表示 0，大于 70%电源电压表示 1。89C51 各口特点不同一般可同时兼容 TTL 或 CMOS 电路。

开关量输入输出电路的主要作用是电平配合，即输入电路将被检测的设备状态转换为逻辑电平，开关量输出电路则利用逻辑电平控制有关执行机构。一些特殊应用需要速度配合，一般逻辑电路速度很快，工作速度则取决于输入输出电路的速度。实际电路还特别注重输入输出的隔离和保护，使电路能适应恶劣的工作环境。

下面简单介绍经常遇到的一些问题。

8.3.1　输入电路

1. 按键或开关

按键是一个机械触头，向数字处理电路提供控制信息。如图 8-14 所示，通过上拉电阻产生高低电平输出：按下按键输出 0V，驱动能力很强；抬起按键，靠上拉电阻提供高电平输出，驱动能力较弱。由于逻辑电路高电平输入时输入电流很小，此电路适合所有逻辑电路输入。一般 R 取 1～10kΩ。

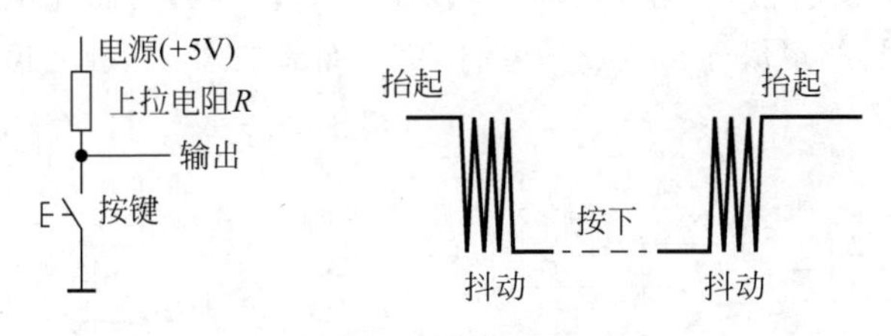

图 8-14　开关检测

机械触头在通断瞬间会产生抖动，相当于多次按键，必须克服。硬件电路可用 RC 低通滤波后再用施密特电路整形。而智能化电路采用延时判断方法：即每隔 5～20ms 检测一次开关状态，若上次状态为 1，本次状态为 0，则为一次按键，因间隔时间大于抖动时间，不会出现抖动影响。

许多开关式传感器可以用类似电路输入，如接近开关、振动或倾斜开关、压力开关、温控开关等。按键较多时需要采用矩阵扫描检测电路。

2. 光电耦合器

光电耦合器又称为光电隔离器，由发光二极管和光电元件组成，通过光线传输信号，具有高电压隔离能力和抗干扰能力，在输入输出接口方面应用广泛。

光电耦合器种类较多，图 8-15 为几种常用的光电耦合器。输入端一般为单个发光二极管。输出端用光电晶体管的适合一般用途(如 PS2521-1 等)；用双向可控硅的适合交流电源控制(如 MOC3020 等)；带有放大整形电路的适合高速应用(如 6N137 等)；带有反馈光电管的线性光耦适合传输模拟信号(如 HCNR200 等)。隔离电压一般为 2500Vrms(rms 为有效值，即方均根值)。

以 PS2521-1 为例，发光管电流为 1～10mA，电流传输比 CTR(光电管电流与发光管电流)为 100％～200％，传输响应时间为 5μs，发光管导通电压约为 1.3V，光电管耐压为 80V，隔离电压最大为 5000Vrms。

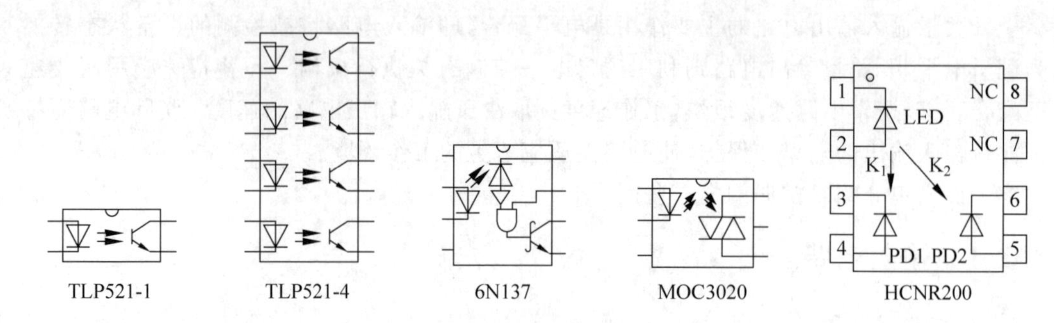

图 8-15　常用光电耦合器

图 8-16(a)电路可将输入开关电压转换为逻辑电平输出。D 可防止输入接反，$I_i=(V_i-V_F)/R(V_F\approx 1V)$，可选 $I_i=1\sim10mA$，按 CTR＝100％，则 $I_o=I_i$，I_o 应能使光电晶体管饱和。应注意晶体管饱和电压越低(深度饱和)，退出饱和需要的时间越长，将增加传输响应时间。一些发、收分离的光传输，可以用 I/V 转换器检测光电流(见图 8-16(b))，但许多情况都有专门的集成光接收放大器件，如红外遥控器，光纤通信的接收器件等。

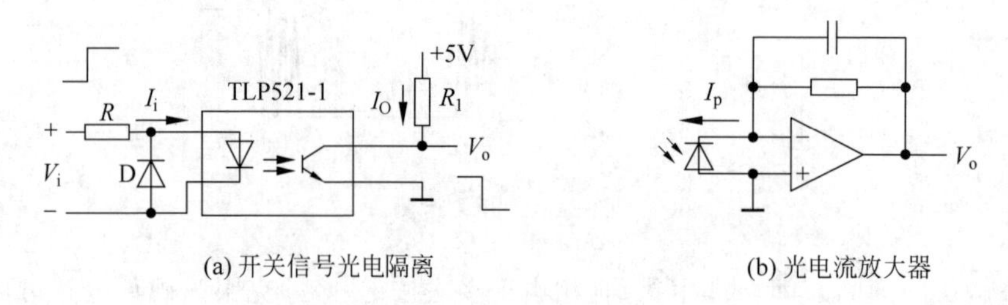

图 8-16　光电隔离器参考电路

除信号耦合传输外，利用开口的光电耦合器可以用作传感器：透射型的可检测叶片转动用于转速测量或计量(如光电编码器将转角直接转换为二进制数字)；反射型的可检测表面反光强度用于光电符号识别或接近开关等，如图 8-17 所示。

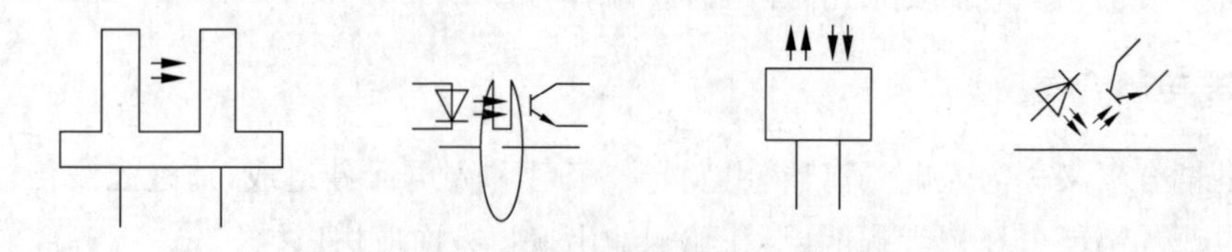

图 8-17　透射型和反射型光电耦合器

3. 霍尔效应开关

霍尔效应(Hall effect)利用半导体中移动电荷在磁场中偏移的原理测量磁场。集成化的霍尔效应开关(如 A3121)可检测磁场并输出开关信号，可用于非接触的位置传感：在移动部件上安装一块小磁铁，磁铁靠近霍尔传感器输出逻辑 0(也有只检测单方向磁场的)，如图 8-18 所示。

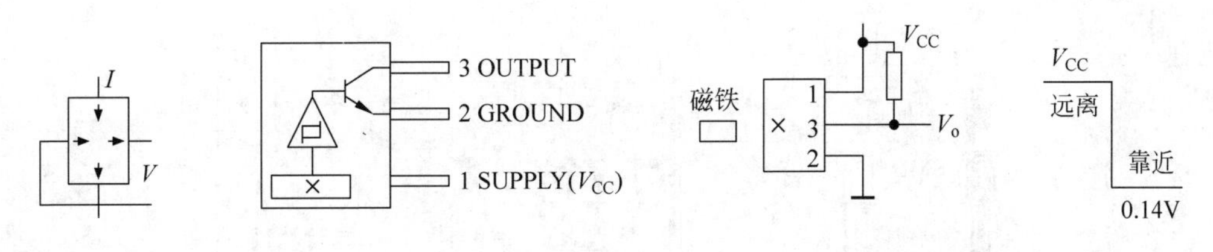

图 8-18　霍尔效应开关

霍尔传感器的优点是不受脏污影响，因无触头，工作比干簧管可靠。能检测连续磁场的称为霍尔传感器，通过磁场检测电流，可制作电流传感器。通过检测地球磁场，可制作方向传感器。

4. 输入保护

长线传输的场合需要抗干扰和输入保护，如输入过电压、过电流、雷电干扰、错接线等可能造成半导体器件的永久损坏。输入保护要针对电路的工作环境设计，较低干扰可以用电阻-二极管钳位电路保护，较强的干扰可以先用大功率限压器件保护（如压敏电阻、瞬态电压抑制器、放电管、放电间隙等），再用电阻-稳压管做二级保护。信号电流较大或有瞬态高电压冲击的场合经常用串联电感保护，如图 8-19 所示，电感对瞬态高压有良好的阻断能力且直流电阻小，而高电压冲击却容易通过半导体器件结电容或线路杂散电容引起敏感电路损坏。

保护电路对保证系统的可靠性至关重要。正确设计需要综合考虑各方面因素。

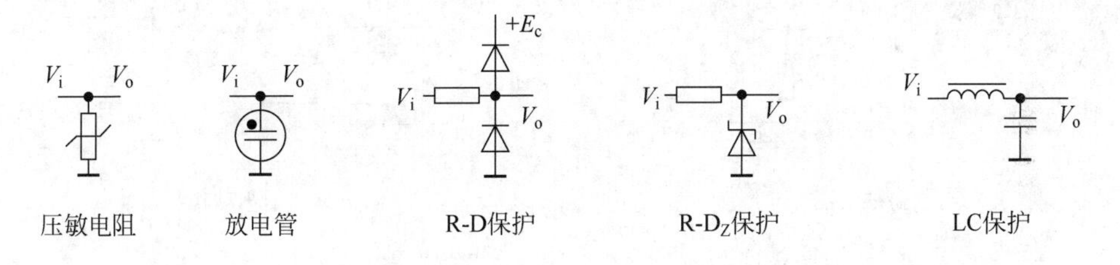

图 8-19　常用保护电路

8.3.2　输出电路

1. 发光二极管

发光二极管（LED）常用于电子装置发光指示、照明等，特点是效率高、体积小、耗电低、寿命长、颜色全。除单个 LED，还可将 LED 组合做成 7 段数码管、米字形数码管和阵列，如图 8-20 所示。一般 LED 电流需要 1～50mA，导通电压 V_F 约为 1V，单个 LED 可以直接由逻辑电路驱动。阵列的需要扫描显示。

2. 继电器

继电器由线圈、衔铁和触点等组成，线圈通电产生磁场，吸动衔铁，推动活动

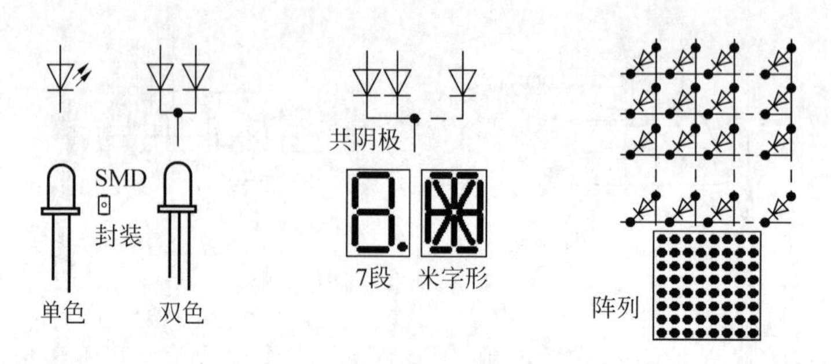

图 8-20 常见 LED 及封装

(common,COM)触点从常闭(normally close,NC)触点移到常开(normally open,NO)触点。继电器触点的通断能控制功率负载,实现弱电控制强电。继电器触点与线圈间为电隔离,控制简单,触点为理想通断,在仪器仪表、自动控制等方面应用广泛。继电器种类繁多,主要指标是触点电压和触点电流容量。

继电器线圈是电感特性,突然断电会引起线圈两端产生过电压,必须提供续流通路。图 8-21(b)中的二极管起续流作用(达林顿阵列 ULN2003 内部包含续流二极管,从它的 COM 端引出)。正常通电时二极管处在反向截止状态,断电瞬间线圈电流通过二极管泄放。继电器线圈的主要指标是吸合电压和电流,驱动电路达到驱动要求。

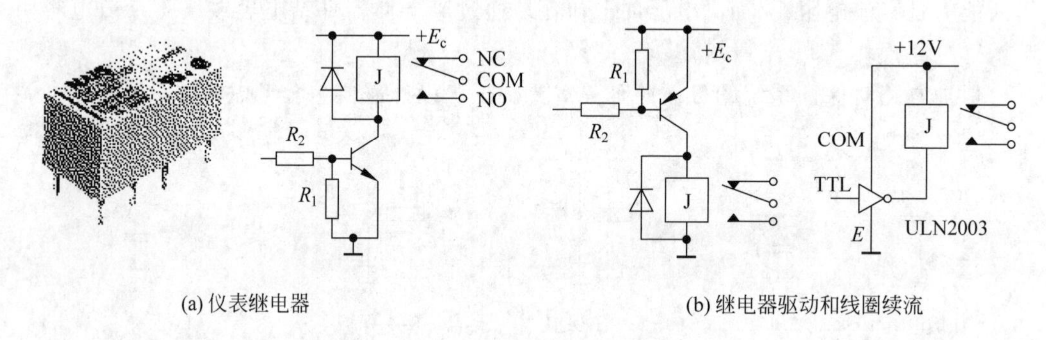

(a) 仪表继电器　(b) 继电器驱动和线圈续流

图 8-21 小功率继电器及驱动电路

3. 半导体开关

继电器动作速度慢,触点易烧灼导致接触不良,其触点寿命有限。高速控制常用半导体功率器件作为开关,只要电路设计合理、保护齐全,便能可靠工作。

(1) 直流开关。直流控制常用功率晶体管、MOS 管或 IGBT,如前述的 PWM 放大器就利用开关控制。除此之外还常用于开关电源、步进电动机驱动、电磁阀控制等场合。电路的关键是选择功率器件,设计驱动、隔离、保护电路和适当散热。

(2) 交流开关。通常使用双向晶闸管,一般最大电流和阻断电压是 1～50A 和 400～800V,触发电流和电压是 0.2～200mA 和 0.8～3V。开关用法比较简单,可直接触发或通过一个小功率的晶闸管型光电耦合器触发,如图 8-22 所示。

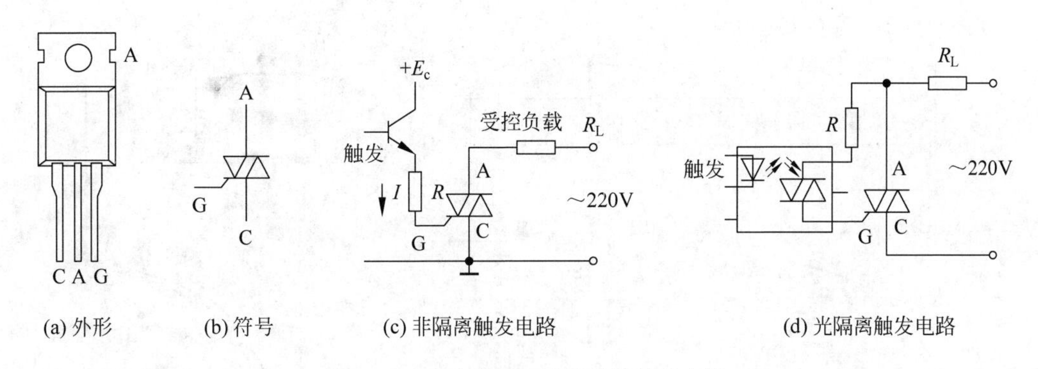

图 8-22　小功率双向可控硅及触发电路

8.4　模拟量输入输出电路

采用数字技术模拟量处理系统由模拟量输入电路、A/D 转换器、计算机、D/A 转换器和模拟量输出电路组成，如图 8-23 所示。

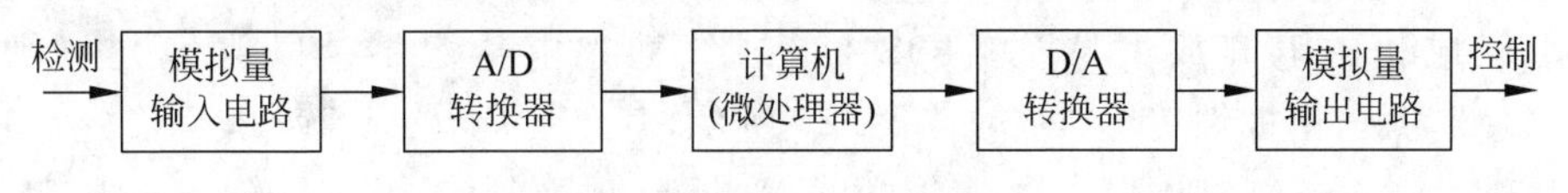

图 8-23　模拟量处理系统

模拟量输入电路需要解决被测量的信号与 A/D 转换器的配合。模拟量输出电路需要解决 D/A 转换器与现场信号的配合。这里仅就常见问题做简单介绍。

8.4.1　模拟量输入电路

1. A/D 转换器的输入

（1）输入量程：输入信号幅度不能超过 A/D 转换器输入量程。常见的输入电压范围有 0～0.2V、0～5V、0～10V、0～20V、－5～＋5V、－10～＋10V 等。A/D 转换器之前的电路必须将待测信号转换为适合其量程的电压。

（2）输入信号滤波：A/D 转换器对一模拟信号的采样速率为 f_0，按采样定理的要求，信号最高频率不能大于 $f_0/2$。通常用低通滤波器对信号进行滤波，限制信号带宽。

（3）采样保持器：逐次逼近型 A/D 转换器要求在转换期间保持输入信号稳定，如果 A/D 转换器无内部采样保持器，则需要外接，在采样点将信号幅度保持供 A/D 转换器，如图 8-24 所示。

2. A/D 转换器的多路复用

控制系统往往需要采集多个现场信号，而 A/D 转换器的转换速度较快，因此可以用模拟开关将各路待转换模拟信号切换到 A/D 转换器输入端，实现 A/D 转换器的多路复用。

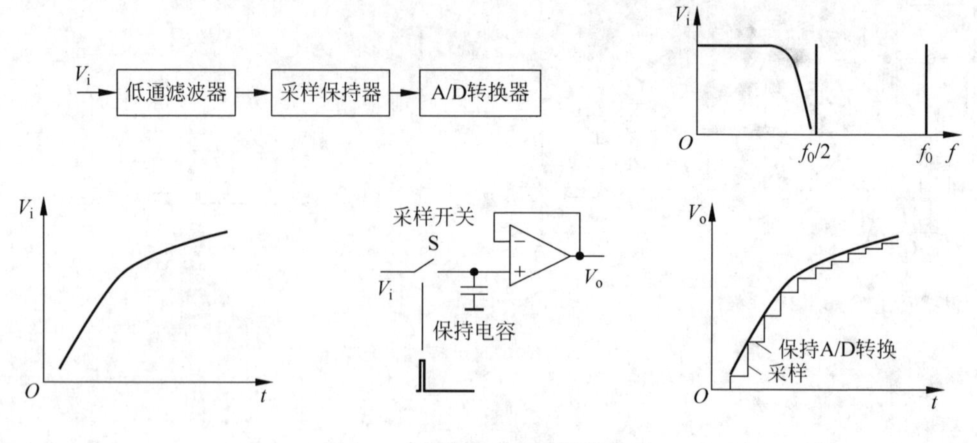

图 8-24 采样定理和采样保持器

3. 模拟信号隔离

医疗仪器、高压测量等对安全性、抗干扰要求高的场合需要对模拟信号进行隔离。可以采用集成化的隔离放大器(如 IOS124)或线性光电耦合器。以线性光电耦合器 HCNR200 为例,单极性传输线路如图 8-25 所示,其 $k=I_{PD2}/I_{PD1}\approx 1$,很稳定,由 I_{PD1} 作为反馈信号(5nA~50μA,50μA 时发光管电流 I_F 约为 10mA),输出电压为 $V_o=k(R_2/R_1)V_i$,如图 8-25 所示。

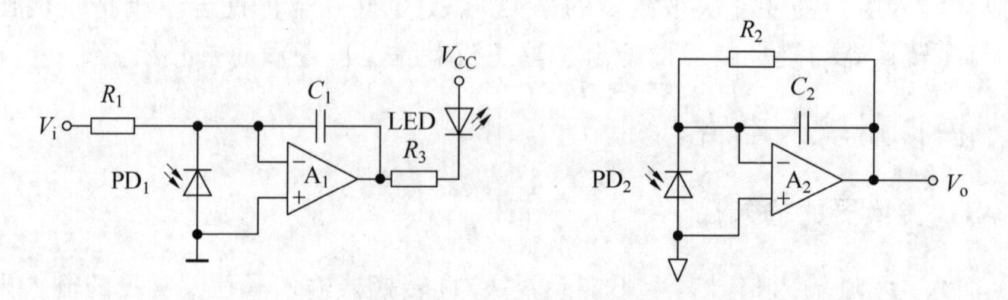

图 8-25 用线性光耦的模拟信号隔离电路

4. 量程切换和传感器放大电路

为提高精度,A/D 转换器输入电压最好接近满量程。如果输入信号的变化范围很宽,则必须将输入分为若干个量程。例如,测量 2~2000V 的电压,可分为 4 个 10 倍量程:0~2V、0~20V、0~200V 和 0~2000V。量程切换可利用继电器、模拟开关、程控放大器等实现。

一般工业用传感器带有变送器,将待测量信号变换为标准信号传送,如 4~20mA、0~10mA 电流信号等,可以通过电阻转换为电压。

8.4.2　模拟量输出电路

1. D/A 转换器输出电路

D/A 转换器有电压输出和电流输出两种类型，电流输出的可通过 I/V 电路转换为电压。如图 8-26(a)所示，电流输出 D/A 转换器内部有反馈电阻，它能补偿 D/A 转换器内权电流网络的温度特性。

(1) 单极性与双极性：通常 D/A 转换器输出单极性电压，如果负载需要双极性电压，可以用运算电路转换。如果只需要交流输出，可用电容耦合以隔断直流。

(2) 输出滤波：D/A 转换器输出波形为阶梯状，一些要求严格的场合需要用低通滤波器(loss-pass filter)将波形平滑，如图 8-26(b)所示。理想情况滤波器的截止频率为输出速率的 1/2。

(3) 多路复用：多通道输出时采用多个 D/A 转换器并不经济，可以用多路采样保持器通过一个 D/A 转换器分时输出多路模拟电压，如图 8-26(c)所示。

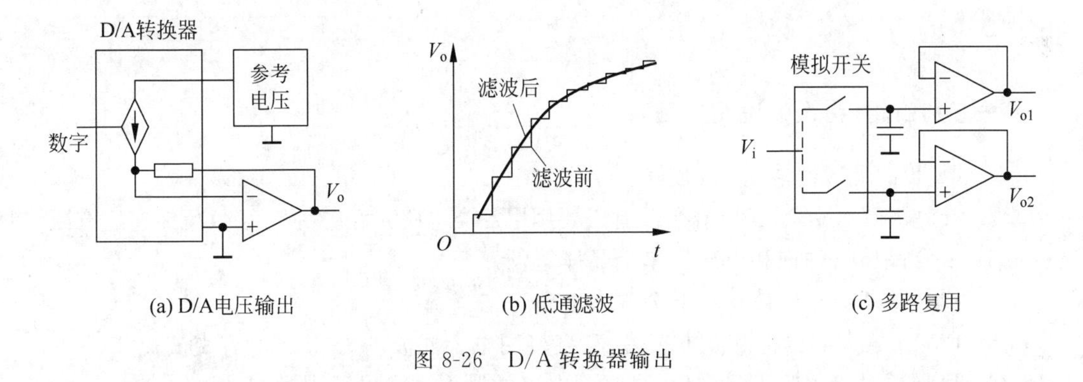

图 8-26　D/A 转换器输出

(4) 电流输出：使用 V/I 转换器可以将 D/A 转换器输出电压转换为 4～20mA 或 0～10mA 工业控制的标准信号。

(5) 大功率输出：有些应用需要大功率输出，如交流电机控制、数控交/直流电源等，可将 D/A 转换器信号经过 PWM 放大输出。

2. 晶闸管调相电路

一种常用的、低成本交流电路控制方法是晶闸管调相电路。以交流电和电阻负载为例，如图 8-27(a)所示，在适当的时刻触发晶闸管，晶闸管导通对负载输出电压，在交流电过零点晶闸管自动关断。只要同步调节晶闸管触发时刻，便能调节晶闸管的导通角，在宽范围连续调节负载两端的有效值电压。

要实现这一功能，首先要检测输入电压的过零点，以便使触发与电源相位同步，这是由同步检测电路实现的。在过零点后延迟一段时间触发晶闸管便可以改变导通角，设交流电半周期为 10ms，延时时间为 0 导通角为 180°，整个波形全部通过；延迟接近 10ms 导通角为 0，波形全部阻断，电路框图如图 8-27(b)所示。

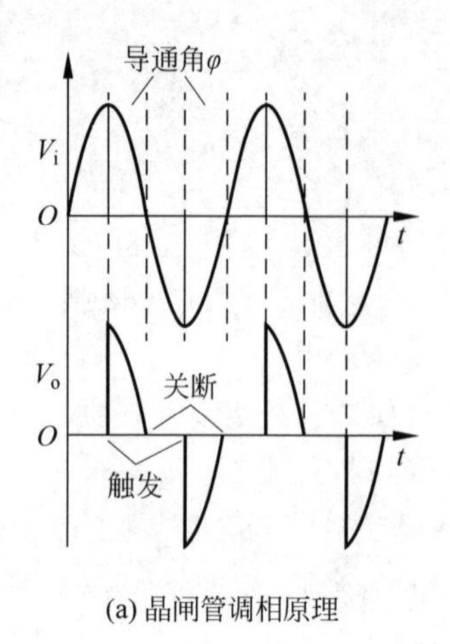

(a) 晶闸管调相原理

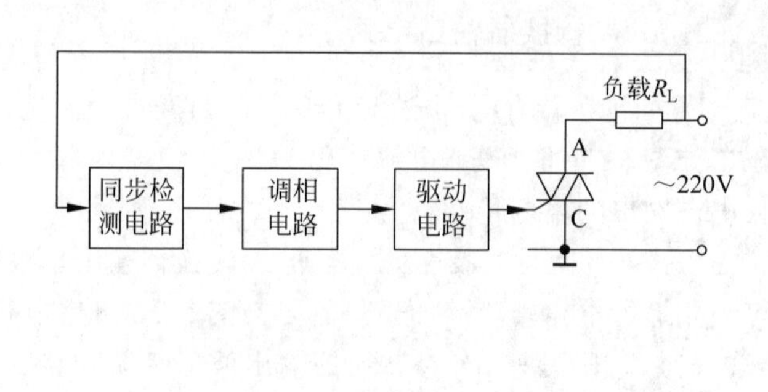

(b) 电路框图

图 8-27　晶闸管调相调压

习题 8

一、判断题(错误的说明原因)

1. OCL 的低频性能比 OTL 好。
2. 交越失真可由负反馈消除,没有必要用甲乙类电路减轻。(提示:负反馈速度有限)
3. 复合晶体管的饱和电压比单个晶体管低。
4. 线性功率放大器效率比开关放大电路低。
5. PWM 放大器可将滤波电感去掉,直接用电容滤波。(提示:电容交流短路)
6. 只需要对电路输入采取保护措施,电路的输出端和电源则没有必要。
7. 为提高开关工作速度,应使晶体管深度饱和。(提示:晶体管退出饱和需要较长时间)
8. 发光二极管的导通电压为 0.7V。(提示:可见光 LED 约为 2V,红外 LED 约为 1V)
9. 采用光电晶体管的光耦电流传输比光电二极管的光耦电流传输大。
10. 如果电子开关的电流较大,应使用功率管。
11. 晶体管可以作为开关使用,因此没有必要使用继电器。
12. 晶闸管适合交流或直流电路开关控制。
13. A/D 转换器采样速率应为信号最高频率两倍以上。
14. D/A 转换器无法采用多路复用。
15. 晶闸管调相电路输出电压与导通角成线性关系。

二、选择题

1. 图 8-1(b)中 $V_i=1V$ 时,V_o 为(　　)。

　A. 0.3V　　　　B. 0V　　　　C. −0.7V

2. 图 8-2 中 $V_i = E + 2V$ 时(　　)。

A. $V_o = E + 1.3V$　　B. $E - 0.3V$　　C. T_1 损坏

3. 图 8-4 中若 D_2 因损坏而断开,则(　　)。(提示:观察 T_5、T_6 基极电流的变化)

A. T_5 截止　　B. T_6 截止　　C. T_5、T_6 可能烧坏

4. 图 8-6(b)中若 V_{o1} 直流工作点低于 $E/2$,则(　　)。

A. V_o 平均电压<0V　B. 出现交越失真　C. 大信号先出现波形下部削顶失真

5. 图 8-8(a)中影响 PWM 放大器线性的是(　　)。

A. V_i 的线性　　B. V_S 的线性　　C. $\pm E$ 的幅度

6. 图 8-10 中 T_1 由导通状态转为截止状态瞬间 T_2 尚未接通,V_p 是(　　)。

A. $+E$　　B. 0　　C. $-E$

7. 图 8-11(b)中对 IGBT 施加 15V 栅极电压,相应的保护二极管 D 并未导通,说明该 IGBT(　　)。(提示:IGBT 施加导通电压后,U_{ce} 应很低,D 应导通)

A. 饱和　　B. 截止　　C. 负载短路

8. 图 8-16(a)中若发光管电流 $I_i = 2mA$,CTR=100%,$R_1 = 1k\Omega$,输出 V_o(　　)。

A. 能满足 TTL 低电平　　B. 能满足 CMOS 低电平

C. 不能满足 TTL 和 CMOS 低电平

9. 图 8-19 中 R-D 保护采用硅二极管,V_o 最大范围为(　　)。

A. $0 \sim +E_c$　　B. $0 \sim +E_c + 0.7V$　C. $-0.7V \sim +E_c + 0.7V$

10. 图 8-21 中 R_1 的作用是使晶体管(　　)。(提示:晶体管的 $I_{ce0} = (1+\beta) I_{cb0}$)

A. 可靠截止　　B. 可靠导通　　C. 增加驱动能力

三、计算题

1. 图 8-28 为 OCL 放大器,设晶体管 β 很高,饱和电压可忽略。

(1) 说明图中错误。

(2) 计算最大不失真输出功率。

(3) 计算每个晶体管的最大损耗功率。

(4) 计算放大器增益。

2. 图 8-29 为 BTL 放大器,计算放大器增益。

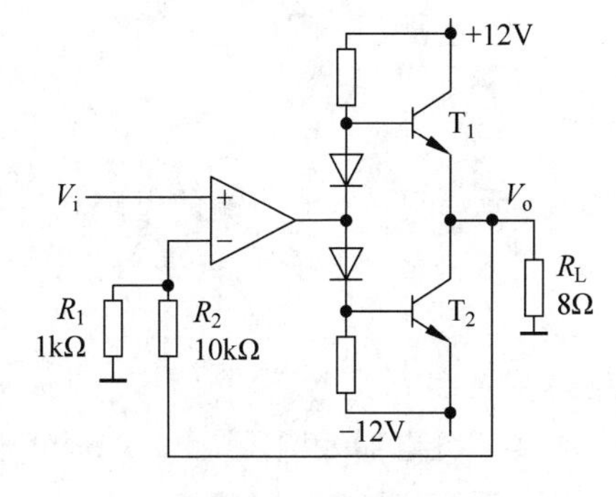

图 8-28　计算题 1 图

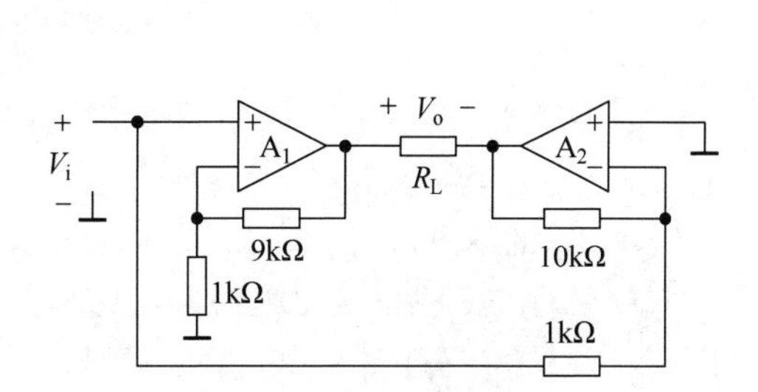

图 8-29　计算题 2 图

3. 图 8-30 为 OCL 放大器。晶体管 $U_{be}=0.7V$，$r_{be}=0$，饱和电压为 0.3V，$\beta=100$。

(1) 设深度负反馈，计算放大器增益。

(2) 计算 V_o 的最大电压范围。(提示：大信号时 T_3 工作在饱和、截止状态)

4. 图 8-31 为用继电器控制灯泡的开关量输出电路，V_i 高使灯泡点亮。

(1) 指出错误。

(2) 设晶体管以开关方式工作，晶体管导通电压为 0.7V，$r_{be}=0$，计算灯亮和灯灭时的输入电压 V_i 的范围。

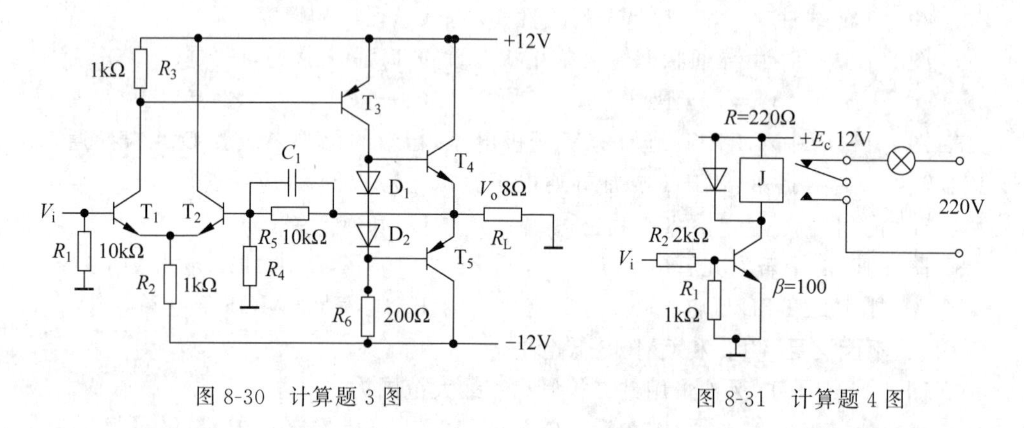

图 8-30 计算题 3 图 图 8-31 计算题 4 图

5. 图 8-32 是一个控制小功率电动机正转、反转、停止的电路，输入 4 个逻辑电压 $V_1 \sim V_4$，0 为低电压，1 为高电压，它们可以控制相应晶体管的通断，将电动机状态填入如图 8-32 所示的表格(正转、反转、停止、禁止)。(提示：同一侧的晶体管不能同时导通)

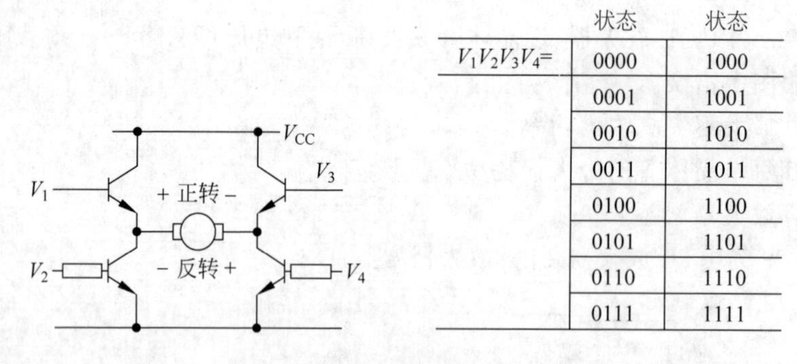

$V_1V_2V_3V_4$=	状态	状态
0000		1000
0001		1001
0010		1010
0011		1011
0100		1100
0101		1101
0110		1110
0111		1111

图 8-32 计算题 5 图

6. 图 8-33 是一个用 0～5V 逻辑电压控制±12V 之间一个继电器线圈的电路，0V=断，5V=吸合，继电器线圈为 100Ω，晶体管 $\beta>30$。确定 R_1、R_2 的阻值。(提示：R_2 用于吸收 T_1 的漏电流，使 T_2 能可靠截止)

7. 一个 5V 供电的微处理器，引脚输出 0V 时允许吸入 25mA 电流，输出 5V 只能输出 50μA 的电流(见图 8-34)，现需要带动一个 12V/600Ω 的继电器线圈，并且微处理器输出 0V 时继电器吸合。设计电路。(提示：可用一个晶体管和一个电阻实现)

8. 图 8-35 用线性光耦将 4～20mA 电流隔离传输，设 $k=I_{PD2}/I_{PD1}$，写出输入输出关系。(提示：LED 光线被 PD_1 和 PD_2 同时接收，PD_1、PD_2 相当于光控电流源，光电流为 μA 级，流动方向与二极管符号方向相反。R_3 是输入电流的采样电阻，按虚短，R_1 的电压与 R_3 电压相等。)

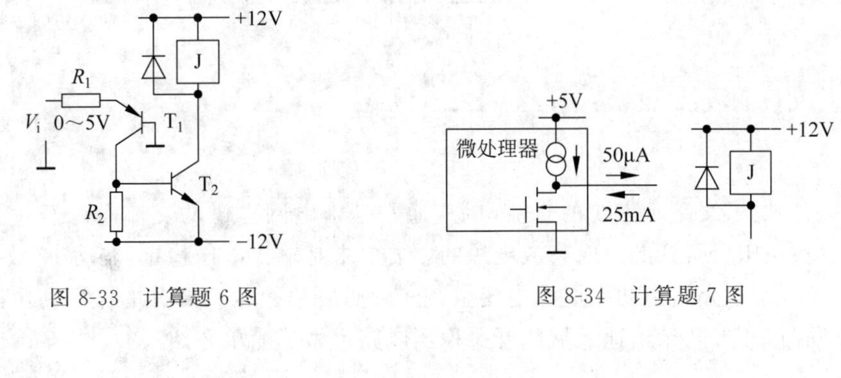

图 8-33　计算题 6 图　　　图 8-34　计算题 7 图

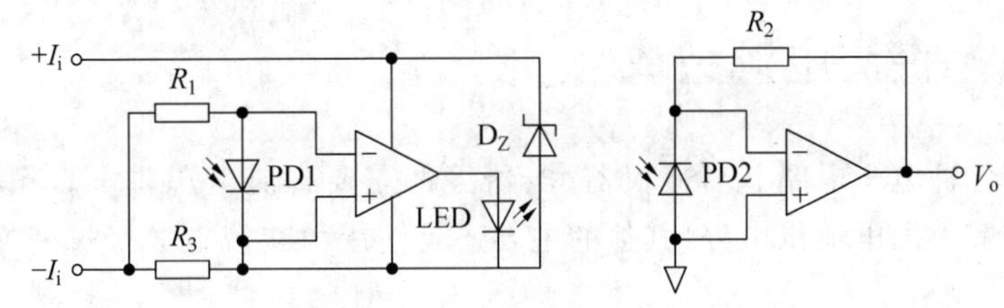

图 8-35　计算题 8 图

9. 如图 8-10 所示，设 PWM 放大器 $L=2\mathrm{mH}$、工作频率为 20kHz、$R_L=10\Omega$，T_1 导通时间是 T_2 的两倍，不计同时关断时间，器件为理想器件，LC 有理想滤波能力。

(1) 计算负载功率。

(2) 计算正电源输出功率。

(3) 计算 L 中的最大峰值电流。(提示：L 中是锯齿波电流，其平均值是负载电流，V_p 平均值是输出电压。T_1 导通时 L 电流线性增大，T_2 导通时 L 电流线性减小。L 储存能量为 $LI^2/2$)

第9章

直流电源

电子线路所需要的直流电源，通常是由电网提供的交流电源经过整流、滤波、稳压后得到的。对直流电源的主要要求是输出电压稳定、波动小、效率高。

本章介绍小功率电源中变压、整流、滤波和稳压几部分的作用和电路分析。同时，对近几年迅速发展的开关稳压电路也做了简单介绍。

9.1 直流电源组成

各种电子电路、设备、仪器、电器等都需要直流电源供电。除一些微型、便携装置采用电池供电外，其他的主要还是使用由交流电源经过变换而成的直流电源。

传统的小功率直流电源包括电源变压器、整流电路、滤波电路和稳压电路4部分，如图9-1所示。

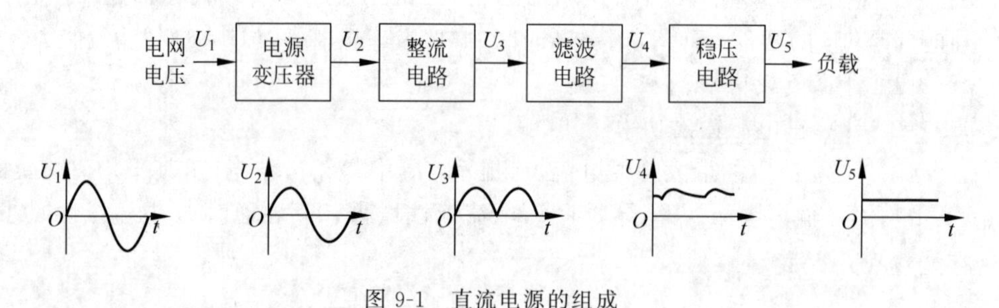

图9-1　直流电源的组成

各部分的主要作用如下。

1. 电源变压器

(1) 将电网交流电压U_1(国内主要是220V/50Hz)加到变压器一次绕组，由二次绕组获得需要的(一般是比较低的)交流电压U_2。理想变压器的电压比为

$$\frac{U_2}{U_1}=\frac{N_2}{N_1}$$

式中，N_1为一次绕组匝数；N_2为二次绕组匝数。

对变压器，额定频率下铁心选定后绕组的“匝/伏”数就确定了，因此输出电压由N_2确定。应注意，必须按负载功率确定变压器功率。功率小的变压器，铁心小、体积小、质量轻，但“匝/伏”数反而大，使用的线圈更细，导致变压器的等效内阻变大。考虑到内阻，变压器通常设计成在额定功率时输出达到规定的二次电压，而变压器的空载输出电压会略高于规定电压。

(2) 变压器在传输交流功率的同时，实现一次、二次绕组之间的隔离。这对安全用电是十分重要的。

2. 整流电路

变压器二次输出仍然是交流电压，整流电路的作用是利用具有单向导电性能的整流元件，将正负交替变化的交流电压 U_2 变换成单向脉动的直流电压 U_3。

这种单向脉动电压脉动太大，还不是理想的直流电压，不能直接使用。

3. 滤波电路

滤波电路的作用是利用储能元件，尽量将脉动直流电压的脉动成分滤掉，使直流电压波形更加平滑。这种电压已经可以供要求不高的电子装置使用。但是其质量并不高，一方面仍有小的脉动，另一方面该电压会随电网电压和负载的变化而波动，稳定性较差。

4. 稳压电路

稳压电路的作用是采取某些措施，在电网电压或负载电流的规定变化范围内使输出的直流电压保持稳定。好的稳压电路还会在负载发生故障时限制输出电流，以保护负载和电源。

下面介绍各部分具体电路和工作原理。

9.2 整流电路

二极管具有单向导电能力，是常用的整流器件(大功率可调输出的整流电路可用晶闸管)。在小功率整流电路中经常采用半波整流电路、全波整流电路和桥式全波整流电路。

9.2.1 半波整流电路

图 9-2 是一个简单的半波整流电路和输入输出电压波形。

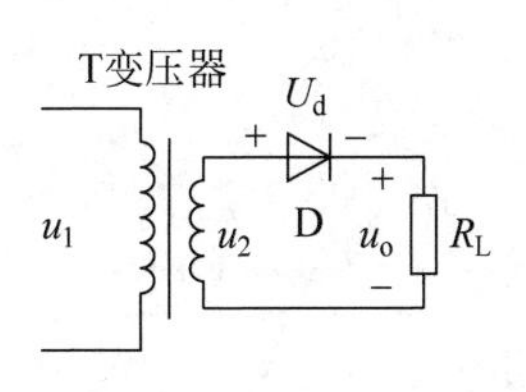

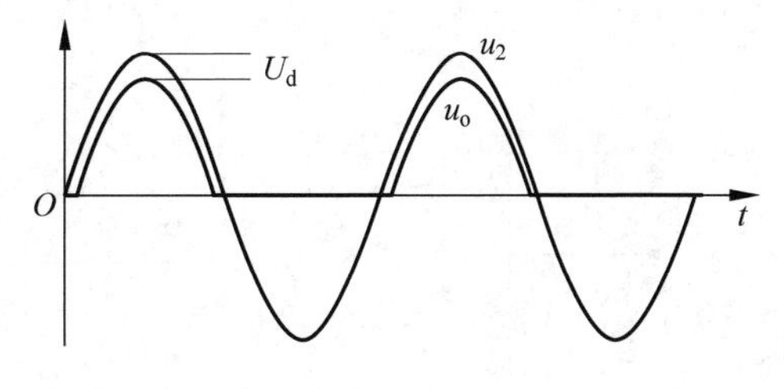

图 9-2　半波整流电路和波形

在 u_2 正半周二极管导通，输出电压 u_o，由于存在二极管导通电压(硅管 $U_d \approx 0.7\text{V}$)，输出电压降低 U_d。如果不计 U_d，则 $u_o = u_2$。

在 u_2 负半周二极管反向截止，没有电流流过负载，$u_o = 0$。

输出电压只包含 u_2 的正半周(如果 D 反接，输出电压只包含负半周)，因此称为半波整流。设 $u_2 = \sqrt{2} V_2 \sin\omega t$，忽略 U_d，定义输出直流电压 $\bar{V}_o$ 为 u_o 在一个周期内的平均值

$$\bar{V}_o = \frac{1}{T}\int_0^{T/2} u_2 \mathrm{d}t = \frac{\sqrt{2}}{\pi} V_2 \approx 0.45 V_2 \tag{9-1}$$

即输出直流电压为变压器二次电压有效值的 45%。

定义脉动系数 S 为输出电压波形中交流分量的基波电压峰值 V_p 与 $\bar{V}_o$ 之比。半波整流波形的基波电压与电网电压同频率，V_p 可由傅里叶变换得出，即

$$V_p = \sqrt{a_1^2 + b_1^2} = \frac{2}{T}\sqrt{\left(\int_0^{T/2} u_2 \cos\omega t \cdot \mathrm{d}t\right)^2 + \left(\int_0^{T/2} u_2 \sin\omega t \cdot \mathrm{d}t\right)^2} = \frac{V_2}{\sqrt{2}}$$

因此

$$S = \frac{V_p}{\bar{V}_o} = \frac{\pi}{2} \times 100\% \approx 157\% \tag{9-2}$$

可见，半波整流电路的脉动系数很大。

二极管平均正向电流与负载平均电流相等，即

$$\bar{I}_d = \frac{\bar{V}_o}{R_L} = \frac{0.45 V_2}{R_L} \tag{9-3}$$

二极管的最大反向耐压为 u_2 的峰值，即

$$V_{RM} = \sqrt{2} V_2 \tag{9-4}$$

式(9-3)和式(9-4)式是整流二极管的选型依据，一般应保留一倍以上的余量。

半波整流电路简单，但输出电压平均值低、脉动大，且直流电流流过变压器线圈容易造成变压器饱和，不能发挥变压器的额定功率。所以只能用在输出功率较小、负载要求不高的场合。

9.2.2 全波整流电路

图 9-3 是一个全波整流电路和输入输出电压波形。

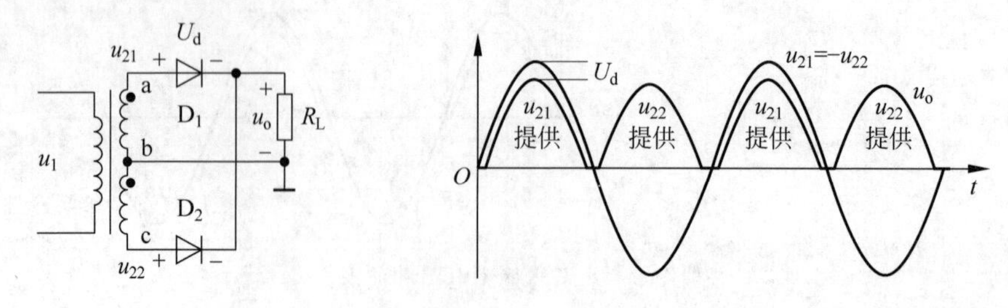

图 9-3 全波整流电路和输入输出电压波形

该电路实际上将两个半波整流电路组合到一起。二次绕组标有“·”的是同名端，两个二次绕组的该端相位相同。正半周 a(+)b(−)或 b(+)c(−)，此时电流 a→D_1→R_L→b，D_2 截止。负半周 c(+)b(−)或 b(+)a(−)，此时电流 c→D_2→R_L→b，D_1 截止。如果考虑二极管的导通电压，输出电压将降低 U_d。

电路在正负半周都能产生输出直流电压，故称为全波整流。设两个二次绕组电压幅值相等(相位相反)，即 $u_{21}=-u_{22}=\sqrt{2}V_2\sin\omega t$，忽略 U_d，则输出直流电压为

$$\bar{V}_o=\frac{1}{T}\int_0^T|u_{21}|\,\mathrm{d}t=\frac{2\sqrt{2}}{\pi}V_2\approx 0.9V_2 \tag{9-5}$$

即输出直流电压为变压器二次单个绕组有效值电压的 90%。

输出电压波形中已经不存在与电网电压同频的交流分量，存在的基波频率为 2ω，峰值为

$$V_p=\sqrt{a_1^2+b_1^2}=\frac{2}{T}\sqrt{\left(\int_0^T|u_{21}|\cos 2\omega t\cdot\mathrm{d}t\right)^2+\left(\int_0^T|u_{21}|\sin 2\omega t\cdot\mathrm{d}t\right)^2}$$

$$=\frac{4\sqrt{2}}{3\pi}V_2$$

因此脉动系数为

$$S=\frac{V_p}{\bar{V}_o}=\frac{2}{3}\times 100\%\approx 67\% \tag{9-6}$$

二极管平均正向电流是负载平均电流的一半，即

$$\bar{I}_d=\frac{\bar{V}_o}{2R_L}=\frac{0.9V_2}{2R_L}=0.45\frac{V_2}{R_L} \tag{9-7}$$

二极管的最大反向耐压为

$$V_{RM}=2\sqrt{2}V_2 \tag{9-8}$$

比半波整流的都大一倍，二极管选择一般应保留一倍以上的余量。

该电路存在的主要问题是变压器需要两个二次绕组，它们又是轮流工作，变压器利用率低，一般工频整流电路并不常用。该电路的好处是输出电流只经过一个二极管，因此二极管的损耗低。

9.2.3　桥式全波整流电路

图 9-4 是一个桥式全波整流电路和输入输出电压波形，应注意波形中输入输出电压的参考点是不同的，画到一起以便于观察。

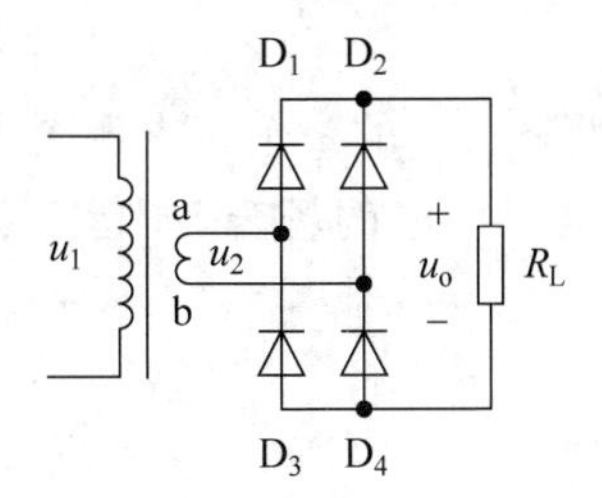

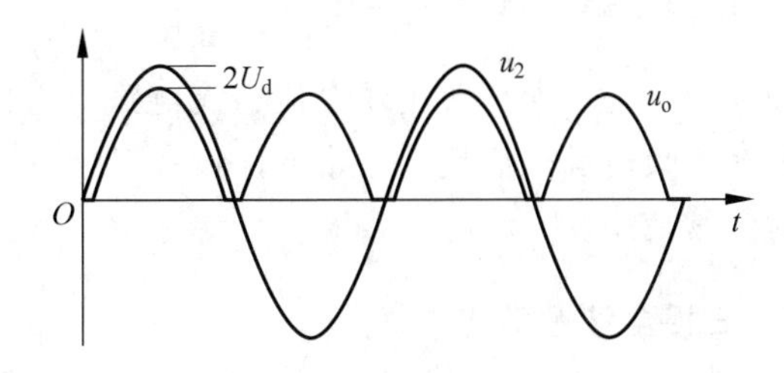

图 9-4　桥式全波整流电路和输入输出电压波形

正半周 a(+)b(−),此时电流 a→D_1→R_L→D_4→b,D_2、D_3 截止。负半周 b(+)a(−),此时电流 b→D_2→R_L→D_3→a,D_1、D_4 截止。可见输出电压降低两个二极管的导通电压。每个二极管只承担输出电流的一半,反向耐压为 u_2 的峰值为$\sqrt{2}V_2$。

桥式电路可以用 4 个独立的二极管组成,也可将 4 个二极管封装到一起,称为全桥。市场上有各种规格、外形的全桥供选用。全桥引出 4 只引脚:两个交流输入不分极性,一个正极和一个负极。图 9-5 是全桥整流电路和一种外形。

桥式全波整流电路是最常用的单相全波整流电路。

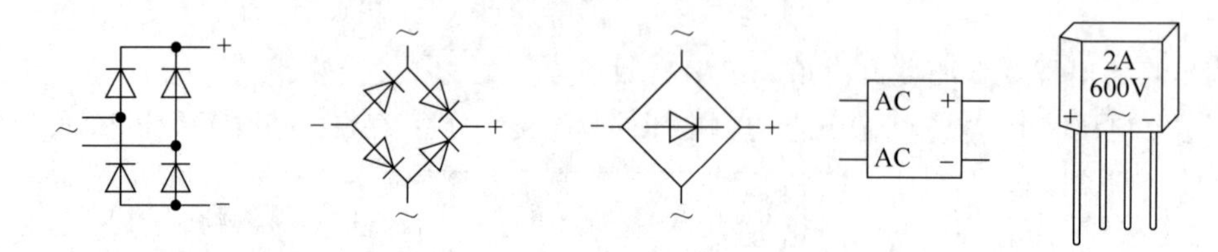

图 9-5 全桥整流电路和一种外形

9.2.4 其他整流电路

1. 正负电源半波整流电路

图 9-6(a)是一个正负电源半波整流电路。它相当于将一个正电源半波整流电路和一个负电源半波整流电路组合到一起,R_{L1} 得到正半周电压,R_{L2} 得到负半周电压,其原理不难分析。该电路较简单,可用于小功率场合。

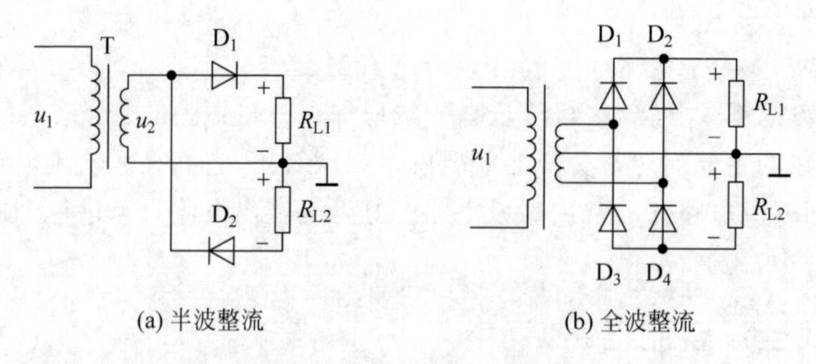

(a) 半波整流 (b) 全波整流

图 9-6 正负电源整流电路

2. 正负电源全波整流电路

图 9-6(b)是一个正负电源全波整流电路。它相当于将图 9-3 的一个正电源全波整流电路和一个负电源全波整流电路组合到一起。在需要双电源供电的场合,如运算放大器供电时经常使用。

3. 三相全波整流电路

图 9-7 是三相全波整流电路和输入输出波形。忽略二极管导通电压,由二极管的单

向导电性可知，输出直流电压瞬时值等于三相输入电压之间的最大瞬时电压差，由此可以画出输出电压波形。

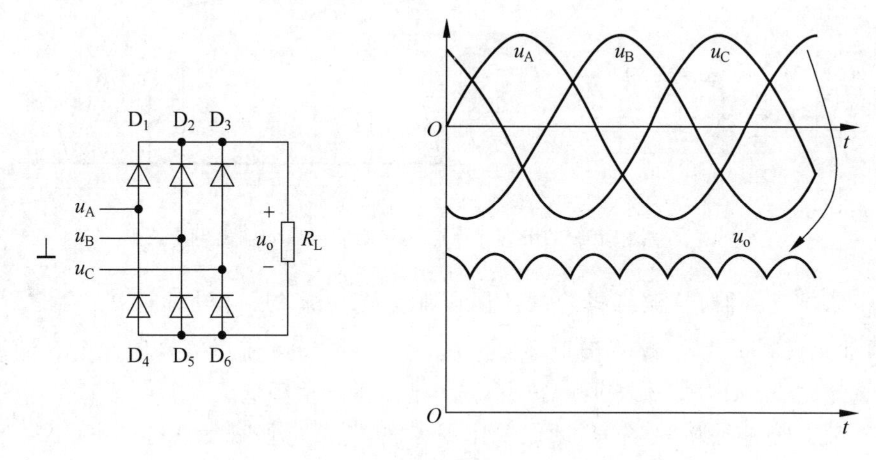

图 9-7　三相全波整流电路和输入输出波形

可见，三相整流的直流电压较高，脉动系数较小，电压比较平滑。这种电路最常用于大功率电动机调速 PWM 放大器的电源，直接输入 380V 三相交流电压。有包含 6 个二极管的三相整流模块可直接使用。大功率时整流模块必须安装散热器。

9.3　滤波电路

整流电路将交流电压/电流变为单方向的电压/电流，但这样的直流都含有较大的脉动成分，从输出波形看甚至有些时间电压为 0。除少数特殊的场合外，大都需要采取滤波措施，降低输出电压的脉动成分，得到尽可能平滑的直流电。滤波电路的思路是整流电压较高时用储能元件储存一部分能量，当整流电压较低甚至消失时，储能元件可向负载维持供电，直到下一次整流电压再度出现。因此，基本滤波元件是电容或电感。中小功率电源较多采用电容滤波，高频电路也经常与电容配合使用小型电感。除非输出电流很大，否则低频滤波较少使用笨重的电感。下面介绍几种常用的滤波电路。

9.3.1　电容滤波电路

图 9-8 是全波整流后的电容滤波电路和滤波前后的输出电压波形。这种滤波电路的特点是在整流电路后的输出电压两端并联滤波电容 C。通过电容充放电平滑输出电压。

u_R 是未经过滤波的全波整流电压波形，在充电段 u_R 超过电容电压 u_o，对负载供电的同时对 C 补充电量；在放电段 u_R 低于电容电压 u_o，依靠电容放电维持负载供电，此时 u_R 未输出任何能量。可见整流电路只在充电段提供能量，输出电流为 i_R。

问题说明：①电容容量越大，放电段的电压降低 Δu 越小，有利于得到更加平滑的输出电压。同时充电段时间（称为导通角）变得更短，同样充电量需要更大的充电电流，i_R 波形更窄、峰值更大，这对变压器、整流二极管和 u_1 的波形质量会有不好的影响。②在

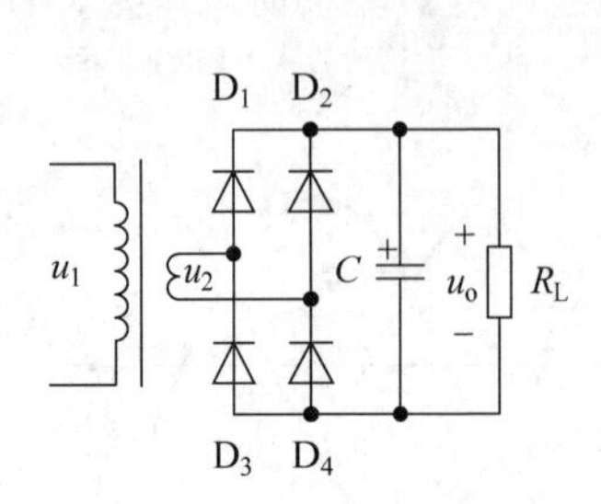

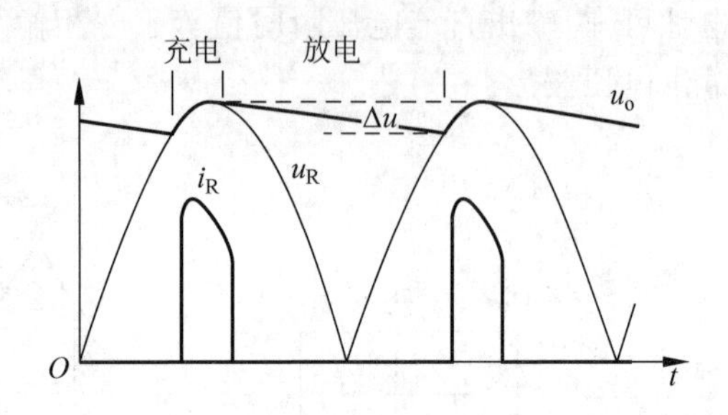

图 9-8 全波整流后的电容滤波电路和滤波前后的输出电压波形

充电段是依靠变压器、整流二极管的内阻限制充电电流的，这段时间 u_R 会有所降低。③显然，如果没有负载，忽略二极管导通电压，u_o 是 u_2 的峰值$\sqrt{2}u_2$，因此电容滤波提高了输出直流电压。④随负载电阻的减小，输出电压平均值降低。

设工频电压周期为 T，将 u_o 近似看作锯齿波，将放电段视为线性的，则 $\Delta uC=It\approx\dfrac{\sqrt{2}u_2}{R_L}\dfrac{T}{2}$，而 $\bar{u}_o=\sqrt{2}u_2-\dfrac{\Delta u}{2}=\sqrt{2}u_2\left(1-\dfrac{T}{4R_LC}\right)$。视 Δu 的一半为交流波动的基波峰值，因此脉动系数 $S=\dfrac{\Delta u}{2\bar{u}_o}=\dfrac{1}{\dfrac{4R_LC}{T}-1}$，习惯上选取 $R_LC\geqslant(3\sim5)\dfrac{T}{2}$，因此 $\bar{u}_o\approx1.2u_2$，$S\approx15\%$。

一个实际电路中，R_L 和 u_1 都是变化的，可以进行如下选择：①以最小的 R_L 和最大允许脉动系数选择滤波电容的容量。②以 u_1 和 $\bar{u}_o$ 的最小允许值选择变压器电压比。③以最大 u_1 和最小 R_L 选择整流桥电流、变压器功率。④以最大 u_1 选择整流桥和滤波电容的耐压。

一般整流桥的电流电压可选择留出1倍以上的余量，滤波电容耐压可留出0.5倍以上的余量。滤波电容容量可适当加大，变压器也应适当留出余量。

这种电容滤波电路是最基本和最常用的滤波电路。一般采用防爆结构的铝电解电容器，滤波电容体积比较大，使用时极性不能接反。

例 9-1 图 9-8 中 R_L 是一个线性稳压器，按 500mA 恒流耗电，稳压器要求最低电压为 7.5V，最高电压为 16V，$C=2200\mu F$，电网频率为 50Hz，求 u_2 的范围，选择整流桥、电容耐压和变压器。

解：(1) 50Hz 时 $T=20ms$，C 以 500mA 放电 10ms 允许达到 $V_{omin}=7.5V$，因此 C 至少应充电到

$$V=V_{omin}+\Delta u=V_{omin}+\frac{IT}{2C}=7.5V+\frac{0.5\times20\times10^{-3}}{2\times2200\times10^{-6}}V\approx9.8V$$

因此，C 的最大电压范围为 9.8～16V，考虑到整流桥有 1.4V 的压降，u_2 的峰值范围应为 11.2～17.4V，在正弦波情况下，u_2 的有效值范围为 7.9～12.3V。

(2) 市场上整流桥的最低电压为 100V，可选择 2A/100V 的整流桥。

(3) 按市场出售电容的电压系列，可使用 2200μF/25V 的铝电解电容器。

(4) 负载最大消耗功率为 16V×500mA＝8W，可使用 10W/10V 的变压器，允许电网电压 220(1±20%)V，其二次电压范围是 10(1±20%)V 为 8～12V，能满足要求。

9.3.2　其他滤波电路

1. 电感滤波电路

电感具有阻止电流变化的特点，在整流电路的负载回路中串联一个电感 L，如图 9-9(a)所示，即构成桥式整流电感滤波电路。由于电感电流不能突变，整流电压快速增加时，流过电感的电流不能快速增加；整流电压快速降低时，电感电流不能快速降低。这时电感电流会通过整流电路续流，该电流沿负载电流方向流动，对整流电路来说等效电阻为 0(忽略二极管导通电压，u_2 为无阻抗电压源)，不会引起附加电压。因此该电路电感前面仍为全波整流的电压波形。

与电容滤波相比有如下特点。

(1) L 只对交流成分有阻抗，R_L 上直流电压就是全波整流的平均电压 $\bar{u}_o = 0.9V_2$。理想情况下该电压不随负载变化，相比之下电容滤波输出电压较高，且随负载电流增加，输出电压降低。

(2) 全波整流波形中的各次交流谐波按比例 $\dfrac{R_L}{R_L + j\omega L}$ 衰减，L 越大滤波效果越好。

(3) 整流二极管没有冲击电流。

图 9-9(b)所示为 LC 滤波，电容的作用是为了进一步减少 R_L 上的电压波动，使波形更加平滑。如果与 R_L 相比感抗太小，这个电路与单纯的电容滤波没有区别。习惯上感抗应大于 $R_L/3$，可以增大整流管的导通角。

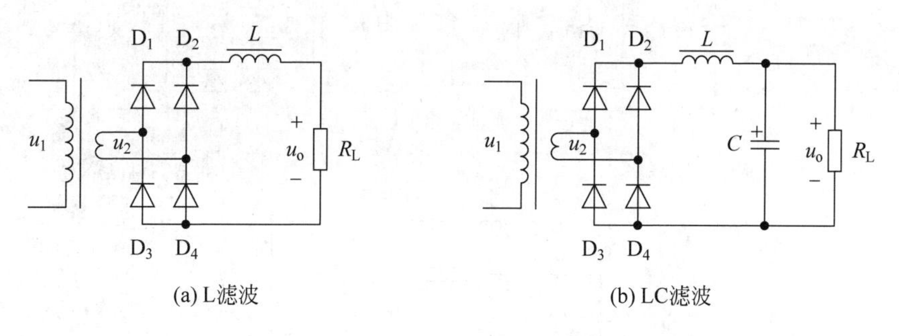

图 9-9　桥式整流电感滤波电路

电感滤波的缺点：要在工频下达到较好的滤波效果，有较大的电感量和电流容量，这样的电感十分笨重。因此，工频电感滤波只用于一些大功率场合，中小功率仍采用电容滤波。

2. π 型滤波

在电容滤波基础上再加上一级 LC 滤波器构成 LC-π 型滤波器，如图 9-10(a)所示。可以看出，由于 C_1 的存在，整流电路对 C_1 仍是脉冲型供电，C_1 两端电压波形与单纯电容滤波的相似。后面的 LC 滤波器进一步减小 R_L 的电压波动，使波形更加平滑。从低频滤波角度，仍然需要比较大的电感 L。这种电感的直流电阻不能大，否则会在电感上产生明显的直流压降。

很多电源采用这种电路并不是从低频滤波的角度考虑的，而主要是为了过滤掉高频干扰，如开关电源的输出大都采用 LC-π 型滤波器。一般使用微亨或毫亨级的小型铁氧体磁心电感。

电源本身可能产生高频干扰，一些短而强的脉冲会从电网上通过杂散电容直接进入电路，而且有的负载本身就是一个高频干扰源。在每一部分负载之前设置这种高频 LC 滤波器，可以有效阻断电源和各个负载之间的高频通路，提高电路工作的可靠性。

与 C_2 并联的 C_3 电容量很小，这种用法看似奇怪但经常使用。其作用如下：C_2 这种大容量电容的等效电感比较大，虽然低频滤波效果好但高频滤波效果不理想，而 C_3 这种小容量电容的等效电感很小，虽然低频滤波效果不好但高频滤波效果好，两者并联可兼顾高/低频的滤波效果。

在电容滤波基础上再加上一级 RC 滤波器构成 RC-π 型滤波器，如图 9-10(b)所示。电流较大时 R 会产生大的电压降，因此这种电路的输出电流能力较弱，很少作为电源使用。图 9-10(c)是改进后的 RC-π 型滤波电路，它将滤波后的电压驱动晶体管的基极，真正的电源由晶体管的发射极输出。按射极跟随器的特点，发射极的交流电压基本等于基极的交流电压，保证了滤波效果；发射极的电流比基极的电流增大了 β 倍，增大了输出电流的能力。该电路称为有源滤波电路。

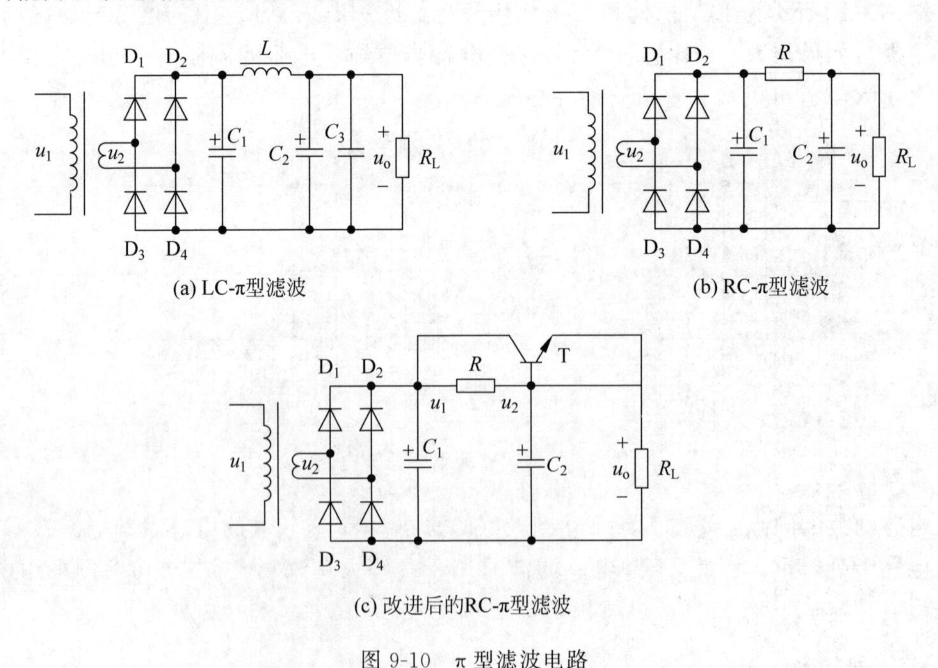

(a) LC-π型滤波

(b) RC-π型滤波

(c) 改进后的RC-π型滤波

图 9-10 π 型滤波电路

例 9-2 图 9-10(c)中 $u_2=10\text{V}$，$T=20\text{ms}$，$C_1=470\mu\text{F}$，$C_2=100\mu\text{F}$，$R=1\text{k}\Omega$，$R_L=100\Omega$，$\beta=100$，各 PN 结导通电压为 0.7V。求输出电压和脉动系数。

解：负载电流 $I_L=u_o/R_L$，u_1 为 R 上的电压、晶体管 be 结导通电压和 u_o 之和为 $\bar{u}_1=\frac{\bar{u}_o}{(1+\beta)R_L}R+0.7V+\bar{u}_o$，电压降低 $2\Delta u_1=\frac{\bar{u}_oT}{2C_1R_L}$。$C_1$ 充电电压峰值为 $u_{1p}=\sqrt{2}u_2-1.4V=12.74V=\bar{u}_1+\Delta u_1$，得到 $\bar{u}_o=9.99V$ 和 $\Delta u_1=1.06V$（由 u_1 的下限为 $u_{1p}-2\Delta u_1=10.62V$ 可知晶体管在该电压下接近饱和，但仍处在放大区，能实现有源滤波的作用）。视 Δu_1 为交流脉动电压的基波峰值，周期为 10ms，C_2 的容抗为 16Ω，远小于 R 和 R_L 折算到基极的电阻，因此基极（即发射极）的脉动电压峰值为 C_2 与 R 的分压值 $\Delta u_2=\frac{Z_C}{R}\Delta u_1=0.017V$，脉动系数 $S=\frac{\Delta u_2}{\bar{u}_o}=0.17\%$。可见滤波效果十分明显。

9.3.3　倍压整流电路

倍压整流电路可以将一个低的交流电压整流成高的直流电压。如直流高压发生器的电压很高，由于绝缘无法解决，已经不能单纯依靠提高变压器电压比来提升二次绕组电压了，因而大都采用倍压整流电路。

倍压整流电路是依靠整流二极管与滤波电容配合工作的。视二极管为理想的，如图 9-11(a)所示是一个 2 倍压整流电路。①u_2 的负半周 D_1 导通，C_1 被充电到峰值电压 $\sqrt{2}V_2$。②u_2 的正半周 C_1 右端电压上升到 $2\sqrt{2}V_2$，此电压只能通过 D_2 向 C_2 充电，因此 $\bar{u}_o=2\sqrt{2}V_2$，即输出电压是 2 倍 u_2 峰值电压。

由于这种电路通过多个电容传递电荷，输出负载能力较弱，不适合输出大电流。显然高频情况其电荷传输效率高，因此这种电路多用于频率为千赫兹级的交流倍压整流。

图 9-11(b)是一个 N 倍压整流电路，其原理不难分析。

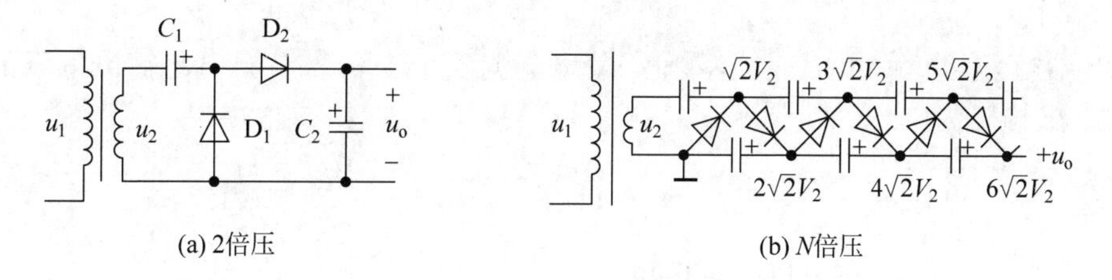

图 9-11　倍压整流电路

例 9-3　电路只有一个 12V 直流电源，其他电路还需要一个约 +22V 和一个约 −10V 的小电流电源，设计一个电路产生这两个电源。

解：由 2 倍压整流电路可知，输出电压为 u_2 的峰峰值减掉两个二极管的导通电压 1.4V，如果能产生一个峰峰值为 11.4V 的交流电压，则可以得到 10V 的倍压整流电压，该电压叠加到 12V 电源上可得到 +22V 电压。该交流电压还可以产生一个 −10V 的倍压整流电压，叠加在地电位上可产生 −10V 的电压。该振荡器的频率不需要很稳定，可以用 12V 供电的 CMOS 施密特反相器产生，如图 6-33(b)，它的低电平输出电压可达 0.3V，高电平输出电压可达 11.7V，因此振荡波形的峰峰值为 11.4V。电路和元件参考取值如图 9-12 所示，振荡频率约为 200kHz，输出电流约为 1mA。

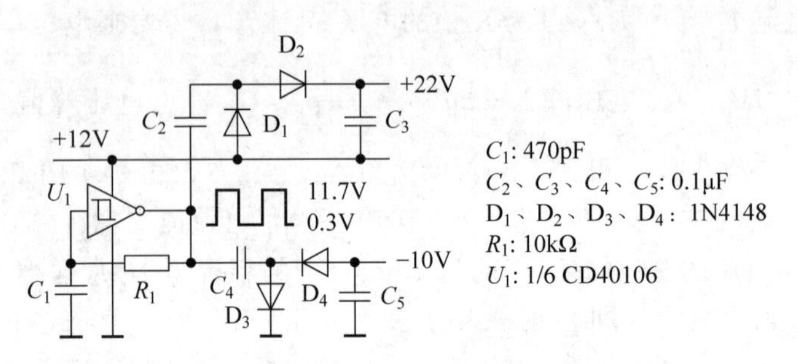

图 9-12 例 9-3 电路

CD40106 为 6 施密特反相器,电路使用了其中的一个单元;1N4148 是开关二极管,响应速度很快,约 4ns。如果希望提高输出电流,需要提高 U_1 的驱动能力,并适当增大 C_2、C_3、C_4、C_5 的电容量。

9.4 稳压电路

整流滤波后能得到比较平滑的直流电,但是受负载电流变化和电网电压变化的影响,这种直流电并不稳定。为了提供数值准确、稳定的直流电,在一定范围内不受负载和电网电压的影响,需要在整流滤波电路的后面加上稳压电路。

9.4.1 稳压电路的主要指标

1. 稳压电路的主要指标

1) 内阻 r_0

保持稳压电路输入电压 u_i 不变时,输出电流发生变化 Δi_o 会引起输出电压的变化 Δu_o。定义内阻为

$$r_o = \frac{\Delta u_o}{\Delta i_o}\bigg|_{u_i=\text{常数}} \tag{9-9}$$

r_o 越小,输出电压随负载电流的变化越小。

2) 稳压系数 S_r

保持输出电流 i_o 不变时,稳压电路的输入电压的相对变化 $\Delta u_i/u_i$ 会引起输出电压发生相对变化 $\Delta u_o/u_o$。定义稳压系数为

$$S_r = \frac{\dfrac{\Delta u_o}{u_o}}{\dfrac{\Delta u_i}{u_i}}\Bigg|_{i_o=\text{常数}} = \frac{\Delta u_o}{\Delta u_i}\frac{u_i}{u_o}\Bigg|_{i_o=\text{常数}} \tag{9-10}$$

S_r 越小,输入电压变化对输出电压的影响就越小。

2. 其他指标

电压调整率:输入交流电压 u_2 变化 10%,引起输出电压的相对变化。

电流调整率：输出电流从0变化到最大，引起输出电压的相对变化。

电压降：稳压电路最低允许输入电压与输出电压之差。

波纹电压：输出电压中交流成分的有效值(或峰峰值)。

温度系数：温度每变化1℃，引起输出电压的相对变化。

噪声电压：输出电压中无规则波动的电压。

3. 保护性能

输出短路保护：由保护电路限制最大输出电流，防止短路状态下损坏电源和负载。

热保护：稳压电路的关键器件温度过高时，自动关闭输出。

9.4.2 稳压管稳压电路

稳压二极管 D_Z 的反向伏安特性曲线如图9-13(a)所示。可见反向击穿后，在一定的电流范围内稳压管两端电压 V_Z 很稳定，表现为其动态电阻 $r_Z=\Delta V_Z/\Delta I_Z$ 较小，可以利用这个特点稳压。图9-13(b)为稳压管稳压电路，稳压管反向击穿后只能限制电压，不能自身限制电流，因此需要外接限流电阻 R。工作原理如下所述。

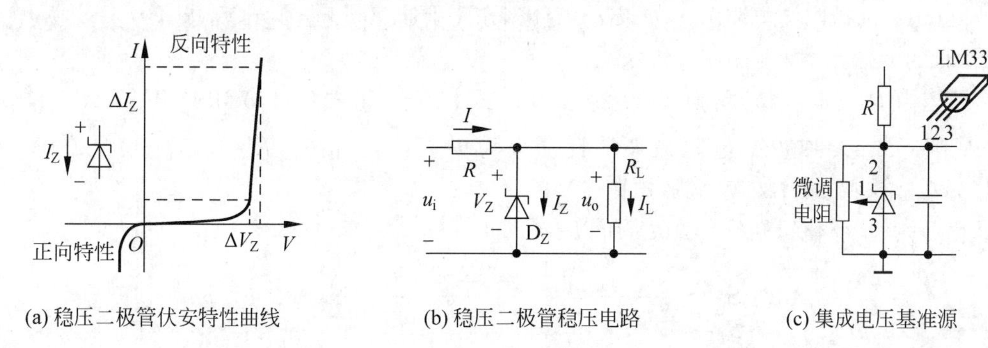

(a) 稳压二极管伏安特性曲线　(b) 稳压二极管稳压电路　(c) 集成电压基准源

图9-13　稳压二极管稳压电路

(1) $u_i<\left(1+\dfrac{R}{R_L}\right)V_Z$ 时，u_o 达不到 V_Z，稳压管不击穿，$u_o=\dfrac{R_L}{R+R_L}u_i$。

(2) $u_i>\left(1+\dfrac{R}{R_L}\right)V_Z$ 时，若没有 D_Z 则 u_o 会超过 V_Z，因此稳压管击穿，$u_o=V_Z$。此时稳压管的电流和功耗可计算如下。

总输入电流为 $I=\dfrac{u_i-V_Z}{R}$；负载电流为 $I_L=\dfrac{V_Z}{R_L}$；稳压管电流为 $I_Z=I-I_L$；稳压管耗散功率为 $P_Z=I_ZV_Z$。

一般要求流过稳压管的电流为 $I_{Zmin}\leqslant I_Z\leqslant I_{Zmax}$ 时才能取得良好的稳压效果，如果 I_Z 太小会降低输出电压增大动态电阻，如果 I_Z 太大会因稳压管功耗太大而烧坏。因为输入电压和负载电流都有一个变化范围：$u_{imin}\leqslant u_i\leqslant u_{imax}$，$I_{Lmin}\leqslant I_L\leqslant I_{Lmax}$，只有合理选择限流电阻 R 才有可能同时满足这3个条件。选择原则如下：

(1) 在 u_{imin} 和 I_{Lmax} 时，I_Z 不能小于 I_{Zmin}，即 $\dfrac{u_{imin}-V_Z}{R}-I_{Lmax}\geqslant I_{Zmin}$，或者

$$R \leqslant \frac{u_{\text{imin}} - V_Z}{I_{\text{Zmin}} + I_{\text{Lmax}}} \tag{9-11}$$

(2) 在 u_{imax} 和 I_{Lmin} 时，I_Z 不能大于 I_{Zmax}，即$\dfrac{u_{\text{imax}} - V_Z}{R} - I_{\text{Lmin}} \leqslant I_{\text{Zmax}}$，或者

$$R \geqslant \frac{u_{\text{imax}} - V_Z}{I_{\text{Zmax}} + I_{\text{Lmin}}} \tag{9-12}$$

如果 R 不能同时满足以上两式，说明给定的电路设计指标有误，需要修改。

实际上并不用这种电路直接输出大电流，因为 D_Z 和 R 功率有限制，而且电路的总耗电与负载无关，不能节省能源。这个电路的真正作用是为其他电路提供基准电压，其负载电流很小($I_{\text{Lmin}} = I_{\text{Lmax}} = 0$)，这时稳压管稳压电路的设计就更加简单。

作为基准电压，最重要的指标是温度系数，其次才是动态电阻等指标。这方面可以使用性能更好的集成化的基准电压源。以 LM336-5.0V 为例，如图 9-13(c)所示，其用法同稳压管，输出电压为 5V，外接电位器可在 4～6V 调整电压，温度系数小于 20ppm/℃，动态电阻为 0.6Ω，工作电流为 0.6～10mA。

例 9-4 图 9-13(b)中，I_Z 范围为 5～40mA，$V_Z = 6\text{V}$，u_i 范围为 12～15V，R_L 范围为 300～600Ω，选择限流电阻 R。如果 I_Z 变化 1mA 引起 V_Z 变化 10mV，求 $u_i = 12\text{V}$，$R_L = 600\Omega$ 时的稳压系数和输出电阻。

解：由 R_L 知 I_L 范围为 10～20mA，按式(9-11)和式(9-12)可求出 $180\Omega \leqslant R \leqslant 240\Omega$，因此取 $R = 200\Omega$，电阻最大消耗功率为 $P = (u_i - u_o)^2/R = (15-6)^2/200\text{W} = 0.405\text{W}$，故选用 200Ω/1W 碳膜电阻。

由 I_Z、V_Z 变化可知 $r_Z = 10\Omega$，所以

$$S_r = \frac{\Delta u_o}{\Delta u_i} \frac{u_i}{u_o} = \frac{r_Z // R_L}{r_Z // R_L + R} \frac{u_i}{u_o} = 9.4\%$$

$$r_o = r_Z // R = 9.5\Omega$$

9.4.3 串联型稳压电路

针对稳压管电路的缺点，可采用串联型稳压电路。图 9-14(a)所示是一个正电位串联稳压电路的原理框图。它由调整管 T、误差放大器 A、基准电压 V_{ref} 和采样电路 R_1/R_2 四部分组成。

它们组成电压串联负反馈电路。调节过程：$u_o \uparrow \rightarrow V_{i-} = \dfrac{R_2}{R_1 + R_2} u_o \uparrow \rightarrow V_b = V_o \downarrow \rightarrow u_o = V_e = V_b - 0.7\text{V} \downarrow$。不难证明，深度负反馈情况下输出电压为

$$u_o = \left(1 + \frac{R_1}{R_2}\right) V_{\text{ref}} \tag{9-13}$$

输出电阻为 0。这相当于一个只有单方向输出电流能力的放大器。

电路的特点：①输入电流与输出电流基本相等，不需要像稳压管电路一样将负载多余的电流消耗在稳压管上，而且误差放大器、采样电路和基准电压的耗电可以做得很小，因此效率大大提高。②调整管只需要很小的基极电流便可以输出很大的负载电流，没有

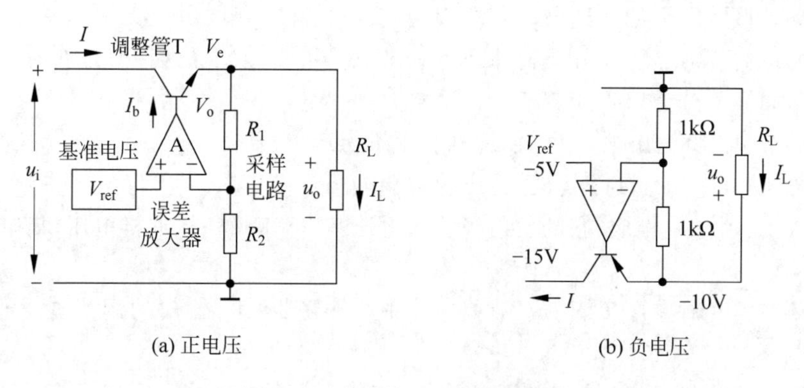

图 9-14　串联稳压电路原理框图

稳压管电路的限制。③只要调整 R_1/R_2 便能很方便地调整输出电压。

图 9-14(b)是输出−10V 的负电压串联稳压电路的原理框图。其原理不难分析。

这种电路实际上是将输入电压的多余部分降在调整管上，消耗功率为$(u_i-u_o)I_L$，并引起调整管发热，这也是这种线性稳压电路先天的缺点。当然，为了稳压，输入电压必须大于输出电压。

例 9-5　图 9-15 是一个简易分离元件串联稳压电路，u_i 最高可输入 18V 电压。

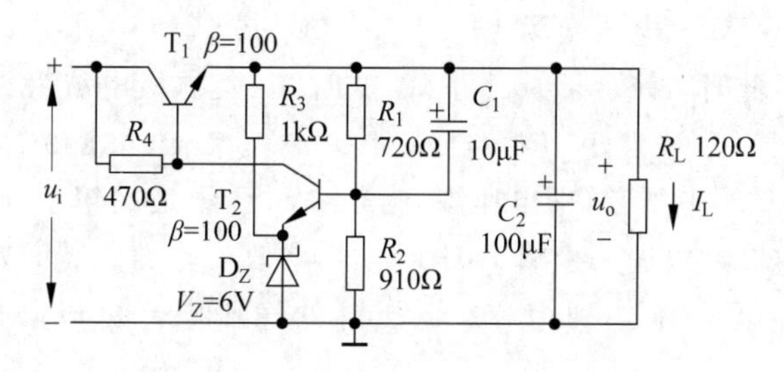

图 9-15　简易分离元件串联稳压电路

(1) 说明电路工作原理。

(2) 计算输出电压。

(3) 计算最低输入电压。

(4) 计算调整管的最大功耗。

解：(1) 电路工作原理。

假设因负载电流减小(或输入电压升高)导致输出电压 u_o 增加时，经 R_1、R_2 分压，使 T_2 的基极电位 U_{B2} 升高。由于 T_2 的发射极电位 U_{E2} 因稳压管稳压而基本不变，T_2 的发射结电压 $U_{BE2}=U_{B2}-U_{E2}$ 势必升高。该电压经 T_2 管放大引起 I_{C2} 增加和 U_{C2} 降低。由于 $U_{C2}=U_{B1}$，T_1 的 $U_{BE1}=U_{B1}-U_{E1}=U_{C2}-U_o$ 下降，I_{B1} 减小，使 U_{CE1} 增大，从而使输出电压减小，保持输出电压 U_o 基本不变。以上过程可以表示为

$$U_o\uparrow \to U_{B2}\uparrow \to I_{C2}\uparrow \to U_{C2}=U_{B1}\downarrow \to I_{B1}\downarrow \to I_{C1}\downarrow \to U_{CE1}\uparrow \to U_o\downarrow$$

同理，若负载电流增大(或输入电压降低)，电路会以相反的方向调整，使 U_o 基本保持不变。

C_1 的作用是将 u_o 的快速波动直接作用到 T_2 基极，利用负反馈快速调节 u_o。负载还会引起 u_o 的高频波动，稳压电路来不及调节，C_2 可直接滤除这种高频波动。

该电路同样可分为以下 4 部分。

取样环节：它将输出电压 U_o 的取样。由 R_1、R_2 分压器组成。

基准电压：它由 R_3、D_Z 构成，稳压管两端电压是稳定的。

误差放大：由 T_2 构成，它的发射极输入电压基准，基极输入取样电压，集电极输出调整电压。

调整环节：由调整管 T_1 构成，它是一个射极跟随器，T_2 输出的调整电压通过 T_1 调整输出电压。

(2) 设 T_1、T_2 的 be 结导通电压 U_{be} 为 0.7V。线性放大时 $U_{B2}=V_Z+U_{be}$，该电压由 R_1、R_2 分压得到。忽略 T_2 基极电流，有 $U_{B2}=V_Z+U_{be}=\dfrac{R_2}{R_1+R_2}u_o$，因此

$$u_o=\left(1+\frac{R_1}{R_2}\right)(V_Z+U_{be})=12\text{V}$$

当然，可以估计一下 T_2 基极电流影响：$u_i=18$V 时，R_4 两端电压为 18V－12V－0.7V＝5.3V，流过 R_4 电流为 5.3V/470Ω＝11.3mA。忽略 R_3、R_1 的电流，T_1 基极需要负载电流/$(1+\beta)$＝1mA。T_2 集电极电流为 11.3mA－1mA＝10.3mA。T_2 基极电流为 10.3mA/β＝0.1mA。输出电压变为 12.07V，影响很小。

(3) 输入电压很低时，最终导致 u_o 下降，这时 T_2 集电极电流为 0，此时

$$u_{imin}=u_o+U_{be1}+I_{B1}R_4=12\text{V}+0.7\text{V}+1\text{mA}\times470\Omega=13.2\text{V}$$

可见，输入输出最小电压差(即电压降)为 1.2V，已经是比较小的了。低电压降得益于 R_4 选的较小。如果希望进一步减小该压降，需要改变电路结构，或者使用一个单独电源对 R_4 供电，使 T_1 可以工作到饱和。低压降的稳压电路可以降低 u_i，从而降低 T_1 发热。

可以看出，R_3 上端接 u_o 而不是 u_i，可以使 V_Z 更加稳定。对该电路，这种连接不影响电路在通电时能自动启动。

(4) T_1 输出的总电流为流过 R_3、R_1、R_L 电流总和 133mA，T_1 两端最大电压为 18V－12V＝6V，因此 T_1 最大功耗为 133mA×6V＝0.8W。这是选择 T_1 散热方式的依据。

稳压系数 S_r 和输出电阻 r_o 可根据电路的微变等效电路计算。

9.4.4 集成稳压器

随着集成电路技术的发展，稳压电路也迅速实现集成化。目前集成稳压器已经成为模拟集成电路的一个重要组成部分。各种型号的单片集成稳压电路目前已能大量生产。集成稳压器具有体积小、可靠性高以及温度特性好等优点，而且使用灵活、价格低廉，已经完全替代传统分离器件低功率稳压器，广泛应用于仪器、仪表及其他各种电子设备中。特别是三端集成稳压器，芯片只有 3 个引出端，分别接输入端、输出端和公共端，基本不需外接元件。内部有限流保护、过热保护和过电压电路，使用更加安全、方便。

三端集成稳压器可按以下情况分类。

(1) 固定电压和可调电压两类。固定电压的输出电压有一个序列,覆盖常用的电压范围,这种稳压器最为常用;可调电压的可外接分压电阻连续调节输出电压。

(2) 正电源和负电源两类。需要正负电源供电的电路需要同时使用这两种稳压器,相比之下,正电源稳压器用得最多。

(3) 标准型和低压降两类。通用型最小输入输出电压差稍大,低压降较小。

1. 三端集成稳压器的组成和工作原理

三端集成稳压器的一种电路结构如图9-16所示,可知它由启动电路、基准电源、放大电路、调整管、采样电路、保护电路组成。

当电网电压波动或负载变化使输出电压变化时,采样电路检测到变化,由放大器与基准电压进行比较放大,然后控制调整管上的压降,使输出电压趋于稳定。保护电路则是对电路进行限流保护、过热保护和输入过电压保护。启动电路的作用是在刚接通直流输入电压时,使调整管、放大电路和基准电源等建立起各自的工作电流,而当稳压电路正常工作后启动电路断开。

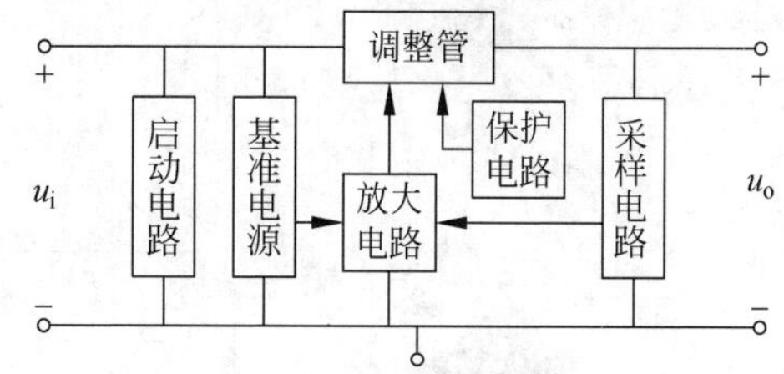

图9-16　三端集成稳压器原理框图

2. 三端集成稳压器的主要参数

(1) 固定正电压:78XX,XX表示输出电压,常用有5/6/8/9/10/12/15/18/24V。如KA7805A表示输出正5V电压,KA为厂家表示该器件的代码,后缀A表示器件的其他分类指标,如电压精度等。一般不同厂家的器件有互换性,如LM7805与KA7805或MC7805性能基本相同。详细指标可查阅厂家资料。

同一个输出电压下输出电流分为几个等级,如78L05为0.1A,78M05为0.5A,7805为1A,78T05为3A。

这些器件的电压降一般为2V,输入最大电压一般为30～40V。

(2) 固定负电压:79XX,其余与固定正电压稳压器相似。

(3) 可调电压:常用的可调正电压稳压器是317等器件,最大输入电压为40V,外接调整电位器,输出电压为1.2～37V,输出电流为0.1～3A,电压降为3V。

可调负电源稳压器可用337等器件。

(4) 低压差型:这类器件仍有固定/可调和正/负电压等种类。如KA78R05为1A/5V正电源稳压器,其中增加了一个程控引脚,可用软件控制启停电源。

几种三端集成稳压器的封装和电路如图9-17所示。当输入输出连线较长时,为使工作稳定,需要就近接C_i和C_o。输入电压较高或输出电流较大时,必须按其功率安装散热器。

3. 三端集成稳压器的应用

三端集成稳压器的使用十分方便。由于只有3个引出端,应用电路简单,可靠性高。

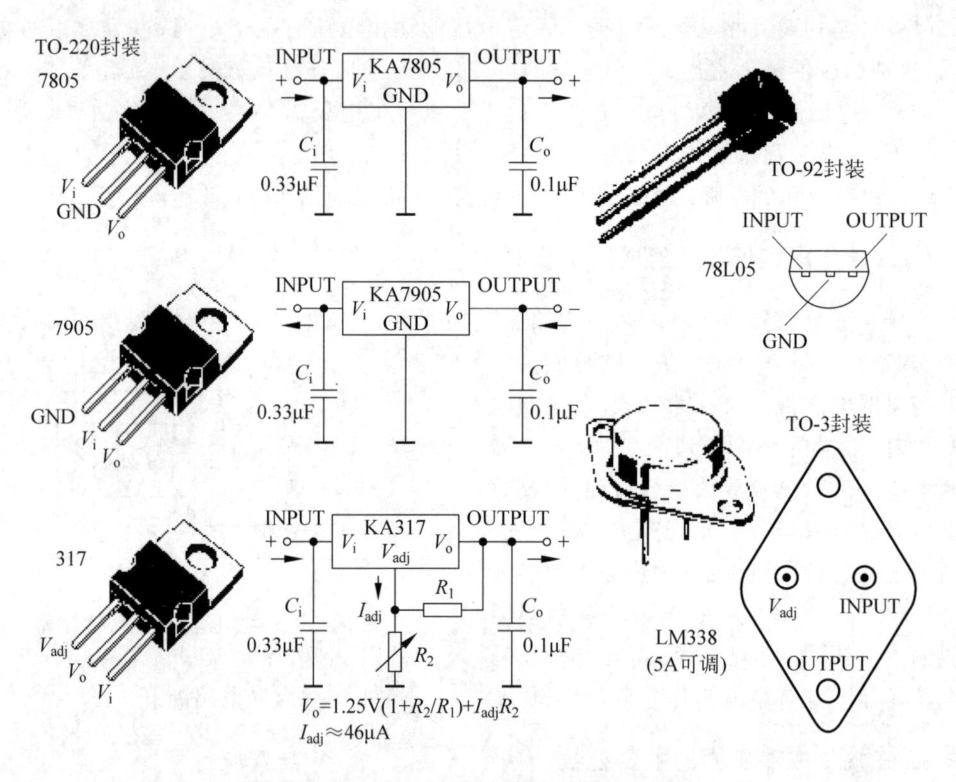

图 9-17 三端集成稳压器的封装和电路

图 9-18 是稳压电源的一种设计方案。

图 9-18(a)是一个+5V 电源。流过 GND 的静态电流很小(约为 5mA),滤波电路的负载电流即为设计输出电流 800mA,该电流下 10ms 内 C_1 电压下降约为 1.7V,7805 电

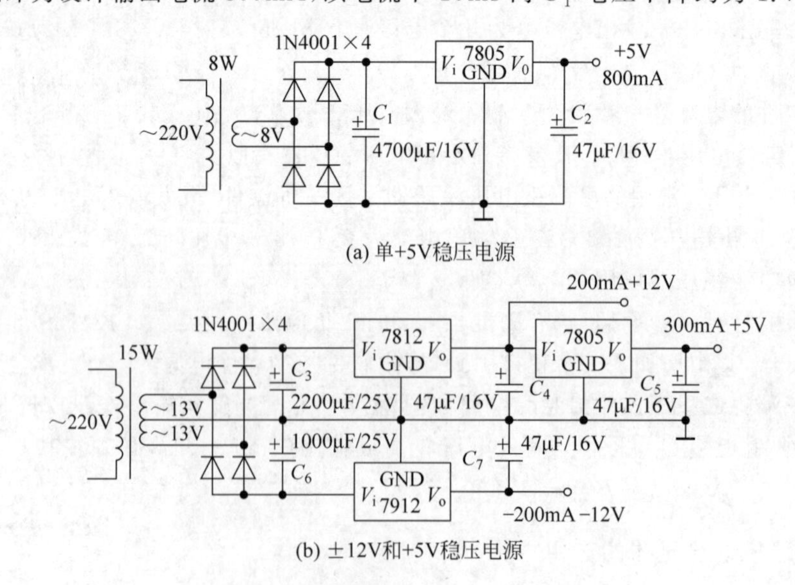

图 9-18 使用三端集成稳压器的稳压电源

压降2V，二极管导通电压至少1.4V，因此二次电压峰值至少为10V，折合有效值为7.1V。使用220V/8V的变压器可在最低200V输入电压下工作。

如果设计最高输入电压为240V，C_1 平均电压达10V。忽略二极管发热功率，则变压器输出功率为10W。此时，7805的发热功率达5W。如果仅依靠空气散热，TO-220热阻达65℃/W，器件温度很高，会导致热保护动作。外加5℃/W的散热器，加上TO-220自身的5℃/W热阻，温升为50℃是可以接受的。

1N4001是1A/100V低频整流二极管。考虑体积和成本 C_1 容量不宜取值更大。C_2 可以进一步稳定输出电压，也能防止7805自激振荡。因为7805输出电阻很小，C_2 不必取值很大。

图9-18(b)是一个输出±12V和+5V的电源，该电源适合既有模拟电路又有数字电路的系统中。7805可以接7812输出，也可以接 C_3 上端，区别只是发热功率的分摊不同。利用高电压线性稳压出来一个很低的电压并不可取，大部分功率被稳压器损失掉。图9-18(b)中的使用是一个折中，因为+5V输出电流不大，没必要单独为+5V稳压器设置一个变压器线圈和整流滤波电路。按发热功率，这三个稳压器都需要安装小型散热器。

因为负电源的设计输出电流比较小，C_6 取值比 C_3 小。

9.5　开关稳压电路

前面介绍的各种稳压器属于线性稳压电路，电源整体称为线性电源。线性电源的优点是电路简单、输出电压平滑、干扰小、成本低等，因此在小功率场合仍是主流电路。线性稳压电路的调整管工作在线性放大区，靠调整管消耗一部分电压(功率)来保证输出电压的稳定，因此这种稳压电路的效率低，一般只有35%～60%。线性电源的电网电压适应范围窄，如可以在220V附近工作，但不能横跨85～265V的宽范围。线性电源的铁心变压器也十分笨重。

开关稳压电路(或开关电源)可以解决线性电源的问题。开关电源的调整管工作在开关状态，功率损耗小，效率可达70%～90%以上，适合大功率输出。开关电源的输出电压取决于调整管开关占空比或脉冲频率，因此电源电压的适应范围很宽。开关电源的工作频率远高于工频频率，使用很小的高频变压器，十分轻便。

尽管开关电源也有电路复杂干扰稍大的缺点，但因优点十分突出，在计算机、电视机、通信及空间技术等领域得到了非常广泛的应用。开关电源的电路多种多样，有很多专用集成电路，这里只简单介绍一些基本原理和基本电路。

9.5.1　直流-直流变换

利用开关电路可以实现高-低、低-高、正-负、单输入-多输出等各种直流-直流电压变换(DC-DC变换)。稳压电路实际上也是一种DC-DC变换，将不稳定的高电压转换为稳定的低电压。这里介绍的电路使用电感作为能量转换元件。使用高频变压器则能实现输入输出的隔离。

1. 开关降压电路

图 9-19 是一个开关降压电路原理图。采样电路、基准电压、误差放大器与线性稳压器相似，区别是误差放大器的输出不是直接控制调整管，而是控制了一个脉冲调制电路，然后控制开关管以开关方式工作。

问题是什么样的脉冲可以连续调节输出能量。PWM 是一种常用方式（见 8.2 节），开关管接通占空比越小，输出能量越小；反之，接通时间长，断开时间短，输出能量大。因此，控制占空比为 0～100%，输出电压可以为 0～V_i 连续调节。另一种常用方法是脉冲频率调制，每一个脉冲使开关管接通一段时间，因此，控制脉冲频率可以从总体上控制开关管接通/断开的比例，起到相同的调节输出能量（电压）的作用。

另一个问题是，开关管输出不能直接使用电容滤波，而必须使用图 9-19 中的 D、L、C 共同组成滤波电路。开关管接通时，L 电流线性增长，除了输出电流到 R_L，还将多余能量储存；开关管断开时，L 的电流通过 $R_L//C$、D 的回路续流，继续向 R_L 补充电流。因此，L 缓和了开关管的电流冲击，通过 C 的进一步滤波使输出电压更加平稳。L 通常采用铁氧体磁心，其高频损耗小。L 需要根据开关管的导通时间选取，一般为毫亨级。电感量太小会使开关管峰值电流过大；电感量大一些可以使续流结束之前进入下一个开关管导通周期，开关管的电流波动小，而且滤波效果好，但电感量过大会造成电感体积增加，直流电阻增大。当然应尽量提高开关频率，以允许选用较小的电感量。由于工作频率高，需要采用速度快的二极管，如肖特基二极管或快恢复二极管。

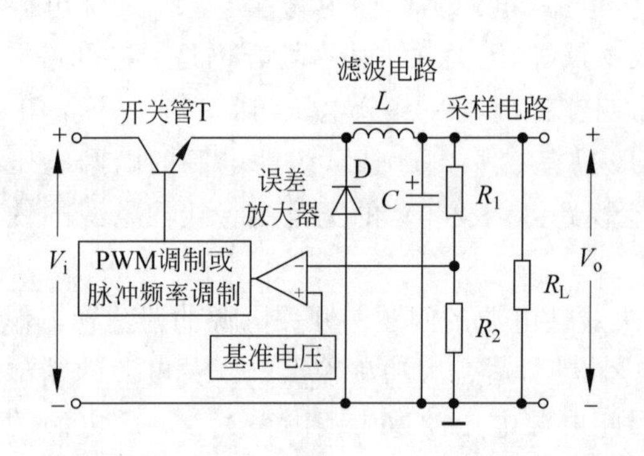

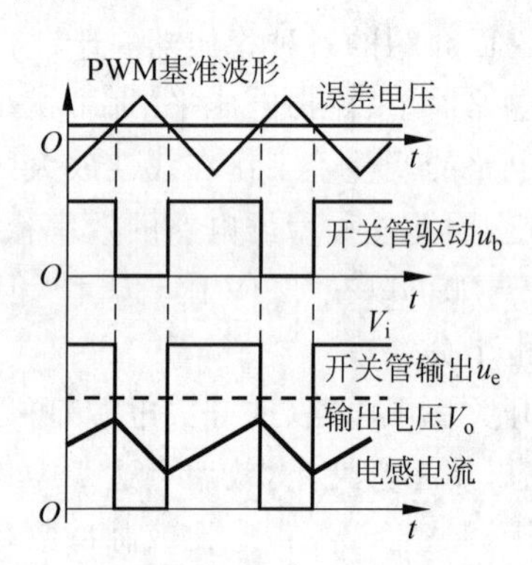

图 9-19　开关降压电路和采用 PWM 方式的波形

2. 开关升压电路

图 9-20 是开关升压电路和采用 PWM 方式的波形。与降压电路的区别是开关管、电感、二极管的接法不同。开关管接通时，V_i 对 L 充电，能量储存在电感中；开关管断开时，电感电流只能通过 D 续流，因此产生高的输出电压。输出电压的大小由反馈电路决定，但不能低于 V_i，否则 V_i 通过 L、D 直接输出。

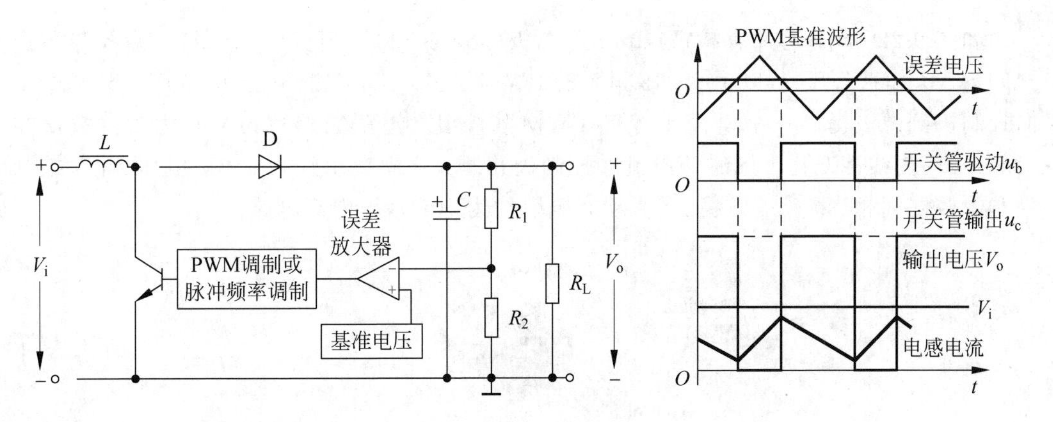

图 9-20　开关升压电路和采用 PWM 方式的波形

3. 开关负电压变换电路

图 9-21 是一个开关负电压变换电路和采用 PWM 方式的波形。与升压电路的区别是开关管、电感、二极管的接法不同。开关管接通时，V_i 对 L 充电，能量储存在电感中；开关管断开时，电感电流只能通过 D 续流，因此产生负的输出电压。

有许多开关电路可以使用。如 TL497 外接 L、C 采样电阻等可以组成上述电路。

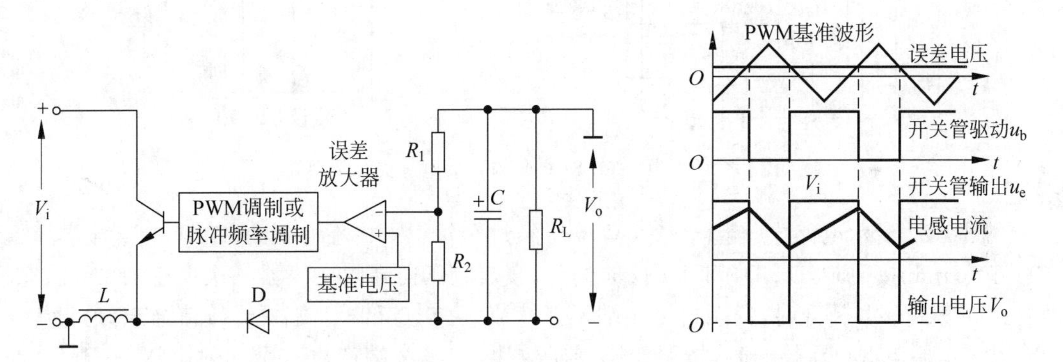

图 9-21　开关负电压变换电路和采用 PWM 方式的波形

9.5.2　开关电源

传统开关电源大都采用通用开关电源集成电路和许多分离元件组成，结构复杂，非专业者难以自行制作，而许多设计需要将电路和电源合为一体。目前已经有一些新型器件可以采用，比较典型的是 Power Integrations 公司的 TOPSwitch 开关电源芯片。这是三端单片集成电路，集成了 PWM 调制器、MOSFET 功率管、电压基准源、误差放大器、启动和保护等电路，使电路大大简化。这里简单介绍用该芯片构成的开关电源。

1. TOPSwitch 的工作原理

采用 TO-220 封装的芯片系列型号包括 TOP221Y～TOP227Y，窄电网电压范围下功率输出 12～150W，宽电网电压 85～265V 时输出功率为 7～90W。

如图 9-22 所示，芯片有漏极（drain）、源极（source）和控制极（control）。漏极与源极之间为 MOSFET 开关，以 100kHz 频率的 PWM 方式工作，关断电压达 700V。外部电路向控制极到源极提供一个电流来控制 PWM 占空比，电流在 2～6mA 变化时占空比在 70%～1%内线性变化。同时该电流在控制极和源极之间产生约为 5.7V 电压（此时控制极和源极之间相当于 5.7V 稳压管，动态电阻约为 10Ω），为内部电路供电。

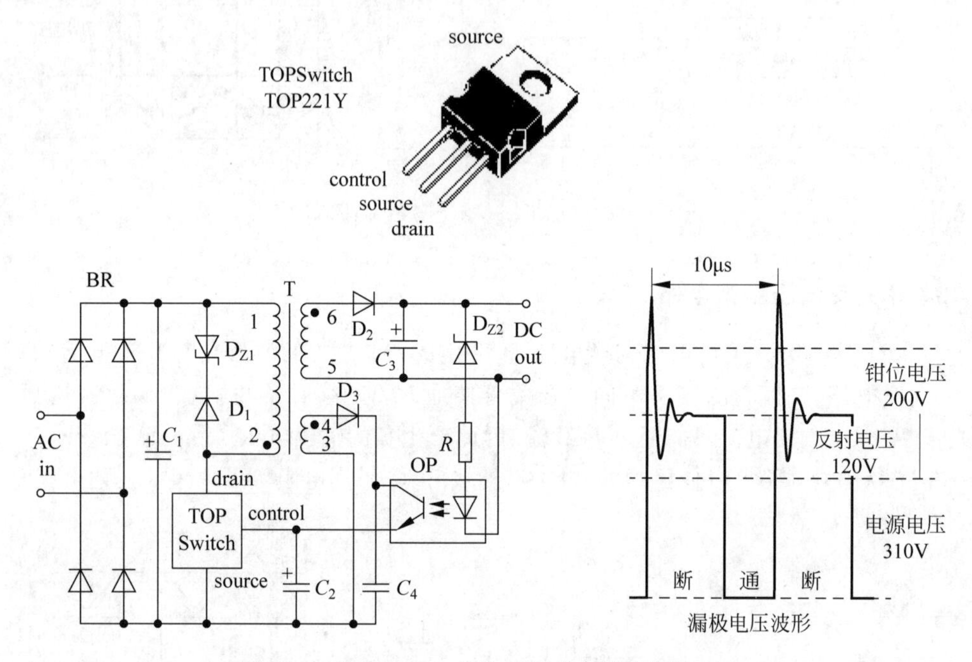

图 9-22 使用 TOPSwitch 的开关电源简化原理图

图 9-22 所示电路中，输入～220V 电压经过全桥 BR 整流得到约 310V 的直流电压。TOPSwitch 接通时，D_1、D_2 和 D_3 反向偏置，直流电压向高频变压器一次电感（1、2 端）充电；TOPSwitch 断开时，变压器 1、2 端不能续流，但 5、6 和 3、4 端提供续流通道，通过 D_2 输出一个主电源（D_2 导通时，按照变压器匝数比，在 1、2 端产生一个反射电压，一般设计为 120V 左右），通过 D_3 输出一个辅助电源。R 阻值很小，输出电压由稳压管 D_{Z2} 和光电耦合器 OP 的 LED 导通电压确定，输出电压较高时，LED 电流增大，辅助电源通过 OP 光电晶体管的电流增加，TOPSwitch 的 PWM 占空比减小，输出电压降低；反之如果输出电压降低，通过负反馈增大 PWM 占空比，使输出电压升高。

由于 T 不是理想变压器，续流开始时 T 的初级杂散电感会在漏极产生很高的脉冲电压。为防止 TOPSwitch 击穿，设置 D_{Z1}、D_1 组成的脉冲吸收电路。通常选择 D_{Z1} 的击穿电压为 200V。D_1 为快恢复二极管。D_2 为肖特基二极管，用于高频大电流整流。D_3 为小功率开关二极管。

控制极与源极接电容 C_2 有两个作用：①防止负反馈回路自激振荡。②启动和保护定时。上电启动时输入电源通过漏极向控制极输出约 1.5mA 的充电电流使电容电压升至 5.7V 时启动 PWM 开始工作；如果负载短路，则启动 PWM 后控制极没有外部负反馈电流，这时 TOPSwitch 自动对 C_2 做充放电定时，经过 8 次充放电后再启动一次 PWM，如果输出仍过载则启动过程再度重复。这种间歇启动输出的时间很短，能保护负载和电源不致损坏。

TOPSwitch 还有其他保护措施：如果漏极电流过大，每个 PWM 周期将提前关断，以保护器件和变压器的一次回路。如果芯片发热超过 135℃则自动关断。

2. 影响效率的几个因素

TOPSwitch 损耗所占比重较大，由于芯片开关速度较快，功耗主要由导通电阻和漏极外接杂散电容引起。大功率芯片的导通电阻小，能减少发热。

变压器损耗含线圈电阻、趋肤效应和交流磁通引起的磁心损耗，二次绕组所占比重稍大。较大的一次电感量能减少电流有效值从而减少一次、二次电路损耗。减少一次绕组杂散电感能减少由保护稳压管吸收的过冲能量。

一次电路损耗含输入防干扰 EMI 滤波器、滤波电容、整流桥、限流电阻和钳位稳压管，滤波器和钳位稳压管所占比重较大。

二次电路损耗含整流管、滤波电容和滤波电感，整流管所占比重较大。

合理的成本可以使电源整体效率达到 76%～86%，高输入输出电压时一次、二次电流减小，一次、二次电路整流管损耗减小，效率更高。

3. 设计要点

电路设计包括 TOPSwitch 选择和散热、变压器设计（一次电感量、磁心规格、匝数、线径、绕线方式、间隙等）、一次电路设计（保护稳压管和散热、阻流二极管、滤波电容选取、EMI 滤波器、防上电冲击等）、二次电路设计（整流管和散热、滤波电容、二次 LC 滤波等）。

Power Integrations 公司将一组计算公式以电子表格形式提供给用户，主要内容为电参数和变压器参数。输入电压范围和功率等参数后，可以了解到 TOPSwitch 和二次整流电路的实际电流、电压指标，由此指导元件选型。由电参数给出变压器一次电感量，变压器还需要输入磁心参数和二次匝数，由此计算出一次匝数、磁通密度、线径、电流密度和间隙等，如果磁通密度、电流密度过大或间隙不合适，需要修改输入参数。利用电子表格能减少设计周期。

习题 9

一、判断题（错误的说明原因）

1. 用两个电容器分压也能将电网电压变为低压，而电容器不耗电，因此完全能用电容器替代变压器。（提示：从安全性考虑）

2. 单相全桥由 4 个二极管组成，三相全桥需要 12 个二极管。

3. 如果单个二极管的电流不够，可以多个直接并联使用。（提示：考虑二极管的均流）

4. 电感滤波适用于负载电流比较大的场合。

5. 电容滤波通常采用无极性的电容。由于电容滤波成本高，常用电感滤波。

6. 忽略二极管导通电压且负载很轻时，电容滤波输出直流电压有效值大于整流前的交流电压有效值。

7. 稳压管稳压电路不适合大电流输出。

8. 随电网电压升高，线性稳压器的效率降低。

9. 目前较多使用分离元件稳压器。

10. 7912 的输入电压至少比输出电压高 2V，因此最低输入电压为 -10V。

11. 三端稳压器工作电流较大时应考虑散热问题。

12. 从 5V 电压获得 3.3V 电压，应使用低压降稳压器。

13. 开关电源效率高，电网电压适应范围宽。

14. 开关电源的工作频率越高，体积越笨重。

15. TOPSwitch 芯片的 PWM 占空比与控制端的输入电流成正比。

二、选择题

1. 图 9-1 中，实际的线性直流电源中发热最少的是（　　）。

A. 整流电路　　B. 滤波电路　　C. 稳压电路

2. 图 9-2 中，$u_2=10\text{V}$，二极管耐压的合理选择是（　　）。

A. 10V　　B. 100V　　C. 1000V

3. 图 9-3 中，如果 D_1 接反，后果是（　　）。

A. R_L 烧坏　　B. D_1 烧坏　　C. 二极管或变压器都可能烧坏

4. 图 9-4 中二极管是理想的，从 R_L 下端观察 a 点是（　　）。（提示：导通的二极管两端电压为 0）

A. 正弦波　　B. 半波整流波形　　C. 全波整流波形

5. 图 9-6(b) 中，输入电压不变，变压器是理想的，断开 R_{L2}，则 R_{L1} 上的电压（　　）。

A. 增加　　B. 减少　　C. 不变

6. 图 9-8 中，减小负载电阻，二极管导通角（　　）。（提示：Δu 增大）

A. 增加　　B. 减少　　C. 不变

7. 图 9-9(a) 中，增大滤波电感，输出直流电压（　　）。

A. 增加　　B. 减少　　C. 不变

8. 图 9-10(c) 中，增大 R 阻值，输出直流电压（　　）。（提示：考虑 I_b 的影响）

A. 增加　　B. 减少　　C. 不变

9. 图 9-12 中，C_2 两端的直流电压为（　　）。（提示：C_2、C_4 两端电压基本是直流电压）

A. 11V　　B. 12V　　C. 22V

10. 图 9-13(b) 中，D_Z 击穿电压为 6V，$R=R_L$，$u_i=10\text{V}$，u_o 为（　　）。

A. 5V　　B. 6V　　C. 10V

11. 图 9-15 中，如果 V_Z 是稳定的，随温度升高，输出电压（　　）。（提示：U_{be} 温度系数）

A. 增加　　B. 减少　　C. 不变

12. 图 9-17 中，如果用负载电阻代替 R_2，电源为（　　）。（提示：317 的负反馈调节

最终使 V_o 比 V_{adj} 高 1.25V)

A. 恒流源　　　B. 恒压源　　　C. 电源内阻为 R_1

13. 图 9-19 中，如果忽略二极管导通电压，在开关管断开瞬间，D 上端电压为(　　)。

A. V_i　　　B. V_o　　　C. 0

14. 图 9-20 中，如果忽略二极管导通电压，在开关管断开瞬间，D 左电压为(　　)。

A. V_i　　　B. V_o　　　C. 0

15. 图 9-22 中，电源输入输出之间经过以下变换过程(　　)。

A. 直流-直流　　　B. 交流-直流　　　C. 交流-直流-交流-直流

三、计算题

1. 在图 9-23 所示的整流滤波电路中，已知变压器二次电压有效值为 10V/50Hz，二极管导通电压为 0.7V，$R_L=20\Omega$，$C=1000\mu F$。

(1) 求输出电压的最高值、最低值和平均值。

(2) 如果某一个二极管因虚焊断开，求输出电压的最低值。(提示：断开一个二极管成半波)

2. 硅稳压管稳压电路中，要求输出直流电压为 6V，输出直流电流为 10～30mA，若稳压管为 2CW13，其稳压值为 6V，允许耗散功率为 250mW，稳压管最小稳定电流为 5mA，设整流、滤波后的输出电压在 12～14V 内变化。计算限流电阻值和电阻的最大耗散功率。

3. 图 9-24 是一个低压降分离元件线性稳压电路。

(1) 求输出电压范围。

(2) 设晶体管导通电压为 0.7V，饱和电压为 0.3V，求稳压器的最小电压降。

(3) 如果将 R_1 上端改接到 R_L 上端，电路会出现什么问题？

(4) 设 $V_i=10V$，$V_o=5V$，T_1 和散热器的热阻为 10℃/W，要求 T_1 温升不超过 50℃，求最大连续负载电流。(提示：式(8-4)是热阻的关系式。改接 R_1 要看电路能否启动)

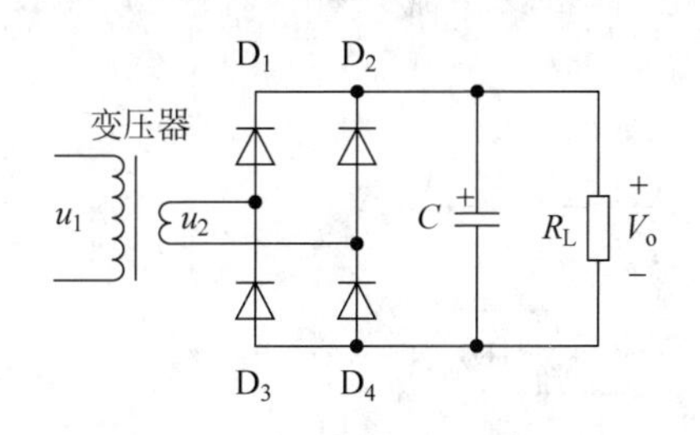

图 9-23　计算题 1 电路图

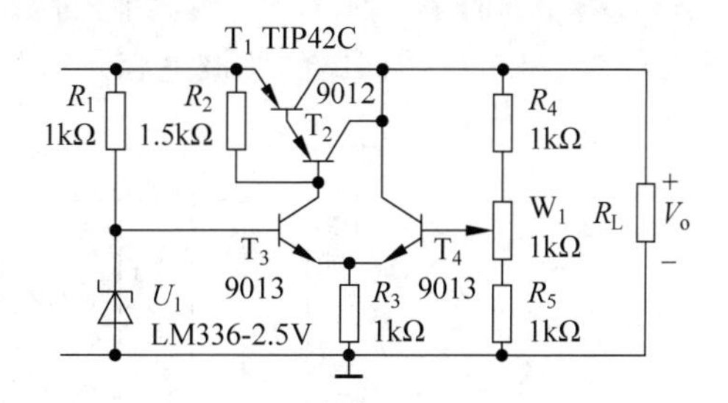

图 9-24　计算题 2 电路图

4. 图 9-25 是一些电子元件，将该图画到作业本上，并连线组成一个输出＋5V 的直流电源。

5. 利用三端线性稳压器设计一个电源，用输入 220V 输出 2×15V 的变压器，输出±12V/100mA 和＋5V/200mA。要求输入 180～240V 都能工作。

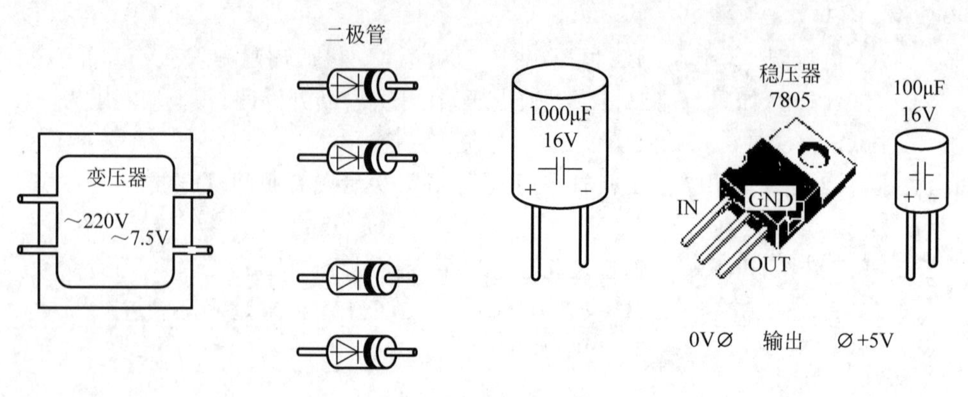

图 9-25 计算题 4 图

（1）画出线路图，标明各电容取值。

（2）计算各三端稳压器的最大功率。

（3）确定变压器功率。

（4）如果还需要一个 24V/10mA 的电源，说明产生该电源的方法。

（提示：常用电容取值系列为 1、1.5、2.2、3.3、4.7、6.8 可乘/除以 10V。常用低压电容耐压取值序列为 10V、16V、25V、35V、40V、63V。按最低电网电压、最大负载电流和最低稳压器输入电压取电容容量。按最高电网电压确定电容和二极管耐压。按最高电网电压和最大负载电流确定稳压器功耗和变压器功率。考虑能否使用倍压整流产生高电压输出）

6. 图 9-26 是用 TOPSwitch 设计的一个开关电源，输出 +5V 和 +12V，D_2、D_3 导通电压为 0.4V，$N_3=4T$（4 圈），电网电压 220V，反射电压 $V_R=120V$。

（1）计算 N_1、N_2 整数值和 +12V 的实际输出电压。

（2）计算 D_2、D_3 的实际承受的反向电压。

（3）经常在 C_2 上串联一个小阻值电阻，说明它对电源质量的影响。

（提示：带有负反馈的输出电压是稳定的，N_2 只能按变压器关系取一个最接近的整数值，D_3 导通时 N_3 对 N_1 产生反射电压。N_1 充电时，按变压器关系 N_2、N_3 产生反向电压。C_2 是负反馈回路的滤波电容）

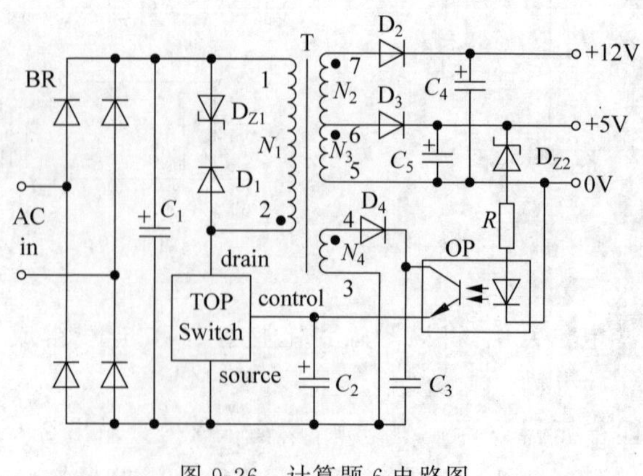

图 9-26 计算题 6 电路图

附录A

部分习题参考答案

习题1(计算题)

1. $I=2.27\text{A}, W=5.4\times10^6\text{J}=1.5\text{kW}\cdot\text{h}$

2. $P=463\text{W}, W=740\ 741\text{J}=0.206\text{kW}\cdot\text{h}$

3. $t=13.9\text{h}, W=20.8\text{kW}\cdot\text{h}$

4. (a) $I=2.5\text{A}$ (b) $U=43\text{V}$

5. (a) $I_2=-5\text{A}, I_3=3\text{A}, I_5=1\text{A}, U_5=17\text{V}$,

$P_1=50\text{W}, P_2=-125\text{W}, P_3=24\text{W}, P_4=34\text{W}, P_5=17\text{W}$

(b) $I_\text{A}=6\text{A}, I_\text{B}=5\text{A}, I_\text{F}=-3\text{A}, U_\text{B}=60\text{V}, U_\text{C}=30\text{V}, U_\text{D}=50\text{V}$,

$P_\text{A}=-480\text{W}, P_\text{B}=300\text{W}, P_\text{C}=30\text{W}, P_\text{D}=200\text{W}, P_\text{E}=-100\text{W}, P_\text{F}=-30\text{W}$, $P_\text{G}=80\text{W}$

6. $I=2\text{A}, P_2=36\text{W}$

7. $I=11\text{A}, P_2=10\text{W}$

8. $I=13.04\text{A}, I_3=4.35\text{A}$

9. $I_\text{HE}=(5E)/(12R), I_\text{DC}=E/(12\text{R})$

10. (a)$R_\text{ab}=8\Omega$ (b) $R_\text{ab}=50\Omega$ (c) $R_\text{ab}=5\Omega$ (d) $R_\text{ab}=2\Omega$

11. $R_1=197\text{k}\Omega, R_2=800\text{k}\Omega, R_3=1000\text{k}\Omega$

12. $R_1=12.06\Omega, R_2=1.5075\Omega, R_3=1.5075\Omega$

13. $I_1=5.625\text{A}, I_2=5.8125\text{A}, I_3=11.4375\text{A}, P_3=1308\text{W}$

14. $I_3=-0.5\text{A}$

15. $E_0=-2\text{V}, R_0=12\Omega, I_3=0.09\text{A}, P_3=0.08\text{W}$

16. $E_0=25\text{V}, R_0=15\Omega, I_2=-0.5\text{A}$

17. $I_\text{I}=1/3\text{A}=0.33\text{A}, I_\text{II}=4/3\text{A}=1.33\text{A}, I_\text{III}=1\text{A}, P_{E1}=93.3\text{W}$, $P_{E2}=-8.3\text{W}$

18. $E_0=40\text{V}, R_0=30\Omega, I_5=0.57\text{A}$

19. $U_1=50.39\text{V}, U_2=22.86\text{V}, U_3=6.75\text{V}, I_6=0.169\text{A}, P_E=31.8\text{W}$, $P_\text{S}=100.8\text{W}$

20. 按由上到下、由左到右的顺序选择网孔,均取顺时针方向

(a) $(R_3+R_4+R_5)I_\text{I}-R_4I_\text{II}-R_5I_\text{III}=0$

$-R_4I_\text{I}+(R_1+R_4+R_6)I_\text{II}-R_6I_\text{III}=E_1$

$-R_5 I_{Ⅰ} - R_6 I_{Ⅱ} + (R_2 + R_5 + R_6) I_{Ⅲ} = -E_2$

(b) $I_{Ⅱ} = I_{S2}$

$(R_2 + R_4) I_{Ⅰ} - R_2 I_{Ⅲ} - R_4 I_{Ⅳ} = -E_1$

$-R_2 I_{Ⅰ} - R_1 I_{Ⅱ} + (R_1 + R_2 + R_3) I_{Ⅲ} - R_3 I_{Ⅳ} = 0$

$-R_4 I_{Ⅰ} - R_3 I_{Ⅲ} + (R_3 + R_4 + R_5) I_{Ⅳ} = 0$

21. (a)取节点④为参考点,其中 $G_i = 1/R_i$

$(G_1 + G_3 + G_4) U_1 - G_4 U_2 - G_3 U_3 = G_1 E_1$

$-G_4 U_1 + (G_4 + G_5 + G_6) U_2 - G_5 U_3 = 0$

$-G_3 U_1 - G_5 U_2 + (G_2 + G_3 + G_5) U_3 = G_2 E_2$

(b) 取节点 D 为参考点,其中 $G_i = 1/R_i$

$U_B = E_1$

$(G_1 + G_3 + G_5) U_A - G_1 U_B - G_3 U_C = -I_{S2}$

$-G_3 U_A - G_2 U_B + (G_2 + G_3 + G_4) U_C = 0$

22. (a) $R_{ab} = 32.94\Omega$ (b) $R_{ab} = 35.83\Omega$

23. $I = 4A$

24. $I = 0.22A$

25. $P_4 = 15W$

习题 2(计算题)

1. $I = 2A, P_2 = 40W$

2. $u = 141.4\sin(500t + 60°)V, Q_{L2} = 180var$

3. $i = 15\sqrt{2}\sin(1000t + 135°)A, Q_{C2} = 225var$

4. $Z_a = 5 + j = 5.1\angle 11.31°\Omega, Z_b = 150/41 + j120/41 = 3.66 + j2.93 = 4.68\angle 38.58°\Omega$

5. $L = 0.064H = 64mH$

6. $R = 6\Omega, L = 0.015H$

7. $U = 100V, u_L = 80\sqrt{2}\sin(314t + 90°)V$,相量图略

8. $\dot{U} = 1200\sqrt{2}\angle 45°V, \dot{I} = 2\angle 0°A, u_R = 1200\sqrt{2}\sin 500t V$,

$u_L = 1400\sqrt{2}\sin(500t + 90°)V, u_C = 200\sqrt{2}\sin(500t - 90°)V$,相量图略

9. $V_0 = 100\sqrt{2}V$,相量图略

10. $V = 100\sqrt{5} = 223.6V, P = 400W, \cos\varphi = 0.89$

11. $A_0 = \sqrt{2}A, \cos\varphi = 0.707$

12. $R = 40\Omega, X_L = 30\Omega, \cos\varphi = 0.8$

13. $R = 65.8\Omega, L = 0.369H$

14. $R = X_L = 141.4\Omega, L_0 = 0.185H$

15. $\varphi=\psi_u-\psi_i=70°-40°=30°, S=50\text{V}\cdot\text{A}, P=43.3\text{W}, Q=25\text{var}$

16. $R=11\Omega, L=0.061\text{H}, \cos\varphi=0.5$

17. $Q_L=69.3\text{var}, Q=19.4\text{var}, Q_C=49.9\text{var}, C=3.28\mu\text{F}$

18. $Q_L=266.7\text{var}, Q=123.9\text{var}, Q_C=142.8\text{var}, C=9.4\mu\text{F}$

19. $I=10\sqrt{2}\,\text{A}, R=X_C=10\sqrt{2}\,\Omega, X_L=5\sqrt{2}\,\Omega$

20. $\dot{E}_0=\dfrac{Z_3}{Z_1+Z_3}\dot{E}_1=50\text{V}, Z_0=Z_1/\!/Z_3=10+\text{j}10\Omega, i_2=5\sqrt{2}\sin(1000t-60°)\text{A}$

21. $i_3=2.5\sqrt{2}\sin(1000t-90°)\text{A}$

22. (1) $f_0=79.6\text{Hz}, Q=100$　(2) $U_\text{m}=1000\text{mV}$

23. $R=20\Omega, X_L=1000\Omega, X_C=1000\Omega$

24. $\omega_0=\dfrac{1}{\sqrt{LC}}\cdot\sqrt{1-\dfrac{CR^2}{L}}$

25. $\dot{I}_\text{A}=22\angle 0°\text{A}, \dot{I}_\text{B}=22\angle -120°\text{A}, \dot{I}_\text{C}=22\angle +120°\text{A}, I_\text{N}=0\text{A}, P_{相}=11\,616\text{W}$

26. (1) $\dot{I}_\text{N}=8.25\angle 0°\text{A}$

(2) $\dot{V}_\text{A}=61\angle 0°\text{V}, \dot{V}_\text{B}=203.616\angle -159.8°\text{V}, \dot{V}_\text{C}=203.616\angle 159.8°\text{V}$

习题 3(计算题)

1. $a_0=A, a_k=0, b_k=\dfrac{A}{k\pi}(1-\cos k\pi)$

2. $F=\sqrt{\dfrac{1}{T}\int_0^T f^2(t)\,\text{d}t}=\dfrac{A}{\sqrt{3}}=0.5774A$

3. $i=0.2\sqrt{2}\sin 1000t+0.011\sqrt{2}\sin(10\,000t-113.7°)\text{mA}$

$u_C=20\sqrt{2}\sin(1000t-90°)+0.11\sqrt{2}\sin(10\,000t-203.7°)\text{mV}$

$P=I_{\omega 1}^2R+I_{\omega 2}^2R=0.004\text{mW}$

4. (1) $U=\sqrt{U_0^2+U_1^2+U_3^2+U_5^2}=13.75\text{V}$

(2) $P=P_0+P_1+P_3+P_5=270\text{mW}$

5. $u_\text{o}=219.9\sqrt{2}\sin 314t+3.4\sqrt{2}\sin(31\,400t-79°)\text{V}$

6. $i_\text{B}=0.025-0.01\sqrt{2}\sin(10\,000t-0.3°)\text{mA}$

7. $\tau=1\text{s}, u_C=20-30\text{e}^{-t}V, i=0.006\text{e}^{-t}\text{A}$

8. $\tau=0.2\text{s}, u_R=40\text{e}^{-5t}\text{V}, i=10\text{e}^{-5t}\text{mA}, W=0.04\text{J}$

9. $\tau=0.004\text{s}, u_1=20-15\text{e}^{-250t}\text{V}, i=4-4\text{e}^{-250t}\text{A}$

10. $\tau=0.002\text{s}, u_2=-90\text{e}^{-500t}\text{V}, i=6\text{e}^{-500t}\text{A}$

11. $\tau=1\text{s}, u_2=10.8\text{e}^{-t}\text{V}$

习题 4(计算题)

1. 略

2. (a) D_1 止, $I_D=0$, $U_{AB}=12V$ (b) D_1 通, $I_D=1.77mA$, $U_{AB}=6.7V$

(c) D_1 通, D_2 止, $I_D=5.77mA$, $U_{AB}=5.3V$; (d) D_1 止, D_2 通, $I_D=0$, $U_{AB}=0.7V$

3. (b) 与门电路

U_A/V	U_B/V	D_1	D_2	U_o/V
0	0	通	通	0
0	5	通	止	0
5	0	止	通	0
5	5	通	通	5

(c) 或门电路

U_A/V	U_B/V	D_1	D_2	U_o/V
0	0	通	通	0
0	5	止	通	5
5	0	通	止	5
5	5	通	通	5

4. 若 $U_i<-2V$, 则 D_1 止, D_2 通, $U_o=-2V$; 若 $U_i>3V$, 则 D_1 通, D_2 止, $U_o=3V$; 若 $-2<U_i<3V$, 则 D_1 止, D_2 止, $U_o=U_i$。

当 $U_i=-3V$ 时, D_1 止, D_2 通, $U_o=-2V$, $I_D=-0.5mA$; 当 $U_i=+5V$ 时, D_1 通, D_2 止, $U_o=3V$, $I_O=1mA$

5. (1) 当 $u_i<0$ 时, D_1 止, $u_{o1}=0$; 当 $u_i>0$ 时, D_1 通, $u_{o1}=U_i$。输出电压波形如图 A-1 所示

(2) 当 $u_i<0$ 时, D_2 通, $u_{o2}=u_i$; 当 $u_i>0$ 时, D_2 止, $u_{o2}=0$。输出电压波形如图 A-2 所示

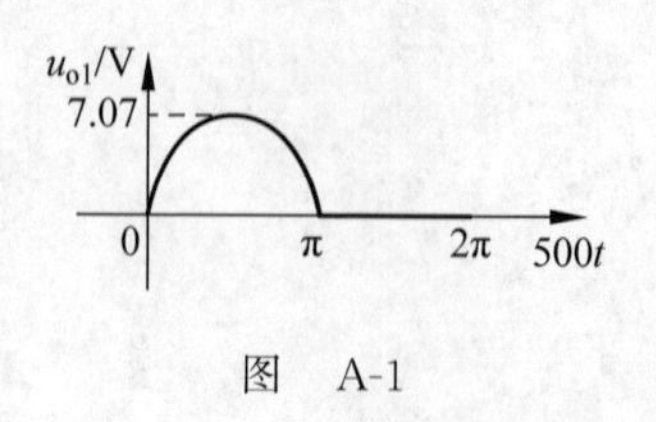

图 A-1

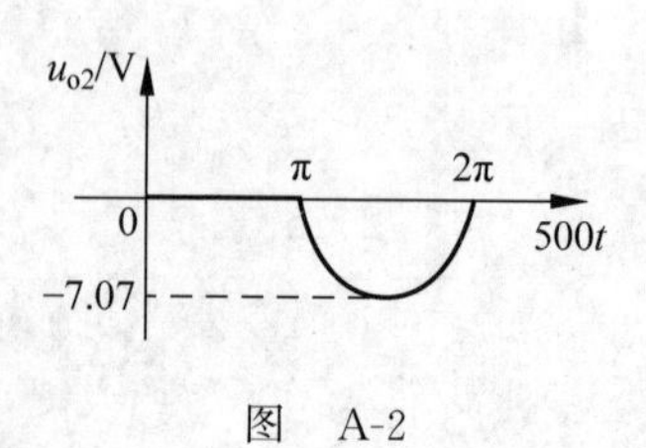

图 A-2

(3) 当 $u_i<0$ 时, D_3 止, $u_{o3}=u_i$; 当 $u_i>0$ 时, D_3 通, $u_{o3}=0$。输出电压波形如图 A-3 所示

(4) 当 $u_i<0$ 时, D_4 通, $u_{o4}=0$; 当 $u_i>0$ 时, D_4 止, $u_{o4}=u_i$。输出电压波形如图 A-4 所示

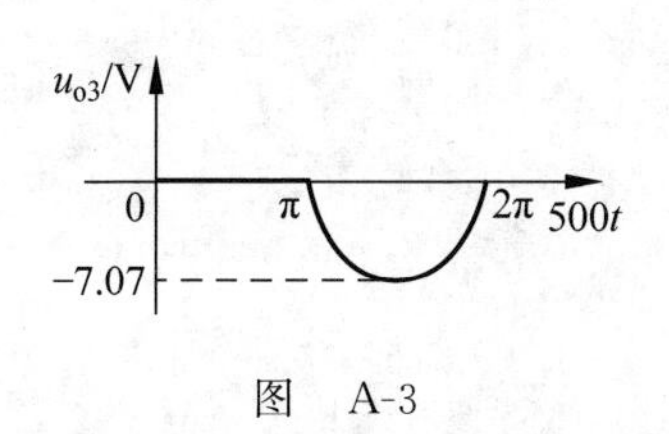

图　A-3

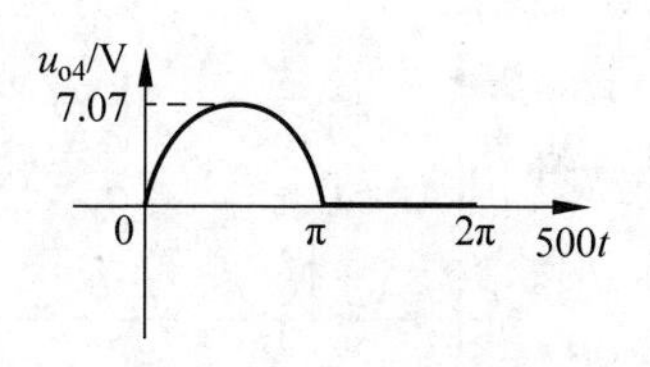

图　A-4

6.(a) 当 $u_i<5V$ 时,D 止,$u_{o1}=u_i$;当 $u_i>5V$ 时,D 通,$u_{o1}=5V$。输出电压波形如图 A-5 所示

(b) 当 $u_i<5V$ 时,D 止,$u_{o2}=5V$;当 $u_i>5V$ 时,D 通,$u_{o2}=u_i$。输出电压波形如图 A-6 所示

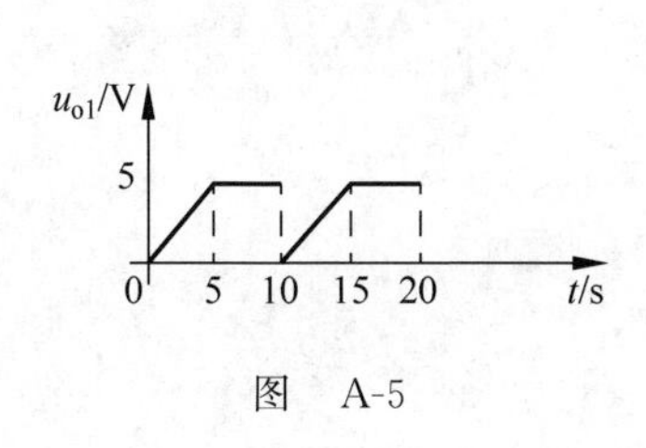

图　A-5

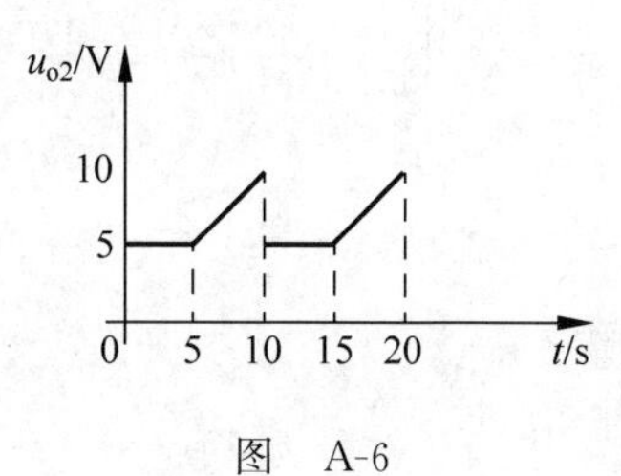

图　A-6

7. D_Z 反向击穿,$V_L=V_Z=9V$,$I_R=15mA$,$I_L=9mA$,$I_Z=6mA$

8. $R=0.6k\Omega$

9. 表 4-3:NPN 型,1 基极,2 发射极,3 集电极

表 4-4:PNP 型,1 集电极,2 基极,3 发射极

10. $I_{BS}=0.1mA$,$I_B=0.065mA$,T 放大,$I_C=3.9mA$,$U_{CE}=4.2V$

11. 当 $U_a=0V$ 时,$I_B=0$,T 截止,$I_C=0$,$V_{CE}=5V$;当 $U_a=5V$ 时,$I_B=0.43mA$,$I_{BS}=0.05mA$,T 饱和,$I_C=2.5mA$,$V_{CE}=0$

12. $I_{BS}=0.06mA$,$I_B=0.039mA$,T 放大,$I_C=1.56mA$,$U_{CE}=4.2V$

13. $I_{BS}=0.0625mA$;D_1 通,D_2 止,$I_B=0$,T 止,$I_C=0$,$U_{CE}=5V$

14. D 通,T 通;$I_B=0.15mA$,$I_{BS}=0.0625mA$,T 饱和,$I_C=2.5mA$,$U_o=0V$

15. 当 $u_i<0.7V$ 时,T 截止,$u_o=5V$;当 $0.7V<u_i<1.2V$ 时,T 放大,$u_o=12-14\sin 500t\,V$;当 $u_i>1.2V$ 时,T 饱和,$u_o=0V$。输出电压波形如图 A-7 所示

16. 当 $u_i<0.5V$ 时,T 截止,$u_o=5V$;当 $0.5V<u_i<1.5V$ 时,T 放大,$u_o=7.5-5u_i$;当 $u_i>1.5V$ 时,T 饱和,$u_o=0V$。输出电压波形如图 A-8 所示

17. $I_{BS}=0.041\,75mA$,$I_B=0.0178mA$,T 放大,$I_C=0.712mA$,$U_o=U_{CE}=3.576V$

18. 当 $u_i<0.5V$ 时,T 截止,$u_o=0V$;当 $u_i>0.5V$ 时,T 放大,$u_o=51(u_i-0.5)/56V\approx u_i-0.5V$。输出电压波形图略。

19. T_1 放大,$I_{E1}=0.001mA$,$I_{B2}=I_{C1}\approx 0.001mA$,$I_{BS2}=0.067mA$,$T_2$ 放大,$I_{C2}=0.05mA$,$U_o=U_{CE}=4.85V$

20. $U_G=4V$,$V_{GS}=-0.8V$,$I_D=0.64mA$,$U_o=10.4V$

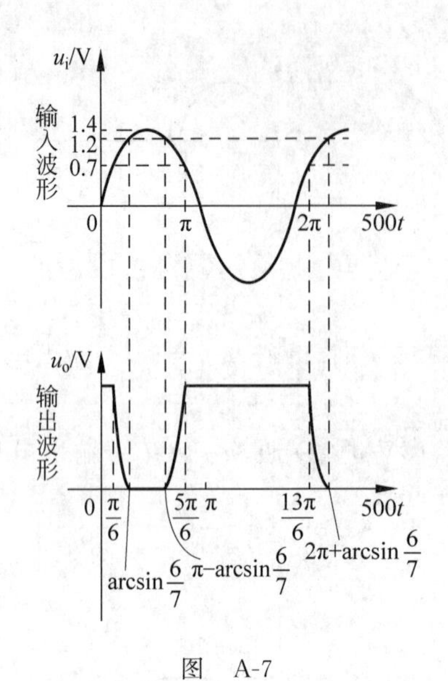

图 A-7

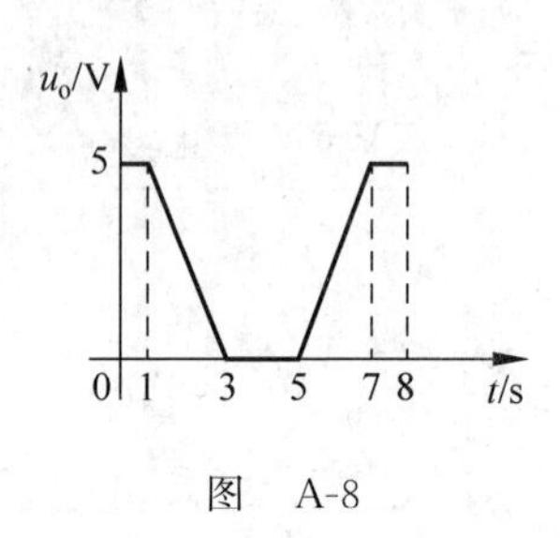

图 A-8

习题 5(计算题)

1. (a) 不能 (b) 能 (c) 不能 (d) 不能 (e) 能 (f) 不能

2. 饱和失真,加大 R_B

3. (a) $R_B=460\text{k}\Omega$ (b) $R_B=2.2\text{k}\Omega$ (c) $R_B=108\text{k}\Omega$

4. $I_B=0.047\text{mA}$,T 放大,$I_C=2.35\text{mA}$,$V_{CE}=4.95\text{V}$,
$r_{be}=764\Omega$,$A_u=-78$,$r_i=764\Omega$,$r_o=3\text{k}\Omega$

5. $U_B=2.67\text{V}$,T 放大,$I_C=0.98\text{mA}$,$V_{CE}=6.12\text{V}$,
$r_{be}=2880\Omega$,$A_{uo}=-139$,$r_i=2.8\text{k}\Omega$,$r_o=4\text{k}\Omega$

6. (1) $I_B=0.0215\text{mA}$,T 放大,$I_C=0.86\text{mA}$,$V_{CE}=2.42\text{V}$
(2) 略
(3) $r_{be}=1440\Omega$,$A_u=-27.8$,$r_i=1440\Omega$,$r_o=3\text{k}\Omega$
(4) $A_{us}=-20$

7. (1) $U_B=1.67\text{V}$,T 放大,$I_C=0.97\text{mA}$,$V_{CE}=2.09\text{V}$
(2) 略
(3) $r_{be}=2370\Omega$,$A_u=-23$,$r_i=2.3\text{k}\Omega$,$r_o=2\text{k}\Omega$
(4) $A_{us}=-18$

8. (1)略
(2) $r_{be}=1579\Omega$,$A_u=1$,$r_i=15.3\text{k}\Omega$,$r_o=41\Omega$

9. (1)略
(2) $r_{be}=1885\Omega$,$A_{uo}=-127$,$r_i=1.8\text{k}\Omega$,$r_o=2\text{k}\Omega$

10. (1)略
(2) $A_{uo}=-13$,$r_i=5.7\text{k}\Omega$,$r_o=3\text{k}\Omega$

11. (1) $I_B=0.028\text{mA}, I_C=1.116\text{mA}, V_{CE}=6.26\text{V}$

(2)略

(3) $r_{be}=1129\Omega, A_{uo}=-173, r_i\approx570\Omega$(按 $R_L=\infty$计算)，$r_o\approx93\Omega$(取 $R_L=1\text{k}\Omega$)

12. $|A_{uo}|=500, r_o=1.33\text{k}\Omega$

13. $U_o=833\text{mV}$

14. (1) $I_D=1.16\text{mA}, V_{GS}=-0.48\text{V}, V_{DS}=5.72\text{V}$

(2)略

(3) $A_{uo}=-6, r_i=2\text{M}\Omega, r_o=5\text{k}\Omega$

15. 单级放大器 B 设在单级放大器 A 前面，$U_o=1333\text{mV}$

16. $K_{dBZ}=70.5\text{dB}, U_o=1.333\text{V}$

习题 6

一、判断题

1. 错　2. 错　3. 错　4. 错　5. 错
6. 错　7. 对　8. 错　9. 错　10. 对
11. 对　12. 对　13. 错　14. 对　15. 错

二、选择题

1. B　2. B　3. C　4. C　5. C
6. C　7. C　8. B　9. B　10. B
11. C　12. C　13. A　14. B　15. C

三、计算题

1. $V_{o1}=2\text{V}, V_{o2}=1\text{V}, V_{o3}=-1\text{V}, V_{o4}=-1\text{V}, V_{o5}=-2\text{V}, V_{o6}=0\text{V}, V_{o7}=0\text{V}, V_{o8}=0\text{V}$

2. $V_{o1}=0\text{V}, V_{o2}=1\text{V}, V_{o3}=-10\text{V}, V_{o4}=-10\text{V}, V_{o5}=-10\text{V}, V_{o6}=-10\text{V}, V_{o7}=+10\text{V}$ 或 -10V，$V_{o8}=10\text{V}$

3. $V_{o1}=2\sin(2000\pi t)\text{V}, V_{o2}=-\sin(2000\pi t)=\sin(2000\pi t-180^\circ)\text{V}$,
$V_{o3}=0.16\sin(2000\pi t+90^\circ)\text{V}, V_{o4}=6.28\sin(2000\pi t-90^\circ)\text{V}$,
$V_{o5}=0.16\sin(2000\pi t+99^\circ)\text{V}, V_{o6}=6.28\sin(2000\pi t-116^\circ)\text{V}$

4. 略

5. $V_{o1}=4\text{V}, V_{o2}=10\text{V}, U_{o3}=-10\text{V}$

6. 当 $V_i>0$ 时，$V_o=V_i$；当 $V_i<0$ 时，$V_o=-V_i$。输出波形如图 A-9 所示，电路为理想全波整流

7. (1) 保护二极管不导通时。当 $V_i>0$ 时，输入电流流通路径为 $V_i\to R_1\to R_2\to V_o\to$ 运放 $\to -E\to$ 地；当 $V_i<0$ 时，输入电流流通路径为 $+E\to$ 运放 $\to U_o\to R_2\to R_1\to U_i\to$ 地

(2) 运放线性工作时，$V_o=-\dfrac{R_2}{R_1}V_i$。当 $V_i=1\text{V}$ 时，$V_o=-1\text{V}$(运放线性)；当 $V_i=2\text{V}$ 时，$V_o=-2\text{V}$(运放线性)；当 $V_i=3\text{V}$ 时，$V_o=-2\text{V}$(运放饱和)

8. 略

9.（1）略 （2）30ms （3）运放同相输入端接基准电压 $U_R=-1V$

10. $R_1=100\Omega, R_2=2600.8\Omega$

11.（1）$V_{RL}=-1.5V, V_{RH}=4.5V$，输出特性由线如图 A-10 所示

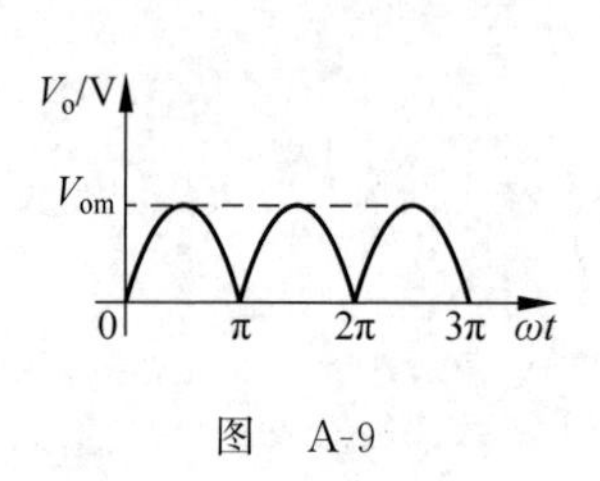

图 A-9

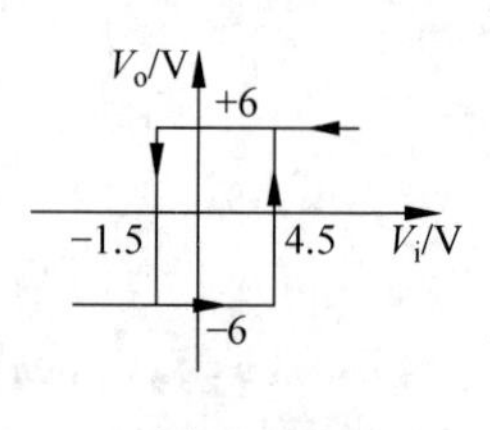

图 A-10

（2）输出波形如图 A-11 所示

12. $A=\dfrac{\dot{V}_o}{\dot{V}_i}=\dfrac{\left(\dfrac{\omega_0}{\omega}\right)^2-2-j\dfrac{\omega_0}{\omega}}{\left(\dfrac{\omega_0}{\omega}\right)^2+2+j3\dfrac{\omega_0}{\omega}}$，其中 $\omega_0=\dfrac{1}{RC}$；带阻滤波器

13.（1）图 6-22(a)其中 $R=10.6k\Omega, R_1=28.3k\Omega, R_2=84.8k\Omega$ （2）4.2

14. $T=15ms$(或 15ln3ms)

15. $L=99, M=110, N=90$

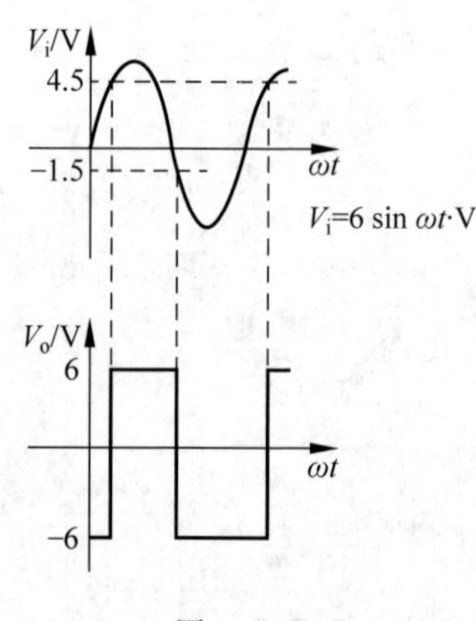

图 A-11

习题 7

一、判断题

1. 错　2. 对　3. 错　4. 错　5. 错
6. 对　7. 对　8. 对　9. 错　10. 错
11. 错　12. 错　13. 错　14. 对　15. 错

二、选择题

1. A　2. C　3. C　4. A　5. C
6. B　7. A　8. A　9. A　10. B
11. B　12. C　13. B　14. A　15. A

三、计算题

1. (a)交流负反馈 (b)直流正反馈 (c)交流正反馈 (d)直流负反馈

2. 均为负反馈

(a) 电压并联负反馈，闭环增益 $A_u=-10$，输入电阻 $R_i=R_1=1k\Omega$，输出电阻 $R_o=0$

(b) 电压串联负反馈，闭环增益 $A_u=11$，输入电阻 $R_i=\infty$，输出电阻 $R_o=0$

(c) 电流并联负反馈，闭环增益 $A_u=-10$，输入电阻 $R_i=R_1=1k\Omega$，输出电阻 $R_o=R_L=10k\Omega$

(d) 电压串联负反馈,闭环增益 $A_u=11$,输入电阻 $R_i=\infty$,输出电阻 $R_o=R_L=10\text{k}\Omega$

3. (a) 电流并联负反馈,闭环增益 $A_u=11$,输入电阻 $R_i=0$,输出电阻 $R_o=\infty$

(b) 电压并联负反馈,闭环增益 $A_u=-100$,输入电阻 $R_i=0$,输出电阻 $R_o=0$

(c) 电压串联负反馈,闭环增益 $A_u=1$,输入电阻 $R_i=\infty$,输出电阻 $R_o=0$

(d) 电流串联负反馈,闭环增益 $A_u=-1$,输入电阻 $R_i=\infty$,输出电阻 $R_o=\infty$

4. (a) 电压串联负反馈,闭环增益、输入电阻、输出电阻略

(b) 电压串联负反馈,闭环增益 $A_u=-10/11$,输入电阻 $R_i=\infty$,输出电阻 $R_o=0$

5. $A=2500, F=0.96\%$

6. R_{f1} 支路形成电流并联负反馈,R_{f2}/R_{f3} 支路形成电压串联负反馈

7. 略

8. (1) 图 7-30 中的放大器同相输入端和反相输入端接反了

(2) R_f 稍大于 $2\text{k}\Omega$,R_f 应为负温度系数

(3) 振荡频率为 $50/\pi$

9. (1) 发射极的电容起到隔直通交的作用

(2) 振荡频率为 1.34～2.96MHz

习题 8

一、判断题

1. 对　2. 错　3. 错　4. 对　5. 错

6. 错　7. 错　8. 错　9. 对　10. 对

11. 错　12. 错　13. 对　14. 错　15. 对

二、选择题

1. B　2. C　3. C　4. C　5. B

6. A　7. C　8. C　9. C　10. A

三、计算题

1. (1) T_2 应使用 PNP 管　(2) $P_{OM}=9\text{W}$　(3) $P_{TM}=1.8\text{W}$　(4) $A_u=11$

2. $A_u=20$

3. (1) $A_u=11$　(2) $-11.7\text{V}\leqslant V_o\leqslant+11\text{V}$

4. (1) 应该用常开触头控制电灯回路。(2) 灯亮,$V_{iH}>3.2\text{V}$;灯灭,$V_{iL}<2.1\text{V}$

5. 1001 正转;0110 反转;0000,0001,0010,0100,0101,1000,1010 停止;其他禁用

6. $I_{BS2}\geqslant 8\text{mA}$,可取 $R_2=1\text{k}\Omega, R_1=500\Omega$

7. 用一个 NPN 晶体管驱动,其集电极接继电器线圈下端,发射极接微处理器输出端,基极经电阻 R 接 +5V 电源,可取 $R=8.2\text{k}\Omega$

8. $V_o=\dfrac{kR_2R_3}{R_1+R_3}I_i$

9. (1) $U_o=100\text{V}, P_o=1000\text{W}$　(2) $P_{+E}=2000\text{W}$　(3) $I_{Lmax}=11.7\text{A}$

习题 9

一、判断题

1. 错　2. 错　3. 错　4. 对　5. 错
6. 对　7. 对　8. 对　9. 错　10. 错
11. 对　12. 对　13. 对　14. 错　15. 错

二、选择题

1. B　2. B　3. C　4. B　5. C
6. A　7. C　8. B　9. A　10. B
11. B　12. A　13. C　14. B　15. C

三、计算题

1. (1) 按锯齿波(C 线性放电)$V_{omax}=12.74V$,$V_{omin}=6.49V$,$V_{op}=9.4V$
(2) 按 RC 放电(放电时间取为 T=20ms)$U_{omin}=4.6V$(按 C 线性放电 $U_{omin}=0V$)
2. $157\Omega \leqslant R \leqslant 171\Omega$,取 $R=165\Omega$,$P_{R\max}=388mW$
3. (1) 3.75～7.5V　(2) 1V　(3) 不能正常启动　(4) $I_{OM}=1A$
4. 组成一个输出+5V 的直流电源的连线方法如图 A-12 所示

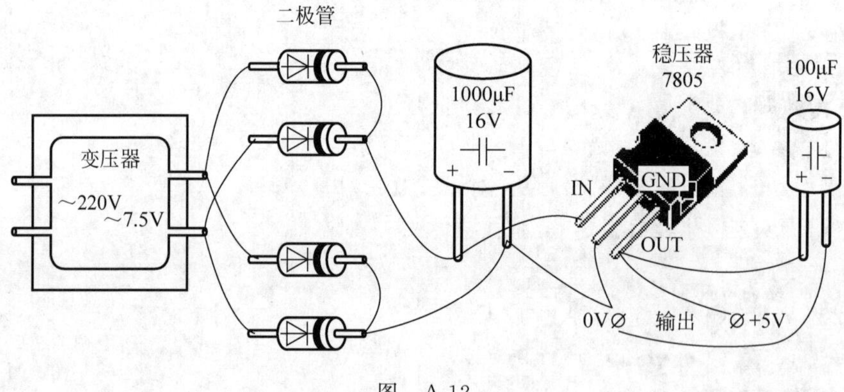

图 A-12

5. (1) 采用图 9-18(b)电路
(2) $P_{7812M}=0.9W$,$P_{7912M}=0.3W$,$P_{7805M}=1.4W$
(3) 29W
(4) 采用图 9-11(a)倍压整流电路,其中电容选用 47μF/63V,用 7824 稳压
6. (1) $N_2=6$,$N_1=100$;$U_{o2}=12.5V$　(2) $U_{D2R}=31V$,$U_{D3R}=43.5V$　(3) 提高响应速度

参考文献

[1] 马根源,王松立,金庆华. 物理学[M]. 天津:南开大学出版社,1993.
[2] 同济大学. 高等数学[M]. 北京:高等教育出版社,1996.
[3] 邱关源. 电路[M]. 北京:人民教育出版社,1978.
[4] 哈尔滨船舶工程学院. 电路基础[M]. 北京:国防工业出版社,1986.
[5] 郑玉祥,刘桂君. 电路基础[M]. 哈尔滨:哈尔滨工业大学出版社,1997.
[6] 康华光. 电子技术基础(模拟部分)[M]. 北京:高等教育出版社,1999.
[7] 蓝鸿翔. 电子线路基础[M]. 北京:人民教育出版社,1981.
[8] 秦曾煌. 电工学[M]. 北京:高等教育出版社,1990.

图书资源支持

感谢您一直以来对清华版图书的支持和爱护。为了配合本书的使用，本书提供配套的资源，有需求的读者请扫描下方的“书圈”微信公众号二维码，在图书专区下载，也可以拨打电话或发送电子邮件咨询。

如果您在使用本书的过程中遇到了什么问题，或者有相关图书出版计划，也请您发邮件告诉我们，以便我们更好地为您服务。

我们的联系方式：

地　　址：北京市海淀区双清路学研大厦 A 座 701

邮　　编：100084

电　　话：010-83470236　010-83470237

资源下载：http://www.tup.com.cn

客服邮箱：2301891038@qq.com

QQ：2301891038（请写明您的单位和姓名）

资源下载、样书申请

书圈

扫一扫，获取最新目录

课 程 直 播

用微信扫一扫右边的二维码，即可关注清华大学出版社公众号“书圈”。